高等学校测绘工程系列教材

普通高等教育“十一五”国家级规划教材

地籍调查学

（第四版）

詹长根　唐祥云　编著

图书在版编目(CIP)数据

地籍调查学/詹长根,唐祥云编著 . —4 版.—武汉:武汉大学出版社,2024.5
高等学校测绘工程系列教材　普通高等教育“十一五”国家级规划教材
ISBN 978-7-307-24334-7

Ⅰ.地…　Ⅱ.①詹…　②唐…　Ⅲ. 地籍调查—高等学校—教材
Ⅳ.P272

中国版本图书馆 CIP 数据核字(2024)第 062180 号

责任编辑:杨晓露　　　责任校对:李孟潇　　　版式设计:马　佳

出版发行:**武汉大学出版社**　(430072　武昌　珞珈山)
(电子邮箱:cbs22@ whu.edu.cn 网址:www.wdp.com.cn)
印刷:武汉图物印刷有限公司
开本:787×1092　1/16　印张:23.5　字数:519 千字
版次:2001 年 9 月第 1 版　　2005 年 6 月第 2 版
2011 年 1 月第 3 版　　2024 年 5 月第 4 版
2024 年 5 月第 4 版第 1 次印刷
ISBN 978-7-307-24334-7　　定价:65. 00 元

内容简介

本书的主体内容由十章和两个附录组成，分别是第一章“绪论”、第二章“权属调查”、第三章“地类调查”、第四章“地籍控制测量”、第五章“界址测量”、第六章“地籍图的测绘”、第七章“面积计算”、第八章“地籍总调查和日常地籍调查”、第九章“自然资源调查”、第十章“地形图的使用与放样测量”、附录一“地籍测量课间实习指导书”、附录二“全野外数字地籍测绘集中实习指导书”。

第一章　绪论。本章是地籍和地籍调查的基础理论知识。从“地”和“籍”的含义出发，全面深入讨论了地籍的定义、形式、内容、特征、功能、分类，深入阐述了地籍调查的含义(特征)，构建了地籍调查的内容体系和技术体系，概括性地厘清了地籍和地籍调查的发展历史，提出了地籍调查学研究的对象、任务和内容，阐述了地籍调查学的学科性质。

第二章　权属调查。权属调查是地籍调查的核心内容，是开展地籍测绘的前提条件。本章以《中华人民共和国民法典》中的不动产物权体系为基础，给出了确认不动产物权的依据，构建了土地、海域以及房屋、林木等定着物权属调查的内容、方法和程序，诠释了地块的定义和地块空间层级体系，给出了宗地、宗海、房屋、林木等权属调查单元含义及其划分方法，全面深入阐述了权属状况调查、界址调查、不动产单元草图编制、地籍调查表填写的内容和方法。

第三章　地类调查。地类调查是土地利用现状调查的简称，是自然资源调查监测体系中空间全覆盖、底板性的调查工作。本章以土地利用现状类标准、影像判读方法为基础，给出了地类图斑单元、城镇村庄范围的划分方法，阐述了地类图斑调查、耕地细化调查、城镇村庄范围调查的方法和程序。针对地类变化，给出了发现变化的地类、确定变化地类的类型、提高变化地类图斑边界精度的方法。

第四章　地籍控制测量。地籍控制测量是地籍测绘工作体系中的基础性工作，为土地管理建立精确可靠的基础空间框架。本章主要阐述了地籍控制测量的分类、作用、特点，给出了地籍测绘坐标系统的类型及其选择方法，介绍了地籍控制测量的基本方法。

第五章　界址测量。界址测量是地籍测绘工作的核心内容。本章阐述了界址点精度的选择方法，构建了界址测量的方法体系并介绍了各种测量方法的基本原理及其适用范围，介绍了解析法测量界址点外业实施的主要工作内容，给出了界址测量的精度估算方法。

第六章　地籍图测绘。地籍图测绘是人们既能看到单个不动产单元空间状况、又能看到各个不动产单元空间关系的不可或缺的工作内容，即“既要看到树木、又要看到森林”，是地籍测绘工作体系中不可或缺的内容。本章阐述了多用途地籍图的概念及其分类，给出了地籍图的内容和精度指标，指出了地籍图与地形图的相同之处和不同之处，构建了地籍图测绘的方法体系，给出了地籍图测绘选择的方法，阐述了农村地籍图、城镇村庄地籍图、土地利用现状图和不动产单元图的测绘内容和方法，以及地籍挂图的编制方法。

第七章　面积计算。面积是不动产单元大小的度量。面积计算是地籍测绘工作的核心内容。本章在厘清不动产面积重要性的基础上，构建了面积计算的方法体系，给出了各种面积计算方法的基本原理。阐述了土地、海域以及房屋等建筑物面积计算的内容、方法以及面积精度估算的方法。

第八章　地籍总调查和日常地籍调查。本章从工程项目的视角，阐述了地籍总调查、日常地籍调查、建设项目地籍调查的内容、方法和程序，给出了地籍调查成果内容通用审核方法。

第九章　自然资源调查。各种自然资源都有权利人，权属是清楚的、界线是清晰的、面积是准确的。为了全方位管理好使用好保护好自然资源，自然资源调查是地籍调查工作的进一步扩展和深化。本章以地籍调查成果为基础，在厘清自然资源调查含义、目的、意义的基础上，阐述了土地条件调查以及耕地、自然保护地、森林等自然资源调查的内容、方法和程序。本章与本书的权属调查、地类调查、地籍测绘一起构成完整的自然资源调查体系，这是本章的主要任务和目标。

第十章　地形图的使用与放样测量。地形图的使用和放样测量是开展地籍调查工作和国土空间规划工作应具备的基本技能。本章在介绍地形图使用的基本方法的基础上，主要给出了在地形图上量取点的坐标、水平距离、高程、方位角、坡度的方法和绘制断面图、最短路径选线、确定汇水面积、计算土方的方法，介绍了水平距离、水平角、高程、点的平面位置的放样测量方法。

附录一　地籍测量课间实习指导书。本指导书给出了六个课间实习的目的、任务、方法步骤等内容。六个实习内容是房屋面积测算、全站仪的认识和使用、界址点测量、几何要素法图解面积量算、地形图的基本应用和点的位置放样测量。当选择本书作为教材参考用书时，可根据具体的教学大纲要求，参考本指导书选择具体的课间实习内容。

附录二　全野外数字地籍测绘集中实习指导书。本指导书给出了集中实习的目的、内容，介绍了实习准备、流程和技术参数，给出了地籍图根控制测量、地籍图测绘(含界址点测量、面积测算)的技术方法要求。当选择本书作为教材参考用书时，可根据具体的教学大纲要求，参考本指导书选择具体的集中实习内容。

前　言

土地的面积是有限的，位置是固定的，自然供给缺乏弹性，土地越来越稀缺，珍惜并合理利用每一寸土地是土地管理的根本目的。地籍调查的目的在于摸清土地、海域及其房屋、林木等定着物的基本状况，并把它们反映到地籍调查表中和地籍图上，为不动产确权登记提供权威的证明材料，为建设用地管理、耕地保护、土地督察、国土空间规划、自然资源政策制定提供空间全覆盖的基础资料。

1986 年，我国颁布了《土地管理法》，国家、省、市、县分别组建了土地管理局。为培养人才，传承 1949 年以前关于地籍测量的说法，将以权属调查、土地利用现状调查、界址点测量、地籍图编制、面积测算为主要构成的知识体系，统称为地籍测量知识；引进国际经验时，虽然"cadastral surveying"既可译为"地籍测量"，也可译为"地籍调查"，但当时此项工作刚刚起步，测量技术方法在获取地籍信息中的地位较为突出，教材名称普遍采用"地籍测量"或"地籍测量学"。

经过多年的实践，发现地籍测量具有社会科学与自然科学的双重属性，界址点测量、地籍图测绘、面积测算等测量工作必须以权属调查成果为前提。尤其是随着不动产统一登记制度的建立和实施，自然资源与不动产的空间对象不再限于土地(内陆)，还包含海域及其房屋、林木等定着物，其权利类型不仅包括土地所有权、建设用地使用权和宅基地使用权，还包括耕地、林地、草地、水域等在内的土地承包经营权，以及海域使用权(含无居民海岛)。2015 年以来发布的自然资源与不动产确权登记的政策法规、行政规章、规范性文件中，地籍调查成为专有名词，并且得到规范化，以前"地籍测量"的说法不能够适应现代地籍管理工作的需要。

我们紧密围绕党和国家事业发展对人才培养的新要求，扎根中国大地，面向世界科技前沿、面向经济主战场、面向国家重大需求，以培养学生的创新精神和实践能力为重点，以支撑服务国家和区域经济社会发展为目标，守正创新，与时俱进，以基础理论得到全面深化完善、地籍调查的内容方法体系更加清晰完整的《地籍调查规程》(GB/T 42547—2023)和《地籍调查基本术语》(TD/T 1077—2023)为基础，传承原来《地籍测量学》的知识体系，与世界的 cadastral surveying(地籍测量或地籍调查)接轨，编著《地籍调查学》教材。

本书由五大部分构成：第一部分为绪论；第二部分为地籍要素调查，包括第二章"权属调查"(含土地、海域、房屋、林木等)和第三章"地类调查"；第三部分为地籍测绘，包括第四章"地籍控制测量"、第五章"界址测量"、第六章"地籍图的测绘"和第七章"面积计算"；第四部分为地籍调查工作的实施，包括第八章"地籍总调查和日常地籍调查”、第九章“自然资源调查”和第十章“地形图的使用与放样测量”；第五部分是附录，包括“地籍测量课间实习指导书”和“全野外数字地籍测绘集中实习指导书”。学习本书需要的专业知识包括地形测量、摄影测量、遥感技术等。

从2001年至今，本书的编写自始至终力求依法依规、概念清楚、重点突出、简明扼要，充分体现地籍理论的完整性、技术方法的连续性和共享性、方法的可操作性。主要特点体现在以下几个方面：

(1)深化完善地籍调查基础理论。本书深化拓展了地籍、地籍调查的含义，构建了以宗地(海)、图斑为基础的地籍调查空间单元体系。与地籍、地块相关的术语和定义得到了全面的补充完善。

(2)扩展构建了地籍调查内容体系。本书构建了全覆盖、全要素、全生命周期的地籍调查内容体系，提出了“凡涉及土地及其定着物的权利和利用的调查都可视为地籍调查”的观点。

(3)厘清建立了地籍调查方法体系。本书以全野外数字测量技术和“3S”技术为基础，构建了全流程地籍调查的方法体系，提出了技术指标和调查方法的选择方法。

(4)本书是理论与实践的结晶。作者以丰富的实践经验和教学经验为背景，在收集大量资料和广泛调研的基础上，对本书的章节安排作了深入的分析研究。编写的内容既考虑到了地籍调查的现状，也考虑到了地籍调查的发展；立足国情，吸收世界上好的做法，既照顾了理论的完整性，也体现了我国社会经济发展、生态文明建设对地籍调查的要求。

本书由武汉大学詹长根、唐祥云编著。詹长根编写第一章、第五章、第七章和第八章，唐祥云编写第三章、第四章和第九章，唐祥云、詹长根共同编写第二章和第六章，刘丽编写第十章。全书的修改、统稿工作由詹长根完成。书后附有“课间实习指导书”和“集中实习指导书”(由唐祥云和江平编写)。书中带“*”号的章节，可根据具体情况选择讲授和学习。

本书多次改版过程中，作为教学科研工作者，我们与自然资源管理部门、学术机构、高校教师、专业组织和民营企业的同行们进行讨论、联合研究和专业项目合作，受益匪浅。我们对在本书资料收集和出版的过程中给予帮助、建议和支持的朋友和同行表示诚挚的感谢！

我们对中国国土勘测规划院、自然资源部自然资源确权登记局、中国不动产登记中心、湖北省不动产登记中心等部门提供的帮助以及同行们的贡献表示特别感谢！你们的信任和鼎力支持，使我们有机会在国家需求的引领下，具有持续不断的深化扩展地籍和地籍管理知识的能力。

我们对武汉大学资源与环境科学学院的领导和老师们深表谢意！你们给予了我们不可或缺的支持和帮助，是本书能够得以持续修订的动力。

我们对我校前辈们在地籍测量(地籍调查)教材建设中所作出的努力和贡献表示崇高的敬意！前辈们爱岗敬业、无私奉献的精神将永远激励我们继续前进。

最后，在本书编写过程中遇到不可避免的挑战时，武汉大学出版社、测绘出版社的工作人员给予了充分的支持和理解。我们特此对他们的奉献和专业精神表示感谢！

当今面临诸多复杂的地籍调查问题，本书的理论和实践难以提供唯一答案。书中阐述的内容和方法可能会引起争论，我们也清楚本书出版仅仅是在地籍调查旅程上又迈出了一步。我们期望进一步完善我们的理念，也希望大家能够积极参与到优化的地籍调查体系建设中！

我们希望这本书对学生、土地管理者、不动产相关从业者有益。同时，我们也希望相关非专业人士能够轻松地读懂和理解本书。我们明白“事实胜于雄辩”的道理，书中还存在待解决的问题，甚至错误，敬请读者批评指正！

编　者

2023 年 10 月于武昌 · 珞珈山

第三版修订说明

为了反映土地调查的最新技术与方法，第三版着重对第一章、第二章和第三章的部分内容作了修改与调整，具体包括：

第一章对《地籍测量学》一节的内容重新做了梳理，增加了《地籍测量学的学科性质》，删除了附录中的《城镇土地利用分类及含义》(1989 年标准)。第二章主要对土地利用现状调查的内业作业和外业作业方法做了修改。第三章以附录形式增加了《土地利用现状分类》(2007 年国家标准)，删除了《全国土地分类》(2002 年试行标准)。

另外，对书中其余章节的内容做了少量的订正。

编　者

2010 年 10 月于武昌珞珈山

第二版修订说明

承蒙广大读者的厚爱，2001 年出版的本教材已重印多次，广泛地用于教学、科研和生产。作为本书的作者，既感欣慰，又有不安，欣慰的是我们的劳动成果得到认可，不安的是教材中还有许多不足之处。为此我们总结教材在使用过程中存在的问题，对教材进行了修改和完善，以使地籍测量内容的先进性、科学性和新颖性得到更好的体现。

1. 初步阐述了地籍测量学的含义及其研究的任务、对象和内容。

2. 对全书的语言文字作了较大修改，阐述更清楚、更准确。

3. 对新技术、新方法应用方面介绍更加明确和完善。

4. 作了较大修改与调整的部分有：第一章增加了《地籍测量学》一节(由詹长根编写)；第三章增加了《土地利用动态监测》一节(由詹长根编写)；第七章增加了《勘界测绘》一节(由唐祥云编写)；第九章增加了附录《数字求积仪的使用》(由刘丽编写)；对第十一章《数字地籍测量》进行了重写(由唐祥云完成)；增加了《全球定位系统与地籍测量》一章(由唐祥云编写)，即本书第十二章；原第十二章合并到第十章(由詹长根修改)；第十三章和第十四章合并成第十三章《土地勘测技术与方法》(由刘丽修改)，并删除了部分内容；删除了第十五章。全书其余章节的修改和校订由詹长根完成。

5. 每章增加了思考练习题(由刘丽编写)。书后附有《课间实验指导书》和《集中实习指导书》(由刘丽和唐祥云编写)。

书中带“ * ”号的章节，可根据具体情况选择讲授和学习。

编　者

2005 年 4 月于武昌珞珈山

目　录

第一章　绪　　论

本章介绍地籍和地籍调查的基础理论知识。从“地”和“籍”的含义出发，全面讨论了地籍的定义、形式、内容、特征、功能、分类，深入阐述了地籍调查的含义(特征)，构建了地籍调查的内容体系和技术体系，概括性地厘清了地籍和地籍调查的发展历史，给出了地籍调查学研究的对象、任务和内容，界定了地籍调查学的学科性质。

第一节　地　　籍

一、地籍的含义

据考证，具有现代地籍含义的土地记录已存在了数千年，迄今发现的最古老的地籍(土地记录)是一个公元前4000年左右的Chaladie表。中国、古埃及、古希腊、古罗马等文明古国都存在着一些古老的地籍(土地记录)。《辞海》(2009年版本)中，地籍被定义为“中国历代政府登记土地作为征收田赋根据的簿册”；简单地讲，地籍是为征收土地税而建立的簿册，这是地籍最古老、最基本的含义。在西方，地籍(cadastre)这个词来自希腊单词katatikhon，直译是“线连着线的”，其意思为“税收登记册”①。随着社会和经济的发展，使用不断进步的测绘技术和土地评价技术建立更新地籍簿册，地籍的内涵日益丰富、准确性越来越高、现势性越来越强，地籍空间横向从陆地、内陆水域扩张至海域(含无居民海岛)，纵向从地表扩张至地上、地下以及土地、海域上的定着物(房屋、林木等)，至今已成为国家管理土地、海域及其定着物的工具，地籍不仅仅用于征收税赋，还用于产权保护，当今已成为国土空间规划和自然资源利用管理与监督(如建设用地管理、耕地保护、土地执法、海域海岛管理、房地产市场等)不可或缺的基础资料，如在德国，地籍的应用领域扩大到30多个，我们把这种地籍称之为多用途地籍或现代地籍。

(一)“籍”的含义

在中国，“地籍”是一个组合词，由“地”和“籍”组成。“地”是指广义的土地，包括狭义的土地(陆地、内陆水域、有居民海岛及其定着物)和海域(海洋、无居民海岛及其

① 格哈德·拉尔森著，詹长根，黄伟译：《土地登记与地籍系统》，测绘出版社，2011年。

定着物)①。

“籍”字来源于“耤”(jí)，其本义是：仿古耕种或旧法种地。引申的含义为“租税”，指一个人的家庭对政府(朝廷)负担的徭役税赋登记文件，其文件中包含人的姓名及其应负担的人头税、土地税等内容。后来在竹简上记载这些内容，并将竹简捆绑串成“册”，因此在“耤”字上加“⺮”字头，变为“籍”，其含义引申为征税的册子，所以，中国历来有“税有籍而回来，籍为税而设之”的说法。随着社会的不断变迁，“籍”的用法也在不断地扩展。

综合《现代汉语词典》《新华字典》及其他典籍，“籍”有五种以上的含义，与“地”结合的“籍”有以下三种含义②：

(1)簿册。这是“籍”的本义，指的是册子，如古籍、经籍、典籍等书籍。

(2)归属(隶属关系)。指的是个人与家庭、组织和国家的隶属关系，如籍贯、户籍、国籍、学籍、党籍等。用今天的观点看，古代的“籍贯”就是今天的“户籍”。其实，“籍贯”一词原本是指一个人的出生地(贯)和家庭徭役税赋(籍)的登记文件，即户籍及其租税登记在一起，经过演变专指祖先的居住地，并一直延续至今，成为专用名词，因此，有人将“地籍”比喻为土地的“户籍”，是十分贴切的。

(3)记载或登记。这是一种引申的用法。颜师古对《汉书·武帝纪》中“籍吏民马，补车骑马”的“籍”注为“籍者，总入籍录而取之”。如籍没(mò)，是指登记并没收的财产；籍吏民，指的是把官吏和公民登记在簿册上；又如籍税(征收租税)；籍兵(征集兵士)；籍田(藉田，古代天子亲耕之田，以所获祭祀宗庙，并寓劝农之意)；等等。

(二)地籍的定义

结合“籍”的历史演变和现代含义，可以从三个层面认知定义“地籍”。

一是朴素的理论定义：地籍是记载土地归属的簿册。这个定义，简单明了，突出土地权属是地籍的核心。

二是学科的理论定义：地籍是记载人地关系的簿册。“人地关系”的内涵十分丰富，以“人地关系”替代“土地归属”，是地籍内涵的扩张和深化。这个定义的人地关系是指微观人地关系，即某人与某地块之间的权利关系，及以地块为标的物的人与人之间的相邻关系，组成人地关系的要素包括占有、使用、收益、处分等。与微观人地关系对应的是宏观人地关系，即人类社会和自然环境的关系，是指在县级以上(市级、省级、国家、全球等)区域内，人们通过利用土地、改造自然所形成的人类社会和自然环境之间相互协调的关系，在土地管理领域，主要体现为国土空间规划的利用分区和功能分区。

三是实务的实践定义：地籍是指由国家建立的、以权属为核心、以地块为基础，记

① 本书广义土地和狭义土地的用法说明：广义的土地是指陆地、内陆水域、海洋、无居民海岛及其房屋、林木等定着物。狭义的土地仅指陆地和内陆水域。如无特别说明，本书第一章中“土地”主要是指广义的土地，后续各章节的“土地”主要是指狭义的土地。

② 关于“籍”“籍贯”的含义及其演变历史是根据相关专业的书籍和字典编辑而成的。“籍”与“藉”之间的差异及其用法请参阅相关文献，不可乱用。

载土地权属、利用、位置、界址、数量、质量等状况的图簿册及数据。这个定义将地籍内容进行分类枚举，实践性强，操作性好，易于理解。

虽然给出了三种不同的定义，但地籍的含义是一致的。

1. 国家建立和管理地籍

无论是中国还是其他国家，建立地籍的目的是一致的，即用于征收税费和保护产权。尤其是19世纪以来，地籍成为国家管理土地、海域及其定着物的工具。在国外，地籍调查称作官方调查，中国历史上的土地清查或地籍测量或地籍调查都是由朝廷或政府启动的。

2. 权属是地籍的核心

地籍是以权属为核心对土地诸要素隶属关系的综合表述，这种表述毫无遗漏地针对国家的每一块土地。不管是所有权还是使用权，是合法的还是违法的，是农村的还是城镇的，是单位、个人使用的还是公共使用的(如道路、水域等)，是正在利用的还是尚未利用的或不能利用的土地，都是以权属为核心建立、更新、管理地籍簿册。

3. 以地块为基础建立地籍

一个区域的土地，因利用被占有而分割成边界明确、位置固定的许多地块(宗地(海)、图斑、房屋等)。每个地块的权属、位置、界址、数量、质量、利用等状况记载在一张或一组地籍调查表或登记簿中，所有地块的地籍调查表、登记簿装订成册，就形成了地籍簿册。

4. 定着物是地块不可分割的部分

这里指称的定着物主要是指建筑物、构筑物和林木等。定着物是人类赖以生存的物质基础，是土地不可分割的组成部分。地表覆盖、土地用途、土地利用方式和经营特点是土地利用现状分类的重要标志。“皮之不存，毛将焉附”，土地和定着物是不可分离的，它们各自的权利和价值相互作用，相互影响。

历史上早期的地籍只对狭义的土地进行描述和记载，并未涉及海域，也未涉及建筑物、构筑物和林木等定着物，但随着社会和经济的发展，尤其产生了不动产市场交易后，由于定着物与土地所具有的内在联系，定着物的权属、位置、界址、数量、质量和利用等状况也成为地籍簿册记载的内容。图1-1表达了土地、地块、定着物与地籍的关系。

二、地籍的形式

地籍的形式是指地籍簿册的形式，也可理解为地籍簿册中符号的形式，还可以理解为记载地籍内容的媒体形式。

(一)簿册的形式

结合地籍的实际工作，地籍簿册的形式有三种，即调查册、登记册和统计册。

调查是土地管理的基础工作。调查成果装订成“册”形成调查册，包括地籍调查表、界址坐标表、地籍图、权属来源证明材料、权利人身份证明材料及各种技术报告和工作报告等。调查册为不动产登记和土地统计分析提供精确、可靠、翔实的基础资料。调查

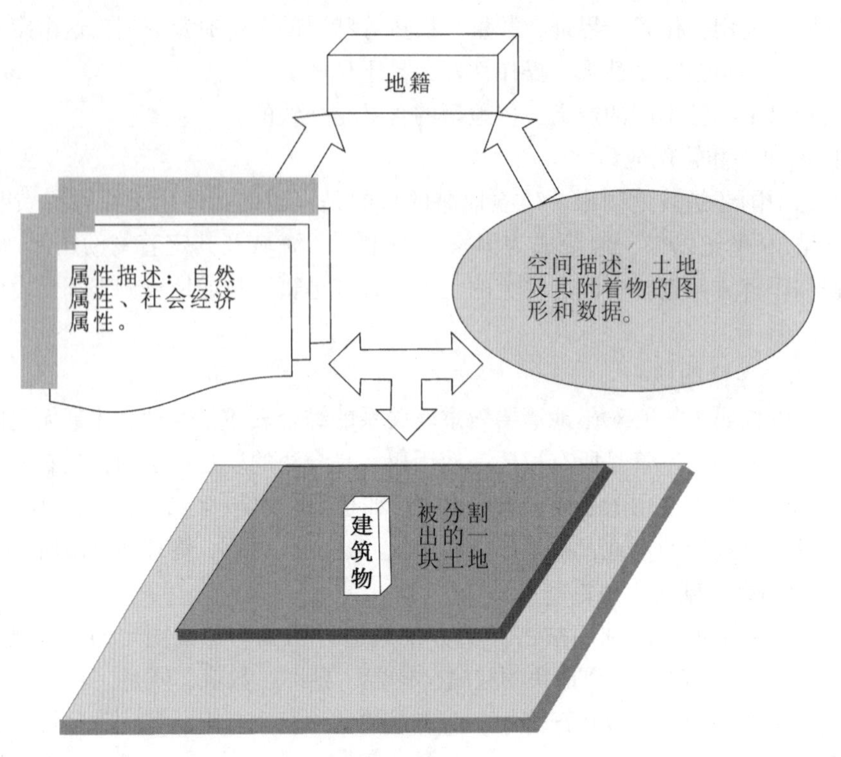

图 1-1 土地、地块、定着物与地籍的关系图示

册应像镜子一样忠实地反映土地的权利和利用的现实状况，国土领域内的每一个地块都要调查(无论是土地的所有权、使用权，还是合法的土地或违法的土地，或是农村的土地、城镇的土地，或是正在利用的土地、未利用的土地和不能利用的土地)，并以权属为核心建立地籍簿册。

登记册是以调查册为基础，经过确权登记的法律程序形成的。二者之间用标识符连接，其主要内容包括申请登记审核表、登记簿、权利证书、权利证明等。主要用于产权保护和不动产交易(抵押、转让、租赁等)。

统计册是以调查册和登记册为基础形成的。根据土地、海域管理和政府决策需要，建立统计指标体系，通过整理分析，得到统计册，主要内容包括统计表、统计图和分析报告等，主要用于国土空间规划和政府制定土地和海域政策、法律、法规等。

(二)符号的形式

地籍的符号形式主要是指文字、图形、数字。古老的地籍记录主要用文字描述土地权利人、土地等级、土地面积、应纳税额等，其簿册的形式主要是表格。最著名的是1086 年在英格兰采用调查技术建立的《末日审判书》(*The Doomsday Book*，意译为土地调查清册)，它覆盖了整个英格兰的国土范围，遗憾的是这个记录没有图件。

虽然地图的出现大约有 3500 年的历史(图 1-2)，在古埃及的尼罗河流域存在以草图形式表达的地籍记录，但大规模采用图形符号记载地籍内容，却是始于南宋绍兴(12世纪中叶)①，发展于明朝的鱼鳞图册(14 世纪中叶)，这种图一直延续至 20 世纪初期；法国于 1802—1850 年完成了覆盖全境的国家地籍调查(地籍测量)工作，测制的地籍图比例尺主要为 1∶1250 和 1∶2500，其建立的地籍簿册被誉为法国 19 世纪的文明之一，并在全世界传播开来，各国纷纷仿效；时至今日，宗地草图、宗地图、宗海图、房产图等地籍图形是地籍簿册不可或缺的表现形式之一。

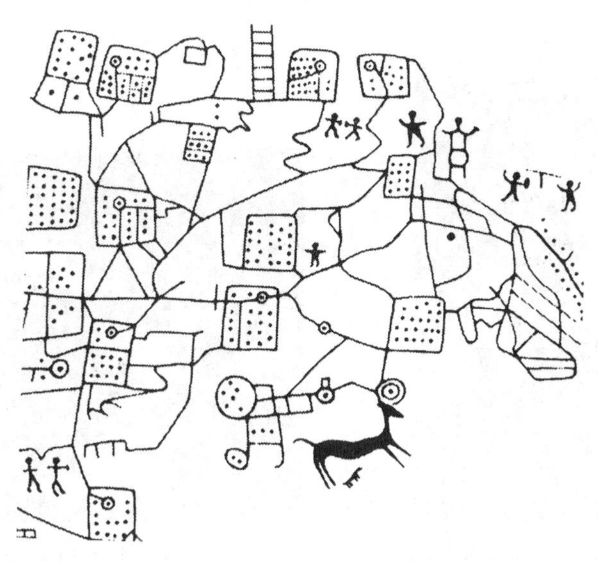

图 1-2 大约公元前 1600—前 1400 年，在意大利北部，人们用青铜工具把这种 4 米长平面图雕刻在平整的岩石表面。以线条表示河流、灌溉渠道和道路，带点的圆圈表示一口井，矩形地带规则整齐的几排填充点用来表示耕地②

地籍产生时，土地面积是核心内容。地籍草图或地籍图出现后，宗地的界址边长和界址点坐标都用数字来表示，并记录在专门的表格中。为方便土地行政决策，土地统计册主要是由特定区域内土地利用类型或土地权利类型的面积统计表组成。大量采用数据表达地籍要素，得益于测量技术的进步。

(三)媒体的形式

媒体一词来源于拉丁语“Medium”，音译为媒介，意为两者之间。媒体是指传播信息的媒介。它是指人借助用来传递信息与获取信息的工具、渠道、载体、中介物或技术手段。也可以把媒体看作实现信息从信息源传递到受信者的一切技术手段。媒体有两层

① 栾成显：“鱼鳞图册起源考辨”，《中国史研究》2020 年第 2 期。

② 本图引自格哈德·拉尔森著，詹长根，黄伟译：《土地登记与地籍系统》，测绘出版社，2011 年。

含义，一是指承载信息的物体；二是指储存、呈现、处理、传递信息的实体。

地籍的媒体形式更多地是指书写土地状况的载体。比较古老的记录土地的媒体有羊皮、岩刻、竹简、石板等，在中国还有采用鼎、陶瓷等①媒体记载土地交易和土地权益的(图1-3~图1-7)。纸张发明后，就成为地籍的主要媒体。影音技术和计算机技术的出现，彻底改变了地籍的媒体形式。自20世纪中叶以来，德国等西方国家采用照相缩微技术保存地籍记录及其索引；加拿大早在20世纪60年代就尝试建设城市地籍数据库。当今地籍数据库及其地籍信息系统已成为地籍的主要媒体形式。

图1-3 西周《九年卫鼎》记载林地与物的交易

图1-4 《迷盘》记载的违约责任处罚铭文

图1-5 《卫盉》记载的租赁契约铭文

① 图1-2~图1-7引自樊志全著:《地籍五千年》，语文出版社，2003年。

图 1-6 《散氏盘》记载的土地权益保护铭文

图 1-7 隋购地卷局部

三、地籍的内容

地籍的内容是指根据管理需要应对一块地所描述的要素。这些要素即是地籍簿册中记载的内容。更细致地讲，就是调查表、登记表、统计表中需要填写的内容。这些表中内容的选择与地籍的用途有关，如果仅用于征税，则只要把土地的权利人、用途、面积、等级等记载下来就可以了，内容比较简单；如果要用于产权保护，则内容的选项就会多一些，除前述内容外，至少还需要表达权属来源状况、地块界址的类型、指界签章、四至等要素；如果要实现多用途，则其内容就更多了，不仅要扩展所记载土地的内容，还要记载土地上定着物的权属状况、利用状况、权利限制和公共管制等信息。

按照地籍的定义，地籍的内容可采用两种方式归类表述，一是六要素表达，二是三要素表达。

(一)地籍六要素

地籍六要素是指土地的权属、利用、位置、界址、数量、质量等六个要素。

(1)权属要素：主要是土地的权属来源、权利人、权属性质、权利类型以及土地使用条件(权利限制、公共管制)等。

(2)利用要素：主要是土地的规划用途、实际用途、土地类型，以及其他的用地规划要素，如建筑密度、建筑容积率、建筑限高等。

(3)位置要素：主要是土地的坐落、四至、界址点坐标、所在地籍图比例尺及图幅号，以及地块的标识符(宗地(海)、房屋等代码)等。

(4)界址要素：主要是界址线的位置、界址点的位置、界标类型、界址线依附的地物地貌类型、指界签字签章等。

(5)数量要素：主要是土地及其定着物的面积，即宗地面积、宗海面积、房屋面积、建筑面积、建筑占地面积、共有面积、分摊面积、地类图斑面积等，以及房屋建

(构)筑物的层数、层高、高度，林木的株数、林木的占地面积等。

(6)质量要素：主要是土地的等级(价值)、价格等，房屋等建(构)筑物的结构、建成年份等。

(二)地籍三要素

地籍三要素是指主体、客体和关系(权利内容)等三类要素。

(1)主体要素：是指土地归属于谁，即地块及其定着物是谁的，其要素包括土地、定着物权利人的姓名、身份证明等信息。

土地调查表、审核表、登记卡、归户卡等的第一个字段就是权利人(或实际使用人)。按照民法典和相关法规，权利人可分为所有权人、使用权人、他项权利人、抵押权人等。按照权利人的属性，权利人可分为自然人、法人、非法人组织等，这些人都可以指定代理人。

针对地籍调查确权登记工作，还存在管理人和业务人：如调查机关、登记机关、调查员、测量员、检核员、审查员、统计员、登记员等。

(2)客体要素：是指地籍空间单元的要素。广义的地籍空间单元为地块；狭义的地籍空间单元为宗地(海)和图斑。宗地(海)是以土地权利为主题属性标识的地块；图斑是以土地利用分类为主题属性标识的地块。描述地籍空间单元(地块)的内容主要是地籍六要素中的位置要素、界址要素、数量要素、质量要素等。

(3)关系要素：是指人与地之间的微观关系要素，包括权利要素、利用要素等。

四、地籍的特征

有人形象地将“地籍”比喻为土地的“户籍”，它具有不同于其他户籍的特性。如它的空间性、法律性、精确性和连续性等特点①。

(一)地籍的空间性

地籍的空间性是由土地的空间特点所决定的。土地权利和利用的存在和表述必须与其空间位置、界线相联系。土地的空间范围(界址点线、地类界线等)、坐落、四至、几何坐标等空间要素是地籍簿册中特色鲜明的内容。空间要素的变化与属性要素的变化相互关联。在确定的空间范围内，土地界线发生变化，必然引起土地面积的改变，各种地类界线的变动，也一定带来各地类面积的增减。所以，地籍簿册不仅仅由表册和数据组成，还要由各类图组成，如分幅地籍图、地籍岛图、宗地草图、宗地(海)图、地籍索引图等，这些图与调查登记的表册及其数据，采用特定的标识符保持它们之间的一一对应关系。

(二)地籍的法律性

地籍的法律性源于地籍簿册中包含土地权属的证明材料，体现了地籍簿册内容的可靠性，如在德国的相关法律中，直接将地籍定义为不动产证明材料。具体表现在如下几个方面。

---

① 林增杰等编著的《地籍学》一书首次提出了地籍的特性。本书对其进行了修改和扩展。

(1)从地籍记载的内容来看，地籍回答了一块土地的6个问题(5“W”1“H”问题)：

· 是谁的(who)？权利人——土地权利的主体。
· 在哪里(where)？位置——土地权利的客体。
· 有多少(what)？界址、面积、价值——地块的形状、大小、质量等级、价格等。
· 什么时候发生的(when)？时态——人地关系建立的时间及其生命周期。
· 为什么(why)？权属、界址——人地关系成立的依据，即权属来源。
· 怎么样(how)？权利与利用状况、权利的限制、权利人应负担的责任等。

前述6项内容中，最重要的法律内容就是“为什么”，即某人占有和使用某地块的法律依据，通常由权属来源证明材料提供，而这些材料必须符合土地和不动产方面法律法规的规定。

(2)从地籍簿册形成的依据来看，无论是调查册还是登记册、统计册的建立和变更，都是依照国家建立的地籍制度及其相关的法律法规进行的。如地籍图上的界址点、界址线的位置和地籍簿上的权属记载及其面积的登记等都应有法律依据，符合法律法规要求的权属来源证明材料是地籍簿册的必要组成部分。

(3)从地籍簿册建立、变更和使用的程序来看，从依据到内容、从过程到结果都必须严格按法律法规的规定执行。地籍是国家建立和监管的，其目的是多样的。国家的土地权利和利用制度从宪法开始，在民法典、土地管理法等法律法规中都有十分详细的规定，这些法律法规实施的过程和后果在地籍簿册中有直接反映。如在地籍调查表的“界址标示”栏目中不但记录了界址的位置、类型、边长等信息，并且指界人必须在相应的栏目签字盖章和按手印；再如每次国家布置土地调查任务后，国务院和国土资源行政主管部门(省级人民政府和省国土资源行政主管部门)都会举行新闻发布会，公布国家(省、自治区、直辖市)土地调查的结果。

(三)地籍的精确性

地籍的精确性源于科学技术的进步和法律法规的要求。人们一提到地籍的精确性，首先想到的是其空间要素的精确度(以下简称精度)。地籍空间要素的精度随着仪器设备、技术方法的进步而不断提高。不同的区域和社会经济发展水平、不同的比例尺、不同的管理要求，对空间要素的精度要求也不一样。空间要素的精度一般用中误差和限差表示，如现行《地籍调查规程》中规定，城镇区域明显界址边长或界址点坐标的中误差和限差分别为±5cm和±10cm。

在地籍簿册中，除空间要素以外，还有大量的属性要素。这些属性要素一般要通过实地调查取得，如权利人姓名或名称、权利性质、权利内容、坐落、四至、界址点位置和界标类型、界址线类型和位置、界址走向说明等，这些要素既有法律法规规定的，也有空间要素的文字描述，还有支撑这些要素的各种证明材料。准确用文字和数据描述土地的属性要素，是地籍精确性的重要体现。

(四)地籍的连续性

随着社会经济发展，不动产市场交易日益频繁，土地的权利和利用状态会不断地发生变化。地籍必须对这些变化及时做出反应，经常更新，保持记载内容和统计数据的连续性。地籍的连续性主要体现在程序、空间、时间、制度和形式等五个方面。

(1)程序连续是指地籍簿册的建立、变更和终止应符合法定的地籍程序，程序环节不能够缺失。

(2)空间连续是指地籍簿册实现不同尺度空间全覆盖，每一块地都有地籍记录。不同尺度空间地块之间的权利关系和利用关系能够相互印证。

(3)时间连续是指权利在不同的主体之间转移的时间连接不能够出现不符合法理的空隙。

(4)制度连续是指不同时间发生的权利转移事件和用途变更时间应遵循制度的规定，本着尊重历史、实事求是的原则建立、变更和终止人与土地之间的关系。

(5)形式连续是指调查册、登记册、统计册之间可以相互印证，图、数、表、卡、册应与实地一致。

五、地籍的功能

建立地籍的目的，一般应由国家根据生产和建设的发展需要，以及科学技术发展的水平来确定。目前，我国的地籍也已由以课税为目的，扩大为产权登记、土地利用服务的多用途地籍，亦称现代地籍，它具有多用途的功能或作用。

(1)地理性功能。地籍所具有的提供地块空间关系的能力称为地理性功能。由于应用现代测量技术的缘故，在统一的坐标系内，地籍所包含的地籍图集和相关的几何数据，不但精确表达了一块地(包括定着物)的空间位置，而且还精确和完整地表达了全部地块之间在空间上的相互关系。地籍的这种能力是实现地籍多用途的基础。大量的相关资料表明，许多国家在构建基础地理空间框架时，将地籍空间信息纳入其中，其份额超过20%。Ian Williamson、Stig Enemark 等人认为地籍是国家启动空间服务的发动机①，究其原因是地籍能够提供全覆盖的动态的地块分布图，用于社会经济信息的定位。

(2)经济功能。地籍具有为以不动产为标的物的经济活动的能力称之为经济功能。土地历来是课税的对象，所得税费是国家财政收入的重要组成部分。地籍最古老的目的就是用于土地税费的征收。利用地籍要素信息，结合国家和地方的有关法律、法规，为以不动产为标的物的经济活动(如划拨、出让、转让等不动产交易税费的征收，不动产市场监督等)提供准确、可靠的证明材料。

(3)产权保护功能。地籍具有为以不动产为标的物的产权保护的能力称之为产权保护功能。地籍的核心是土地权属，其图册记载的土地的归属、界址等信息，历来被认为是土地或不动产的证明材料，因而使地籍能为在以不动产为标的物的产权活动(如确权登记、争议调处、界址恢复、不动产交易等)中提供具有社会公信力的证明材料。

(4)土地利用规划功能。地籍具有为土地管理提供土地权利和利用状况的能力称之为土地管理功能。土地的权属、数量、质量及其分布和变化规律是组织土地利用、编制

① 参考 Ian Williamson，Stig Enemark，Jude Wallace 编著，*Land Administration for Sustainable Development*，Duke University Press，2009。

国土空间规划的基础资料。利用地籍统计册，能辅助加快规划设计速度，降低费用，使规划容易实现。另外，基于现势地籍与规划实施结果的对比分析，还能发现过去规划的错误，修正规划的空间布局，并为避免社会投资失误提供支持。

(5)决策功能。这里所指的决策是指国家制定土地政策、方针，进行土地使用制度改革等方面的决策，也包括国家对经济发展、环境保护、人类生存等方面的决策以及个人或企业投资等方面的决策。基于调查册和登记册的统计簿册反映了一个区域的多要素、多层次、多时态的土地资源自然状况和社会经济状况，它是国家编制国民经济计划，制定各项规划不可或缺的基础资料，为组织工农业生产和进行各项建设提供可靠的依据。

(6)管理功能。地籍是调整土地关系、合理组织土地利用的基本依据。土地权属状况及其界址状况资料，是进行土地分配、再分配及征拨土地工作的重要依据。由于地籍存在地理性功能和决策功能，公安、消防、邮政、水土保持和以土地为研究对象的科学研究和管理等部门可充分利用地籍资料为他们的工作服务。

六、地籍的分类

随着地籍使用范围的不断扩大，其内容也越加充实，类别的划分也更趋合理。地籍按其发展阶段、对象、目的和内容的不同，可以划分为不同的类别。

(1)按地籍的用途划分，地籍可分为税收地籍、产权地籍和多用途地籍。

在一定的社会生产方式下，地籍具有特定的对象、目的、作用和内容，但它不是一成不变的。地籍发展过程，也是地籍用途不断深化扩张的过程。

税收地籍是指专门为土地课税服务的地籍。所以，税收地籍的主要内容是纳税人的姓名、地址和纳税人的土地面积以及土地等级等。建立税收地籍所需要的工作主要是测量地块面积和按土壤质量、土地的产出及收益等因素来评定土地等级，其测量技术和方法一般较为简单。

产权地籍亦称法律地籍，是指专门为土地产权保护服务的地籍，如登记簿、权利证书和证明等。随着经济的发展和社会结构的复杂化，不动产交易日益频繁和公开化，不动产登记成为保护土地产权安全的重要手段。许多国家的地籍历史显示，地籍和土地登记二者之间是独立发展的。由于人们逐步认识到税收地籍可以为土地登记提供很多的证明材料，从而以行政或法律的形式建立起地籍与土地登记之间的紧密联系，部分国家把土地登记纳入地籍工作体系。因此，产权地籍的产生及其发展成为历史的必然。产权地籍是国家为维护土地所有制度、鼓励土地交易、防止土地投机、保护土地买卖双方的权益而建立的土地清册。凡经登记的土地，其产权证明具有法律效力。产权地籍最重要的任务是保障土地所有者、使用者的合法权益和防止土地投机。为此，产权地籍必须以反映宗地(海)的界线和界址点的精确位置以及准确的土地面积等为主要内容。为了使权属界址能随时在实地准确地复原和保证土地面积计算的精度要求，一般采用解析或解析与图解相结合的地籍调查方法。

多用途地籍，亦称现代地籍，是指能够实现全部地籍功能的地籍。经济的快速发展和社会结构复杂化的加剧为地籍内容的丰富和应用领域的扩张提供了动力，而科学技术的发展，则为地籍的精确性和现势性提供了强有力的技术支撑，从而使地籍突破税收地籍和产权地籍的局限，具有多用途的功能，与此同时，建立、维护和管理地籍的手段也逐步被信息技术、现代测量技术和计算机技术所代替。

(2)按地籍的特点和任务划分，地籍可分为初始地籍和日常地籍。

初始地籍是指在某一时期内，对其行政辖区内特定区域、特定权利类型或全部土地进行全面调查后，建立的新地籍，但不是指历史上的第一本地籍簿册。日常地籍是针对地籍要素，以初始地籍为基础进行修正、补充和更新后的地籍。

初始地籍和日常地籍是不可分割的完整体系。土地的权属、利用、数量、质量及其空间分布都是动态的，地籍必须始终保持现势性。根据土地特性和地籍连续性的特点，为了保持地籍资料的现势性，必须以初始地籍为基础，持续补充、修正和更新日常(变更)地籍。如果只有初始地籍而没有日常地籍，地籍将逐步陈旧，变为历史资料，缺乏现势性，失去其使用价值。相反，如果没有初始地籍，日常地籍就没有依据和基础。

(3)按土地的地域特征、权利特征、利用特征划分，地籍可分为城镇村庄地籍、农村地籍、海域地籍和全覆盖地籍。

城镇村庄地籍是指以建设用地使用权、宅基地使用权为主建立的地籍。地籍空间对象是城镇建城区的土地，以及独立于城镇以外的工矿企业、铁路、交通等用地，以及农村居民地。

农村地籍是指以土地所有权、土地承包经营权为主建立的地籍。地籍空间对象是城镇郊区及农村集体所有土地、国营农场国有农用地等。

海域地籍，也可称为海洋地籍，简称海籍，是指以海域使用权、无居民海岛开发利用状况为主建立的地籍。地籍空间对象为海岸线以外的海洋区域和无居民海岛。

全覆盖地籍，也称为城乡一体化地籍，是指以覆盖特定空间内全部权利类型而建立的地籍。这种地籍得益于数字技术和地籍信息系统的发展，可以将不同尺度的城镇村庄地籍、农村地籍、海域地籍进行叠加，形成全覆盖地籍。

由于城镇土地利用率、集约化程度高、建(构)筑物密集、土地价值高、位置和交通条件所形成的级差收益悬殊，城镇地籍的图、数通常具有大尺度和高精度的特征，而农村地籍则相反。在地籍的内容、地籍的技术和方法及其成果整理编制等方面，城镇地籍比农村地籍有更高、更复杂的要求。随着数字化技术和地籍信息系统的日益成熟，全覆盖地籍将是未来的主要形式，并简化称之为地籍。

(4)按行政管理层次，可划分为国家地籍和基层地籍。这里可从两个方面来理解。

一是，根据行政部门的层级来划分。习惯上将县级以上(含县级)各级行政部门所从事的地籍工作称为国家地籍；县级以下的乡(镇)土地管理所、村级生产单位(国营农牧渔场的生产队)以及法人或非法人组织单位所从事的地籍工作称为基层地籍。

二是，根据权属单位取得土地权属的级别管理层次来划分。随着城乡经济体制的改革，以及土地所有权和使用权的分离，客观上形成了两级土地权属单位，分别对应着国家地籍和基层地籍。国家地籍是指以集体土地所有权单位的土地和国有土地的一级土地使用权单位的土地为对象的地籍。基层地籍是指以集体土地使用者的土地和国有土地的二级使用者的土地为对象的地籍。

从地籍的作用而言，基层地籍主要服务于对土地利用或使用的指导和监督；国家地籍则主要服务于土地权属的国家统一管理；它们是相互衔接、互为补充的一个完整体系。

第二节 地籍调查

一、地籍调查的含义

地籍调查是指查清土地及其定着物的权属、位置、界址、数量、质量、利用等状况的调查工作。它既是一项政策性、法律性和社会性很强的调查工作，又是一项集科学性、实践性、统一性、严密性于一体的调查工作。

地籍调查与其他调查、基础测绘和专业测绘有着明显不同，其本质的不同表现在，凡涉及土地及其定着物的权利和利用的调查都可视为地籍调查，具体表现如下：

(1)地籍调查是一项基础性的具有政府行为的调查工作，是政府行使土地行政管理职能的具有法律意义的行政性技术行为。在国外，地籍调查被称作官方调查。在我国，历次地籍调查都是由朝廷或政府下令进行的。

(2)地籍调查为土地管理提供了精确、可靠的地理参考系统。由地籍的历史和地籍调查的历史可知，测绘技术一直是地籍调查技术的基础技术之一，地籍测绘技术不但为土地的税收和产权保护提供精确、可靠并能被法律事实接受的数据，而且借助现代先进的测绘技术为地籍提供了一个大众都能接受的具有法律意义的地理参考系统。

(3)地籍调查具有勘验取证的法律特征。无论是产权的初始登记，还是变更登记或他项权利登记，在对土地权利的审查、确认、处分过程中，地籍调查所做的工作就是利用测量技术手段对权利人提出的权利申请进行现场的勘查、验证，为土地权利的法律认定提供准确、可靠的物权证明材料。

(4)地籍调查的技术标准必须符合土地法律的要求。地籍调查的技术标准既要符合测量的观点，又要反映土地法律的要求，它不仅表达人与地物、地貌的关系和地物与地貌之间的联系，而且同时反映和调节着人与人、人与社会之间的以土地产权和利用为核心的经济社会关系。

(5)地籍调查工作有非常强的现势性。由于社会发展和经济活动使土地的利用和权利经常发生变化，而土地管理要求地籍资料有非常强的现势性，因此必须对地籍调查成果进行快速更新，所以地籍调查工作比一般调查或基础测绘或专业测绘工作更具有经常性的一面，且不可能人为地固定更新周期，只能及时、准确地反映实际变化情况。地籍调查始终贯穿于建立、变更、终止土地利用和权利关系的动态变化之中，并且是维持地籍资料现势性的主要技术之一。

(6)地籍调查技术和方法是对当今测绘技术和方法的应用集成。地籍调查技术是普通测量、数字测量、摄影测量与遥感、面积测算、误差理论和平差、大地测量、空间定位技术等技术的集成式应用。根据土地管理和房地产管理对图形、数据和表册的综合要求组合不同的测绘技术和方法。

(7)从事地籍调查的技术人员应有丰富的土地管理知识。从事地籍调查的技术人员，不但要具备丰富的测绘知识，还应具有不动产法律知识和地籍管理方面的知识。地籍调查工作从组织到实施都非常严密，它要求地籍测绘技术人员与权属调查人员密切配合，细致认真地作业。

二、地籍调查工作内容

地籍调查工作的核心内容是权属调查、地类调查和地籍测绘。以"权属清楚、界址清晰、面积准确"为目标，充分利用已有地籍调查、国土调查、用地审批、规划许可、确权登记、竣工验收、用海审批、用岛审批等成果资料，选择已有地籍图、地形图、正射影像图等图件为基础图件制作工作底图，开展权属调查和地类调查。依据权属调查和地类调查的成果，开展地籍测绘。

(一)权属调查工作内容

权属是地籍的核心。权属调查是指查清土地的权属状况和界址状况的地籍调查工作。权属状况调查是指查清土地的权利人、权利内容、用途、位置等状况的权属调查工作。界址调查是指查清土地的界址点、界址线等状况的权属调查工作。

以"权属清楚、界址清晰"为目标，利用收集的资料(包括已有地籍调查成果、权利人身份证明、权属来源证明材料等)，实地调查核实权属状况和界址状况，为地籍测绘提供依据。

(二)地类调查

土地的用途和面积是服务土地管理工作的重要要素。地类调查是指为查清土地所有权或特定调查区范围内的土地利用状况而开展的地类图斑调查、地物补测、调查底图标绘与整饰、调查手簿填写等工作。

(三)地籍测绘

地籍是以地块为基础建立的，地块(宗地(海)、房屋、图斑)的位置、形状和大小的确定需要测绘科学和技术的支撑。地籍测绘是指根据权属调查成果，测定地籍要素(位置、界址)及其相关的地形要素(地物、地貌)、绘制地籍图、计算面积的测绘工作。具体内容如下：

(1)控制测量。测量地籍基本控制点和地籍图根控制点。

(2)界址测量。测定土地权属界线的界址点坐标和行政区划界线的位置。

(3)房屋和构(建)筑物测量。测定房屋、建筑物、构筑物等地物地貌的位置、形状。

(4)地籍图测绘。测绘分幅地籍图、土地利用现状图、房产图、宗地图等。

(5)面积计算。测算地块(宗地、宗海、房屋、图斑)的面积，进行面积的平差和统计。

同其他测绘工作一样，地籍测绘也遵循“先控制后碎部、由高级到低级、从整体到局部”的原则。

三、地籍调查的目的

随着人口的增加和经济的发展，各方面对土地的需求与日俱增，但土地的面积是有限的，位置是固定的，自然供给缺乏弹性，土地越来越稀缺，珍惜并合理利用每一寸土地是土地管理的根本目的。为了搞好土地管理，必须掌握土地的基本状况：一是土地的权属状况及其空间分布；二是土地的数量及其在国民经济各部门、各土地权属间的分布状况；三是土地的质量及使用状况。

因此，地籍调查的目的在于摸清土地的基本状况，并把它们反映到地籍调查表中和地籍图上，首先服务于不动产登记、土地统计、国土空间规划等土地管理工作，进而满足土地的税收、城市规划、房产管理以及其他国民经济各部门的需要，随着地籍信息化的逐步完善，还要满足社会公众对地籍资料的需求。其根本目的是为维护土地制度、保护土地产权、制定土地政策和合理利用土地等提供基础资料。

四、地籍调查的原则

为了保证地籍管理工作顺利开展，避免不应有的矛盾，地籍调查应遵循以下原则：

(1)实事求是的原则。为查实土地资源和土地资产的家底，国家要投入巨大的人力、物力和财力。因此在调查过程中，一定要实事求是，防止来自任何方面的干扰。

(2)全面调查的原则。地籍调查必须严格按相关的技术标准进行，并实施严格的检查、验收制度。事实证明，各种类型土地都有相对的资源价值和资产价值，全面调查有益于人们放开视野，把所有的土地资源都视为人们努力开发利用的对象。从调查工作的组织管理来看，全面调查既经济又科学。

(3)一查多用的原则。所谓一查多用，就是要充分发挥地籍调查成果的作用，不仅为土地管理部门提供基础资料，而且为农业、林业、水利、城建、统计、计划、交通运输、民政、工业、能源、财政、税务、环保等部门提供基础资料。

(4)技术先进的原则。在调查中要尽量采用最新的科学技术和方法。地籍调查中选用什么技术手段，应当贯彻在保证精度的前提下，兼顾技术先进性和经济合理性的精神，把提高精度、及时变更、快速应用作为目标，集成化地运用数字测量技术、全球卫星导航定位系统(GNSS)、遥感技术(RS)、地理信息系统(GIS)等现代化技术手段进行地籍调查工作。

五、地籍调查方法体系

测绘技术产生之初的主要应用之一就是解决土地的划分和测算田亩的面积。最远可追溯到约公元前30世纪古埃及皇家登记的税收记录中。公元前21世纪尼罗河洪水泛滥时就曾以测绳为工具用测量方法测定和恢复田界。我国从商周时代实行井田制，开始对田地界域进行划分和丈量。起始于宋代、完善于明代的鱼鳞图册的编制，是我国地籍调查发展的重要里程碑。自1807年，法国历经48年完成了覆盖全国的地籍调查，其引人注目的成就是布设三角控制网，采用统一的地图投影，所有的土地都做到了唯一划分，并在地籍图上标注了每个地块的编号。西方史学家、经济学家高度评价法国的地籍调查成果，认为其是19世纪法国文明之一。

自20世纪80年代以来，由于社会的不断变革和发展，人口的急剧增长和各项建设事业的迅猛发展，迫切要求及时解决土地资源的有效利用和保护等问题，由此对地籍调查提出了更高的要求，各国政府对此项工作也普遍重视。而数字测量技术、RS技术、GNSS技术以及GIS技术的迅速发展，对地籍数据的获取、存储、发布和管理体制等诸多方面产生着越来越广泛和深刻的影响。

用现代技术进步的观点来看，地籍调查技术是指获取、处理、分析、存储、管理和应用土地信息所涉及技术的总称。在涉及的众多技术和方法之中，其中现代测绘技术、摄影测量与遥感技术和地理信息工程技术是最重要的。现代测绘技术，包括数字测绘技术、GNSS技术，主要用来精确、快速地获取和处理土地信息；RS技术主要用于制作调查底图、测制土地利用现状图、测制土地所有权属图和土地利用变更调查；而GIS技术将应用到地籍调查工作的各个方面。

地籍调查工作的内容一般包括土地权属调查、土地利用现状调查、地籍控制测量、界址测量、地籍图测绘、面积测算与汇总和地籍信息系统建设。用到的测绘和3S(GNSS、RS、GIS的统称)技术与方法有野外调查、GNSS技术、导线测量、全野外数字测量、RS技术和GIS技术。这些技术与方法相辅相成、互相衔接，技术体系如表1-1所示。

表1-1　地籍调查方法体系

序号	工作内容	技术基础	方法
1	权属调查	野外调查、遥感技术(RS)	内业核实、外业调查 有地籍材料的调查、无地籍材料的调查
2	地类调查	影像调绘、遥感技术(RS)	室内判读、野外调查 面状图斑调查、线状图斑调查
3	地籍控制测量	全球卫星导航定位系统(GNSS)、导线测量	地籍图根导线测量 地籍图根GNSS-RTK测量
4	界址测量	全野外数字测量、全球卫星导航定位系统(GNSS)	解析法、图解法 极坐标法、交会法、截距法、直角坐标法、GNSS法
5	地籍图测绘	控制测量、地形测量、摄影测量、地图编绘、地理信息系统(GIS)、全球卫星导航定位系统(GNSS)	全野外数字测量、数字摄影测量、数字编绘 农村地籍图测绘、城镇村庄地籍图测绘、不动产单元图编制、地籍挂图编制
6	面积计算	地理信息系统(GIS)	解析法、图解法 几何要素法、坐标法

六、地籍调查的分类

按照调查的空间对象分，地籍调查可分为不动产地籍调查和自然资源地籍调查。

不动产地籍调查是指由政府统一组织或不动产权利人委托，以土地权属为核心、宗地(宗海)及其定着物为对象的调查活动。通过权属调查和不动产测绘，全面查清土地、海域(含无居民海岛)及其上定着物的权属、位置、界址、面积、用途等权属状况和自然状况，形成数据、图件、表册等调查资料，为不动产登记、核发证书和自然资源管理等提供依据的一项技术性工作。地籍调查是不动产程序的法定环节，是不动产登记的基础工作，其资料成果经不动产登记后，具有法律效力。

自然资源地籍调查是以自然资源登记单元为基本单位，充分利用已有权属资料、专项调查、管理管制等成果资料，采用内业为主、外业补充调查的方式，全面查清自然资源权属状况、自然状况以及公共管制情况等，划清全民所有和集体所有之间的边界，划清全民所有、不同层级政府行使所有权的边界，划清不同集体所有者的边界，为自然资源审核登簿提供基础调查依据。

按照调查的时间及任务不同，地籍调查可分为地籍总调查和日常地籍调查。

地籍总调查是指在一定时间内，对辖区全部土地或者特定区域内土地的权属和利用状况进行的全面调查。地籍总调查一般要在无地籍资料或地籍资料比较散乱、严重缺乏、陈旧的状况下进行调查工作，但不是指历史上的第一次地籍调查。这项工作涉及司法、税务、财政、规划、房产等方面，规模大，范围广，内容繁杂，费用巨大。地籍总调查应统一组织，以区县级行政区为单位全面实施。

日常地籍调查是指为了保持地籍的现势性，及时掌握地籍信息的动态变化而进行的经常性的地籍调查，是在地籍总调查的基础上进行的，是地籍管理的经常性工作。日常地籍调查包括建设项目地籍调查和一般日常地籍调查。建设项目地籍调查是指对建设项目从规划选址到竣工验收期间开展的地籍调查，包括建设项目规划选址踏勘、土地勘测定界、房屋预测绘、房屋实测绘、土地验核、规划条件核实等工作。一般日常地籍调查是指对已经存在地籍资料的宗地、宗海、图斑、房屋、林木的调查，如不动产或地类图斑的分割、合并、界址调整或土地权利人或用途发生变化等。

第三节 地籍调查的历史

一、地籍发展综述

国家的出现是地籍产生的基本原因。地籍是国家管理土地的产物，社会进步、生产发展、科学技术水平不断提高推动着地籍的发展。在原始社会中，土地处于“予取予求”的状态，人们共同劳动，按氏族内部的规则分享劳动产品，无须了解土地状况和人地关系。随着社会生产力的发展，出现了凌驾于劳动群众之上的机器——国家。地籍是以维护国家机器运作的工具的身份出现的，一是用于征收税费，二是用以维护土地制度。

中国、古埃及、古希腊、古罗马等文明古国都存在着一些古老的地籍记录。在当时的社会背景下，地籍是一种以土地为对象的征税簿册，记载的内容是有关土地的权属、面积和土地的等级等。在这种征税簿册中，只涉及土地所有者或使用者本人，不涉及四至，无建筑物的基本记载。所采用的测量技术也很简单，无图形。土地质量的评价主要依据农作物的产量。运用征税簿册所征收到的税费，主要作为维持社会发展的基金，它是国家工业化之前最主要的收入来源之一。这也就是我们所说的税收地籍。

直至18世纪，社会结构发生了深刻变革，土地的利用更加多元化，形成了农业用地、工业用地、居民用地等用地类型概念。而测绘技术的发展，使具有确定权利人的地块能精确地定位，计算的面积也更加准确，并且可以用图形来描述人们占有土地的范围。换句话说，测绘技术为地籍提供了准确的地理参考系统，最终导致以地块为基础征收税费(包括建筑物)，并逐渐地建立了一个较成熟的税收体系。这时地籍的内容不但有土地的权属、位置、数量和用途，还包含土地的界址及其定着物(即建筑物、构筑物、林木等)的权属、位置、数量和利用类别。

19世纪，欧洲的经济结构发生了重大变化，城市中心地皮紧张，土地交易活跃，产生了在法律上更好保护土地产权的要求。地籍作为征收土地税费的基础，由于它能提供一个完整精确的地理参考系统(这是由精确的测绘系统所带来的)，因而担当起以产权登记册来实现产权的保护任务，因此地籍变成了产权保护的工具，从此产生了含义明确的产权地籍(税收是其目的之一)。据有关文件记载，19世纪的法国拿破仑时代，因为地籍的建立，减少了土地边界纠纷。

基于以上原因，西方各国纷纷效仿法国，建立起了覆盖整个国家领土范围的国家地籍，对地籍发展起到了决定性的作用。进入20世纪，由于人口增长及工业化等因素，社会结构变得更加复杂，各级政府和部门需要越来越多的信息来管理这个激烈变迁的社会，同时认识到地籍是其管理工作中的重要信息来源，导致多用途地籍的产生。

技术的进步是推动多用途地籍产生的重要推动力。土地质量评价的理论、技术和方法日趋完善，土地的质量评估资料被纳入地籍中。科学技术日新月异，为了提供一个更加精确、可靠的测绘手段，地籍图的几何精度和地籍的边界数据精度越来越高。地籍簿册登记的权属状况、界址状况等内容也越来越丰富。地籍在满足土地税收和产权保护需要的同时，不断地应用于各类规划设计、房地产经营管理、国土整治、政府决策等许多方面，从而扩展了地籍的传统任务和目的，形成了我们所说的多用途地籍，在现在的各类书籍中也称之为现代地籍。

二、地籍调查发展综述

由于土地的空间特征，测绘技术是推动地籍调查走向精准化、规范化的关键技术。测绘技术产生之初的主要应用之一就是解决土地的划分和测算田亩的面积。约在公元前30世纪，古埃及及皇家登记的税收记录中，有一部分是以土地测量为基础的，在一些古墓中也发现了土地测量者正在工作的图画。公元前21世纪尼罗河洪水泛滥时就曾以测绳为工具用测量方法测定和恢复田界。据《中国历代经界纪要》记载："中国经界，权舆禹贡。"从商周时代实行井田制就开始了对田地界域的划分和丈量。从出土的商代甲骨文中可以看出，耕地被划分为呈"井"字形的田块，此时已用"规""矩""弓"等测量工具进行土地测量，已有了地籍调查技术和方法的雏形。

公元 11 世纪前，不管土地管理制度如何改变或不同，简单的测绘技术、方法和工具都是量测土地经界和面积的有力手段。

1086 年，一个著名的土地记录——《末日审判书》(*The Doomsday Book*)在英格兰创立，完成了大体覆盖整个英格兰的地籍调查，遗憾的是这个记录没有标在图上。

1368 年，中国明代全面开展地籍调查，编制鱼鳞图册，以田地为主，绘有田块图形，分号详列面积、地形、土质以及业主姓名，作为征收田赋的依据。到 1393 年完成全国地籍测绘并进行土地登记，全国田地总计为 8 507 523 顷。

1628 年，瑞典为了税收，对土地进行测量和评价，包括英亩数和生产能力并绘制成图。

1807 年，法国为征收土地税而建立地籍，开展了地籍测绘；1808 年，拿破仑一世颁布全国土地法令。这项工作最引人注目的是布设了三角控制网作为地籍测绘的基础，并采用了统一的地图投影，在 1∶2500 或 1∶1250 比例尺的地籍图上定出每一街坊中地块的编号，所有的土地都做到了唯一划分。这时的法国已建立了一套较完整的地籍测绘理论、技术和方法。现在许多国家仍在沿用拿破仑时代的地籍测绘思想及其所形成的理论和技术，建立、更新、维护地籍。

20 世纪 50 年代美国国防制图局开始制图自动化的研究，这一研究同时也推动了制图自动化全套设备的研制，包括各种数字化仪(手扶数字化仪及半自动跟踪数字化仪)、扫描仪、数控绘图仪以及计算机接口技术等。随着计算机及其外围设备的不断发展、完善和生产，70 年代，在新的技术条件下，对计算机制图理论和应用问题，如地图图形数字表示和数学描述、地图资料的数字化和数据处理方法、地图数据库和图形输出等方面的问题进行了深入的研究，使制图自动化形成了规模生产，美国、加拿大及欧洲各国，在相关的重要部门都建立了自动制图系统。进入 80 年代，世界上各种类型的地图数据库和地理信息系统(GIS)相继建立，计算机制图得到了极大发展和广泛应用。

19 世纪和 20 世纪中叶以前是地籍调查理论和技术不断发展完善的阶段。20 世纪以来，由于社会的不断变革和发展，人口的急剧增长和城镇化的迅猛发展，迫切要求及时解决土地资源的有效利用和保护等问题，由此对地籍调查提出了更高的要求，各国政府对此项工作也普遍重视起来。而计算机技术、光电测距、航空摄影测量与遥感技术、全球导航定位技术以及卫星遥感监测技术的迅速发展，也使得地籍调查理论和技术得到不断发展，可对社会发展过程中出现的各种问题进行及时的解决。现在，发达国家都陆续开展了由政府监管的以地块为基础的地籍或地籍信息系统的建设工作。

三、我国地籍调查的发展*

地籍、地籍调查和地籍管理工作在我国也有悠久的历史。在农业生产中，为解决分田和赋税问题，不但要进行土地测量，而且建立了一种以土地为对象的征税簿册。

我国地籍概念始于夏朝，即公元前 21—前 16 世纪。颜师古对《汉书·武帝纪》中“籍吏氏马，补车骑马”的“籍”注为“籍者，总入籍录而取之”。

商、周时代，建立了一种“九一而助”的土地管理制度，即“八家皆私百亩，同养公亩”的井田制，并相应地进行了简单的土地测绘工作，这可视作中国地籍调查的雏形。据《汉书·食货志》中记述“六尺为步，百步为亩，亩百为夫，夫三为屋，屋三为井，井方一里，是为九夫；八家共之，各受私田百亩，公田十亩，是为八百八十亩，余二十亩以为庐舍。”它较详细地描述了当时的土地管理制度以及量测经界位置和面积的方法。

到了春秋中叶(约公元前 770—前 476 年)以后，鲁、楚、郑三国先后进行了田赋和土地调查工作。例如在公元前 548 年，楚国先根据土地的性质、地势、位置、用途等划分地类，再拟定每类土地所应提供的兵、车、马、甲盾的数量，最后将土地调查结果做系统记录，制成簿册。

地籍的历史发展与生产力、生产关系的变化密切相关。随着生产力的发展，生产关系处于不断变化之中，相应地，地籍的内容也会发生变化，孟子曾说：“夫仁政必自经界始，经界不正，井地不均，谷禄不平；是故暴君污吏，必慢其经界。经界既正，分田制禄，可坐而定也。”在这里，正经界是地籍工作的重要内容，所以地籍在国家调节生产关系中占有重要地位。公元前 216 年，《册府元龟》记载：“始皇帝三十一年，使黔首自实田”，即令人民自己申报田产面积进行登记。

如何建立与土地私有制相适应的地籍制度成为历代封建王朝工作的重点。唐德宋建中年间，杨炎推行“两税法”，并进行大规模的土地调查，《通典》卷二《田制下》记载：“至建中初，分遣黜陟使，按比垦田田数，都得百十余万顷。”

宋代对地籍管理极重视，推行的一些整理地籍的办法对后代产生了深远的影响，其经界法地籍整理已具有产权保护的功能。宋代创立了三种地籍调查方法，即方田法、经界法、推排法，并在南宋中后期产生了鱼鳞图册。

宋代虽然创立了许多地籍管理的方法，但是未完成全国范围的土地清丈，真正完成全国土地清丈，并建立起完善的地籍制度则是在明代。在总结宋代经界法、方田法经验的基础上，明代继承发展了鱼鳞图册(见图 1-8)制度，而且还同时进行人口普查，将其结果编为黄册，黄册和鱼鳞图册是相互补充的。陆世仪的《论鱼鳞图册》记有：“一曰黄册，以人户为母，以田为子，凡定徭役，征赋税，则用之。一曰鱼鳞图册，以田为母，以人户为子，凡分号数，稽四至，则用之。”这时，地籍完全从户籍中独立出来，这是中国地籍制度发展变化的重要里程碑。此后，与封建土地私有制相适应的地籍制度终于形成。

民国初期至新中国成立初期，地籍的税收功能得到完善，产权功能不断丰富，并为政府的土地管理服务。

1914 年，国民政府中央设立经界局，其下成立经界委员会，并设测量队，制定了《经界法规草案》。1922 年，国民政府为开展土地测量，聘请德国土地测量专家单维康为顾问。1927 年，上海开始进行土地测量，这是中国用现代技术方法进行的最早的地

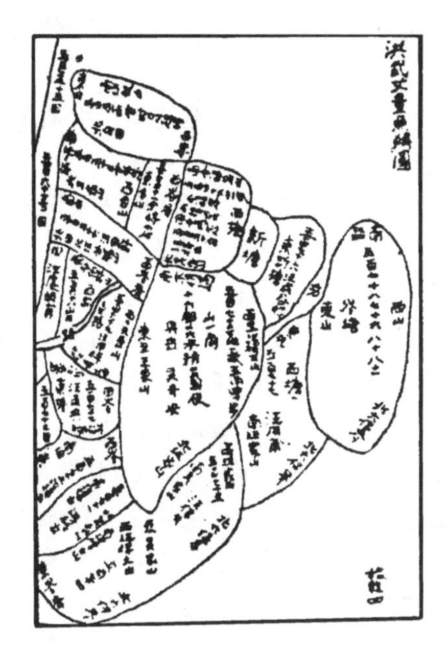

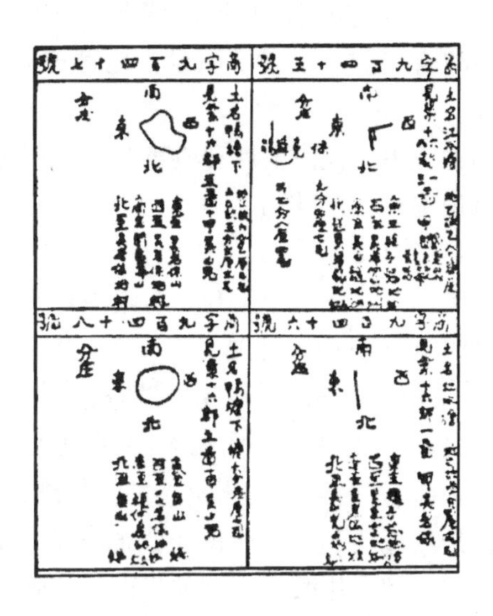

图 1-8　鱼鳞图

籍调查。1928 年，国民政府在南京设立内政部，下设土地司，主管全国土地测量。1929 年南京政府决定将陆军测量总局改为参谋部陆地测量总局，兼有土地测量任务。同年，内政部公布《修正土地测量应用尺度章程》。1931 年，陆地测量总局会同各有关部门召开了全国经纬度测量及全国统一测量会议，制定了 10 年完成全国军用图、地籍图的计划，确定用海福特椭圆体、兰勃特投影，改定新图廓。1932 年，陆地测量总局航测队应江西要求，首次在江西省施测了地籍图。以后，还做过无锡及苏北几个县的土地测量。20 世纪 30—40 年代，国民政府为“完成地价税收政策之准备工作，并进而开征地价税；推行保障佃农，扶植自耕农，以促进农业生产的目的，调整地政机构，训练地政人员，制造测量仪器，以举办各省、县市地籍整理，进行清理地籍，确定地权，规定地价”。1942 年，各省地政局下设地籍调查队，还设立了测量仪器制造厂。1944 年地政署公布了《地籍调查规则》，这是中国第一部完整的国家地籍调查法规，也标志着中国地籍调查发展进入了一个新的阶段。确切地说，中国的现代地籍始于这个时期。

1949 年 11 月 7 日，中央人民政府内务部设立地政司，把土地清丈、登记、土地证发放作为重要职能。根据 1947 年颁布的《中国土地法》大纲及 1950 年颁布的《中华人民共和国土地改革法》的规定，开展了全国范围内的土地改革运动，为此，各地广泛开展了土地清丈、划界、定桩等土地调查工作。同时，为征收农业税，平衡负担，全国还开展了清查土地数量、评定土地等级、编制土地清册等工作。

1958 年全国实行人民公社化，标志着中国土地社会主义公有制已经形成。土地合理利用被提到重要地位。1958 年前后全国掀起了一场土地利用规划的热潮，当时在全国范围内开展了土壤普查、荒地调查以及局部地区的土地适宜性评价等工作，并由有关部门建立了农业税面积台账和耕地统计台账等。但就全国而言，其土地调查工作还处于不统一、不完整和部分中断的状态。

1982 年 5 月，农业部下设土地管理局，开展了土地调查、土地登记、土地统计试点工作。

为适应中国经济发展和改革开放的形势，1986 年 6 月 25 日公布《中华人民共和国土地管理法》(1987 年 1 月 1 日实施)，明确了土地所有权和使用权的确认、登记、发证规定；1986 年 8 月 1 日，国家土地管理局正式成立，设立了地籍管理司，统一管理城乡地籍工作。自此，中国开始有组织地开展土地利用现状调查和城镇地籍调查工作。

1984 年 5 月中国开展了第一次全国土地利用现状调查工作(简称“详查”)。1995 年 5 月全国 2843 个县级单位完成调查任务。县级调查数据经过逐级汇总，并统一变更到 1996 年 10 月 31 日。历时 12 年，于 1996 年结束的中国第一次全国土地利用现状调查，共调动 50 多万名调查与测绘人员，各级人民政府累计投入几十亿元资金，基本查清了城乡土地权属、利用、面积和分布情况，获得了近百万幅土地利用现状图，结束了中国长期以来土地利用数据不准的局面，达到了和睦邻里关系和稳定社会秩序的目的。这次调查在中国历史上第一次摸清了全国(未含港、澳、台地区)的土地家底，为全国乃至各地经济社会的发展提供了丰富的土地基础数据和资料。调查结果于 1999 年由国土资源部、国家统计局、全国农业普查办公室联合向社会公布，成为国家法定数据。土地利用现状调查资料和数据是中国当时较为全面、翔实、准确的历史资料，在土地资源调查、资源与环境监测工程项目，以及土地利用变化、城市扩展、全球环境变化等研究中得到广泛应用。

自 1985 年以来，为加强城镇的土地管理，配合国家开征城镇国有土地使用费(税)，开展了城镇地籍调查的试点工作。1993 年，原国家土地管理局制定了《城镇地籍调查规程》。该规程从中国实际出发，本着合法、有效、可行、满足当前地籍管理和土地登记需要、有重点、有步骤地完善中国地籍管理制度的原则，对地籍调查的内容、方法、程序、精度和成果资料等做了系统性、整体性的规定。该规程对于规范全国的城镇地籍调查工作，因地制宜采用调查方法和手段，促进调查工作的有效开展，建立和完善地籍管理制度起到了重要作用。

自 1997 年开始，中国每年开展土地利用变更调查工作，并将每年的 10 月 31 日确定为统一变更时点。基于经济快速发展、土地利用现状变化较大，土地利用现状基础图件日益陈旧、现势性不强的状况，很多地区组织开展了土地利用现状更新调查的工作。为维护土地利用调查工作的严肃性，进一步规范全国土地利用更新调查工作秩序，确保调查数据的准确、客观，保持成果的延续性和现势性，保证调查成果质量，针对部分地区在更新调查中出现的问题，2003 年 8 月 4 日国土资源部发文要求加强土地利用现状更新调查的组织和管理、明确更新调查的工作程序、严格按照技术要求开展更新调查、加强检查验收、保证成果质量、加强成果应用及更新维护等。

在信息化方面，自 1999 年开始，全国各地陆续开展了土地利用数据库的建设。与此同时，数字化和 3S 技术在地籍调查中的应用也日益广泛，全国大部分城市陆续建立了地籍管理信息系统。

近年来，随着国民经济的快速发展，我国现有的调查成果已难以满足国民经济发展的需要。2008 年 2 月 7 日中华人民共和国国务院公布《土地调查条例》，条例规定每 10 年开展一次全国土地调查，调查内容包括土地权属调查、土地利用调查和土地条件调查。根据条例规定，分别以 2009 年 12 月 31 日和 2019 年 12 月 31 日为试点，中国进行了第二次全国土地调查和第三次全国国土调查，并以每年的 12 月 31 日为时点开展变更土地调查。第二次全国土地调查和第三次全国国土调查是一项复杂的系统工程。它涉及土地管理、地理学、农学、测绘学、信息学等多门学科，要求调查人员具备上述各学科的理论知识和应用技能。与第一次土地调查相比，第二次和第三次调查全面采用数字测绘技术和 3S 技术，精度更高、图件更丰富、速度更快，投入也更多。

四、数字地籍测绘的发展

我国数字地籍测绘是随着数字测图的发展而产生的，数字测图的发展大致经历了以下三个阶段：

第一阶段从 20 世纪 80 年代初至 1987 年。这一阶段参加研究的人员和单位都比较少，人们对数字测图的许多问题还模糊不清，再加上当时测图系统硬件和软件的限制，所研制的数字测图还很不成熟。

1988 年至 1991 年为第二阶段。这一阶段参加研制的单位和人员增多，先后研制了十几套数字测图系统，并在生产中得到应用。野外数据采集开始采用国内自行研制的电子手簿进行自动记录、计算和图形信息的输入和修改等。编码方法有两种：一种是采用绘制简单草图，然后再根据草图进行数据编码；另一种是直接野外编码，不绘制草图。内业图形编辑已有了全部自行研制开发的地图图形编辑系统，可对所测的数字图在屏幕上进行各种编辑和汉字、字符注记，也有的是在 AutoCAD 平台上进行二次开发，利用 AutoCAD 强大的绘图功能进行图形编辑。

1992 年以后是我国数字测图进入全面发展和广泛应用的阶段。随着我国大范围数字测图的生产和应用，人们对数字测图的认识进一步提高，并提出了一些新的更高的要求，数字测图不再局限于前一阶段只生产数字地图这一范围，还更多地考虑数字地图产品如何与各类专题 GIS 进行数据交换，如何应用数字地图产品进行工程计算。因而，人们开始对前一阶段研制的各种数字测图系统的数据结构、开发性、可扩充性等进行新的研究，并进行大范围多种图(地形图、地籍图、管线图、工程竣工图等)的试验和生产，在此基础上，国内推出了成熟的、商品化的数字测图系统，并在生产中得到了广泛的应用。

随着数字测图科学技术理论与实践的进步，这项技术也逐步应用到地籍测绘中。一些数字成图软件的研制和开发进一步促进了数字地籍测绘的发展。数字地籍测绘作为一种先进的测量方法，其自动化程度和测量精度均是其他方法难以达到的。目前，数字地籍测绘已经逐步成为地籍测绘的主流，正处于蓬勃发展的时期，其理论和方法也在实践中逐步得到创新和完善。

第四节 地籍调查学

地籍调查学是以现代测绘科学技术为支撑，立足于土地权利和土地利用的空间特征，以土地的管理、经济及其法律为基础来研究土地信息的采集、处理和表达的工程技术学科。地籍调查在精确确定地球表面地块与地块之间的空间位置关系的同时，需准确表达人与地之间的各种关系。人与地的关系正是土地科学研究的核心，因此，地籍调查学科是测绘科学与土地科学结合的产物，也是社会发展所需求的科学技术。

一、地籍调查学的研究对象

测绘学属自然科学范畴的学科，是为人们了解和改造自然服务的，它研究的对象是地球表面，研究的主要内容是确定地球的形状、大小和地表形态，并将地表面的地形及其他信息测绘成图。由于人类社会的需求，近代科学技术的日益发展，测绘科学也得到了相应的发展。测绘对象已由地球表面扩展到空间，由静态发展到动态，形成了许多单独的并有明确分工的分支学科。这些学科注意的是地球表面的自然属性和一般的社会属性，如地形、地貌、地理名称、构筑物和建筑物的投影位置等，它着重研究获取和表达点的三维空间的理论和技术，对于土地在利用过程中所形成的各地块之间的相互法律关系、社会关系和经济价值关系却无明确的描述和研究，而地块的这些特征的存在却比测绘技术的产生更加古老。测绘技术产生之初的主要应用之一就是保证地块边界清晰、产权明确，核算地块面积并予赋税，在此所进行的调查工作可称为地籍调查(或称地籍测量)。另外，为提高土地生产力而进行的国土整治测绘工作，为适应城市化发展占用农业用地来扩展生产建设用地而进行的土地勘测定界工作，为实施土地利用规划和城市规划目标而进行的土地规划测量工作，还有房产测量、土地利用动态监测、海籍调查等工作都可视为地籍调查学科的范畴。

地籍调查学研究的对象是土地权利空间和土地利用空间的位置及其形状和大小，具体指地块的空间位置及其形状和大小。地块是人们在土地利用过程中所形成的，并具有法律、经济和社会关系的特征。在土地管理工作中，地块是土地基本信息的最小载体，其中以土地权利为主题标识的地块称宗地(海)，以土地利用现状分类为主题标识的地块称图斑，宗地(海)和图斑是地籍中最重要的空间实体，也是土地管理科学中最重要的空间实体。

二、地籍调查学的学科性质

从工程技术的角度出发，地籍调查学属于自然科学的应用科学范畴。地籍调查技术和方法体系是以测绘科学与技术为平台来构建的，是普通测量、数字测量、摄影测量与遥感、面积测算、误差理论和平差、大地测量、空间定位技术等技术的集成式应用，所表达的空间对象和可视化表达方法与基础测绘具有一致性，如道路、水系、建筑物、构筑物、地形地貌、地表覆盖等。

从土地行政管理的角度看，地籍调查是一项基础性的具有政府行为的调查工作，是政府行使土地行政管理职能的具有法律意义的行政性技术行为。在国外，地籍调查被称为官方调查。在我国，历次地籍调查都是由朝廷或政府下令进行的，其目的是为保证政府对土地的税收并兼有保护个人土地产权。现阶段我国进行的地籍调查工作的根本目的是国家为保护土地、合理利用土地及保护土地所有者和土地使用者的合法权益，为社会发展和国民经济计划提供基础资料。

从物权证明的角度看，地籍调查具有勘验取证的法律特征。无论是产权的初始登记，还是变更登记，在对土地权利的审查、确认、处分过程中，地籍调查所做的工作就是利用调查技术手段对权利人提出的权利申请进行现场勘查、验证，为土地权利的法律认定提供准确、可靠的物权证明材料。

由上述三个角度的论点，可以得出地籍调查的技术标准既要符合测量的观点，又要反映土地法律的要求。其技术标准不仅表达人与地物、地貌的关系和地物与地貌之间的联系，而且同时反映和调节着人与人、人与社会之间的以土地权利为基础、以土地利用为核心的各种关系。自然科学与社会科学的交叉融合使地籍调查具有双重属性，这就要求从事地籍调查的技术人员，不但要具备丰富的测绘知识，还应具有不动产法律知识和行政管理方面的知识。

国际测量工作者联合会(FIG)设有地籍调查和土地管理委员会，专门研究土地信息系统问题(LIS)和地籍调查的特殊问题。其目标和职责之一，就是组织交流地籍调查的现状与发展，面向的是世界范围内的土地与人口、人口与环境等问题及由此引起的社会发展问题，这也是在全球范围内确立的地籍调查学科在经济建设和社会发展中的重要作用。

三、地籍调查学的任务和内容

地籍调查学的主要任务是确定地块的权属、用途、位置、面积，保持土地利用过程中所发生的地块的分割、合并、产权转移和利用类别变化的现势性和准确性。

地籍调查学研究的内容包括地籍调查的理论框架、地籍调查技术体系及其标准化、地块的划分技术与方法、土地信息采集与表达的技术集成及其可视化、土地利用的动态监测技术与方法等。

在全球范围内，地籍调查学的发展趋势将从以下几个方面得到体现：一是对传统的地籍调查理论、技术和方法进一步拓宽思路，使其理论更加丰富和完善，技术和方法更加规范化，土地空间信息获取将在快速、内外业一体化和城乡一体化方面取得突破；二是建立土地信息系统，并不断地改善数据质量，使土地管理工作更加合理和高效；三是高新测绘技术将是地籍调查学科的重要组成部分，也是快速、高质量地获取土地空间信息的技术手段之一。依托 GNSS 技术，建立一个全国统一的土地参考系统，为土地信息大范围的交流及相关土地管理工作的快速实现打下基础。依托 RS 技术，将会经济地、快速地监测土地利用的变化，再结合常规的地面土地利用监测手段，为国家的各项决策快速提供土地利用变化的资料。

思 考 题

1. 地籍的含义是什么？有什么特征？可以划分为哪些类型？
2. 地籍内容的三要素和六要素是如何表达的？
3. 地籍存在几千年，并还在持续发展的理由(功能或作用或用途)是什么？
4. 地籍调查的含义和内容是什么？
5. 与测绘工作、其他调查工作相比较，地籍调查有哪些特点？
6. 地籍调查的目的是什么？应遵循什么样的调查原则？
7. 什么样的动力和关键技术推动着地籍与地籍调查的发展？
8. 地籍调查学与测绘科学是如何关联的？
9. 地籍调查学的任务、研究的内容和对象如何界定？

第二章　权属调查

权属调查是地籍调查的核心内容，是开展地籍测绘的前提条件。本章以《中华人民共和国民法典》中的不动产物权体系为基础，给出了确认不动产物权的依据，构建了土地、海域以及房屋、林木等定着物权属调查的内容、方法和程序，诠释了地块的定义和地块空间层级体系，给出了宗地、宗海、房屋、林木等权属调查单元含义及其划分方法，全面深入阐述了权属状况调查、界址调查、不动产单元草图编制、地籍调查表填写的内容和方法。

第一节　概　　述

一、不动产物权①

不动产物权与劳动人民的生产、生活及社会活动、思想意识等密切相关，是国家经济结构和社会安定的基础。物权是权利人依法对特定的物享有直接支配和排他的权利，包括所有权、用益物权和担保物权。按照物的特性，可分为不动产物权和动产物权。不动产是指土地、海域及其房屋、林木等定着物。世界上主要有两种不动产物权体系：一是所有权、用益物权和担保物权组成的体系；二是所有权、使用权和他项权利组成的体系。2007 年以后我国采用的是第一种不动产物权体系，2007 年以前采用的是第二种不动产物权体系。

（一）不动产所有权

所有权是所有制在法律上的表现，即从法律上确认人们对生产资料和生活资料所享有的权利。不动产所有权是指所有权人对自己的不动产，依法享有占有、使用、收益和处分的权利。所有权人有权在自己所有的不动产上依法设立用益物权和担保物权。用益物权人、担保物权人行使权利时，不得损害所有权人的权益，不动产权利人有对土地的合理利用、改良、保护、防止土地污染、防止荒芜的义务（权利的责任和限制）。我国的不动产所有权体系包括国家（全民）所有权、集体所有权、建筑物区分所有权和其他所有权。国家所有的土地、海域面积与集体所有的土地面积之和等于国土面积之和。

1. 国家所有权

国家所有的不动产空间范围包括：一是城市的土地、法律规定属于国家所有的农村

---

① 本部分内容来源于《中华人民共和国民法典》（2020 年）。

和城市郊区的土地；二是法律规定属于国家所有的海域(含无居民海岛)、水流、森林、山岭、草原、荒地、滩涂、矿藏等自然资源；三是铁路、公路、电力设施、电信设施和油气管道等基础设施；四是法律规定属于集体所有除外的不动产和自然资源。国家所有权的权利主体是国务院。

2. 集体所有权

集体所有的不动产空间范围包括：一是法律规定属于集体所有的土地和森林、山岭、草原、荒地、滩涂；二是集体所有的建筑物、生产设施、农田水利设施；三是集体所有的教育、科学、文化、卫生、体育等设施；四是集体所有的其他不动产，如自留地、自留山、森林、林木等。集体所有权的权利主体有三种：一是村农民集体；二是村民小组农民集体；三是乡镇农民集体。

3. 房屋等建(构)筑物所有权

房屋等建(构)筑物所有权包括单独所有、共同所有(简称共有)和建筑物区分所有权。建筑物区分所有权包括专有部分所有权和共有部分所有权，其空间范围是：一是业主对建筑物内的专有部分享有所有权，如成套住宅的套内部分；二是业主对建筑物专有部分以外的共有部分享有共有和共同管理的权利，如楼梯、电梯、走廊等。建筑物区分所有权的权利主体有国务院、法人、非法人组织、个人和3种农民集体。

4. 其他所有权

其他不动产所有权包括自然人(私人)、法人、非法人组织对其合法取得的林木等定着物享有的所有权。

(二)用益物权

用益物权，是所有权人在自己所有的不动产上依法设立的权利。用益物权是指用益物权人对他人所有的不动产，依法享有占有、使用和收益的权利。国家所有或者国家所有由集体使用以及法律规定属于集体所有的不动产，自然人(私人)、法人、非法人组织依法可以占有、使用和收益。用益物权人行使权利，应当遵守法律有关保护和合理开发利用资源、保护生态环境的规定。所有权人不得干涉用益物权人行使权利。

我国的用益物权体系由土地承包经营权、建设用地使用权、宅基地使用权、居住权和地役权组成。

1. 土地承包经营权

土地承包经营权是指土地承包经营权人依法对其承包经营的耕地、园地、林地、草地、水域、滩涂等享有占有、使用和收益的权利，有权从事种植业、林业、畜牧业、养殖业等农业生产。农民集体所有和国家所有的土地可依法设定土地承包经营权。土地承包经营权人可以自主决定依法采取出租、入股或者其他方式向他人流转土地经营权。土地经营权是指土地经营权人有权在合同约定的期限内占有农村土地，自主开展农业生产经营并取得收益。

2. 建设用地使用权

建设用地使用权是指建设用地使用权人依法对国家所有的土地享有占有、使用和收益的权利，有权利用该土地建造建筑物、构筑物及其附属设施。集体所有和国家所有的土地上可设立建设用地使用权。建设用地使用权可以在土地的地表、地上或者地下分别设立。设立建设用地使用权，应当符合节约资源、保护生态环境的要求，遵守法律、行政法规关于土地用途的规定。

3. 宅基地使用权

宅基地使用权是指宅基地使用权人依法对集体所有的土地享有占有和使用的权利，有权依法利用该土地建造住宅及其附属设施。集体所有的土地可设立宅基地使用权。

4. 居住权

居住权是指居住权人有权按照合同约定，对他人的住宅享有占有、使用的用益物权，以满足生活居住的需要。住宅所有权可依法设立居住权，当事人应当采用书面形式订立居住权合同。

5. 地役权

地役权是指地役权人有权按照合同约定，利用他人的不动产，以提高自己的不动产的效益。他人的不动产为供役地，自己的不动产为需役地。土地所有权和土地使用权上可依法设立地役权，当事人应当采用书面形式订立地役权合同。

(三)担保物权

担保物权是指担保物权人在债务人不履行到期债务或者发生当事人约定的实现担保物权的情形，依法享有就担保财产优先受偿的权利，但是法律另有规定的除外。担保物权包括抵押权、质权和留置权。抵押权是指为担保债务的履行，债务人或者第三人不转移财产的占有，将该财产抵押给债权人的，债务人不履行到期债务或者发生当事人约定的实现抵押权的情形，债权人有权就该财产优先受偿。债务人或者第三人为抵押人，债权人为抵押权人，提供担保的财产为抵押财产。

可用于抵押的不动产包括建筑物和其他土地附着物、建设用地使用权、海域使用权、正在建造的建筑物以及法律、行政法规未禁止抵押的其他财产。以建筑物抵押的，该建筑物占用范围内的建设用地使用权一并抵押，以建设用地使用权抵押的，该土地上的建筑物一并抵押。

我国禁止抵押的不动产包括：一是土地所有权；二是宅基地、自留地、自留山等集体所有土地的使用权，但是法律规定可以抵押的除外；三是学校、幼儿园、医疗机构等为公益目的成立的非营利法人的教育设施、医疗卫生设施和其他公益设施；四是所有权、使用权不明或者有争议的不动产；五是依法被查封、扣押、监管的不动产；六是法律、行政法规规定不得抵押的其他不动产。

(四)权利人

权利人是指依法拥有不动产权利的自然人、法人、非法人组织①等主体。

依照法律规定，国家所有的不动产，由国务院代表国家行使所有权。自然人、法人、非法人组织，可依法有偿或无偿取得国有建设用地使用权、国有土地承包经营权、国有其他的农用地使用权、海域使用权等。

---

① 自然人、法人、非法人组织的范围及其含义见《中华人民共和国民法典》。

依照法律规定，集体所有不动产的主体有三种，分别是村农民集体、村民小组农民集体和乡镇农民集体。属于村农民集体所有的，由村集体经济组织或者村民委员会依法代表集体行使所有权；分别属于村内两个以上农民集体所有的，由村内各该集体经济组织或者村民小组依法代表集体行使所有权；属于乡镇农民集体所有的，由乡镇集体经济组织代表集体行使所有权。集体经济组织成员可依法取得土地承包经营权、土地经营权、宅基地使用权和集体建设用地使用权；非集体经济组织成员(自然人)可依法取得土地承包经营权、土地经营权；法人、非法人组织、集体经济组织可依法取得土地承包经营权、土地经营权和集体建设用地使用权。

二、不动产权属的确认与登记

不动产权属是指不动产物权的归属，不动产权属确认是指依法对不动产物权的归属(人地关系)进行确认的行为，简称确权。确权的内容包括权利人、权利性质、权利类型、不动产位置和界址、用途、面积等。一般情况下，由依法设立的不动产确权登记机构进行确权工作，确权工作所需要的材料由地籍调查工作提供。

(一)确认权属的依据

一般有两种权属确认的依据：一是依权属来源文件确认；二是依政策法规确认。

1. 依权属来源文件确认

依权属来源文件确认是指根据权利人所出示并符合政策法规的权属来源文件确定不动产权利的归属，这是一种规范化的不动产权属确认认定手段。如土地权利证书、土地出让合同、土地划拨决定书、土地承包经营合同、宅基地批准意见书、房屋买卖合同或协议书、房屋赠与文书、遗嘱文书，以及人民政府或政府司法机关出具的裁定书、判决书等。

2. 依政策法规确认

依政策法规确认是指对无权属来源文件的历史遗留且无争议的不动产权属确认的一种方式。在使用这种方式确定不动产权属时，为防止错误发生，要注意以下几点：一是不违背现行法规政策；二是尊重历史，实事求是；三是本着团结、互谅的精神，各方充分协商；四是注重四邻认可，指界签字。对于有争议的不动产，应按照不动产权属争议调处的相关政策法规认定不动产的权属。

(二)农村地区(含城市郊区)土地所有权和使用权的确认

农村地区土地所有权和使用权的确认涉及村与村、乡与乡、乡村与城市、村与独立工矿及事业单位的界线等。它不但形式复杂，而且往往用地手续不齐全。因此，应将两种确权依据结合起来确认农村地区的土地所有权和使用权。对完成了土地利用现状调查的地区，其调查成果的表册和图件是很有说服力的资料，应予充分利用。

铁路、公路、军事、风景名胜区和水利设施等用地，其所有权属国家，使用权归各管理部门。由于这些用地分布广泛，并且比较零散，其权属界线比较复杂。在进行权属调查时，按照征地或拨地文件确认土地的所有权和使用权。

(三)城镇土地使用权的确认

城市、建制镇建成区的土地所有权归国家所有，权利人只有土地使用权。城市、建制镇土地使用权主要按以下权属来源材料确认：

(1)单位用地红线图。红线图是指在大比例尺的地形图上标绘用地单位的用地红线，并注有用地单位名称、用地批文的文件名、批文时间、用地面积、征地时间、经办人和经办单位印章等信息的一种图件。红线图的形成经过建设立项、规划选址与预审、用地审批(农用地转用、土地征收)、土地供应等一系列法定手续。红线图是审核土地权属的权威性文件。在进行地籍调查时，可根据红线图来判定土地权属，并到实地勘定用地范围的界线。

(2)房地产证书。包括土地使用权证书、房屋所有权证书、不动产证书、地产使用证、房地产使用权证或房产所有权证等。这些证书及其档案材料主要是1949—1990年形成的，虽然依据的政策法规比较复杂，但这些证书可作为确权依据。

(3)土地使用合同书、协议书、换地书等。1949—1986年的几十年中，企事业单位之间的调整、变更，企事业单位之间的合并、分割、兼并、转产等情况，它们所签订的各种形式的土地使用合同书、协议书、换地书等，本着尊重历史、注重现实的原则，可作为确权依据。

(4)征(拨)地批准书和合同书。1949—1986年，企事业单位建设用地采取征(拨)地制度。权利人所出示的征(拨)地批准书和合同书，可作为确权依据。

(5)有偿使用合同书(协议书)和国有土地使用权证书。1986年之后，国家进一步明确了土地所有权与使用权分离的制度，改无偿使用土地为有偿使用土地。政府土地管理部门为国有土地管理人，以一定的使用期限和审批手续，对土地使用权进行出让、转让或拍卖。所签订的有偿使用合同书(或协议书)和发放国有土地使用权证是土地使用权确认的依据。

(6)其他法律文件。根据购房契约、奖励证书、赠与证书和有关文件、人民法院的有关土地与房产判决书或裁定书等确认土地使用权。

(四)不动产登记

依法确认的集体土地所有权、宅基地使用权、土地承包经营权、土地经营权、集体建设用地使用权，以及房屋、林木等所有权，由县级不动产登记机构登记造册，核发不动产权利证书或证明。

自然人、法人、非法人组织依法取得的国有建设用地使用权、国有土地承包经营权、国有其他农用地使用权、海域使用权，以及房屋、林木等所有权，由县级以上(含县级)不动产登记机构登记造册，核发不动产权利证书或证明。

三、权属调查的内容

权属调查是指以不动产单元为单位，查清土地、海域及其房屋、林木等定着物的权属、界址、用途等状况的调查工作。按照不动产空间对象划分，权属调查可分为土地权属调查、海域权属调查、无居民海岛权属调查、房屋权属调查、构(建)筑物权属调查和森林、林木权属调查等。

权属调查是地籍调查的核心工作内容，具体工作环节包括资料收集分析处理、权属状况调查、界址状况调查、不动产单元草图的绘制、地籍调查表的填写等。

(1)资料收集分析处理。是指根据调查的任务和目的，收集能够用于权属调查的资料和数据，包括权利人的资料、权属来源材料和已有的地籍调查资料，统称为地籍材料。

(2)权属状况调查。是指查清不动产的权利人、权属性质、权利类型、权属来源、位置(含坐落、四至、所在图幅等)、用途、共有等状况的调查工作。

(3)界址状况调查。是指指界通知书送达、现场指界、界址线和界址点设定、界址边长丈量、界标埋设等调查工作。

(4)不动产单元草图的绘制。是指在现场绘制(也可利用计算机)不动产单元草图的工作，如宗地草图、宗海草图等。

(5)地籍调查表的填写。是指将调查的权属状况和界址状况等信息填写到规定的表格中。

四、权属调查的程序和方法

根据资料收集情况，依有无地籍材料的情形，采用内业核实和外业调查相结合的方法开展权属调查。确保不动产单元的权属清楚、界址清晰、空间相对位置关系明确。权属调查的程序如图 2-1 所示。

内业核实。是指在室内对地籍材料的齐全性、一致性、规范性进行查验，核实不动产单元的权属、界址等状况，并判定不动产单元的权属是否清楚、界址是否清晰、面积是否准确。如果内业核实判定符合政策法规、技术标准要求的，则不需要开展外业调查。经内业核实，地籍材料存在下列情形的，则需要外业调查：

(1)新设(预设)不动产单元的；

(2)地籍材料现势性差或不齐全、不规范、不一致的；

(3)不动产单元界址不清楚或发生变化的；

(4)无权属来源材料的；

(5)利害关系人对地籍材料中的内容提出异议并提供证明材料的；

(6)其他情形。

外业调查。是指到实地核实查清不动产单元的权属、界址、用途等状况。外业调查时，发现利害关系人对地籍材料提出异议导致权属争议或纠纷的，则按要求编制不动产权属争议原由书并签字盖章。

(一)有地籍材料的调查方法

根据地籍材料，按照第二章所述的内容和方法，内业核实调查单元的权属、界址和用途等状况，按照是否满足地籍调查成果的质量要求，给出不同的调查方法。

(1)如果满足地籍调查成果的质量要求，依其原调查表格式和内容与最新的调查表格式和内容是否一致，做出不同处理：

①当一致时，则不重新填写调查表，原地籍材料复印件作为调查成果的附件，同时预编调查单元代码并标注在工作底图上。

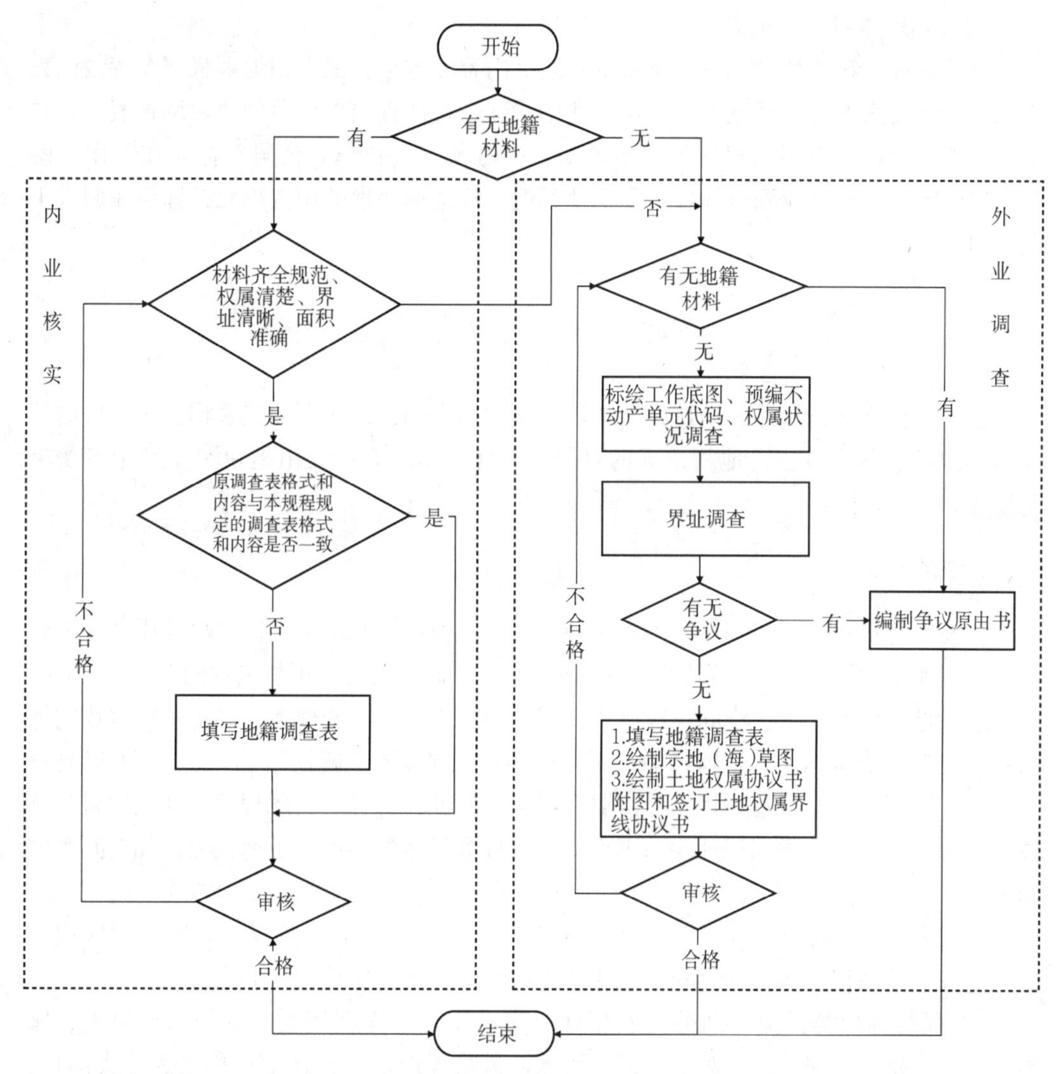

注：当开展房屋权属调查时，“界址调查”是指存在建筑物区分所有权时房屋界线的调查。

图 2-1 权属调查流程图

②当不一致时，则利用已有地籍材料重新填写地籍调查表，原地籍材料复印件作为调查成果的附件，同时预编调查单元代码并标注在工作底图上。

(2)如不满足地籍调查成果的质量要求，则需要开展外业调查，即：到实地查清调查单元的权属、界址、用途等状况，将调查结果填写到地籍调查表中，并绘制调查单元草图或编制权属界线协议书。地籍材料复印件作为调查成果的附件，同时预编调查单元代码并标注在工作底图上。对于需要进行外业测量界址、面积及其他地籍地形要素的调查单元，标绘在调查工作地图上。

(3)外业调查时，发现利害关系人对地籍材料提出异议导致权属争议或纠纷的，则按照本章附录的样式和要求编制不动产权属争议原由书并签字盖章。

(二)无地籍材料的调查方法

对无地籍材料的情形，按照第二章所述的内容和方法，根据用地现状调查清楚调查单元的实际使用人、空间范围及其实际使用状况，将调查结果填写到地籍调查表中，并绘制调查单元草图或编制权属界线协议书，同时预编调查单元代码并标注在工作底图上。对于需要进行外业测量界址、面积及其他地籍地形要素的调查单元，标绘在调查工作底图上。

第二节 不动产单元的划分设定与编码①

根据地籍含义的阐述，地籍是以地块为基础建立的，地块上的定着物，包括房屋等建(构)筑物、林木等也是地籍记载的对象。因此，不动产单元由地块单元和定着物单元组成。

一、地块的含义

在人们的日常生活工作中，“地块”是一个中性词，泛指空间上相连成片、有边界的一块土地或空间。在地籍领域运用的“地块”这个词，需要有更加确切的含义。

地块是指属性同一、空间连续、边界明确的最小土地空间单元。确定一个地块实体的关键在于，依据不同的管理目的或不同的研究目的给出“属性”的含义。它可以是管理属性、权利属性、生态属性、经济属性或地类属性，等等。由此理解，在土地科学领域，采用不同的属性类标识地块，则地块可以分为很多种类型，下面仅给出几个熟悉的例子。

(1)属性为不动产权利类型，则有土地所有权、土地承包经营权、建设用地使用权、宅基地使用权、海域使用权等地块，这种地块称之为宗地或宗海。

(2)属性为地类，则可划分为农用地、建设用地、未利用地等地块，或耕地、园地、林地、草地、居民点、独立工矿、水域、道路等地块，这种地块称之为地类图斑，简称图斑。

(3)属性为建设管理区，则可划分为建设项目区、收储地块、批而未供地块、闲置土地地块、低效利用地块、临时用地地块、国土综合整治地块等。

(4)属性为规划管控区，则可划分为永久基本农田区、生态红线区、城镇开发区、用途分区、功能分区、生态修复分区、国土综合整治区等地块。

(5)属性为图上的地块形状，可细分为面状地块、线状地块和点状地块。

二、地块空间层级划分

由地块的定义可以看出，地块存在一个体系，体系中各类地块之间存在交叉、重叠、包含、相邻等空间关系。为了方便地籍调查、不动产确权登记、土地统计与管理等

① 本节注重基本原理和内容的阐述，实际工作中的具体操作方法以正式发布的技术标准为准。

工作，达到科学管理土地的目的，地籍必须建立地块标识系统，包括两部分，一是地块空间层级划分，二是地块划分与代码的编制。

2012年以前，城镇土地管理的重点在土地权属信息，而农村土地管理的重点在土地利用信息，因此城镇和农村分别划分地块空间层级。2012年开始，为适应城乡一体化社会经济发展趋势，建立城乡土地的统一管理势在必行，采用城乡全覆盖统一划分地块空间层级，是地籍管理工作的必然要求。统筹原有的城镇与农村地块空间层级划分(2012年以前称为"土地划分")方法，建立城乡一体化的全覆盖地块划分空间层次模型。该空间层次模型由三类7层组成。三类为行政区划类、调查区类和地块类。模型如图2-2所示。

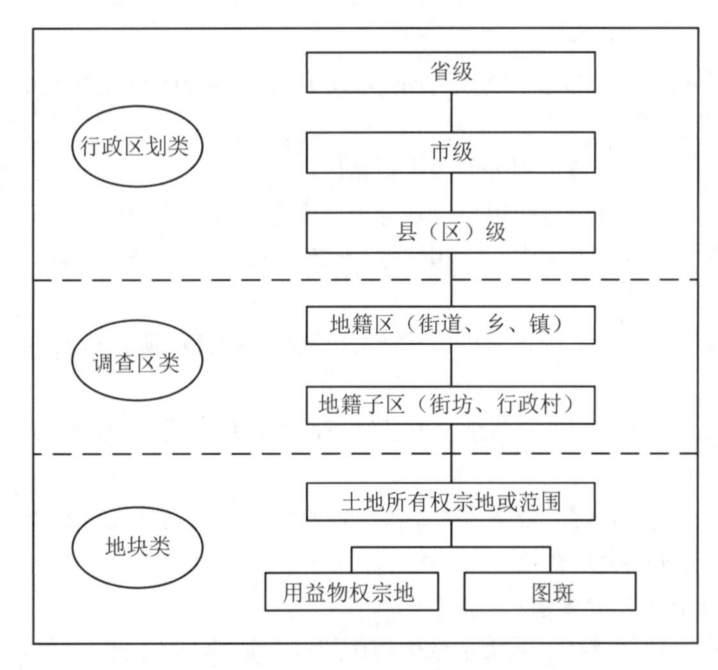

图2-2 土地空间对象层次模型

注：①本图所指的土地空间包括陆地(含有居民海岛)、内陆水域、海域(含无居民海岛)；②土地所有权宗地或范围是指集体土地所有权宗地和国有土地所有权空间范围；③用益物权宗地是指建设用地使用权宗地、土地承包经营权宗地、宅基地使用权宗地和其他的土地使用权宗地；④图斑是指地类图斑、专项调查图斑、新增耕地图斑、占用耕地图斑、地类监测图斑等。

(1)行政区划类。包括省级、市级和县(区)级三个层次。行政层的界线采用全国陆地行政区域勘测成果确定的界线。

(2)调查区类。包括地籍区和地籍子区两个层次。

(3)地块类。包括土地(海域)所有权宗地和用益物权宗地、图斑两层次，是地籍管理的基本单元。

三、地籍区与地籍子区的划分

地籍区是在县级行政辖区内，以乡(镇)、街道界线为基础结合明显线性地物首级划分的地籍管理区域。在地籍区范围内，根据实际情况，可以行政村、居委会或街坊界线为基础，结合明显线性地物将地籍区再划分为若干个地籍子区。即把以前的城镇地籍管理区域"街道"和农村地籍管理区域"乡(镇)"统一为地籍区的概念，把以前的城市地籍管理区域"街坊"和农村地籍管理区域"村"统一为地籍子区的概念。其主要目的，一是建立城乡一体化地块管理空间层次模型，将以前城乡分离的地籍调查模式统一为城乡一体化全覆盖地籍调查模式；二是为了保持地籍管理区域相对稳定，地籍区、地籍子区划定后，其数量和界线原则上不随所依附界线或线性地物的变更而调整。

(一)地籍区的划分规则

在县级行政辖区内，以乡(镇)、街道界线为基础结合明显线性地物划分地籍区。具体的划分规则如下：

(1)一个乡(镇)、街道可划分为多个地籍区。

(2)多个相邻的乡(镇)、街道也可划分为一个地籍区。

(3)同一乡(镇、街道)由多片不相邻的行政辖区组成时，每片行政辖区宜分别单独划分地籍区。

(4)整建制的乡(镇)、街道级的"飞地"，宜在"飞入地"所在行政区划范围内单独划分地籍区。

(5)开发区、经济新区等跨两个以上县级行政辖区的特殊区域，宜分别在所在县级行政区划内划分地籍区。

(6)在县级行政区划内，公路、铁路等线性地物可单独划分线性地物地籍区。

(7)海域，可不划分地籍区。

(二)地籍子区的划分方法

在地籍区内，以行政村、居委会或街坊级界线为基础，结合明显线性地物划分地籍子区。具体划分方法如下：

(1)一个行政村、居委会或街坊可划分为多个地籍子区。

(2)多个相邻的行政村、居委会或街坊可划分为一个地籍子区。

(3)一个行政村、居委会或街坊由多片不相邻的区域组成时，每片区域宜分别单独划分地籍子区。

(4)行政村、居委会或街坊级的"飞地"，宜在"飞入地"所在的地籍区内划分地籍子区。

(5)线性地物地籍区可不划分地籍子区。

(6)海域，可不划分地籍子区。

四、宗地(海)的划分

在地籍工作中，对一块地通常有两种表达：一是土地(海域)权利上的表达；二是土地利用类别上的表达。以土地(海域)权利表达的地块称为宗地(海)；以土地利用类别表达的地块称为地类图斑，简称图斑。宗地(海)和图斑是地籍工作中最重要的两个名词，是土地管理的基础空间单元。

宗地(海)是指权利类型相同、空间连续、边界明确的地块，也可表述为权属界线封闭的地块，即同一权利人的土地或海域权利类型相连成片的用地范围。根据地块的含义，宗地(海)具有固定的位置和明确的权利界线，并可同时辨认出确定的权利类型、利用状况、价值价格和时态等基本要素。

按照土地、海域的权利类型，宗地可分为集体土地所有权宗地、土地使用权宗地和海域使用权宗地。土地使用权宗地可分为土地承包经营权宗地、建设用地使用权宗地、宅基地使用权宗地等。这些宗地(海)的界址线应封闭、界址线互不交叉。

(一)划分的基本规则

无论是哪一种权利类型的宗地，在地籍子区范围内，其划分的基本规则如下：

(1)由一个权利人所有或使用的相连成片的用地范围划分为一宗地，称为独立宗地；

(2)同一个权利人所有或使用不相连的两块或两块以上的土地，则划分为两个或两个以上的独立宗地；

(3)一个地块由若干个权利人共同所有或使用，实地又难以划分清楚各权利人的用地范围的，划为一宗地，称共有宗或共用宗；

(4)对一个权利人拥有的相连成片的用地范围，如果土地权属来源不同、楼层数相差太大、存在建成区与未建成区(如住宅小区)、用地价款不同或使用年期不同等情况，在实地又可以划清界线的，可划分成若干独立宗地。

(二)集体土地所有权宗地的划分

依据土地权属来源文件和土地政策法规，在地籍子区范围内，依集体土地所有权人的不同，可划分村农民集体土地所有权宗地、村民小组集体土地所有权宗地、乡(镇)农民集体土地所有权宗地和其他农民集体土地所有权宗地。

一个地块由2个以上(含2个)农民集体所有的土地，其间难以划清权属界线的，划分为共有宗。共有宗不存在国家和集体共同所有的情况。

(三)集体土地使用权宗地的划分

依据土地政策法规和土地权属来源文件，在集体土地所有权宗地内，划分集体建设用地使用权宗地、宅基地使用权宗地、土地承包经营权宗地(耕地、林地、草地)、林地使用权宗地(非承包经营)、农用地使用权宗地(非承包经营、非林地)以及其他使用权宗地等。

(四)国有土地使用权宗地的划分

依据土地权属来源文件和土地政策法规，地籍子区内国家所有的土地，可划分国有建设用地使用权宗地、国有农用地使用权宗地、国有土地承包经营权宗地和国有其他使用权宗地等。

城镇建成区外的铁路、公路、工矿企业、军队等国有土地在地籍子区内，按照前述的规则划分宗地，这些宗地的使用权界线大多与集体土地的所有权界线重合。

为了实现城镇全覆盖宗地划分，城镇建成区内未设定土地使用权的土地，在地籍子区范围内，依不同的土地用途划分独立宗地。

(五)争议地、飞地、插花地的宗地划分

争议地是指有争议的地块，即两个或两个以上土地权利人都不能提供有效的确权文件，却同时提出拥有所有权或使用权的地块。飞地是指镶嵌在另一个县级行政区范围内的集体土地所有权地块。插花地是指镶嵌在另一个集体土地所有权范围内的集体土地所有权地块。这些地块均按照前述的规则单独划分宗地。

(六)地下空间的宗地划分

按照《民法典》的规定，可在地表、地上、地下分别设立建设用地使用权。因此，结建的地下空间，宜与其地表部分一并划分为国有建设使用权宗地(地表)；单建的地下空间，依据土地出让合同等土地权属来源文件中的空间范围，可划分设定国有建设使用权宗地(地下)。

(七)宗海(含无居民海岛)划分

依据海域(含无居民海岛)的权属来源文件和政策法规，在县级行政辖区内，划分宗海和无居民海岛使用权范围。

五、定着物单元划分

定着物是指固定于土地、海域(含无居民海岛)且功能完整、具有独立使用价值的房屋等建筑物、构筑物以及森林、林木等。

定着物单元是指权利类型相同、空间连续、边界明确的定着物。根据地块和定着物的含义，定着物单元具有固定的位置和明确的权利界线，并可同时辨认出确定的权利类型、利用状况、价值价格和时态等基本要素。根据《民法典》，定着物的权利类型为所有权。按照定着物的类型，定着物所有权可分为房屋等建(构)筑物所有权(含建筑物区分所有权)、森林所有权、林木所有权等。

(一)划分的基本规则

无论是哪一种定着物单元，在宗地(海)内，根据定着物的类型将房屋、林木等划分为不同的定着物单元。划分出的定着物单元，权属界线应封闭、互不交叉。划分的基本规则如下：

(1)由一个权利人所有的定着物划分为一个独立定着物单元；

(2)同一个权利人所有不相连的定着物，则划分为两个或两个以上的独立定着物单元；

(3)一个定着物由若干个权利人共同所有，难以划分清楚各权利人拥有的空间范围，划为共有定着物单元；

(4)对一个权利人拥有定着物单元，如果出现权属来源不同、楼层数相差太大等情况，可以划清界线的，可划分成若干独立定着物单元。

(二)房屋等建筑物、构筑物的定着物单元划分

依据规划许可证、建筑施工许可证(图)、竣工验收材料、房产调查或测绘报告等，将权属界线固定、功能完整、用途明确、可独立使用的房屋等建筑物、构筑物，划分为一个定着物单元。具体的划分方法如下：

(1)一幢房屋等建筑物、构筑物(包括该幢房屋的车库、车位、储藏室等)归同一权利人所有的，宜划分为一个定着物单元，如工业厂房、学校用房等。

(2)一幢房屋内多层(间)等归同一权利人所有的，应按照权属界线固定封闭、功能完整且具有独立使用价值的空间划分定着物单元，如写字楼、商场、门面等。

(3)地下车库、商铺等具有独立使用价值的特定空间，或者码头、油库、隧道、桥梁、塔状物等构筑物，宜各自独立划分定着物单元。

(4)成套住宅(包括不单独核发不动产权证书与房屋配套的车库、车位、储藏室等)应以套为单位划分定着物单元；当同一权利人拥有多套(层、间等)权属界线固定且具有独立使用价值的成套住宅，每套(层、间等)住宅宜各自独立划分定着物单元。

(5)非成套住宅，可以间为单位划分定着物单元；当同一权利人拥有连续多间非成套住宅时，可一并划分为一个定着物单元。

(6)全部房屋等建筑物、构筑物归同一权利人所有的，该宗地(宗海)内全部房屋等建筑物、构筑物可一并划分为一个定着物单元，如大学、机关、企事业单位、农民宅基地内的房屋等。

(三)森林、林木的定着物单元划分

依据森林、林木权利人的申请及合法有效的森林、林木、林地权属证明文件，结合林权登记台账等材料和有关政策文件规定，划分森林、林木定着物单元。具体的划分方法如下：

(1)成片森林、林木(或单株林木)归同一权利人所有的，宜划分为一个定着物单元。

(2)全部森林、林木归同一权利人所有的，该宗地(宗海)内全部森林、林木可一并划分为一个定着物单元。

(四)其他类型定着物的定着物单元划分

定着物为其他类型的，依据权利人的申请及定着物类型、权属界线，划分定着物单元。具体划分方法如下：

(1)定着物为其他类型的，宜依据定着物的类型和权属，各自独立划分定着物单元。

(2)当地上全部同一其他类型的定着物归同一权利人所有的，可一并划分为一个定着物单元。

(3)集体土地所有权、土地承包经营权(耕地)、土地承包经营权(草地)、农用地使用权(承包经营以外的、非林地)等宗地内，不应划分定着物单元。

六、不动产单元的设定

不动产单元是指定着物单元和其所在宗地(宗海)共同组成的不动产登记基本单位。

如果一宗地(海)上只划分了一个定着物单元，则设定形成一个不动产单元。可简单理解为这个不动产单元="宗地(海)+1 个定着物单元"；如果一宗地(海)上划分了 N(N 大于等于 2，N 为自然数)个定着物单元，则设定形成 N 个不动产单元，简单理解为：第 1 个不动产单元="宗地(海)+第 1 个定着物单元"、第 2 个不动产单元="宗地(海)+第 2 个定着物单元"……第 N 个不动产单元="宗地(海)+第 N 个定着物单元"。因此，设定不动产单元的规则如下：

(1)一宗土地所有权宗地应设为一个不动产单元。

(2)无定着物的一宗使用权宗地(海)应设为一个不动产单元。

(3)有定着物的一宗使用权宗地(海)，宗地(海)内的每个定着物单元与该宗地(海)应设为一个不动产单元。

七、不动产单元代码编制①

不动产单元代码是指按一定的规则赋予不动产单元的唯一和可识别的标识码，也可称为不动产单元号。编制不动产单元代码是严格规范不动产调查确权登记管理的一项重要基础工作，对提高不动产管理的准确性、科学性，消除信息孤岛，实现信息互联互通，促进地籍管理的现代化具有重要的现实意义。

(一)不动产单元代码结构

按照每个不动产单元应具有唯一代码的基本要求，不动产单元代码采用七层 28 位层次码结构，由宗地(宗海)代码与定着物单元代码构成。不动产单元代码结构如图 2-3 所示。

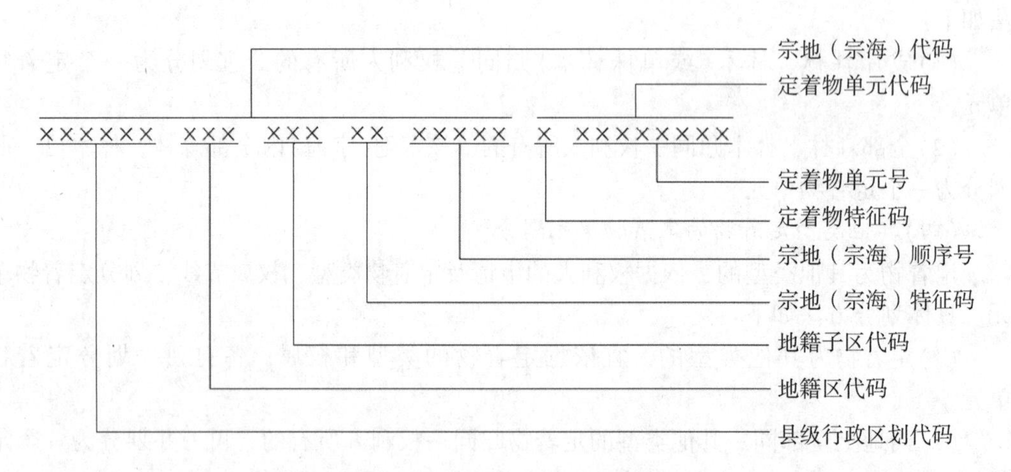

图 2-3　不动产单元代码结构图

宗地(宗海)代码为五层 19 位层次码，按层次分别表示县级行政区划代码、地籍区

① 不动产单元代码的变更规则可参考正式发布的相关技术标准。

代码、地籍子区代码、宗地(宗海)特征码、宗地(宗海)顺序号，其中宗地(宗海)特征码和宗地(宗海)顺序号组成宗地(宗海)号。

定着物单元代码为二层 9 位层次码，按层次分别表示定着物特征码、定着物单元号。

(二)不动产单元编码方法

不动产单元编码方法如下：

第一层次为县级行政区划代码，码长为 6 位，采用 GB/T 2260 规定的行政区划代码。

第二层次为地籍区代码，码长为 3 位，码值为 000~999，不足 3 位时，用前导“0”补齐。

第三层次为地籍子区代码，码长为 3 位，码值为 000~999，不足 3 位时，用前导“0”补齐。

第四层次为宗地(宗海)特征码，码长为 2 位，具体见表 2-1。

表 2-1　宗地(宗海)特征代码表

代码		含　义
第 1 位	G	国家土地(海域)所有权
	J	集体土地所有权
	Z	土地(海域)所有权未确定或有争议
第 2 位	A	土地所有权宗地
	B	建设用地使用权宗地(地表)
	S	建设用地使用权宗地(地上)
	X	建设用地使用权宗地(地下)
	C	宅基地使用权宗地
	D	土地承包经营权宗地(耕地)
	E	土地承包经营权宗地(林地)
	F	土地承包经营权宗地(草地)
	L	承包经营以外的林地的使用权宗地
	N	承包经营以外的农用地的使用权宗地(非林地)
	H	海域使用权宗海
	G	无居民海岛使用权海岛
	W	使用权未确定或有争议的宗地(宗海)
	Y	其他土地使用权宗地

注：“Y”可用于宗地(宗海)特征扩展。

第五层次为宗地(宗海)顺序号，码长为5位，码值为00001~99999，在相应的宗地(宗海)特征码后顺序编号。

第六层次为定着物特征码，码长为1位，用F、L、Q、W表示。“F”表示房屋等建筑物、构筑物，“L”表示森林或林木，“Q”表示其他类型的定着物，“W”表示无定着物。

第七层次为定着物单元号，码长为8位，代码编制方法如下：

(1)定着物为房屋等建筑物、构筑物的，定着物单元在宗地(宗海)内应具有唯一编号。前4位表示幢号；幢号在使用权宗地(或地籍子区)内统一编号，码值为0001~9999；后4位表示户号，户号在每幢房屋内统一编号，码值为0001~9999。其中，全部房屋等建筑物、构筑物归同一权利人所有，该宗地(宗海)内全部房屋等建筑物、构筑物可一并划分为一个定着物单元的，定着物单元代码的前5位可采用“F9999”作为统一标识，后4位户号从“0001”开始首次编号。每幢房屋等建筑物、构筑物的基本信息可在房屋调查表中按幢填写。

(2)定着物为森林、林木的，定着物单元在使用权宗地(宗海)内应具有唯一编号，码值为00000001~99999999。

(3)定着物为其他类型的，定着物单元在使用权宗地(宗海)内应具有唯一编号，码值为00000001~99999999。

(4)集体土地所有权宗地以及使用权宗地(宗海)内无定着物的，定着物单元代码用“W00000000”表示。

(三)不动产单元代码的编制要求

应按照下列要求编制不动产单元代码：

(1)一个不动产单元的代码是唯一的。从编制的代码中，能够区分解读出权利类型。因注销、收回、整治、灾毁、界线调整等原因造成不动产单元灭失的，原代码不得重复使用。

(2)不动产单元被赋予代码后，其代码在不动产单元的管理生命周期内应当保持稳定。

(3)不动产单元界址发生变化，则重新编制不动产单元代码，原代码停用。

第三节 权属状况调查

权属状况调查，是指查清不动产的权利人、权属性质及来源、位置(含坐落、四至)、用途、共有等状况的调查工作。根据地籍的学科理论定义中有关微观人地关系的阐述，权属状况调查的内容可表述为不动产的权利主体、权利内容和权利客体等。

一、权利主体调查

权利主体调查，是指查清不动产单元的权利人或实际使用人的状况，包括权利人或实际使用人的姓名或名称、类型等。权利人或实际使用人的类型是指自然人、法人、非法人组织等，如个人、企业单位、事业单位、社团组织等。

(1)有权属来源材料占有使用不动产的人称为权利人，无权属来源材料占有使用不动产的人称为实际使用人。权利人或实际使用人必须为具有民事权利能力和民事行为能力的自然人、法人、非法人组织。其中法人是指企业单位、事业单位等，非法人组织是指符合法律法规规定的集体经济组织(未进行法人注册)、社团组织等。

(2)应利用权属来源材料核实查清权利人的姓名或名称及身份证明。权利人是自然人的，查清姓名和身份证明；权利人是法人或非法人组织的，查清法人或非法人组织的名称、性质、行业代码、社会信用代码和法定代表人或负责人的姓名和身份证明。权利人身份证明材料与权属来源材料不一致的，查清权利人变化的历史沿革，并在调查表中如实记载调查核实情况。

(3)无权属来源材料的，应收集实际使用人的身份证明复印件，查清姓名、名称的全称。

(4)调查权利人或实际使用人时，要调查清楚权利人或实际使用人的类型，如个人、企业、事业单位、社团组织等。单位用地的还必须调查单位的行业分类、单位的法人代表(或负责人)姓名、联系方式、身份证明；委托指界的，必须调查代理人的姓名、身份证明和联系方式(具体要求见界址调查相关内容)。土地、海域权利人或实际使用人与定着物的权利人或实际使用人不一致的，则在说明栏说明不一致的情况，同时在定着物(房屋、林木等)调查表的说明栏做对应说明。

集体土地权利人调查示例：

(1)集体土地所有权宗地的权利人名称为××村(村民小组或乡镇)农民集体。

(2)集体土地建设用地使用权权利人名称为××农民集体、××集体经济组织、××村委会(居委会、社区)或法人的全称。

(3)宅基地使用权权利人名称要与有效权属来源证明材料(含房屋所有权证)主体一致。因宅基地使用权在农户家庭内部是共用的，所以，调查时还要查清该家庭户口簿中全体成员姓名、与权利人的关系、身份证号码。

(4)以家庭承包方式取得土地承包经营权的，根据承包合同或权属来源材料，调查核实发包方、承包方的状况，包括发包方的名称、负责人及其证件，承包方代表(户主)的姓名、身份证件及其家庭成员情况(含家庭成员总数及各成员的姓名、与户主关系、身份证号码等)。还要视需要对家庭成员加以备注，如"××××年外嫁""军人(军官/士兵)"等。家庭成员无身份证的，可填写其他有效证件号码并予以注明。流转的土地经营权的，还要查清受让人的姓名、身份证号。

(5)以非家庭承包方式取得土地承包经营权的，根据承包合同或权属来源材料，调查核实发包方、承包方的状况，包括发包方的名称、负责人及其证件，承包方的姓名、身份证件等。流转的土地承包经营权或土地经营权，还要查清受让人的姓名、身份证号。

房屋权利人调查示例：

(1)对私人所有的房屋，如果有产权证件，则所有权人为产权证上的姓名；如果所有权人已死亡的，应查清申请人或代理人的姓名；如产权共有，应查清全体共有人姓名。

(2)宅基地及集体建设用地上的房屋，依据房屋所有权人提供的农村宅基地批准书或准建证，或村镇规划选址意见书，或乡村建设规划许可证，或房屋买卖、互换、赠与、受遗赠、继承等房屋权源材料，查清所有权人姓名或名称，并将产权证明复印件留存。

(3)单位所有的房屋，应查清单位的全称；两个以上单位共有的，应查清全体共有单位名称。

(4)房屋管理部门直接管理的房屋，包括公产、代管产、托管产、拨用产等四种：公产应查清房屋管理部门的全称；代管产应查清代管及原所有权人姓名；托管产应查清托管及委托人的姓名或单位名称；拨用产应查清房屋管理部门的全称及拨借单位名称。

二、权利内容调查

权利内容调查是指对不动产的权属性质、权利类型、权属来源、使用期限和终止日期等要素的调查。对有权属来源材料的，核实查清土地权属来源、权属性质、权利类型、起止时间、使用期限等；对无权属来源材料的，查清占有或占用土地的权属性质、时间及其历史沿革，并在调查表的说明栏依时间节点进行详细说明。

(1)权属性质。是指不动产所有权的性质。对于土地或海域，是指国家所有、集体所有，如集体土地所有权、国家或集体建设用地使用权、(集体)宅基地使用权、国家或集体土地承包经营权、海域使用权等；对于房屋、林木等定着物，是指国家所有、集体所有、私有等。

(2)权利类型。是指取得不动产用益物权的方式。例如：对于国家所有的土地，是指划拨、出让、作价出资(入股)、租赁、授权经营、出租(转包)、转让、家庭承包、其他方式承包等；对于集体所有的土地，是指家庭承包、出租(转包)、转让、其他方式承包、批准拨用、入股、联营等；对于房屋，是指商品房、房改房、经济适用住房、廉租住房、共有产权住房、自建房等。

(3)权属来源。简称权源，是指权利人取得不动产物权的途径。由于我国不动产制度的历史变迁，不同时期权利人取得不动产物权的途径有所不同。应按照“尊重历史、实事求是”的原则，查清不动产物权的来源①，包括权属来源文件名称、编号及其相关证明文件的名称、编号。在调查权属来源时，应注意权利人与权属来源证明中的权利人是否一致。发现不一致时，需要查清对权利人名称或姓名变化的情况，并在地籍调查表

① 不动产物权的权属来源比较复杂，土地、海域、房屋、林木等权属来源散见于不同的法律法规政策和规范性文件，其中土地权属来源，可参考 1995 年发布的《确定土地所有权和使用权的若干规定》(〔1995〕国土籍字第 26 号)。

中作出详细的说明。对于房屋，其权属来源文件中有继承、购买、受赠、交换、新建、重建、征用、收购、调拨、价拨、拨用等形式的表述。

如土地、海域、房屋、林木等中的一种或多种类型的不动产，无权属来源文件，则在地籍调查表中说明无权属来源文件的不动产名称，并采用询问的方式查清占有或占用的历史沿革。

(4)起止时间和使用期限。起止时间是指拥有或使用不动产的起始时间和结束时间。使用期限是指获得不动产用益物权的年限①，也称为年期。应依照权属来源材料，对不动产所有权，只需查清起始时间；对于国有不动产用益物权，需要查清起始时间、终止时间和使用期限；对于集体不动产用益物权，宅基地使用权只需查清起始时间，土地承包经营权需要查清起始时间、终止时间和使用期限，集体建设用地使用权依照权属来源材料查清起始时间，或起始时间、终止时间和使用期限。如权属来源材料中没有明确起止时间和使用期限，则依批准时间，确定起始时间。如无权属来源材料，则查清实际占有的起始时间，并在地籍调查表中详细说明，确定起始时间的依据。

(5)共有情况。是指不动产有两个以上权利人或实际使用人的情况。应根据权属来源材料，调查核实不动产全部共有权利人的名称、权利人类型、证件种类、证件号等，查清是按份共有还是共同共有；如果是按份共有，则查清各权利人的份额(或各权利人的土地面积、建筑面积)等；如无权属来源材料，则查清不动产全部实际使用人的名称、权利人类型、证件种类、证件号、份额(或各权利人的土地面积、建筑面积)等。对土地所有权，只存在集体与集体共有的情形，不存在集体与国家共有的情形。

(6)其他权利内容。包括权利限制、地役权等情况。权利限制是指是否为永久基本农田、是否处于生态环境保护区、是否处于自然保护地，以及其他国土空间规划限制条件等；地役权包括需役地权利人、供役地用途、供役地范围和面积等。

三、权利客体调查

不动产权利客体是指不动产的位置、界址、用途、面积等。其中界址状况调查见本章第四节。

(一)不动产的位置

不动产位置是指不动产四至、所在图幅、坐标、坐落等。

四至是一种相对空间定位方式，强调不动产单元的邻近状况。可采用实地调查、利用影像图或地籍图或地形图和权利主体调查的结果，查清不动产单元的四至，有相邻不动产单元的，查清相邻权利人或实际使用人或单位名称；无相邻不动产的，查清紧邻的

---

① 在我国，按照现行法律法规政策，城镇国有土地使用权出让的最高年限规定为：住宅用地为70年；工业用地为50年；教育、科技、文化、卫生、体育用地为50年；商业、旅游、娱乐用地为40年；综合或者其他用地为50年。家庭承包的耕地的承包期为30年，草地的承包期为30年至50年，林地的承包期为30年至70年；耕地承包期届满后再延长30年，草地、林地承包期届满后依法相应延长。

地理名称(如道路、沟渠、田坎等)、地类名称(如菜地、荒地、空地等)、用海类型、邻近海上建(构)筑物名称及其地理方位、邻近海域名称及其地理方位、邻近海岛名称及其方位、邻近大陆地理名称及其方位等。一般情况下，不调查房屋等建(构)筑物的四至。

所在图幅是一种数学定位方式，由两个要素组成，一是地籍图的比例尺，二是与比例尺相对应的标准图幅的编号。主要利用工作底图查清不动产单元所在图幅的比例尺和图幅编号。

与所在图幅一样，坐标也是一种数学定位方式，通常用平面坐标串表达(界址点坐标表)，即 (X_i, Y_i)，$i=1, 2, 3, \cdots, n$，n 为封闭形成不动产单元的界址点个数。获取界址点的方法见第五章。随着地理信息系统的发展和土地、海域空间分层利用方式的多样化(地表、地上、地下)，将来采用三维空间坐标 (X_i, Y_i, H_i) 表达界址点位置的方式会越来越普遍。

坐落是采用行政区划管理(标准地址码)定位不动产单元空间位置的一种形式。坐落使用十分普遍，如物流、通信、物业管理、基层管理等社会经济活动。根据权属来源材料，相关政策法规、技术标准中有关地名地址编制的规定，依不同的不动产类型和权利类型，统筹考虑和不动产所处的地理区位、环境条件、用途等，核实查清不动产的坐落。一个不动产单元可能有两个以上的坐落，可以只查清一个主要(常用的)坐落，也可以查清全部坐落。无论哪种不动产，还可核实查清所处位置当地习俗称谓的地理名称、道路名称、水系名称、小区名称、海域名称、海岛名称等，作为坐落的附加信息。对于海岛，应查清海岛与周边大陆或海岛的相对位置和距离。对于林木，还应查清林木所在的小地名，以及所在林班和小班名称。

土地坐落调查示例：

(1)对集体土地所有权、土地承包经营权、集体建设用地使用权和农村区域独立的国有建设用地使用权等宗地，核实查清所处的乡(镇、街道)、村(社区)、村民小组等。

(2)对城镇区域的国有建设用地使用权宗地，核实查清所处的街道办、路(街、巷、弄)、门牌号码。缺门牌号时，可查清毗连宗地门牌号及其所处方位(东、南、西、北)，新建的住宅小区，还未编制门牌号时应查清楼盘名称或小区名称。

(3)对宅基地使用权宗地，核实查清所处的乡(镇、街道办)、村(居委会、社区)、村民小组和门牌号码。

房屋坐落调查示例：

(1)根据权属来源材料，相关政策法规、技术标准中有关地名地址编制的规定，查清房屋的坐落，如街道名称、门牌号、幢号、楼层号、房号等；房屋位于里弄、胡同或小巷时，应查清附近主要街道名称。

(2)缺门牌号时，可填写毗连房屋门牌号及其所处方位(东、南、西、北)；新建住宅小区的房屋，还未编制门牌号时可附加填写楼盘名称的全称；可根据需要将测量的房屋单元(幢、层、套、间)空间范围内的左下角部位空间坐标 (X, Y, H) 作为房屋坐落的附加注释。

(3)坐落表达方式：以幢为单元的坐落：××市××区××路×××号蓝色天际1

栋；以层为单元的坐落：××市××区××路×××号蓝色天际1栋第1层；以套为单元的坐落：××市××区××路×××号蓝色天际1栋第1单元101室；以间为单元的坐落：××市××区××路×××号蓝色天际1栋第1层101室。

（二）不动产的用途

不动产用途是指土地、海域及其房屋、林木等定着物的使用情况，包括现状分类、建筑密度、容积率、建筑限高等。不同的不动产有不同的用途分类标准，如土地利用现状分类、用海分类、房屋用途、林木用途等标准①。

（1）对于土地，需要核实查清土地的批准用途、分类代码和实际用途、分类代码：主要从土地权属来源材料中提取批准用途，并调查实际用途；对集体土地所有权宗地，不调查批准用途，其内的土地利用现状类型直接引用最新土地利用现状调查②成果中确定的地类、分类代码及其调查的时间。对于水域滩涂的土地承包经营权，还需调查核实水域滩涂类型和养殖业方式（水域）等。

（2）对于海域，查清宗海的用海项目名称、项目性质（公益性或经营性）、海域的用海类型、海洋及相关行业分类、用海方式、占用的岸线长度，以及构（建）筑物类型（透水构筑物、非透水构筑物、跨海桥梁、海底隧道等）。

（3）对于无居民海岛，查清宗海的用岛项目名称、项目性质（公益性或经营性）、海洋及相关产业分类、海岛名称及代码、用岛范围（整岛利用或局部利用）、用岛类型（旅游娱乐、交通运输、工业仓储、渔业、农林牧业、可再生能源、城乡建设、公共服务和国防用岛等）、用岛方式（原生利用式、轻度利用式、中度利用式、重度利用式、极度利用式和填海连岛等）等。

（4）对于房屋，根据房屋分类标准查清房屋的实际用途，依据房屋的权属来源材料确定房屋的规划用途；一幢房屋有两种以上用途的，应分别查清。

（5）对于林木，依据权属来源材料或收集的其他材料，查清森林类别（公益林或商品林）、主要树种、林种（防护林、特种用途林、用材林、经济林、能源林）、起源（天然林或人工林）等。

（三）不动产的数量

不动产的数量是指用数值表达不动产形状和大小的要素，如不动产单元的批准面积、宗地面积、宗海面积、用海面积、用岛面积、建筑占地面积、建筑面积、专有面积、共有面积等③，房屋的高度、层高、层数，房屋单元的所做层次，成套住宅的户型、朝向，林木的占地面积或株数，草原（草地）的产草量，等等④。

---

① 如：土地利用分类现状标准（GB/T 21010）、用海分类标准（HY/T 123）、海洋及相关产业分类（GB/T 20794）、房屋用途分类（GB/T 42547 或 GB/T 17986）等。

② 见本书第三章。

③ 面积的含义及其测算方法见第九章。

④ 房屋、林木等数量调查的具体方法见《地籍调查规程》（GB/T 42547）。房屋高度和层高测量见本书第七章。

应依据权属来源材料和收集的材料查清不动产的数量。如对权属来源材料和收集材料中的数量描述有疑问、有缺失，则应核实调查或测量，获取不动产单元的数量。

房屋及其附属设施数据采集。房屋建筑面积是不可或缺的地籍要素，测算房屋建筑面积的基础性工作是丈量房屋及其附属设施的边长和高度。此项工作一般在权属调查阶段完成，其丈量结果还可用于地籍图的绘制。

(1)基本方法。形状规则的房屋及其附属设施，应采集总长及分段长度并校核；形状不规则或丈量边长有困难导致不能够采用几何要素法计算面积的房屋，可实测房角点坐标，采用坐标法计算房屋建筑面积和建筑占地面积；实测房角点坐标的精度应满足相关技术标准的规定。采用几何要素法计算房屋建筑面积时，房屋边长丈量精度要求如下：

明显房屋边长小于等于50m时，边长检核较差不大于±0.04m。明显房屋边长大于50m时，边长检核较差不应超过公式(2-1)的估算值(其中：隐蔽房屋边长检核较差不大于±8cm)：

$$\Delta D = \pm 0.02 \times (1 + 0.02 \times D) \tag{2-1}$$

式中：

D——丈量的边长，单位为米(m)；

ΔD——边长检核较差，单位为米(m)。

(2)房屋高度测量。对于平面屋顶的房屋等建筑物，应测量屋顶楼面到室外地坪的相对高度；对于坡屋面或其他曲面屋顶的房屋等建筑物，应测量屋顶最高点至室外地坪的相对高度；可采用实地垂线丈量法、光电测距法、三角高程法等方法测量建筑物和设施高度。高度单位为米(m)，结果取小数点后2位。

(四)不动产的质量

不动产质量是指表征不动产等级、价值、价格的要素，如等别、级别、价格、结构、形成时间等。如：土地的等级、等别、价格，房屋的结构、建成年份，海域的等级、使用金额，无居民海岛等别、使用金总额，林木的造林年度，草原的等级、植被(草群)盖度、优势种、建群种，等等。

应依据权属来源材料和收集的材料查清不动产的质量。如对权属来源材料和收集的材料中的质量描述有疑问、有缺失，则应核实调查或测量或评价，获取不动产的质量要素。

第四节 界址状况调查

一、界线与界址

(一)界线

界线，也称边界，是指两个地块之间的分界线或不同事物的分界线、或某些事物的边缘或边线。地籍中的界线是指两个不动产单元之间的分界线或一个不动产单元的边界线。不动产的自然特性和人类对不动产占有和使用方式，决定了界线在地籍中有着特殊的地位。界线大多依附于道路、沟渠、河流、田埂、山脊线或山谷线等永久或半永久的明显线型地物或地貌。如果界线不依附于明显线型地物或地貌，再采用人工方式建造界线，如围墙、铁丝网、活树篱笆、水泥界桩、石灰界桩、钢钉标志等。许多界线有宽度，并由界线双方共有，共同维护。

按照不动产行政管理的特征，根据地块空间层级划分的方法，可分为行政界线、管理界线、地块界线。在农村地区，行政界线、管理界线与土地所有权界线重合的情形较多。对于定着物，还有房屋权属界线、森林界线、林木界线等。行政界线是指行政管辖区域的界线，包括省级界线、市级界线、县级(区、县级市)界线、乡级界线(镇、街道)等。这些界线一般由政府部门(如民政部门等)划定；管理界线是指在县级行政区划内划定的土地(地籍、不动产)管理区域界线，如地籍区、地籍子区界线；地块界线是指宗地界线、宗海界线、图斑界线等。

(二)界址

界址是指界址线、界址点、界标的位置。界址线是指相邻不动产单元之间的分界线，或称不动产单元的边界线。当界址线依附于明显线型地物(如围墙、道路、沟渠等)时，要查清界址线是位于明显线型地物的中线，还是内边线或外边线。界址点是指界址线或边界线的空间或属性的转折点。在界址点上设置的标志称为界标。界标不仅能标示界址线在实地的地理位置，还是测定界址点坐标值的位置依据，能起到和睦邻里关系的作用。我国现行的地籍调查技术标准中提供了五种界标，分别见图2-4~图2-8。图中单位为毫米。

(1)混凝土界址标桩(用于地面埋设)，见图2-4。

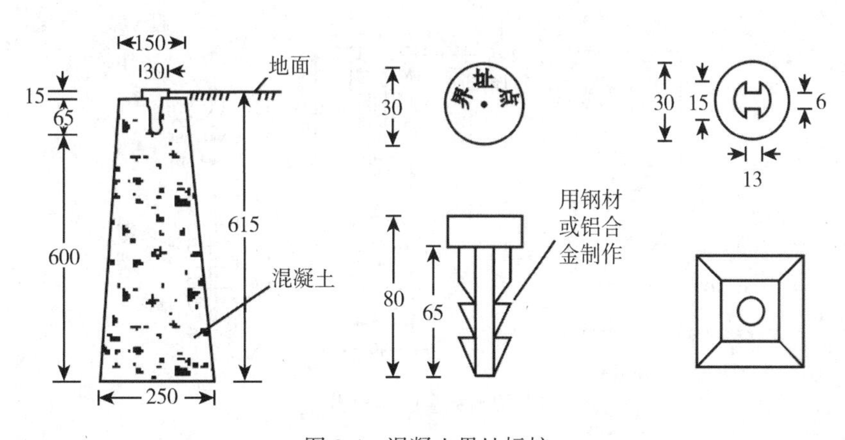

图2-4　混凝土界址标桩

(2)石灰界址标桩(用于地面填设)，见图2-5。

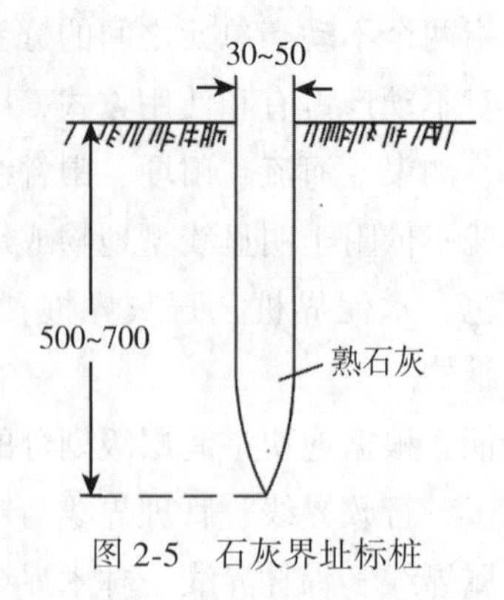

图 2-5　石灰界址标桩

(3)带铝帽的钢钉界址标桩(在坚硬的地面上打入埋设)，见图 2-6。

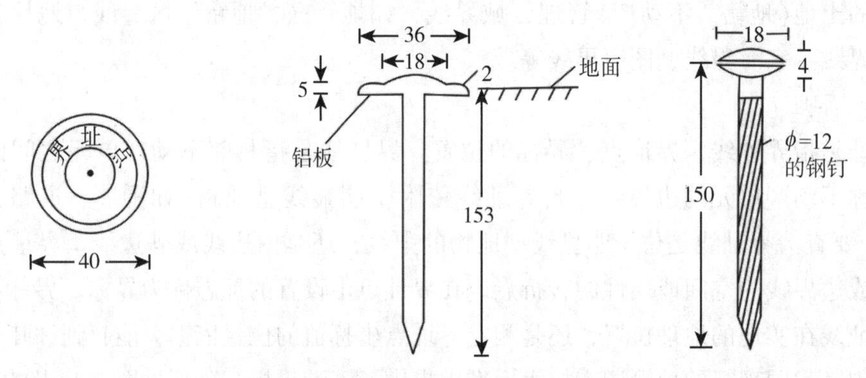

图 2-6　带铝帽的钢钉界址标桩

(4)带塑料套的钢棍界址标桩(在房、墙角浇筑)，见图 2-7。

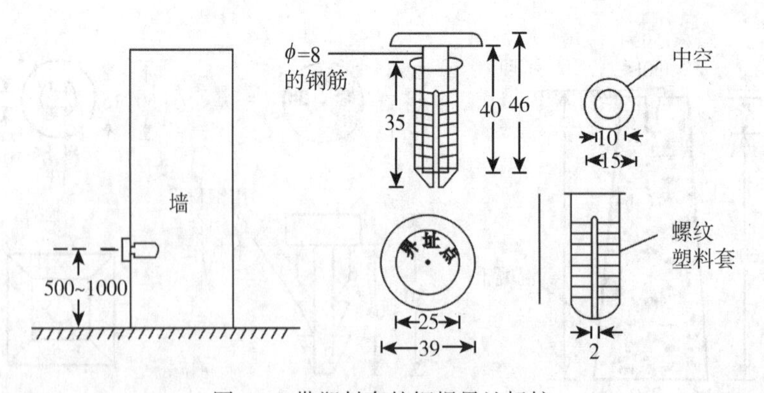

图 2-7　带塑料套的钢棍界址标桩

(5)喷漆界址标志(在墙上喷漆)，见图 2-8。

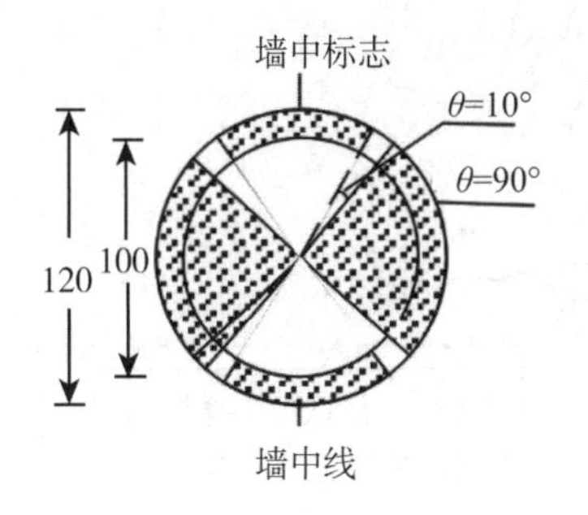

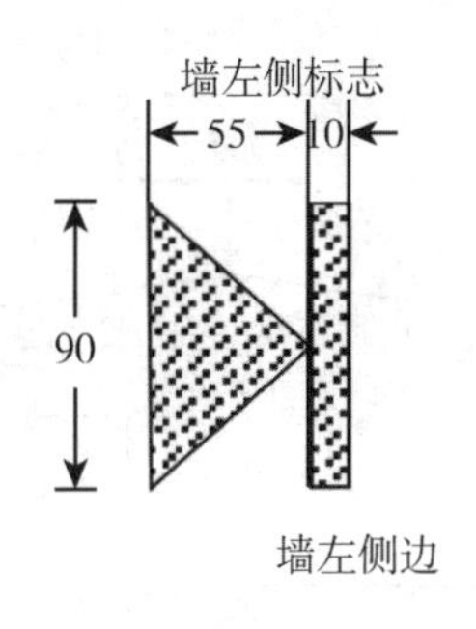

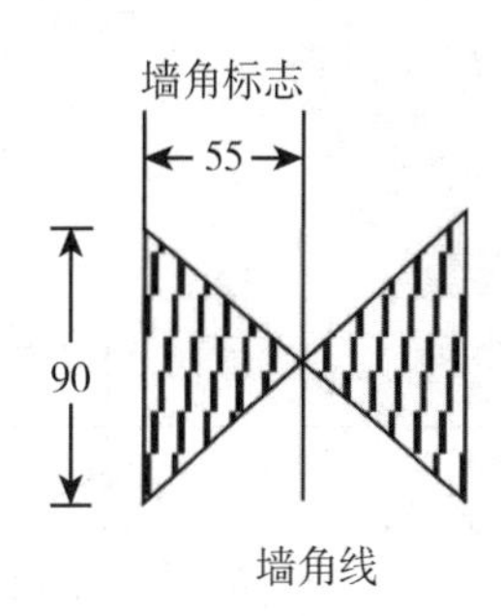

图 2-8　喷漆界址标志

二、界址调查的内容和方法

界址调查是指查清土地、海域及其房屋、林木等定着物的界址点和界址线的类型、位置等状况，埋设界标、丈量界址边长、记录调查结果的权属调查工作。由现场指界、界址点设置、界标埋设、界址边长丈量、记录界址调查结果等程序环节组成(流程图如图 2-9 所示)。

依据地籍材料①，进行内外业核实，界址状况属于下列情形的，需要到实地开展界址调查：

(1)新设(预设)不动产单元的；

(2)地籍材料中的界址信息现势性差或不齐全、不规范、不一致的；

(3)不动产单元界址不清楚或发生变化的；

(4)无权属来源材料的；

(5)利害关系人对地籍材料中的界址提出异议并提供证明材料的；

(6)其他情形。

依据地籍材料，进行内外业核实，界址状况属于下列情形的，则不需要到实地开展界址调查：

(1)宗地、宗海及其房屋、林木等定着物单元的划分设定符合相关技术标准的；

(2)对履行了指界程序的不动产单元，地籍材料中的四至、界址标示、界址点线说明、指界签章等内容清楚并与实地(照片、影像图)一致的；

(3)地籍材料中的界址边长、界址点坐标等检核说明完整，误差在允许范围内的；

(4)将地籍材料中不动产单元的界址点坐标、界址边长或不动产单元图形转换到地籍图上，与相邻的不动产单元及地物、地貌的空间位置关系正确，没有空间矛盾的。

(一)现场指界

现场指界是指依据地籍材料，依托自然界标物或人工建造界标物及其界线周围的地物地貌，调查员、指界人和相邻指界人共同指认界址点线的位置、类型的行为。

---

①　权利人或实际使用人身份证明、权属来源和已有地籍调查等材料，统称为地籍材料。

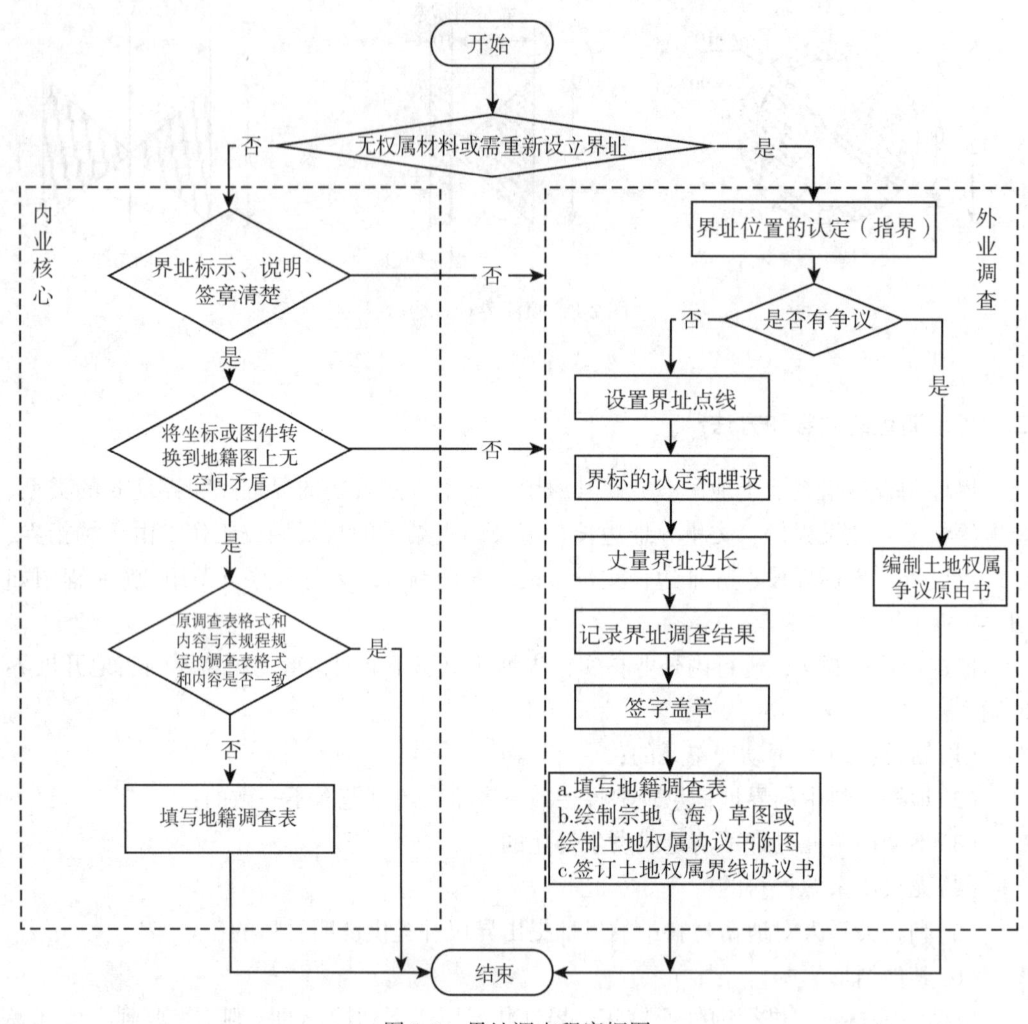

图 2-9 界址调查程序框图

1. 需要现场指界的情形

实际工作中，并不是所有的不动产单元都需要现场指界。是否需要现场指界的情形比较复杂，需要综合分析后确定。下面列出了是否需要指界的情形：

(1)对权属来源材料合法、有界址点坐标、界址点线说明清晰并经核实界址无变化的不动产单元，不需要指界。可直接利用已有地籍材料填写地籍调查表。

(2)外业调查时，如发现实际空间范围超出权属来源材料规定的界址范围(有界址点坐标)，则超出部分不需要指界，在实地调查确认权属来源材料所描述的空间范围，对超出部分采用文字叙述和图形表达相结合的形式，在地籍调查表中做出说明。

(3)权属来源材料中界址不明确的(含无界址点坐标的)或界址与实地不一致的不动产单元(如界标物发生变化、界址点发生位移等)，需要指界，并在地籍调查表中做出说明。

(4)无权属来源材料的不动产，根据政策法规，经核实为合法拥有或使用的(如符合“一户一宅”的宅基地、历史遗留的环卫用地)，可根据双方协商、实际利用状况及地方习惯进行指界。

(5)无权属来源材料的不动产，根据政策法规，不能够确定为合法的(如历史遗留的集体建设用地)，不需要指界，根据实际状况确定空间范围，并采用文字叙述和图形表达相结合的形式，在地籍调查表中做出说明。

(6)农民集体所有土地与没有确定使用者的国有土地的权属界线，根据该农民集体提供的权属来源材料，由农民集体指界人和县级自然资源主管部门委派的指界人共同指界、签字。

2. 现场指界的方法

现场指界由自然资源行政主管部门组织，不动产权利人或实际使用人(或代理人)、相邻不动产权利人或实际使用人(或代理人)以及调查员，同时到实地指界。当多个相邻不动产指界人无法同时到场指界时，可分别指界；如果分别指认的界线不一致，则调查员、不动产指界人、相邻不动产指界人应再次同时到场指界。调查员应现场查验指界人的身份证明。

(1)权利人或实际使用人是单位的，应由法人代表(或负责人)进行指界，并出具身份证明书与本人身份证明。

(2)权利人或实际使用人是个人的，应由权利人或实际使用人进行指界，并出具本人身份证明。

(3)权利人或实际使用人不能出席指界的，可委托代理人出席指界，并出具代理人身份证明及指界委托书。

(4)共有或共用宗地，由共有人或共用人共同指界或共同委托代理人出席指界，并出具代理人身份证明和指界委托书。

(5)集体土地所有权宗地的指界应由该农民集体依据《土地管理法》《村民委员会组织法》等有关法律法规，召开村民会议或村民代表会议依法推举产生代理人，推举结果应同时公告。集体土地所有权宗地应依法推举 2 人以上代理人出席指界，并签发指界委托书。

3. 违约缺席指界的处理方法

现场指界无争议的，填写相应的地籍调查表，指界人在调查表上签字盖章。当事人在规定的时间未到场指界、当事人到场指界但无正当理由拒不在调查表上签字盖章的，按违约缺席处理。处理方法如下：

(1)如一方缺席，则根据权属来源材料和另一方指认的结果确定界线；

(2)如双方缺席，则由调查人员根据权属来源材料、实际使用现状及地方习惯确定界线；

(3)将违约缺席指界通知书及其界址调查结果书面送达或邮寄给违约缺席者；权利人或实际使用人无法联系的，可以公告的形式告知(如张贴界址调查表和违约缺席定界通知书等)。违约缺席者对界址调查结果如有异议，应在收到界址调查结果之日起 15

日内，提出重新指界申请，并负责重新指界的全部费用。如逾期不申请，经公告 15 日后，则依(1)、(2)确定的界线自动生效。

(二)界址点的设置

界址点设置是指在界址线上设置界址点的位置。设置的界址点应能准确表达界址线的走向。在工作底图上，应充分考虑权属界线与地形特征点线、影像特征点线、地类界线等的重合、交叉关系，合理设置界址点。房屋权属界线上不设置界址点。界址点设置的方法如下：

(1)在地籍材料中，按照相关技术标准，已经在不动产单元界线上设置的界址点、定标点、边界点等，设置为界址点，不再重复设置。

(2)界址线上明显的空间转折点，宜设置界址点。

(3)相邻不动产单元界址线交叉处应设置界址点。

(4)同一条界址线上，沟、渠、路、田坎等不同线型地物变化处，当其长度超过图上 1. 2mm 时，可设置界址点。

(5)界址线与沟、渠、路、地类界、坡度变换线、山脊线、山谷线等交叉处，当相邻交叉点之间的长度超过图上 1. 2mm 时，可设置界址点。

(6)界址线的曲线部分，宜根据界址线的形状和长度合理设置若干界址点。在不动产单元草图和不动产单元图上应使用曲线表达界址线。

(7)如果设置的界址点数量不能控制界址线的基本走向，那么应充分利用地籍图、地形图、影像图上的地物地貌特征点，加密设置界址点。

界址点设置示例：

(1)图 2-10(a)中界址点分别设定在围墙中和 0002 号宗地的围墙外；图(b)中在界址线属性由墙壁变成围墙处设定界址点；图(c)中在相邻宗地界址线焦点处设定界址点；图(d)中界址点设定在墙角点和滴水线上。

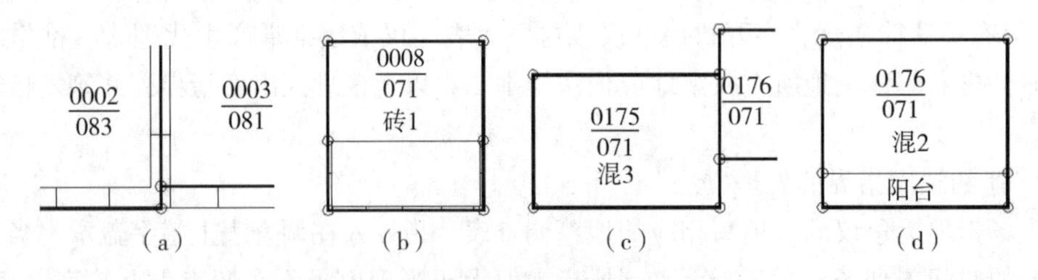

图 2-10　城镇区域界址点设置示意图

(2)集体土地所有权宗地界址点一般都依附于明显地物，如图 2-11 所示。界址点的设定原则，一是实地点位明显，便于找寻；二是便于用文字描述其位置。如界线与沟、渠、路、河流、田坎等线状地物的交叉点。土地权属界线所经过的山头、山谷及三村以上交界处，必须设定界址点。土地权属界线所依附的地物(如沟、路、堤等)发生变化时，原则上须设定界址点。

图 2-11　农村区域界址点设置示意图

（三）界址点编号

界址点编号是指沿着界址线的顺时针方向对界址点进行顺序编制号码的工作。有两种编号方法，一是以不动产单元为单位顺序编号；二是在地籍子区范围内，统一编制界址点号。

（1）对新设不动产单元，从不动产单元的左上角，沿着界址线按顺时针方向，从“1”开始顺序编号，两个以上不动产单元共用的界址点各自独立编号。对于界址变化部分需要删除的界址点，编号不再使用，新增的界址点号，在不动产单元最大界址点号后续编。该编号方法简单，界址点号码值较小，但在一个地籍子区中，有很多相同的界址点号，或者一个界址点可能编制多个号码。

（2）在工作底图上，在地籍子区的范围内，按照“从上到下，从左到右”的顺序统一编制界址点号。新设的界址点号在地籍子区最大界址点号后续编，界址变化部分需要删除的界址点，编号不再使用。该编号方法可以保证实地、不动产单元草图与地籍数据库中界址点编号是一致的，但界址点码值较大。

（3）在地籍数据库中，界址点号应在地籍子区范围内统一编制，保证界址点号唯一，并与地籍调查表中的界址点号建立关联。

（4）解析界址点号可用 J1、J2……表示，图解界址点号可用 T1、T2……表示。

（四）界标的埋设

界址点设置后，应采取协商的方式确定是否需要设置界标，设置什么样的界标，界标如何埋设等。协商的主体是界线双方（或单方）的权利人或实际使用人或代理人，调查员可以按照相关技术标准或政策法规给予必要的建议和协助。界标设置的方法如下（图 2-12）：

（1）城镇、村庄区域的界址点，一般要埋设界标。界标的类型可以根据实际情况参照本节“(二)界址”中的界标类型，也可选择其他自然界标物或人工界标物做界址标志，并在界址标示表中增加界标类型。

(2)对于设置或埋设界标有困难的界址点(如在水中等情形)，应在土地权属界线协议书上或在界址说明表中，对界址点位、权属界线走向进行说明。

(3)对损坏的界标，可根据已有解析界址点坐标和界址边长、不动产单元草图、权属界线协议书等材料，采用实地放样的方法恢复界址点，并重置界标。

图 2-12　界标设置示意图

(五)界址边长丈量

在完成了界址点设置和埋设界标后，必须用检定过的钢尺或手持测距仪丈量界址边长、界址点与相邻明显地物点之间的关系距离，记录在地籍调查表中界址标示表上，并注明在不动产单元草图中的相应位置。

(1)解析法测量的界址点，每个界址点至少丈量一条界址点与邻近明显地物的相关距离或条件距离；图解法图解的界址点，每个界址点至少丈量两条界址点与邻近明显地物的相关距离或条件距离；实地无法丈量界址边长、相关距离和条件距离时(如界址点在水中、界址线为曲线等特殊情况)，应在宗地调查表的权属调查记事栏目中说明原因。

(2)采用钢尺丈量界址边长时，应控制在 2 个尺段以内；超过 2 个尺段并确认采用解析法测量的界址点，可采用坐标反算界址边长，并在界址标示表的说明栏中说明。

(3)对曲线类界址线，如集体土地所有权宗地、土地承包经营权宗地界址线，可不丈量界址边长。

(4)已有地籍材料中的界址边长，经实地检验符合技术标准的，可将地籍材料中的界址边长填写到界址标示表中，并在备注栏中说明。

(六)记录界址调查结果

应将界址点、界址线调查结果(界址点与界址线的位置、走向、所依附的地物或地貌、界标的类型、边长等)记录到地籍调查表(界址标示表、界址说明表等)中，并要求不动产指界人和相邻不动产指界人在界址签章表上签章。

1. 界址点线的描述

应依据权属来源材料、申请材料，将界址调查的结果，填写到地籍调查表的界址标示表、界址说明表中。描述界址点、界址线的要求如下：

(1)描述界址点、界址线所依附地物、地貌的语言要规范。

(2)宜利用地理方位词说明界址点、界址线的位置和宗地的四至。

(3)应清楚地表达两个界址点之间的线型，如直线、曲线、圆弧、弧线等。

(4)对于难以设置的界址线、点，可以采用线平行、线相交、线垂直等方式描述。

2. 指界人签字盖章

调查员应明示指界人，认真阅读界址标示表、界址说明表和不动产单元草图的内容，确认界址的描述是否与指界认定的一致，如果有异议，应及时修正，然后在界址签章表的签字栏签字盖章；

指界人不识字又无私章的，可代签，形式为“×××代”，由权利人、实际使用人或代理人在代签处按手印，并在记事栏中作出代签和手印说明；

可根据需要要求指界人在调查工作底图上签字确认指认的界线(含争议界线)，并将签字后的调查底图归入地籍调查档案；

指界人指界后，不在界址签章表上或权属界线协议书上签字盖章的，参照违约缺席指界规定处理。

三、其他界线的调查

(一)权利人不明确的界线调查

征地后未确定使用者的剩余土地和法律、法规规定为国有而未明确使用者的土地，在国有土地使用权、乡(镇)集体土地所有权和村集体土地所有权界线调查的基础上，根据实际情况划定土地界线。

暂不确定使用者的国有道路、水域的界线，根据相关政策法规和技术标准，结合现状道路、水域的实际使用范围确定界线。

不明确或暂不确定使用者的国有土地与相邻权属单位的界线，可暂时由相邻权属单位单方指界，并签订不动产权属界线协议书，待明确土地使用者并提供权源材料后，再对界线予以正式确认或调整。

(二)乡镇行政境界调查

调查单位会同各相邻乡(镇)土地管理所，结合民政部门有关境界划定的技术标准，分段绘制乡(镇)行政境界草图，并将该图附于《乡(镇)行政界线核定书》中，由调查单位将所确定的乡(镇)行政界线标注在影像图或地形图上。

(三)界址的争议处理

界址调查时，如界线双方指认的界线不一致，并且在短时间内无法协调的，则在工作底图上标注争议区域，并编制不动产权属争议原由书。《不动产权属争议原由书》一式三份，权属双方各执一份，县(市、区)不动产主管部门一份。调查人员根据实际情况，选择双方实际使用的界线或争议地块的中心线或权属双方协商的临时界线作为现状界线，并用红色虚线将其标注在提供县(市、区)的《不动产权属争议原由书》和影像图(或地形图)上。争议未解决之前，任何一方不得改变土地、海域利用现状，不得破坏土地、海域上的附着物。

第五节 不动产单元草图的绘制

不动产单元草图是指描述不动产单元位置、界址点线、相邻不动产单元关系以及不动产单元内定着物位置等要素的现场调查记录，是地籍调查表的组成部分。权属调查阶段需要编制的不动产单元草图主要有宗地草图(含土地权属界线协议书)、宗海草图和房产草图，以下简称草图。

不动产单元草图的特征有：①是不动产单元的原始描述；②草图上数据是实量的，精度高；③图形是近似的，相邻草图不能拼接。

不动产单元草图的作用有：①与地籍调查表中的相关调查表关联，为测定界址点坐标和制作不动产单元图提供初始信息；②可为界址点线的维护、恢复和解决权属纠纷提供依据。

一、宗地草图的绘制

宗地草图是描述宗地位置、界址点线、相邻宗地关系以及宗地内定着物位置等要素的现场调查记录，是宗地调查表的组成部分。在进行土地权属调查时，调查员填写并核实所需要调查的各项内容，实地确定了界址点线位置并对其埋设了标志后，现场草编绘制宗地草图。图 2-13 为土地使用权宗地草图样图，图 2-14 为土地权属界线协议书附图样图。

(一) 主要内容

宗地草图和土地权属界线协议书附图的主要内容有：

(1) 本宗地号、坐落和相邻宗地号、坐落。

(2) 界址点、界址点号及界址线，界址边长、界址点与邻近明显地物的相关距离或条件距离。

(3) 宗地内的主要地物、地貌等。

(4) 确定界址点位置、界址线方位走向所必需的宗地外的建筑物或构筑物。

(5) 丈量者、丈量日期、检查者、检查日期、概略比例尺、指北针等。

(二) 绘制方法

充分利用权属状况调查和界址状况调查的结果，绘制宗地草图或土地权属界线协议书附图。

1. 需要绘制宗地草图的情形

(1) 经内外业调查核实，宗地的实际状况与原宗地调查表中的宗地草图(含土地权属界线协议书附图)一致的，无须重新绘制宗地草图；否则，应重新绘制宗地草图。

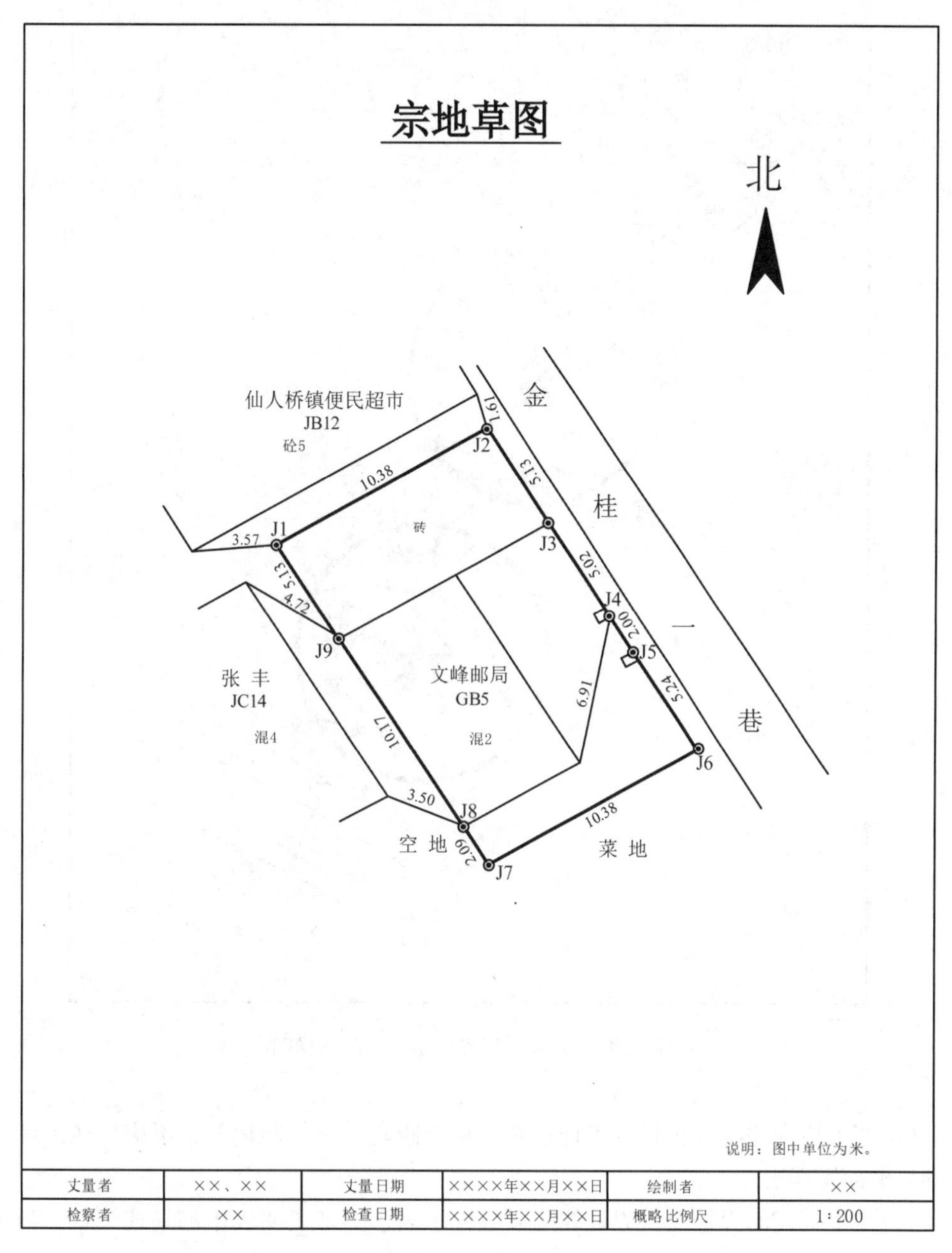

丈量者	××、××	丈量日期	××××年××月××日	绘制者	××
检察者	××	检查日期	××××年××月××日	概略比例尺	1∶200

图 2-13 宗地草图样图

(2)如果权属来源材料中没有宗地草图或无地籍材料，应绘制宗地草图。

2. 宗地草图绘制的方法

应利用工作底图绘制宗地草图，可以在工作底图上直接绘制，也可在适宜长期保存、使用的纸张上绘制，或者在宗地调查表中的宗地草图页上绘制；较大宗地可分幅绘制。面积较大、界线复杂的集体土地所有权宗地或国有土地使用权宗地等，可不绘制宗地草图，宜利用工作底图绘制土地权属界线协议书附图。绘制技术要求如下：

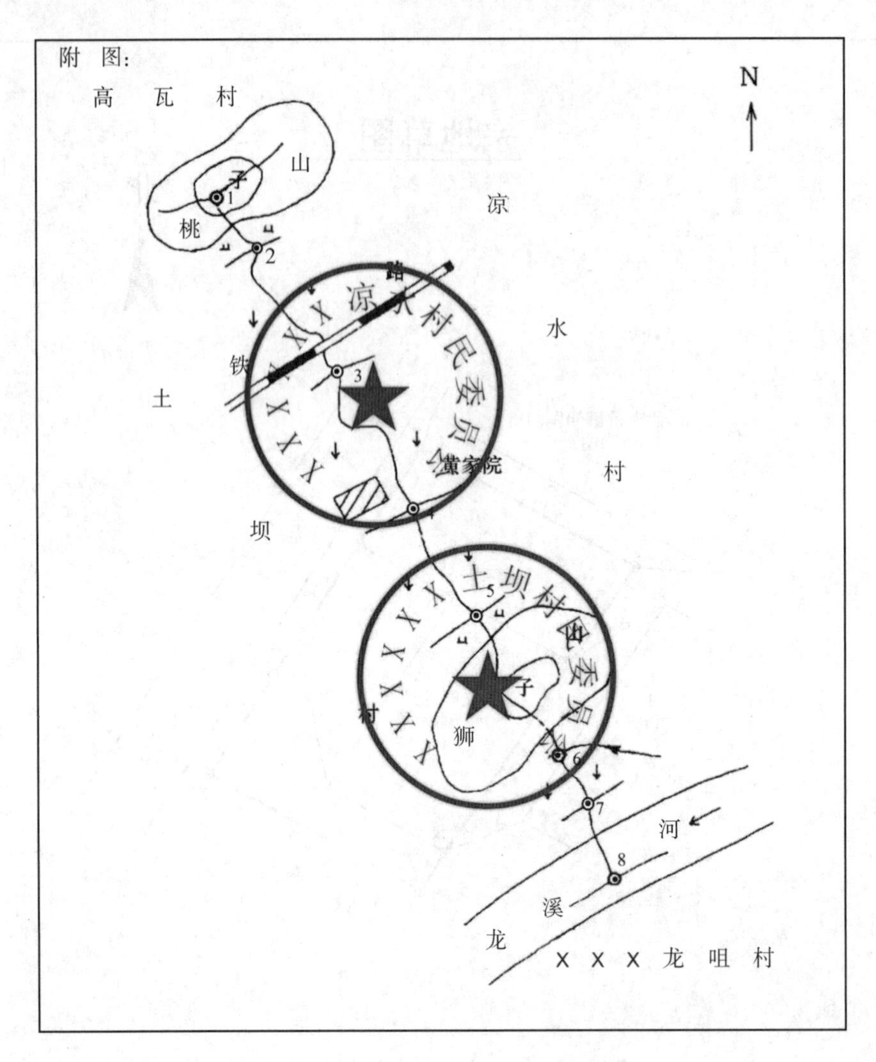

图 2-14 土地权属界线协议书附图样图

(1)图上应标注实地丈量的界址边长、相关距离、条件距离等，不应标注图解边长或图解坐标反算边长。

(2)图上标注的界址点、界址线与界址标示表、界址说明表中的描述一致，与实地一致。

(3)图上应线条均匀、字迹清楚，数字注记字头向北(上)向西(左)书写，注记过密的地方可移位放大注记，所有的注记不应涂改。

(4)土地权属界线协议书附图中的界址线上，指界人宜加盖印章或按手印；宗地草图的界址线上，指界人也可加盖印章或按手印。

二、宗海草图的绘制

宗海草图是描述宗海位置、界址点线、相邻宗地关系以及宗海内定着物位置等要素的现场调查记录，是宗海调查表的组成部分。在进行海域权属调查时，调查员填写并核实所需要调查的各项内容，实地确定界址点线位置并对其埋设标志后，采用现场测绘的方法测制宗海草图。图 2-15 所示为宗海草图样图。

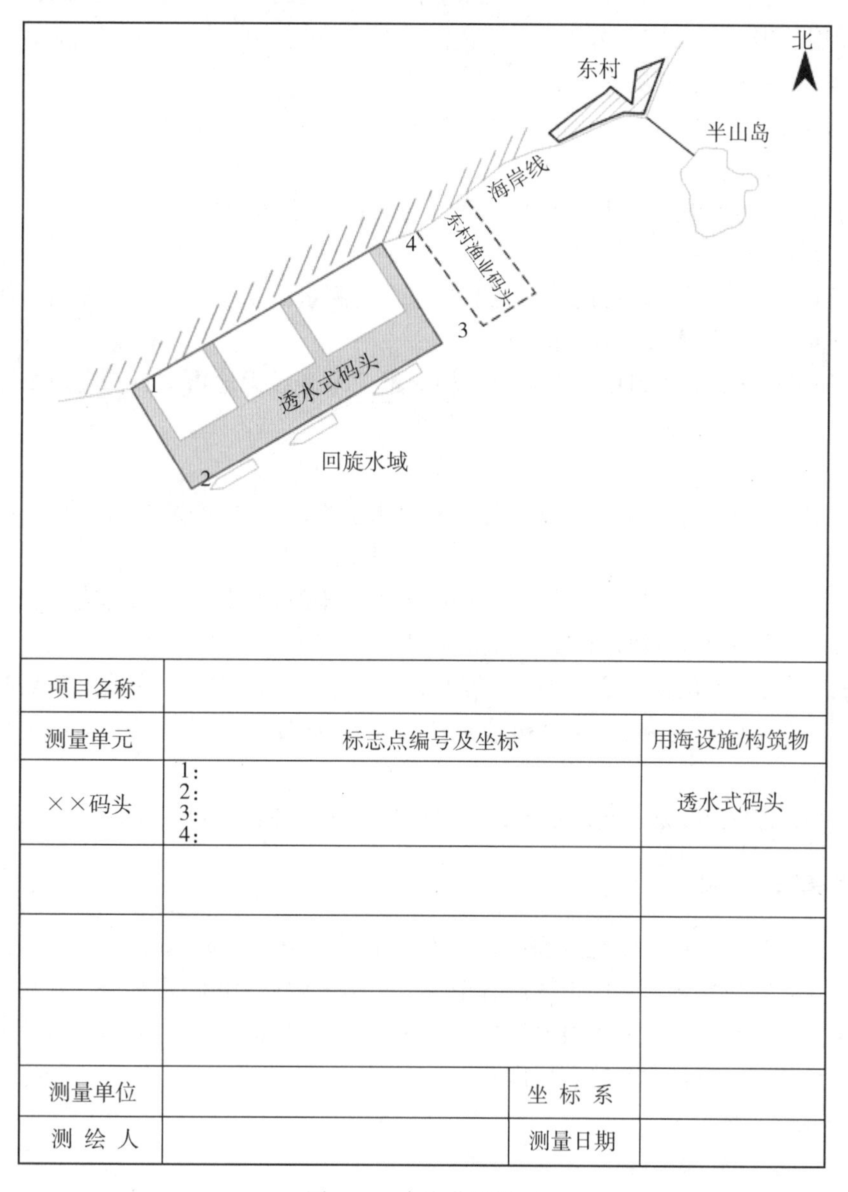

项目名称		
测量单元	标志点编号及坐标	用海设施/构筑物
××码头	1： 2： 3： 4：	透水式码头

测量单位		坐 标 系	
测 绘 人		测量日期	

图 2-15　宗海草图样图

（一）主要内容

宗海草图的主要内容为：

（1）本宗海号、坐落和相邻宗海号、坐落。

（2）界址点、界址点号及界址线，界址边长、界址点与邻近明显地物的相关距离或条件距离。

(3)宗海内的主要地物、地貌等。

(4)确定界址点位置、界址线方位走向所必需的宗海外的建筑物或构筑物。

(5)实测地物点及其编号、连线。测量单元及对应的实测点编号、坐标，对应的用海设施和构筑物。

(6)海岸线、必要的文字注记等。

(7)坐标系、概略比例尺、指北针、测量单位、测量员、测量日期。

(二)绘制方法

充分利用权属状况调查和界址状况调查的结果绘制宗海草图。

1. 需要绘制宗海草图的情形

(1)经内外业核实，宗海的实际状况与原现场测量记录表一致的，无须重新测绘宗海草图；否则，重新测绘宗海草图。

(2)如果权属来源材料中没有宗海现场测量记录表或无地籍材料，应现场测绘宗海草图。

2. 宗海草图绘制的方法

应利用工作底图绘制宗海草图，也可采用测绘的方法现场测制宗海草图。技术要求如下：

(1)宗海草图的图幅应与宗海调查表中预留的图框大小相当。当地物地貌较多、内容较复杂时，可用更大幅面图纸绘制后粘贴于预留的图框中。

(2)涉及实测点位置、编号和坐标等的原始记录不应涂改，同一项内容划改不应超过两次，全图不应超过两处，划改处应加盖划改人员印章或签字；注记过密的部位可移位放大绘制。

(3)图中注明坐标系、测量单位，并由测量员签署姓名和测量日期。

三、房产草图的绘制

房产草图是指描述房屋定着物单元位置、界址点线、相邻不动产单元关系以及不动产单元内定着物位置等要素的现场调查记录，是房屋调查表的组成部分。在房屋权属调查时，调查员填写并核实所需要调查的各项内容，实地确定房屋的专有部分、共有部分及其附属设施后，现场草编绘制房产草图。

(一)主要内容

房产草图上的内容有：

(1)幢号、幢名称、总层数、所在层数、单元号、房间号等。

(2)房屋坐落、紧邻街巷名称、邻户门牌等(独幢私房)。

(3)专有部分权属界线、共有部分界线及名称等。

(4)房屋边长、层高或净高等数据①。

① 房屋边长等数据的采集方法见本章第三节中“(三)不动产的数量”的内容。

(5)墙体厚度、墙体归属、墙体争议部位等。

(6)计算半建筑面积和不计算建筑面积部位的注记。

(7)附属设施和特殊部位(平台、阳台、飘窗)的名称。

(8)指北方向、绘制员、绘制日期等。

(二)绘制方法

应充分利用权属状况和界址状况调查的结果绘制房产草图。

1. 房产草图单元和规格

(1)应以层为基础，以房屋权属单元(幢、层、套、间)为单位绘制房产草图。

(2)在保证图面清晰、布局合理的基础上，房产草图的规格宜采用A4、A3幅面的纸张。

2. 房产图的绘制方法

应利用建筑规划设计图、施工图及竣工图等制作工作底图。在工作底图上分层或分户绘制房产草图。绘制的技术要求如下：

(1)当工作底图或已有房产草图与房屋现实状况不一致时，宜另绘房产草图，也可直接在房产草图上修改，同时应标注被改动部位。

(2)应将实地测量的边长数据、墙厚数据及层(净)高数据等实测数据标注在房产草图的相应位置上。沿墙体所测得的边长数据，应当标注在紧靠房产草图上相应的墙体处平行于墙体的位置。

(3)房屋的各类部位应采用汉字注记。对有争议的权属界线，应标注“争议”二字。

(4)图上汉字的字头一律向北(上)注记，数字字头应向北(上)、向西(左)注记；当无法标注时，应引至空白处标注清楚。

(5)房产草图上的标注只可划改2处，不可涂改。

第六节 地籍调查表的填写

地籍调查表由封面、宗地调查表、土地承包经营权与农用地的其他使用权调查表、集体土地所有权宗地分类面积调查表、房屋调查表、构(建)筑物调查表、林木调查表、宗海调查表、无居民海岛用岛调查表和不动产单元表等组成。

不动产单元表由宗地表、宗地内房屋自然幢汇总表、房屋定着物单元汇总表、建筑物区分所有权业主共有部分汇总表、宗海表、林木表、构(建)筑物表和无居民海岛用岛表等组成；根据不动产单元类型，提取相应的地籍调查成果或部门共享信息编制形成不动产单元表。

一、地籍调查表的组织方法

针对不同的不动产单元，按照下列方法组织地籍调查表：

(1)表格采用活页的形式，对整页无内容的，可不归入成果。

(2)如原表格式与相关技术标准的表格式一致，并且内容没有任何变化的，其复印件加盖“复印件”印章后，可直接利用归入成果。

(3)根据本地的实际情况，针对调查、确权、登记、管理的需要，可统一调整或改造表格格式，但是表中的内容只能增加，不能减少；如果增加的内容较多，可增加附表；增加的内容应该是管理工作需要的，并且符合“权属清楚、界址清晰、面积准确”的原则。

(4)以宗地、宗海为基础，不同的不动产单元，填写不同的调查表。

①对集体土地所有权宗地，填写宗地调查表和集体土地所有权宗地分类面积调查表。

②对建设用地使用权宗地和宅基地使用权宗地，填写宗地调查表；如果其上存在房屋，则需填写房屋调查表；如果其上存在除房屋以外的构(建)筑物，则需填写构(建)筑物调查表。

③对土地承包经营权宗地、非承包方式取得的草原使用权宗地和水域滩涂养殖权宗地，填写宗地调查表和土地承包经营权、农用地的其他使用权调查表。对非承包方式取得的林地使用权宗地，仅填写宗地调查表。如果林地上存在森林、林木，还需填写林木调查表。

④对海域使用权宗海，填写宗海调查表(无居民海岛用岛调查表)；如果其上存在房屋，则需填写房屋调查表；如果其上存在除房屋以外的构(建)筑物，则需填写构(建)筑物调查表。

⑤对无居民海岛开发利用情况，填写无居民海岛用岛调查表；如果其上存在房屋，则需填写房屋调查表；如果其上存在除房屋以外的构(建)筑物，则需填写构(建)筑物调查表。

二、地籍调查表填写的总体要求①

所有表格应按照下列要求填写：

(1)地籍调查表应做到图表内容与实地一致，表达准确无误，字迹清晰整洁。

(2)表中填写的项目不应涂改，每一处只允许划改一次，划改符号用“\”表示，并在划改处由划改人员签字或盖章；全表划改不超过2处。

(3)表中各栏目应填写齐全，不应空项；确属不填的栏目，使用“/”符号填充。

(4)文字内容使用蓝黑钢笔或黑色签字笔填写表格；除签名签字部分需本人手写外，也可利用计算机软件填写打印输出；不应使用谐音字、国家未批准的简化字或缩写名称。

(5)地籍调查表中需要采用语言叙述方式填写的栏目，填写不下的可另加附页，如说明栏、记事栏、审核栏等；宗地草图或宗海草图/宗地图或宗海图(含无居民海岛开发利用图)可以附贴；凡附页和附贴的，应加盖相关单位部门印章。

---

① 所有表格编写的具体要求见《地籍调查规程》(GB/T 42547)等技术标准。

思 考 题

1. 我国有哪些不动产物权类型？确认不动产物权的依据是什么？不动产登记的机构是如何界定的？

2. 权属调查的内容体系框架是什么样的？

3. 如何理解地块的含义及其构成的体系？什么是飞地、插花地、争议地？

4. 如何划分地块？怎样设定不动产单元？如何编制不动产单元代码？

5. 内业核实与外业调查之间有什么样的区别与联系？

6. 怎样开展权属状况调查，权利主体、权利客体和权利关系的内容是什么？

7. 如何理解界线与界址？怎样开展界址调查？界址调查的内容有哪些？

8. 什么情况下需要开展界址调查？什么情况下需要指界？违约指界如何处理？

9. 界址点如何设置？为什么需要丈量界址边长？怎样描述界址点和界址线走向？

10. 不动产单元图有什么样的特征和作用？如何编制宗地草图、宗海草图和房产草图，这些图上有哪些内容？

11. 如何理解地籍调查表的组成？填写地籍调查表的基本要求是什么？

第三章　地类调查

地类调查是土地利用现状调查的简称，是自然资源调查监测体系中空间全覆盖、底板性的调查工作。本章以土地利用现状类标准、影像判读方法为基础，给出了地类图斑单元、城镇村庄范围的划分方法，阐述了地类图斑调查、耕地细化调查、城镇村庄范围调查的方法和程序。针对地类变化，给出了发现变化的地类、确定变化地类的类型、提高变化地类图斑边界精度的方法。

第一节　概　　述

一、土地分类

由于土地自然属性(地形、土壤、岩石、地貌、气候、植被和水分等)的差异，加之人类生活、生产对土地施加的影响，导致土地呈现的能力和适宜性是不同的。

依据土地自然属性的相似性和差异性，结合人类生活、生产对土地需求和施加影响(社会经济属性)的不同，划分(土地分类)出的一系列各具特点、相互区别的土地种类，称之为土地类型。

用于区分不同土地类型的自然属性和社会经济属性的特征，可称之为土地分类标志。换句话说，土地分类是指按一定的土地分类标志，划分出若干土地类型。按照统一的原则和分类标志，将土地类型有规律分层次地排列组合在一起，就叫作土地分类系统(或土地分类体系)。

根据土地的特性及人们对土地利用的目的和要求不同，就形成了不同的土地分类系统。归纳起来，常用的有以下三种土地分类系统：土地自然分类、土地评价分类和土地利用分类。

(一)土地自然分类

土地自然分类是指依据土地的自然属性差异性对土地进行分类。例如，按土地的地貌特征分类，可将土地分为平原、丘陵、山地、高山地等。还可按土壤、植被等进行土地分类。其目的是揭示土地类型的分异和演替规律，为最佳、最有效地挖掘土地生产力提供依据。例如，全国 1∶100 万土地资源图上的分类就是按土地的自然综合特征进行分类的。

(二)土地评价分类

土地评价分类是指依据土地利用条件(自然条件和社会经济条件)对土地进行分类。

如土地等级划分、土地潜力划分、土地适宜性划分等，其目的是为土地的规划、整理、开发、复垦、税费征收、耕地保护等工作服务，为实现土地资源最佳配置服务。

(三)土地利用分类

土地利用是指人类根据土地的自然特点和经济社会管理目的，采取一系列生物、技术手段，对土地进行长期性或周期性的经营管理和治理改造活动。

土地利用分类主要依据土地的自然特性和社会经济特性划分土地的利用类型。土地利用现状分类主要以土地的覆盖特征、利用方式、经营特点、用途、功能等分类标志作为分类依据而建立的一种土地利用分类系统，是一种全覆盖的基础分类，应用广泛。

国外土地利用分类工作至今有半个多世纪的历史，到20世纪60年代就出现了各种土地利用分类系统。具体到各国又有差异，如美国主要以土地功能作为分类的主要依据，英国和德国以土地覆盖(是否开发用于建设用地)作为分类依据，俄罗斯、乌克兰和日本以土地用途作为分类的主要依据，印度则以土地覆盖情况(自然属性)作为划分利用分类的依据。

我国土地利用分类研究起步较晚，而且主要工作是在1949年以后。形成国家标准的土地利用分类主要是土地利用现状分类。这个分类主要将土地的覆盖特征、利用方式、经营特点、用途、功能等分类标志综合形成土地利用现状分类依据。由于我国人口众多、耕地占比较少，因此对农用地(耕地、林地、草地、园地等)的分类较细，而国外则相对较粗。

二、土地利用现状分类

(一)土地利用现状分类的原则

土地利用现状分类是土地资源的自然属性和经济特性的深刻反映，是在自然、经济和技术条件的综合影响下，经过人类对土地劳动所形成的产物，其种类、数量、分布随着社会经济技术条件的变化而发生变化。

为使土地利用现状分类科学、合理，易于掌握，并有利于土地的合理利用和科学管理，在进行土地利用现状分类时，应遵循下列原则：

1. 科学性原则

依据土地的自然和社会经济属性，运用土地管理科学及相关科学技术，采用多级续分法，对土地利用类型进行归纳、分类。

(1)按土地利用的综合性差异划分大类，然后按单一性差异逐级细分。

(2)同一级的类型要坚持统一的分类标准。

(3)分类层次要鲜明，从属关系要明确。

(4)一种地类，只能在一个大类中出现，不能同时在两个大类中并存。

2. 实用性原则

为便于实际运用，土地分类标志应易于掌握，分类含义力求准确，层次尽量减少，命名讲究科学并照顾习惯称谓，尽可能与计划、统计及有关生产部门使用的分类名称及含义协调一致，以利于为多部门服务。

3. 开放性原则

分类体系应具有开放性、兼容性，既要满足一定时期国家宏观管理及社会经济发展的需要，同时也要有利于进一步完善。

4. 继承性原则

借鉴和吸取国内外土地利用分类经验，继承应用效果好的分类。

5. 多用途原则

既要满足土地资源管理工作的需要，还要满足发展改革、农业、水利、林业、环境、交通等管理工作的需要。

(二)我国土地利用现状分类标准

自20世纪80年代以来，为满足与社会经济发展水平相适应的土地管理制度的需要，我国多次编制颁布了土地利用现状分类标准，其分类依据由土地的覆盖特征、利用方式、经营特点、用途等分类标志综合而成。

1984年，全国农业区划委员会发布的《土地利用现状调查技术规程》中的土地利用现状分类及含义，主要用于县级土地利用现状详查(简称土地详查)。在这个标准中，土地利用现状分类采用二级分类，划分为8个一级类和46个二级类。与分类对应的含义，就是由土地的覆盖特征、利用方式、经营特点、用途等分类标志而形成的分类依据。

1989年和1993年，为满足城镇地籍调查工作需要，原国家土地管理局颁布的《城镇地籍调查规程》中的城镇土地分类及含义，主要是对土地利用现状分类及含义中的居民点与独立工矿内部土地分类进行了细化和充实。城镇土地分类采用二级分类，划分为10个一级类，24个二级类。

2001年8月，原国土资源部颁布了《全国土地分类(试行)》(国土资发〔2001〕255号)。该分类系统是将土地利用现状分类系统和城镇土地分类系统合并，形成城乡一体化的土地利用现状分类系统，采用三级分类，3个一级类，15个二级类，75个三级类，其中一级分为农用地、建设用地和未利用地3类。该分类体系用于城乡一体化土地管理工作。

2007年，国家质量监督检验检疫总局、国家标准化管理委员会颁布了《土地利用现状分类》(GB/T 21010—2007)。至此，土地利用现状分类标准由行业标准升格到国家标准。该分类系统采用二级分类，其中一级类12个，二级类57个。这个标准适用于城乡一体化土地管理工作。2017年，为适应现阶段新兴产业用地、生态用地保护的需要，对这个标准进行了修改完善，颁布了《土地利用现状分类》(GB/T 21010—2017)。该分类系统采用二级分类，其中一级类12个，二级类73个，该标准该分类体系用于城乡一体化土地管理工作。

在实际工作中，根据具体的土地管理工作内容和目标，以颁布的土地利用现状类标准为基础，可制定相对应的分类标准，如第三次全国土地调查专门制定了第三次全国国土调查工作分类，作为《第三次全国国土调查技术规程》(TD/T 1055—2019)的主要内容，用于第三次全国国土调查工作。

三、调查单元的划分

地类调查(土地利用现状分类调查的简称)的单元为地类图斑。图斑是一个约定俗成的称谓，原指地图上由地类界(自然的、社会的、经济的、生态的)封闭的一个斑块①，对应实地存在一个有明确的利用分类标志的封闭地块。20世纪90年代的土地利用现状调查中就约定俗成，将土地利用现状图上划分出的有地类界线封闭的地块称为"图斑"，经过长期的实践，图斑成为土地调查的专有名词。

地类图斑是指同一地类相连成片的地块。依地类图斑的形状和大小，可将地类图斑分为面状图斑、线状图斑(线状地物或线状地类)和点状图斑(零星地物或零星地类)。

(一)调查区的划分

调查区的划分方法有两种，一种是"县级行政区+地籍区+地籍子区"②，多用于不动产单元的划分，但是也可以用于地类图斑的划分；另一种是"县级行政区+乡级(镇、街道办事处)行政区或城镇村庄+村级调查区"，其中县级行政区和乡级(镇、街道办事处)行政区是指民政部门划定的行政管理区域，村级调查区主要是指行政村、社区、居委会等覆盖的土地空间范围，这种划分方法多用于全国国土调查。下面主要给出后面一种调查区的划分方法。

(1)在乡级行政区域内，按照行政村、社区或居委会等相连成片的空间范围划为一个村级调查区。

(2)在村级调查区内，如果有独立的村庄、工矿、风景名胜、特殊用地等用地，且空间范围界线清晰的，可细化为两个以上的村级调查区。

(3)划分出的若干村级调查区应完全覆盖乡级行政区范围，做到不重不漏。

(二)面状图斑的划分

面状图斑是指在地图上界线封闭形成面状形式的图斑。根据土地利用现状分类标准，以航空或航天影像图为基础，通过内业判读和外业调查，在村级调查区范围内划分面状图斑。

(1)将同一地类相连成片的地块划为一个面状图斑。属于复合利用的土地，应选择主要地类，划分为一个面状图斑，如林草混合、乔灌混合的土地等。

(2)同一地类相连成片的地块，被城镇村庄范围线、土地权属(所有权、使用权)界线或坡度等级界线分割，则划分为两个或两个以上的面状图斑。当划分的面状图斑过大时，可适当以较大的线状地物为地类界，划分为多个面状图斑。

(3)依耕地的坡度等级线细化耕地图斑。梯田、坡耕地可单独划分耕地图斑。

(4)因调查图件比例尺的限制，一般需要规定最小上图的图斑面积。例如：

我国土地利用现状调查详查(1984—1996年)和第二次全国土地调查(调查时点

---

① 在1985年至1996年开展的土地利用现状详查工作中，在行政村范围内以土地利用现状分类标准为依据划分出的一块地称作使用地块(简称地块)，但在日常口头表达中习惯称作图斑。

② 具体划分方法见《不动产单元设定与代码编制规则》(GB/T 37346)。

2009年12月31日)规定的最小上图面积：居民地为图上 $4mm^2$，耕地、园地为图上 $6mm^2$，其他地类为图上 $15mm^2$。小于这个面积的可划分设定点状图斑(零星地物)，并实地量取面积，记载到调查手簿中。

我国第三次全国国土调查(调查时点2019年12月31日)规定的最小上图面积：建设用地和设施农用地为实地 $200m^2$，农用地(不含设施农用地) $400m^2$，其他地类 $600m^2$，小于最小上图面积的地块综合到相邻地类图斑中，不再单独划分设定点状图斑。

城镇村庄内部的地类图斑最小上图面积可以进一步缩小。如广州市第三次全国国土调查，规定的最小上图面积为 $80m^2$。

(三)线状图斑的划分

线状图斑是指在地图上界线封闭形成狭长线状形式的图斑。根据土地利用现状分类标准，以航空或航天影像图为基础，通过内业判读和外业调查，在村级调查区范围内划分线状图斑。线状地类图斑主要包括北方宽度大于等于2m、南方宽度大于等于1m的河流、道路、沟渠等。

(1)道路、河流、沟渠等线状地物被权属界线分割的，分别划分线状图斑。

(2)同一条道路、河流、沟渠等线状地物，虽未被权属界线分割，但宽度变化较大的，可在变化处分割成两个以上的线状图斑。

(3)对于线状地物交叉的，上部的线状地物图斑连续划分为线状图斑，下压的线状图斑断在交叉处。线状地物穿过隧道时，线状图斑断在隧道两端。

(4)权属性质不同的地物交叉时，保持国有线状图斑连续为线状图斑，集体所有线状图斑断在相交处；权属性质相同的线状地物交汇时，主要线状图斑连通表示，其他线状图斑在交叉处断开。

(四)点状图斑的划分

点状图斑主要是指在村级调查区范围内，小于最小上图面积的地类图斑。2019年以前的土地利用现状调查，小于这个面积的可划分设定点状图斑(零星地物)，并实地量取面积，记载到调查手簿中。2019年的第三次全国国土调查规定，小于最小上图面积的地块综合到相邻地类图斑中，不再单独划分设定点状图斑①。

(五)图斑编号

在村级调查区范围内，按照自上而下、从左到右，从1开始，按照“弓”字形编制图斑号。每个图斑的编号均具有唯一性，不能重号。

四、调查的内容

土地利用现状调查是指依据土地利用现状分类标准，以正射影像图为工作底图，以县级行政辖区为基本单位，查清土地的地类、位置、面积及其空间分布等利用状况而进行的土地调查工作，简称地类调查。从调查的空间覆盖和实施时间情况来看，地类调查

① 由于自2019年以后，我国不再划分设定点状图斑(零星地物)，本书不再叙述点状图斑的调查方法。需要了解这方面的知识，可参考《地籍测量学》(2011年和2012年的版本)。

可分为总调查和变更调查①，其调查内容包括：

(1)地类调查。地类调查的内容由四部分组成，一是查清每一个地类图斑的界线、地类名称、地类代码；二是查清每一个耕地图斑的界线、地类名称、地类代码、坡度、田坎系数等；三是查清每一个地类图斑的地理坐落和权属情况，包括地名地址、权属性质、权属名称及其编码等；四是查清城镇村庄的范围界线。

(2)面积计算与汇总。计算图斑面积，并按照土地权属单位及行政辖区范围进行面积汇总②。

(3)图件编制。编制分幅土地利用现状图和乡(镇)两级土地利用现状图③。

五、调查的精度

勾绘的地类图斑界线与影像特征线对比，明显的界线移位不得大于图上 0. 3mm；不明显的界线移位不得大于图上 1. 0mm。

地类或地物修补测的地物点相对邻近明显地物点的间距，平地、丘陵地不得大于图上 0. 5mm，山地可放宽至 1. 5 倍，允许误差不超过中误差的 2 倍。

第二节　地类调查

地类调查的主要工作内容包括线状图斑调查、面状图斑调查、地物修补测、耕地细化调查等。

一、地类调查的基本方法

地类调查是土地利用现状调查的核心工作。应以最新的正射影像图为基础制作工作底图，充分利用收集的资料，首先进行内业判读(也可称为解译、判译、判绘)，然后持工作底图到实地，将影像所反映的地类信息与实地状况一一对照、识别，丈量线状地物的宽度和零星地物的面积，对工作底图上缺失的或无法在工作底图上勾绘的地物、地貌进行修补测，最后将调查结果录入数据库。

常用的调查方法有两种：一是内业判读法，二是野外调绘法。应根据具体的调查任务和目的选择合适的方法。在实际调查工作中，往往两种方法组合使用。这两种方法源自航空摄影测量外业调绘。在可用参考资料缺乏、调查经验不足、影像图比例尺大于 1∶10000的情况下，主要采用“内业判读为辅、野外调绘为主”的组合方法开展地类调查，如 1984—1996 年开展的土地利用现状详查就是采用这种方法组合；在可用参考资料较多，调查经验丰富、影像图比例尺小于等于 1∶10000 的情况下，主要采用“内业判

---

① 如第二次全国土地调查、第三次全国国土调查，属于总调查，地类调查是其核心工作内容。每年开展的年度变更调查，属于变更调查。

② 技术要求和方法见第七章。

③ 技术要求和方法见第六章。

读为主、野外调绘为辅”的方法组合开展地类调查，如2019年的第二次全国土地调查和2019年的第三次全国国土调查就是采用这种方法组合。

(一)内业判读法

内业判读法是指充分利用收集的资料，在以正射影像为基础制作的工作底图上，室内对影像进行判读认定地类名称、确定地类界线的方法。

收集的资料包括已有的土地调查资料(总调查、年度变更调查、专项调查、集体土地权属调查、城镇村庄地籍调查等资料)、自然地理状况、交通图、水利图、河流湖泊分布图、农作物分布图、地名图等。这些资料不论精确或粗略，都对影像判读有帮助。

利用收集的资料，主要采用计算机软件与人工相结合的方法，如人工直接目视判读描绘、(人工、计算机软件)立体判读描绘(具备立体像对时)，进行影像判读(对比、分析)，认定地类名称和界线，并标绘在工作底图上，同时填写调查手簿(人工填写或软件系统录入)。

如果内业判读遇到下列情形，应在工作底图上做好标记，到实地采用野外调绘法划定地类图斑，确定地类界线：

(1)影像特征线不明显，不能够认定地类名称或界线的，或认定地类名称或界线有困难的。

(2)影像含义不明确无法判读的。

(3)影像拍摄后地类或地物、地貌发生变化的。

(4)其他原因引起的。如内业判读没有把握的地类或地物等。

(二)野外调绘法

野外调绘法指充分利用收集的资料，在以正射影像为基础制作的工作底图上，室外将影像所反映的地类信息与实地状况一一对照、识别，认定地类名称和界线的方法。

1. 野外调绘准备

外业出发前，应准备好调查需要的工作底图、记录表格、简单测量工具(如皮尺、钢尺、手持测距仪等)、电子设备(如手机、iPad)、外业数据采集系统软件等。

2. 调绘路线的选择

为了保证对整个调查区域能够走到看到，选择好调绘路线是提高工作效率的前提条件。外业出发前，应根据内业判读确认需要野外调绘的地类和地物，结合内业判读的成果，制定既要少走路又不至于漏掉要调绘的地类或地物的具体调绘路线。如图3-1所示，主要有两种调绘路线：梅花瓣形路线和放射花形路线，宜根据居民点分布、地形地貌特征、道路网络、水系分布等情况选择调绘线路。

(1)对居民点，宜沿着居民点外围进行调绘。在调绘居民点外围界线的同时，也调绘居民点四周的地类名称和界线。

(2)对平原地区，通视良好，一般沿道路、河流岸线边走边调绘，同时调查道路、河流的界线及其两侧的地类名称和界线，尽量不走重复路。

(3)对丘陵山区，一般沿山区小路、山脊、山谷调绘，从山沟进入走到山脊，从山脊再下到另一条山沟形成“之”字形路线，调绘山脊、山谷和两侧山坡上的地类名称和界线。

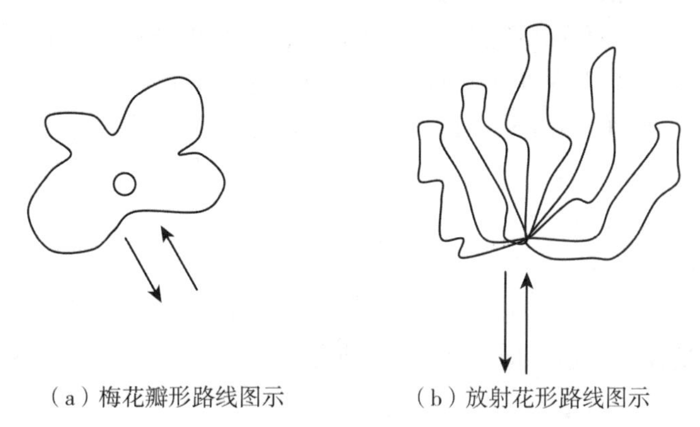

（a）梅花瓣形路线图示　　（b）放射花形路线图示

图 3-1　外业调查路线图

3. 野外调查的方法

为了提高调绘的质量和效率，宜按照“四到”(走到、看到、问到、记到)的要求开展野外调绘工作。这里走到是关键，只有按照预定的调绘路线走到，才能看到、看清、看准地类或地物的形状特征、与其他地类地物的关系等，才能依据影像正确判定地类的名称和界线，才能拍摄到真实现场照片。调查工作的要点如下：

(1)确定站立点。到达调查区域后，首先要确定站立点。为了提高调绘效果和作业效率，站立点一般要选择在明显地物点上，地势要高，视野要广，如路的交叉点、河流转弯处、小的山顶、居民点、明显地块处等。确定站立点后，要在工作底图上找到站立点的位置，并找出一两个实地、图上能对应起来的明显地物点进行定向，把工作底图方向和实地方向标定，使其一致。

(2)核实、调绘。在站立点抓住地物的特点，采取“远看近判”相结合的方法，将视野范围内的内业判读内容依据实地现状进行核实，当判读的界线、线状地物、地类名称等与实地一致时，则在图上进行标注确认；对于内业判读标记的问题一一核实查清；对影像拍摄后发生变化的地类和地物，应实时修改、补绘。

当在一个站立点核实、调绘完毕并经自检无误后，再离开本站立点选定下一个站立点进行核实、调绘。

(3)边走边调查。要正确理解地图比例尺的含义，建立实地地物与影像之间的大小、距离的比例关系，在到达下一站立点途中，边走、边看、边想、边判、边记、边画，在到达下一站立点后，再进行核实、调绘。这里要注意的是，两个站立点之间所标绘的各种界线、线状地物、地类名称等调绘内容须衔接，不能产生漏洞。

(4)询问。在调查过程中应向当地群众多询问，一是及时发现隐蔽地类，如林地中被树木遮挡的道路、山顶上的地类、山沟深处有无耕地等重要地类，等等；二是询问核实注记地理名称或依据名称寻找实地位置；三是通过询问确定地类的权属性质。为了保证调查的准确性，对询问的内容要反复验证。

(5)记到。这里有四重含义：一是现场填写调查手簿(手工填写或软件系统录入，以下同)；二是在工作底图上(纸质或电子，以下同)标注地类名称和代码、地名地址，勾绘地类界线，标注实地修补测的地类或地物等；三是现场拍摄数码照片(相关技术标准中有具体的要求)；四是如果采用的是内外业一体化数据采集系统，则利用“互联网+”技术实时传输野外调查成果，通信网络信息不好，可回到作业驻地传输。

二、线状图斑调查

(一)调查的基本方法

在村级调查区范围内，南方宽度大于等于1m、北方宽度大于等于2m的河流、铁路、公路、农村道路、管道用地、林带、沟渠和田坎等线状地物，以条为单位按照线状图斑调绘上图。

应充分利用收集的资料，采用内业判读与野外调查相结合的方法进行线状图斑调查。应依影像特征，结合收集的资料，认定线状地类的名称，其界线调查的基本方法如下：

(1)确权登记、审批许可或竣工验收等资料中，依资料情形的不同做不同的处理：

①有界线有坐标的，将其叠加到工作底图上，直接生成线状图斑界线；

②有界线(宽度)无坐标的，将其叠加到工作底图上，如果界线与影像特征线一致，则依影像特征勾绘线状图斑界线，如果界线与影像特征不一致，则依影像特征，结合资料中界线的宽度、走向、形状，勾绘线状图斑界线；

③无界线有宽度及其走向说明的，则依影像特征线，结合线状地物宽度及其走向说明，勾绘线状图斑界线；

④无界线无宽度的，则实地进行野外调绘并丈量线状地物宽度，依影像特征勾绘线状图斑界线。

(2)无确权登记、审批许可或竣工验收等资料的，则实地进行野外调绘并丈量线状地物宽度，依影像特征勾绘线状图斑界线。

(3)对于有树木、建构筑物遮盖的线状地物，都应到实地调绘并丈量宽度，收集的资料中有坐标的除外。

(4)野外调绘发现影像图上没有、实地新增的，则进行补充测量，标注在工作底图上，或在调查手簿上绘制新增线状地物草图。

(5)实地丈量现状图斑宽度时，宽度读数至0.1m，并标注在工作底图上。当线状地物宽度变化大于20%时，则分段量测线状地物宽度，并标注在工作底图上。

(二)线状图斑界线认定和宽度量测

实地的线状地物宽窄不一、形状复杂、影像特征各异，其两侧哪些地物应包括在宽度内哪些不包括，造成调绘在图上的宽度范围、实地量测的宽度值，不同的人有不同的结果。因此，线状地物界线位置的认定和宽度量测，是影响其面积准确性和精度的主要因素。为了保证线状图斑面积的准确性和精度，统一线状地物界线位置的认定和宽度量测的方法和要求是十分必要的。下面介绍经常遇到的部分线状地物界线位置的认定和宽度量测的确定方法和要求。

1. 河流界线认定和宽度量测

应充分利用收集的资料，按照线状图斑调查的基本方法认定线状图斑的界线。有坐标的，将坐标的连线认定为河流界线，否则利用水利部门提供的资料和收集的地形图，结合有无堤坝的情形，将洪水位线、常水位线、堤坝(内、外)脚线、岸线内缘线、滩涂范围线等中的某条线作为河流界线。

河流滩涂(内陆滩涂)指的是河流的常水位岸线与一般年份的洪水位线(不是历史最高洪水位)之间的区域。调查时，可按实地现状或在当地了解情况或向水利部门咨询调绘或标绘。当河滩不能够依比例尺①调绘时，可综合到河流图斑中。季节性河流应以有水时的水位线作为河流图斑的界线。

对人工修建的主要用于挡水的堤坝，不能够依比例尺调绘时，综合到内陆滩涂或河流的图斑中。

滩涂中建设工厂、码头的，按建设用地调绘。主要用于交通的堤坝，按交通用地图斑调绘。用于护堤的零星或成行的树木占地，可综合到堤坝中，作为水工建筑用地图斑。其他已经利用的按照实际地类确定。

对于图上宽度 20mm 以上的河流，不丈量河流宽度。对于图上宽度小于 20mm 的河流，并且宽度连续变化不超过 20%的较长部分，实地认定界线和丈量宽度，同时在工作底图上利用丈量的宽度、结合影像特征勾绘河流图斑界线，否则依影像特征线勾绘河流图斑界线，不丈量实地宽度。

河流水面、滩涂和堤坝的边界认定和宽度量算方法如图 3-2 所示。

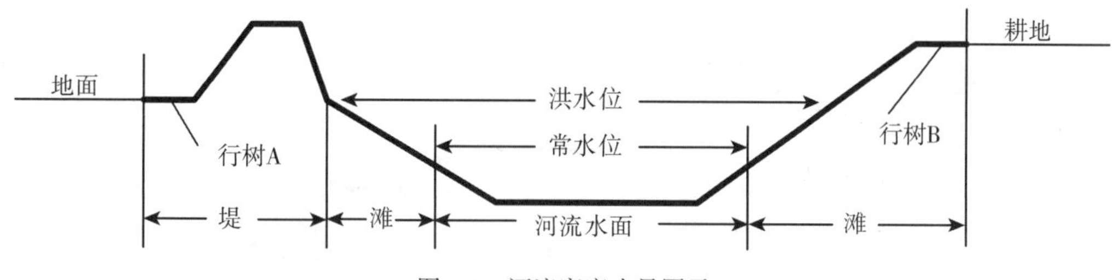

图 3-2　河流宽度丈量图示

2. 道路界线认定和宽度量测

这里的道路包括铁路、公路、农村道路等。应充分利用收集的资料，按照线状图斑调查的基本方法认定界线。有坐标的，将坐标的连线认定为道路界线，否则利用铁路、公路等交通部门提供的资料和收集的地形图，结合路面、护路林、护路沟等情况，认定

① 不能依比例尺调绘的地类或地物是指小于技术标准规定的最小上图面积或最小上图宽度或最短上图长度的地类或地物。

道路界线。

对于图上宽度20mm以上的道路，不丈量道路宽度。对于图上宽度小于20mm的道路，并且宽度连续变化不超过20%的较长部分，实地认定界线和丈量宽度，同时在工作底图上利用丈量的宽度、结合影像特征勾绘道路图斑界线，否则依影像特征线勾绘道路图斑界线，不丈量实地宽度。

道路的界线认定和宽度量测方法如图3-3、图3-4所示。

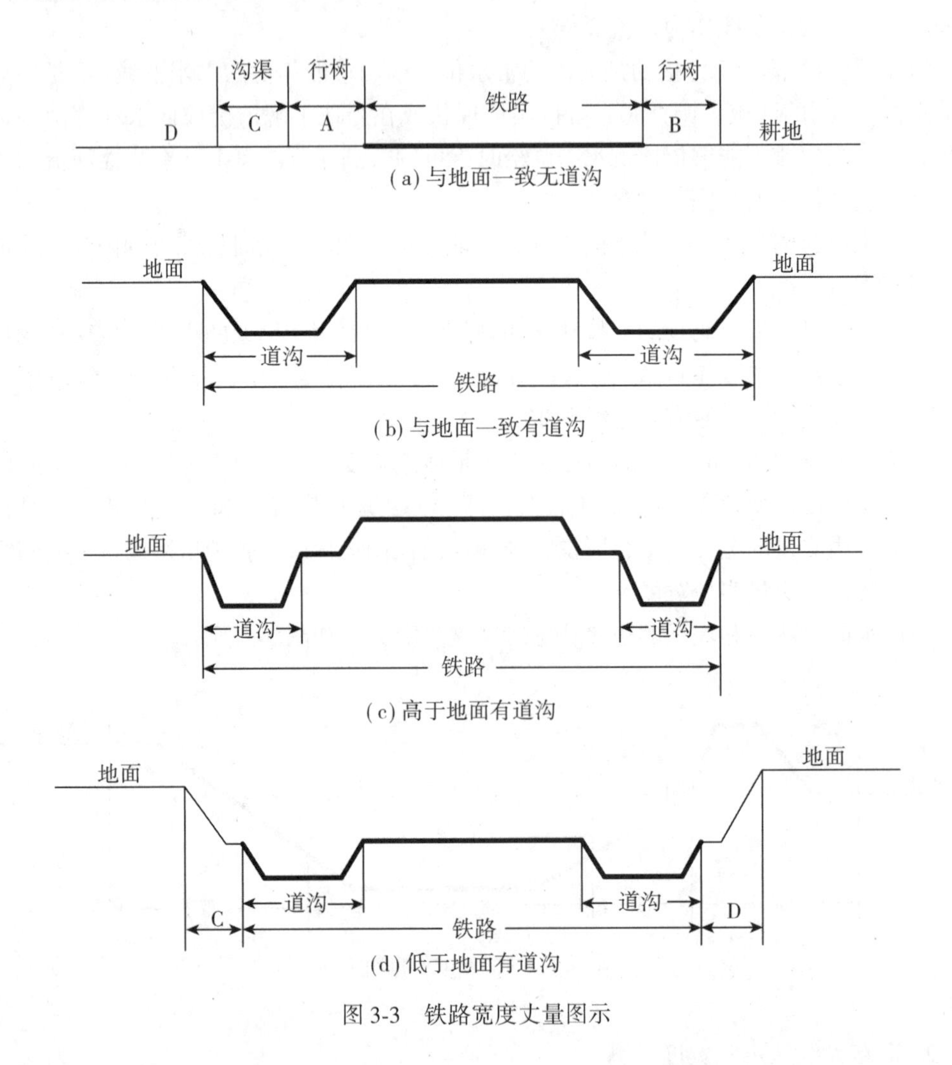

图3-3 铁路宽度丈量图示

由图3-3可看出，铁路用地包括路基、道沟、紧邻的成行护路林木等。具体调绘时，以图3-3(a)为例说明，收集的资料中无坐标、无宽度的道路图斑调绘方法。

(1)当A处为成行树木，且不能够依比例尺调绘时，可综合到道路图斑中，道路宽度包含A的宽度。否则按林地图斑调查。

(2)当B处范围外(右侧)相邻耕地时，且不能够依比例尺调绘时，可综合到道路图斑中，道路宽度包含B的宽度。

(3)当D处为耕地、园地等农业用地时，C处不能够依比例尺调绘时，C可综合到A中。

(4)当C、D处均为非耕地、园地等农业用地时，C处范围不能够依比例尺调绘时，C应综合到D中，道路宽度不包含C。

(5)当道路的每一侧为同一地类时，即A、B不存在时，道路实量宽度如图3-4所示。

(6)对于主要用于交通的堤坝，按交通用地调绘。

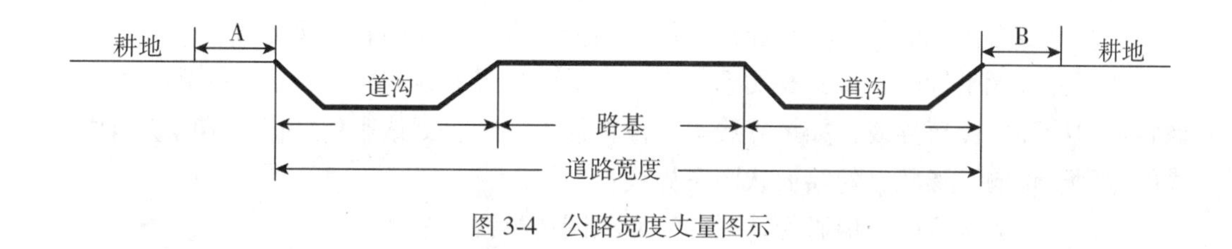

图3-4 公路宽度丈量图示

3. 沟渠界线认定和宽度量测

如图3-5所示，沟渠的边界认定和宽度量测的方法如下：

(1)沟渠无论是否有水，将其上沿线认定为沟渠界线，当有堤时，堤外侧坡脚线为沟渠界线，按照图3-5(a)和图3-5(b)所示的范围丈量宽度。

(2)当沟渠紧邻行树，行树范围不能够依比例尺调绘时，行树的外缘线为沟渠的界线，沟渠宽度包括行树，否则按林地图斑调查，按照图3-5(c)所示的范围丈量宽度。

(3)当沟渠紧邻耕地、园地等农业用地时，分具体情况处理。一般情况下，耕地边缘线为沟渠界线。当A处为非耕地，且不能够依比例尺调绘时，可视其为沟渠范围，沟渠宽度包括A，按照图3-5(d)右侧情形所示的范围丈量宽度。能够依比例尺调绘时，须单独调绘，沟渠宽度不包括A。

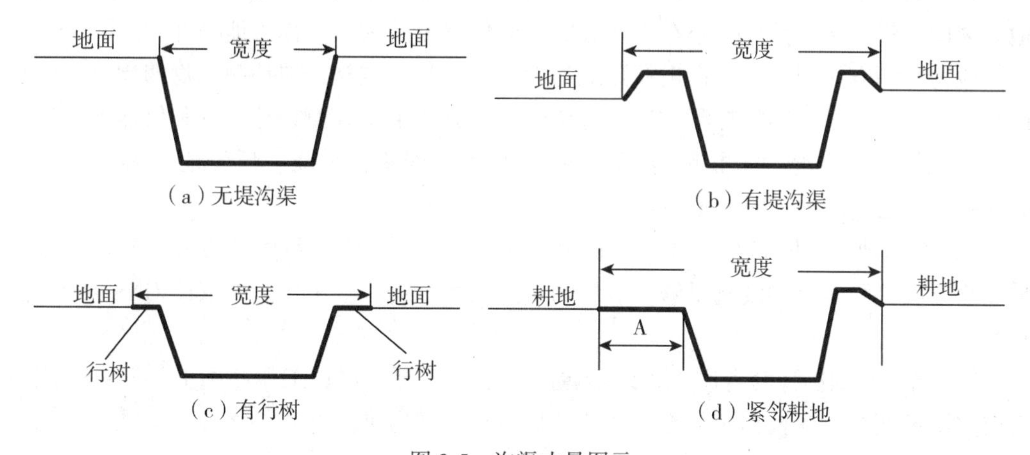

图3-5 沟渠丈量图示

三、面状图斑调查

实际调查工作中，为了提升调查效率和调查成果质量，先进行线状图斑调查，这是因为线状图斑界线是面状图斑界线的构成部分，为面状图斑调绘提供了空间框架。

应充分利用收集的资料，采用内业判读与野外调查相结合的方法进行面状图斑调查。应依影像特征，结合收集的资料，认定面状地类的名称，其界线调查的基本方法如下：

(1)确权登记、审批许可或竣工验收等资料中，依不同的情形做不同的处理：

①有界线有坐标的，将其叠加到工作底图上，直接生成面状图斑界线；

②有界线无坐标的，将其叠加到工作底图上，如果界线与影像特征线一致，则依影像特征勾绘面状图斑界线，如果界线与影像特征不一致，则依影像特征，结合资料中界线的宽度、走向、形状，勾绘面状图斑界线；

③无界线无坐标的，依影像特征勾绘面状图斑界线。

(2)无确权登记、审批许可或竣工验收等资料的，则依影像特征勾绘面状图斑界线。

(3)对于影像特征不明显、有遮盖的，应到实地，结合影像特征调绘面状图斑，收集的资料中有坐标的除外。

(4)野外调绘发现影像图上没有、实地新增的，则进行补充测量，标注在工作底图上，或在调查手簿上绘制新增地物草图。

四、地物修补测

除了将工作底图上影像显示的信息标绘出来外，对于影像没有显示或影像不够清晰的，而又需要表示的地物，需要按其位置、形状、范围补测到工作底图上。这些需要补测的内容可能是成像时间到调绘期间出现的新增地物，或是由于比例尺较小无法直接判读、调绘的较小地物，也可能是被阴影、云影所遮盖而未成像的地物。将需要补测的实地地物按工作底图比例尺缩小在工作底图相应位置上的过程，称为地物补测。

地物补测方法很多，根据被补测地物大小、形状、难易、被补测地物四周已知明显地物点状况等采用不同的补测方法。常用的补测方法主要有简易补测法和仪器补测法。

(1)补测的地物点相对邻近明显地物点距离中误差，平地、丘陵地不得大于图上0.5mm，山地不得大于图上1.0mm。

(2)新增地物周围如有足够的明显地物点，可用内插法、距离交会法、截距法等简易测绘方法补测，周围没有足够明显地物点的新增地物，宜采用全站仪或GNSS-RTK法补测。

(3)当用线划影像套合图或正射影像图调绘时，可直接在工作底图上补测；若用放大航空影像调绘，应按相应的坐标系统和比例尺，在白纸上补测并将补测的图纸扫描矢量化成同比例尺矢量数据文件。

(4)较大范围的新增地物一般应用外业数字采集的方法补测。

五、地类调查手簿填写

对在工作底图上无法完整表示内容的图斑和补测的图斑或地物，应按技术标准填写调查手簿。在工作底图上清晰完整表示内容的图斑或地物可以不填写。

在调查手簿上需要记载的内容为所在图幅号、预编图斑号、地类名称、地类编码、坐落、权属单位、权属性质和线状地物实量宽度等信息。补测的图斑或地物必须绘制草图。

调查手簿以村级调查区为单位填写，以乡级行政区为单位按村级调查区的顺序装订成册。

六、工作底图整理

应将需要野外调绘所涉及的工作底图进行整理。可以整理纸质的工作底图，也可以在软件系统中建立专门整理图层，作为作业过程成果，为后续工作服务。

(1)工作底图信息标绘。野外调查完成后，工作底图应完整标绘调查信息，包括行政界线、土地权属界线、地类图斑界线、线状地物及宽度、补测地物，以及编号和注记等。

(2)图廓内外的整饰。纸质工作底图需要进行整饰，包括图名、图号、界端注记、本图幅所涉及的行政单位名称、外业作业及检查的人员签名、日期、土地权属单位的表面注记等内容。

(3)分幅图接边。纸质工作底图需要进行图廓线两侧地物接边，明显地物接边误差小于图上 0.2mm，不明显地物接边误差小于图上 0.5mm。

第三节　耕地细化调查*

一、概述

耕地是指种植农作物的土地，包括熟地，新开发、复垦、整理地，休闲地(含轮歇地、休耕地)；以种植农作物(含蔬菜)为主，间有零星果树、桑树或其他树木的土地；平均每年能保证收获一季的已垦滩地和海涂。耕地中包括：南方宽度<1.0m、北方宽度<2.0m 固定的沟、渠、路和地坎(埂)，临时种植药材、草皮、花卉、苗木等的耕地，临时种植果树、茶树和林木且耕作层未破坏的耕地，以及其他临时改变用途的耕地等。

耕地是最为宝贵的资源，关系我国粮食安全和可持续发展。随着我国经济发展进入新常态，新型工业化、城镇化建设深入推进，耕地资源不断减少。例如，第二次全国土地调查我国耕地面积 13538.5 万公顷(203077 万亩)，而第三次全国国土调查我国耕地面积 12786.19 万公顷(191792.79 万亩)，十年间耕地减少了 752.31 万公顷(11284.65 万亩)。

切实保护好耕地，严守耕地红线是土地管理工作中重中之重的任务。要保护好耕地，必须掌握耕地的准确数据。耕地细化调查是落实耕地保护工作的重要基础，其主要作用有：

(1)准确掌握耕地的数量、质量、分布。

(2)掌握耕地“非农化”和“非粮化”情况。

(3)掌握耕地向非耕地的流向及数量，以及流向其他农用地的耕地可恢复为耕地的情况。

(4)通过对湖区、河道等敏感性、脆弱性地区的耕地进行细化调查，为落实生态保护提供基础数据。

(5)为落实占补平衡制度提供基础数据。

(6)为制定耕地保护的措施和政策，实现耕地数量、质量、生态“三位一体”保护提供依据。

二、耕地图斑细化调绘

按照土地利用现状分类标准划分的耕地图斑，存在下列情形，则划分为两个以上的耕地图斑：

(1)跨多个不同坡度级别的；

(2)耕地图斑中梯田(图 3-6)、坡地(图 3-7)混在一起，两者都大于最小上图面积的；其中之一小于最小上图面积时，则不再细化。

图 3-6　梯田

图 3-7　坡地

(3)耕地与石砾地相互交叉的破碎耕地(图 3-8)，按主要地类(耕地或石砾地)调绘上图。实地目估次要地类(耕地或石砾地)比例，记载到调查手簿中，待面积计算时，按比例在该图斑中扣除，分别得到各自的地类面积。

三、耕地属性细化调查

耕地属性细化调查是指除需要查清耕地的二级地类名称、权属性质、权属单位名称等基本信息外，还需要按照耕地的含义，查清耕地的种植属性、流向其他农用地的耕地恢复属性和不稳定性。

图 3-8 破碎耕地

（一）耕地的种植属性调查

调查时认定为耕地的图斑，根据耕地图斑的实际利用情况，查清耕地的种植属性，并标注到工作底图上和记载到调查手簿中。原则上，一块耕地内有多种种植情况时，不对耕地图斑进行细化分割，只查清主要种植情况。种植属性主要包括：耕种、休耕、临时种植园木、临时种植林木、临时种植牧草、临时坑塘、林粮间作、观赏园艺、速生林木、绿化草地和未耕种等。

（1）休耕是指有计划地"休养生息"的耕地；

（2）临时种植园木、临时种植林木、临时种植牧草、临时坑塘是指耕作层未被破坏，临时改变用途的耕地；

（3）林粮间作是指对于退耕还林工程范围内，尚未达到成林标准的用地；

（4）观赏园艺是指在耕地上临时种植盆栽观赏花木等不利于耕作层保护的园艺植物；

（5）速生林木是指在耕地上临时种植速生杨、构树、桉树等不利于耕作层保护的经济林木的；

（6）绿化草地是指利用耕地进行绿化装饰，以及种植草皮出售不利于耕作层保护的；

（7）未耕种是指不在休耕范围内，可直接恢复耕种的无种植行为的耕地（包括轮歇地）；

（8）对于退耕还林工程范围内尚未达到成林标准的，调查为耕地并标注"林粮间作"属性。

（二）流向其他农用地的耕地恢复属性调查

对原为耕地，实地现状为园地、林地、坑塘等非耕地的，经所在县级自然资源主管部门和农业农村主管部门共同评估认为仍可恢复为耕地的，如果没有破坏耕作层，恢复属性为"即可恢复"，如果破坏了耕作层，恢复属性为"工程恢复"。

（三）不稳定耕地调查

根据耕地的位置和立地条件，下列区域的耕地属于不稳定区域的耕地，对其进行细化调查便于实时监管，可根据国家统一安排部署有序退出。这些耕地应在工作底图上标注并记载在调查手簿中。如一个耕地图斑存在两种以上不稳定属性，以面积大的属性为主，不细化分割图斑。

(1)河流常水位线以上、洪水位以下的耕地，称为河道耕地；

(2)湖泊常水位线以上、洪水位以下的耕地，称为湖区耕地；

(3)对林区范围内林场职工自行开垦的耕地，称为林区耕地；

(4)对受荒漠化沙化影响的退化耕地，称为沙荒耕地；

(5)对受石漠化影响的耕地，称为石漠化耕地。

四、耕地坡度分级

耕地坡度分级是耕地细化调查的一项重要内容。坡度是反映耕地地表形态、耕地质量、生产条件、水土流失的重要指标之一，是衡量土地利用是否合理的一个关键因子，是确定水平梯田和耕地田坎系数的依据，更是制定耕地保护和生态退耕政策的主要依据。准确掌握耕地坡度及其数量、质量及其空间分布，对制定农业发展战略、实施国土资源整治和开发，以及生态环境建设等方面具有重要的意义。

(一)耕地坡度分级

耕地坡度分为5个级别。坡度小于等于2°的视为平地，其他分为梯田和坡地两类。耕地坡度分级及代码见表3-1(注：坡度分级中的数值上含下不含)。

表3-1 耕地坡度分级及代码

坡度分级	≤2°	2°~6°	6°~15°	15°~25°	>25°
坡度级代码	Ⅰ	Ⅱ	Ⅲ	Ⅳ	Ⅴ

(二)耕地坡度量算方法

耕地图斑坡度量算的主要方法有三种：

(1)外业目测法。室内将耕地图斑叠加到地形图上，形成工作底图。调查员携带地形图、土地利用现状图到实地，找到耕地所在的位置，目测估计耕地图斑的坡度或坡度级别，标注到工作底图上，记载到调查手簿中。

(2)坡度图法。室内利用地形图勾绘坡度图，将其与土地利用现状图叠合，测算耕地图斑的坡度或坡度级，标注到工作底图上，记载到调查手簿中。

(3)数字地面模型生成法。利用数字地面模型(以下简称DEM)生成坡度图，将坡度图与土地利用现状图叠加，计算耕地图斑的坡度和坡度级别。

2000年以前，主要采用外业目测法和坡度图法，这两种方法工作量大、工作效率低，量取精度取决于作业人员的技术水平，且容易出错。2000年以后，得益于计算机技术的使用，利用DEM生成坡度图，方便快捷并且成本低廉。例如，测绘管理部门1999年生产了七大江河重点防范区1∶1万DEM数据库，2002年建成全国1∶5万DEM

数据库，为应用DEM量算坡度奠定了数据基础。下面简要介绍利用DEM进行耕地坡度等级量算的具体方法。

(三)基于DEM的耕地坡度等级量算流程

DEM生成法耕地坡度量算流程如图3-9所示。

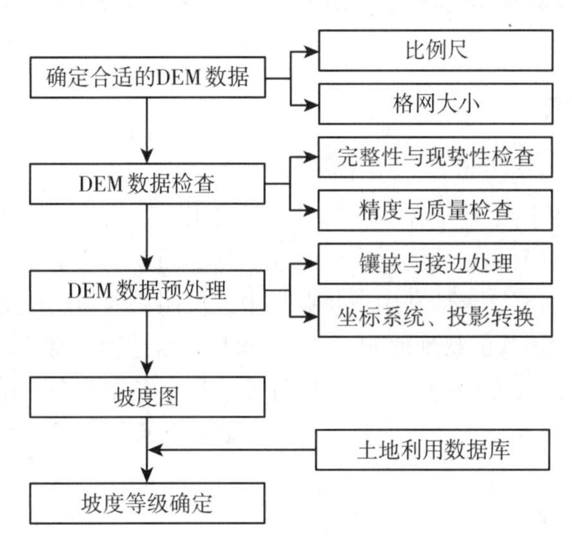

图3-9 耕地坡度等级量算工艺流程图

(1)DEM比例尺和网格大小的选择。DEM比例尺及其网格大小取决于调查区域的地形地貌和土地利用类型特征。DEM比例尺最好与土地利用现状图的比例尺一致，并且是最新的。总体上，丘陵、山区应选用比例尺较大的DEM数据，而平原地区可选择比例尺较小的DEM数据。土地利用图斑越破碎，DEM的格网就越小一些，反之就大一些。

(2)DEM数据检查。对收集的DEM数据进行精度、接边、数学基础、格网间距、现势性等检查，以确保数据的质量。DEM数据可与DOM(数字正射影像模型)叠加进行质量检查。

(3)DEM数据预处理。一是DEM数学基础与土地利用现状图不一致的，进行基准转换，或按县(县级市、区)的主要投影带的中央经线进行投影转换；二是将标准分幅的DEM进行拼接。

(4)生成坡度图。在相关软件支持下，以DEM数据为基础进行地形坡度计算，得到栅格数据格式的坡度图，然后将坡度图栅格数据转为矢量数据，并将相邻的相同坡度分级的多边形合并。

(5)生成耕地坡度分级图。叠加县级调查范围线，按其对数据进行裁切，以得到该县(县级市、区)的坡度分级图，然后叠加土地利用现状调查中的耕地图斑矢量数据，得到耕地坡度分级图。

(四)耕地坡度级别的判定

在耕地坡度分级图上，逐图斑判读耕地的坡度。原则上，每个耕地图斑确定一个坡度级。当耕地图斑涉及两个以上坡度级时，面积最大的坡度级为该耕地图斑的坡度级。当耕地图斑面积较大、含有两个以上坡度级，且各坡度级耕地面积相当时，可依坡度分级界线，依据工作底图(如DOM)上明显地物界线，可将该耕地图斑划分为两个以上不同坡度级别的耕地图斑。

五、耕地田坎系数测算

耕地中的田坎是指南方宽度小于1m、北方宽度小于2m的地坎、田埂、地埂、沟渠等线状地物。田坎依附于耕地存在，有耕地必有田坎。田坎单个面积很小，但数量浩瀚、总量很大，难以将全部实地测量或调绘在工作底图上。为了获得准确的田坎面积从而获得准确的净耕地面积。土地利用现状调查中，按照耕地图斑范围计算的耕地面积称为毛耕地面积(不扣除田坎的耕地面积)，扣除田坎的耕地面积称为净耕地面积。

一般情况下，一级坡度的耕地区域，应外业实地逐条调绘在工作底图上，内业面积量算时逐条扣除。二级至五级坡度的耕地区域，要求测算耕地田坎系数，用田坎系数扣除田坎面积。

(一)田坎系数的定义

田坎系数，指田坎面积占耕地图斑面积的比例(%)。田坎系数的大小随着耕地所处位置(丘陵、山区)、形式(水平梯田、坡耕地)、利用方式(水田、旱地)等不同而不同。一般规律是，耕地所在的地面坡度越大田坎系数越大；梯田比坡耕地的田坎系数大；山区比丘陵的田坎系数大。

根据我国耕地的分布状况、形式和利用方式，我国耕地主要有四种类型，一是平地上的耕地；二是梯田；三是坡耕地；四是散列耕地。散列耕地是指耕地中没有明显的田坎，而是散列分布着许多零星非耕地如裸岩、石砾等，或在非耕地中，散列分布着许多零星耕地。散列耕地中，不扣除非耕地，耕地面积将增加很多，不符合实际情况；而零星耕地不进行统计，这一地区的耕地又将减少很多，也不符合实际情况。因此，根据以上这些情况，田坎系数有四种类型，即梯田坎系数、坡耕地坎系数、散列式非耕地系数和散列式耕地系数。实际工作中，一般测算梯田坎系数、坡耕地坎系数。

梯田坎系数指标准梯田图斑中，梯田田坎面积占梯田图斑面积的比例(%)。

坡耕地坎系数指坡耕地图斑中，田坎面积占坡耕地图斑面积的比例(%)。

散列式非耕地系数指按破碎耕地调查确定的图斑中，无规律散列分布的耕地多于非耕地，这时非耕地面积占耕地图斑面积的比例(%)称为散列式非耕地系数。

散列式耕地系数指按破碎耕地的调查确定的图斑中，散列分布的非耕地多于耕地，这时耕地面积占图斑面积的比例(%)称为散列式耕地系数。

(二)样方选择

按耕地分布、地形地貌相似性等特征进行分区，一般保持乡级行政区划的完整。区内按不同坡度级和坡地、梯田类型分组，选择样方，测算系数(表3-2)。样方应均匀分布，每组数量不少于 30 个，单个样方不少于 0.4hm^2。

样方面积应为正射投影面积。当田坎面积宽度较均匀时，可采用长×宽的面积；宽度不均匀时，应直接测量田坎的边界线，用坐标法计算田坎面积。

样方总面积应包含周边线状地物一半的面积。

表 3-2　样方田坎系数测算表

区：　　组：　　样方编号：　　县：　　乡：　　村：　　图幅号：

耕地类型：　　坡度级：　　单位：m^2(0.0)、m(0.0)

田坎				其他线状地物			
编号	长	宽	面积	编号	长	宽	面积
1	2	3	4	5	6	7	8
合计				合计			
样方面积：　田坎系数：							
草图：				备注：			

资料来源：《第三次全国土地调查技术规程》(TD/T 1055—2019)。

(三)田坎系数测算

用仪器完成外业数据采集并成图，图上标注高程(可以是自由高程)、田坎宽度、乡(镇)及村名称、所在图名图号、坐标系等内容，单个样方田坎系数计算公式为：

单个样方田坎系数=田坎面积合计÷(样方面积-其他线状地物面积合计)×100%

同一区内各组样方田坎系数相对集中、最大值与最小值的较差不超过 30%时，取其算术平均数作为该组田坎系数，计算公式为：

田坎系数=样方田坎系数总和÷样方数

第四节　城镇村庄建成区范围调查*

城镇村庄建成区范围是建设用地的主要空间范围。城镇村庄建成区内部几乎涵盖土地利用现状标准中的大部分地类，主要地类是居住、公共管理与公共服务、公用设施、绿化、工业、物流仓储、交通设施、道路、特殊用地等，耕地、园地、草地、水域等用地散落其间。

城镇村庄建成区范围①调查是指查清城市、建制镇、村庄（以下简称“城镇村庄”）建成区范围界线和面积的调查工作。划定的城镇村庄建成区可作为城镇村庄内部地类细化调查的控制区域。查清城镇村庄建成区范围及其内部的现状地类②，是全面评价土地利用潜力，精准实施差别化用地政策，开展土地存量挖潜和综合整治，贯彻“严控增量、盘活存量、放活流量”建设用地管控方针的前提条件，也是落实最严格的用途管制制度、生态文明建设、空间规划编制、用地宏观调控、生态修复等各项工作的需要，可有效提升国土资源管理精准化水平，支撑和促进经济社会可持续发展。

一、划分的基本方法

在工作底图上，结合收集的资料，按照建（构）筑物集中连片的原则，调绘划定城镇村庄建成区图斑。如图 3-10 和图 3-11 所示，城镇村庄边缘处影像特征明显为耕地、林地、园地、草地等农用地且连片分布的，可按照影像特征进行分割形成建成区与农用地的界线。

建筑物基本连成一片的实际建成区范围调绘为城镇村庄建成区图斑；已征而未用且与城镇村庄相连的建设用地，调绘划入建成区图斑；不相连的，分别调绘划定为城镇村庄建设区图斑。

图 3-10　结合影像特征确定城镇村庄范围

图 3-11　结合影像特征确定新的城镇村庄范围

二、城市建成区图斑调绘

城市包括国家行政建制设立的直辖市和市，以及市辖区。市是经国家批准建制的行政地域，是中央直辖市、省直辖市和地辖市的统称。除按照基本要求调绘城市建成区图

① 第二次全国土地调查和第三次全国国土调查工作中，城镇村庄建成区单独设立土地利用类型，地类代码为：201（城市）、202（建制镇）和 203（村庄）。

② 城镇村庄内部地类细化调查的方法与农村地类调查的方法是一致的。具体操作见本章第三节。

斑外，还需要按照下列要求进行细化调绘：

(1)城市基础设施比较完备的区域边缘界线调绘为城市建成区图斑界线。如交通设施的公共交通、桥梁、停车场与给排水设施的自来水、雨水污水排放和处理等，能源设施的煤气、热力、电力等；通信设施的邮政、通信等，环境设施的工业及民用垃圾运输和处理等；防灾设施的消防、救护、公共安全等。

(2)与城市建成区不相连，且属于城市的建设用地，将其单独调绘为城市建成区图斑。如近郊区已基本具备城市功能，基础设施和地面建筑物(构筑物)已经配套建成的卫星城、大学城、开发区、住宅社区、休闲度假场所、工业用地、仓储用地等的建设用地。

(3)被大江大河隔开的城市建成区，可调绘划分成两个以上的城市建设区图斑。如武汉市，可分成武昌、汉阳和汉口三个独立的城市建成区图斑。

(4)城乡接合部大片的林地、水面等宜根据实际情况，结合近期规划实施技术，划入或划出城市建成区图斑。

三、建制镇建成区图斑调绘

建制镇是经国家批准设镇建制的行政地域，镇是建制镇的简称。我国的镇包括县人民政府所在地的建制镇和县以下的建制镇。建制镇既是人们生活居住的地点，又是从事生产和其他活动的场所，设有一级政府组织。

建制镇用地与城市用地类似。建制镇建成区可分为两部分：一部分为镇政府所在地建成区，一部分为所属建制镇的其他建设用地。可将远离建制镇的独立工矿用地，单独调绘为建制镇建成区图斑。调绘方法参照调绘的基本要求和城市建成区图斑的调绘方法。

四、村庄建成区图斑调绘

村庄指城市和建制镇用地以外的乡、村非农建设用地。包括连片的农村居民点；所属的且不与其相连的其他非农建设用地，如住宅用地、工业用地、仓储用地等建设用地。除按照基本要求调绘村庄建成区图斑外，还需要按照下列要求进行细化调绘。

(1)农村居民点以外所属的学校、村办企业等用地视为村庄用地，单独调绘为村庄建成区图斑。

(2)农村居民点内的国有土地，如信用社等非农业建设用地视为村庄用地，调绘划入村庄建成区图斑。

(3)与农村居民点边缘相连的零星树木、晾晒场、猪圈、堆草用地等视为村庄用地，调绘划入村庄建成区图斑。

(4)已经拆迁但未复耕复绿的整个村庄或部分村庄，调绘划入村庄建成区图斑；已经拆迁并已复耕复绿的村庄，不再调绘划为村庄建设区图斑。

第五节　地类变更调查

由于土地利用变更调查(以下简称地类变更调查)和土地利用动态遥感监测的程序、技术与方法是一致的，本节所述的内容同样适合于土地利用动态遥感监测。

一、概述

由于土地在利用过程中，其用途、利用方式、经营特点和覆盖特征都可能发生变化，为保持土地利用现状调查资料的现势性，应进行地类变更调查。

传统地类变更调查的做法是，依靠人工野外调查发现变化信息，运用传统测量方法(如简易补测法和平板仪测量法)进行变化信息的空间测量和面积量算，相对于现在利用遥感技术开展地类变更调查，其缺点是明显的：一是引起变化的因素较多，主要靠野外巡查发现变化，成果更新速度慢；二是因地类图斑多为不规则形状，传统变更测量方法存在多次误差累积，成果质量不高。

自21世纪以来，由于遥感技术的快速发展，并日益成熟，已成为地类调查和地类变更调查的常规技术。与传统的变更调查和监测方法相比，基于遥感技术的地类变化调查具有空间全覆盖、直观实时、速度快、成本低的明显优势，与全球卫星导航定位技术(GNSS)和地理信息系统(GIS)相结合，成为年度国土变更调查、土地督查(卫片执法)、自然灾害监测和核查国土空间规划及年度用地计划执行情况的主要手段，可为国家宏观决策提供可靠、准确的地类变化情况，为违法用地的查处以及突发事件的处理提供依据。

地类变更调查是指充分利用收集的成果资料(数据及图件)，在GIS平台上，运用遥感图像处理与识别技术发现地类变化信息，运用图解方法或GNSS技术或地面数字测量技术提取地类变化的边界，并及时更新地类调查成果的调查工作。

地类变更调查需要收集的成果资料包括：

(1)已有调查成果资料，包括土地利用现状图件与数据、土地专项调查图件与数据、卫片执法图件与数据等。

(2)最新正射影像图、集体土地所有权地籍图件和数据等。

(3)用地审批文件与数据、土地征收图件与数据、耕地保护图件与数据等。

(4)国土综合整治(整理、复垦、开发)工程竣工验收图件与数据。

地类图斑变化的主要情形有以下四种：

(1)一起变更发生在一个图斑内。

(2)多起变更发生在一个图斑内。

(3)一起变更发生在多个图斑内。

(4)多起变更发生在多个图斑内。

如何准确快速地发现地类变化并精确提取地类变化的边界，是地类变更调查需要解决的主要技术方法问题，主要有三个方面：一是如何快速发现地类是否发生变化；二是变化为哪一种地类；三是如何提高变化地类图斑边界的精度。

二、地类变化的发现

目前，利用遥感技术发现地类发生变化的方法有很多，常用的有影像相减法、主成分分析法、光谱特征变异法等。由于遥感影像处理的复杂性，任何其中一种方法解决不了所有地类变化情况，往往将几种方法结合使用以弥补使用单一方法存在的不足。各种方法的特点如下：

影像相减法。是指在两幅图像之间对应像素做减法运算，检测出两幅图像差异信息的。由于不同时相的影像本身存在较大差别和异物同谱现象的存在，单纯相减所得的变化模板中，会含有大量的假变化信息和噪声信息，要从这些信息中提取出真正的变化仍旧是个棘手问题。

主成分分析法。它是发现变化的主要方法之一，根据具体算法的不同，该方法又可细分为差异主成分法和多波段主成分法等。其原理是基于主成分分析变换(Principal Component Analysis，PCA)，不同时相影像中差异部分可以体现在变换后几个分量中，从而发现地类是否发生变化，并产生出变化模板，用此模板来指导目视判读及人工解译。另外，对模板中的变化区域可以进一步作监督分类处理，以提高变化发现的准确性，分类样本可以由未变化区域或是从光谱特征样本库中取得。主成分分析法要求不同时相的影像有较高的空间分辨率，并且空间分辨率相同或相近，还需要做变化检测，否则会造成较大的假变化。

光谱特征变异法。同一地物，反映在不同时相、不同卫星影像上的光谱信息有一定的相关性，因此作影像融合时，就会如实地显示出地物正确的光谱特性。如果两者信息表现不一致，那么融合后影像的光谱就表现得与正常地物有所差别，此时就称地物发生了光谱特征变异。假设有一块地，某时相某卫星影像的光谱呈现为较亮灰色，而且体现了明显的纹理信息，判读为一块新居民地；而在另一时相另一卫星影像的对应位置上呈现的光谱特征为绿色，纹理信息不够明显，判读为一块菜地；将这两种影像融合之后，就会显示出一片带有绿色的居民用地。这种变化信息提取方法具有物理意义明显、实现简捷的特点。

三、地类变化类型的确定

解决了地类是否发生变化之后，接着就要解决变成了哪一种地类。常用的方法主要有两种：人工目视判读法和自动判读分类法。

人工目视判读法。人工目视判读法最大的优点是方便灵活，判读者在判读过程中能够充分利用影像判读标志和其他辅助信息(地貌、地形等)识别地物。但判读者的经验和专业知识(包括对地理区域的熟悉程度)以及影像本身的差异或限制，都会导致判读结果不一致。因此在目视判读之前，要注意收集当地的土地基本信息、作物生长特性和地物的光谱特征等信息，以便辅助判读，提高判读精度。

自动判读分类法。目前，最常用的自动判读分类法是多元统计识别分类法。其主要优点是处理速度快，并且可重复性强，其中，最大似然法有着严密的理论基础，对于呈正态分布的数据具有很好的统计特性，而且判别函数易于建立。

提高确定变化类型的精度。影像判读的准确性一方面有赖于判读经验的积累和判读相关知识的辅助，另一方面还要充分结合各种已有数据资料来协助判读。因此，需要利用多源数据来提高判读的精度。判读中利用的多源数据包括：变更监测地区的人文地理情况、农作物生长情况，变更监测区域接近于监测年度的土地利用现状图以及地形图等资料。借助于这些资料，在影像判读和变化信息类型的确定上，可以做出更合乎事实情理的判断，增加内业工作的可信度和准确性。

在变化判读时还存在这样一种情况，由于影像空间分辨率和光谱分辨率的限制造成了混合像元的产生，在变化区域内虽然根据某一时相、某种卫星或某一波段的影像可以判断出主要变化信息的类型，但是其他影像信息却不能判读出变化类型。对此，可以采用区域生长等方法，结合已有光谱特征库内影像信息，选择适当的阈值来自动地生长出相同变化信息边缘并确定变化属性。

分辨率越低的影像所提供的信息量越少，所以要通过影像融合(例如多光谱影像与全色影像的融合)增加影像信息量；通过数字地形图的辅助，降低判读的不确定度；通过数字土地利用图与影像的叠加比较分析，来实现定性指导、定量判读，以进一步降低判读的不确定度。

前面已经提到，变化信息的发现可以通过计算机自动分类和人工判读相结合的方法进行，变更检测精度将会大于只用某种方式进行变化信息的提取。不仅如此，在确定和勾画变化边界时，也要将计算机自动选取变化区域和人工勾画边界的方法结合起来，这样既能提高工作效率，又能提高变更监测精度。

四、提高变化地类图斑边界的精度

为提高变化地类图斑边界的精度，通常要对内业判读的成果进行外业核查。外业核查内容包括：

(1)实地检查确认遥感内业判读的变化图斑；

(2)实地调查影像上识别或定位不准的图斑边界线；

(3)实地量测影像上量测精度不足的线状地物宽度；

(4)对影像上有云影遮盖的范围作补充调查；

(5)实地收集变化图斑相关调查资料，为变化信息分类后处理及精度评价提供依据。

实际工作中，通常借助 GNSS 技术或地面数字测量技术开展地类变化图斑的外业核查工作，以提高边界定位的准确性。此外，在核查中还要注意实地记录当地典型地物的光谱特征。对照遥感影像，选取出这种地物对应的影像块，为建立当地影像特征库积累资料。通常，某一地区的地物特征和属性都比较稳定，而且有不同于其他地区地物的性质，当建立了该地区影像特征库之后，为以后影像判读提供指引，减少后续影像判读的外业工作量。北方旱地的光谱特征和南方同类地物相比，差别比较明显，因此，两处地物对应的判读条件是不一样的，需要利用不同的影像特征先行检验。

第六节　影像判读

航空影像图、航天影像图(统称影像图)是地类调查的主要基础图件，不同时间、不同电磁波段所拍摄的影像，其反映的实地具体地类(地物)呈现出不同的影像特征，如何掌握这些特征，正确判读解译影像上的地类或地物类型，对提高调查成果质量和调查工作效率是十分重要的，也是调查人员应具备的基本技能。

一、影像判读

影像判读(也称为解译、判译、预判、判绘等)是指根据地物的成像规律和特征，在影像图上识别实地地类、地物的位置、类型等属性和空间范围的调查工作。这是目前地类调查中常用的调查方法。

在地类调查工作中，依据土地利用现状分类标准，以最新影像图为基础，利用收集的土地利用图件成果、公路分布图、河流分布图、湖泊分布图、地形图和其他相关资料，制作工作底图；在室内依影像判读标志，判读解译地类或地物的类型、名称、界线等信息，并标绘在工作底图上，再到实地逐一核实、修改、补充调绘，形成影像判读成果。

影像图的判读效果，取决于影像图的质量和判读人员的专业水平与判读经验。一般来说，专业知识越丰富，判读经验越多，其判读效果就越好。通常认为从事影像判读的技术人员要具备三个条件：一是要具备遥感影像知识；二是要具有一定的实践经验；三是要对不同地区(如南方、北方，东部、西部，平原、丘陵、山区等)的土地利用特点有一定的了解。当具备这些条件时，判读的准确性就高，否则就低。

实际作业时，一般采用室内判读和野外调绘相结合的方法进行影像判读，其基本步骤如下：

(1)阅读判读地区文献资料，熟悉当地的地理人文环境。如自然地理资料、已有的地形图、已有的影像地图、农业概况，社会经济资料和工作底图等。

(2)建立各种地类判读标志。在了解和掌握判读区域地理概况的基础上，依据判读的任务及相关学科的特点，建立与土地利用现状分类标准相适应的影像判读标志。

(3)室内地类判读。判读时，先进行宏观观察，掌握其整体的特征，先易后难，由浅入深，在工作底图上识别标绘出地类或地物的类型、名称，勾绘出界线。

(4)野外调绘。根据室内判读情况拟定的野外调绘路线，将室内判读的结果与实地对照，以修改和补充室内判读的不足。特别是室内判读时存在疑问的地方，应加以详细观察和验证。

(5)在室内对工作底图、调查手簿进行整理完善。如果是纸质工作底图，则需要利用调查软件，转回数字影像图上。

二、影像判读标志的建立

根据影像特征的差异可以识别和区分不同的地类或地物，这些影像特征称为影像判读标志。判读标志的建立是判读的前期工作。判读标志分为直接判读标志和间接判读标志。在影像上可直接看到的影像特征称为直接判读标志，包括影像的色彩和色调、几何形状与大小、阴影与反差、相互位置关系等。在直接判读基础上，需要利用收集的资料，经过相关分析才能识别、推断地类或地物性质的影像特征的标志称为间接判读标志，如水系，根据其位置、形状、大小等，可推断是河流还是沟渠等。具体判读时，不能仅凭一种影像特征去判读，要综合考虑，对影像特征加以分析，才能准确确定影像所代表的地类或地物。

(一)色调与色彩特征

由于地面地物呈现出各种不同的自然颜色。色调是指地类或地物颜色反映在黑白影像上的不同黑度色相(如白色、黑色、灰色)；色彩是指地类或地物在彩色影像图上的不同颜色色相(如大红、深蓝、柠檬黄等。色相是指由原色、间色和复色构成的)和色阶(亮度强弱)的表现。色调、色彩是识别地类或地物的主要标志。不同地类或地物在影像上会呈现出深浅不同的色调和色彩，同一时相的影像图上，同样的色调、色彩可判读为同一种地类或地物，当存在“异物同谱、同物异谱”的现象时，就会出现判读错误，这就需要到实地进行核实修正，或利用多时相的影像图进行叠加分析，从而正确判定地类和地物的类型和范围。

地类或地物的颜色、亮度、含水量等决定了影像的色调和色彩。由影像色调、色彩所构成的地类或地物影像特征，是常用而又重要的判读标志。基本规律如下：

一是，对于真彩色影像，其颜色大致与地类或地物颜色相同或相似，如水体为深蓝色或黑色，植被为绿色，居民点为灰色或深灰色等；对于黑白影像，其地类或地物色调的深浅与影像的深浅一致，如水面颜色较深，山脊两侧的山坡，向阳面颜色淡，背阳面颜色暗。

二是，不论彩色影像还是黑白影像，地物的亮度越高影像越浅，如水泥地面亮度较高，反映在影像上颜色较浅；水面遇到阳光直射时，亮度高，反映在影像上，水的颜色呈白色。含水量越多影像越深，如浇过水的耕地比没浇过水的耕地颜色深；成熟的庄稼比未成熟的庄稼颜色浅。

三是，由于人眼分辨色彩的能力比分辨黑白影像的能力高得多，因此彩色影像比黑白影像具有易于识别地类或地物的优势。

(二)形状特征

影像的形状是指地类或地物在工作底图上表现出来的几何形状。一般来说，根据影像色调或色彩就可识别地类或地物的几何形状。有的地类或地物呈现出规则的几何形状，如建造的房屋、平原区域修筑的水田、沟渠等；有的地类或地物呈现出不规则的几何形状，如坑塘、山区中或有茂密林带的耕地或河流或道路等。借助地物的形状特征就可判读出地类或地物的类型和界线。地物的形状特征与影像比例尺、影像分辨率密切相关。比例尺越大、分辨率越高，地类或地物细节显示越清楚，反之则越模糊，甚至显示不出来。

地类或地物影像的形状特征可分为点状、线状、面状等。点状如树木、墙角、地物的交叉点等；线状如铁路、公路、农村道路、河流、沟渠等；面状如耕地、坡地、湖泊、水库等。

(三)大小特征

影像除去形状特征外，还有大小(尺寸)之分。在工作底图上，根据地类或地物影像的形状及其大小，可以较准确地识别出不同的地类名称，如农村道路与公路，一般较宽的是公路，较窄的是农村道路。

依据影像的大小识别地类或地物，除在影像上比较大小识别地类或地物外，还要依据工作底图比例尺，掌握地类或地物大小与影像大小的比例关系，如工作底图比例尺为1∶1万，这时图上$2mm^2$相当于实地$200m^2$，如果是1∶5000，则图上$2mm^2$相当于实地$50m^2$。如实地查看一居民点的实地面积与影像面积明显不一致，这时有两种可能：一是影像反映的居民点不是实地查看的居民点；二是实地居民点已发生变化。

(四)阴影特征

一般情况下，卫星影像上的阴影特征不明显，航空影像上的阴影较明显，尤其是低空航空影像。在航空影像上，突出地面的地物都绘有阴影，阴影色调一般为黑色，且方向都是一致的。阴影又分为本影和落影，见图3-12。

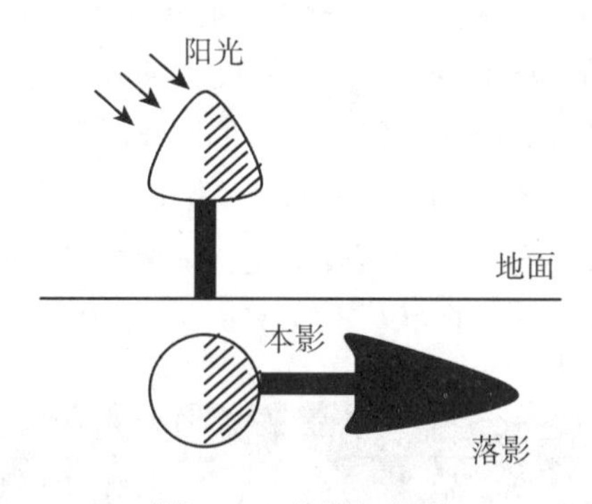

图3-12　本影与落影

本影。指地物未被阳光直射部分的影像，即地物本身的阴影。如山的阴坡、人字屋顶的阴坡、树冠的背阴面等都是它们的本影。本影有助于获得地物的立体感。山体的阳坡明亮、阴坡较暗，其明暗分界线为山脊线或山谷线。

落影。指地物投落在地面的影像，即地物投落的阴影。落影可以识别地物侧面的轮廓(形状)。

由此可见，阴影对突出地面地物的判读很有帮助。但是由于阴影的存在也给判读带来不利的影响，如高大建筑物有时会遮盖小的地物，山的阴坡可能会误认为有植被覆盖等。因此，在判读有阴影的地物时，一是要仔细分析判读，二是要到实地确认，以保证调绘的准确和精度。

(五)相互位置关系特征

地物之间是相互联系的，其反映在影像上也会存在一定的关系，这种关系也是判读地类的一个重要标志。根据实地地物之间的相互关系，通过对影像分析判别，判读那些影像不清晰的地物。如根据有农村居民点必有道路通达的关系，可判读出影像不清晰的农村道路，尤其是小路；根据厂房面积大、宅基地面积小的关系，可判读出哪些是工矿企业、哪些是农村居民点等。

三、主要地类判读标志

根据影像的色彩与色调、几何形状和大小、阴影、相互关系等判读特征，就可以建立地类的判读标志。多年的实践表明，无论是一级地类，还是二级地类，其含义由4个特征决定，即覆盖特征、用途、利用方式、经营特点等，覆盖特征明显的地类，其影像上的区分度较为明显，如道路、水域等；覆盖特征不明显的地类，其影像上的区分度不明显，如水浇地与旱地、果园与茶园、天然牧草地与人工牧草地，以及城镇村庄建筑区的二级地类等，即使建立了判读标志，在室内根据影像也很难准确认定，还必须到实地调查认定。因此，对一些主要地类、差异较大的地类建立通用的判读标志，对充分利用影像判别地类、提高效率有很大帮助。这里给出主要地类的判读标志，供调查时参考。

(一)耕地

平坦的农田有明显的几何形状、面积较大，有道路与居民点相连。色调随土壤、湿度、农作物种类及生长季节不同而变化，一般湿度大的农田色调较暗、干燥的农田色调较浅；生长着农作物的农田色调较暗、成熟的农田色调较浅；农田灌溉时色调较暗、不灌溉时色调较浅。沟谷中的农田呈不规则状，大部分呈窄而长的条状。梯田呈阶梯状。水田一般田块分割小而整齐，地面平整，周围筑有田埂，影像色调一般较均匀、呈深灰色，比旱地深。水田在平原地区形状多为格网状(图3-13(a))，在山区形状不规则(图3-13(b))。

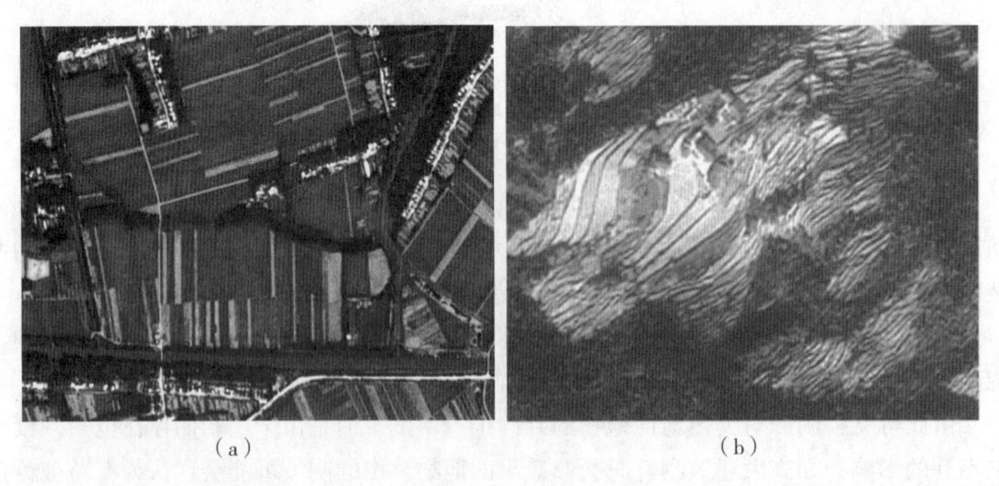

(a)　　(b)

图3-13　水田

水浇地一般有水源保证和灌溉设施，在一般年景能正常灌溉的耕地、有自流灌溉或机引灌溉，其内可见明显的沟渠(图 3-14)。旱地以种植旱作物为主，无灌溉设施，可见弯曲地埂，一般位于山坡上，与水田有陡坎作分界线(图 3-15)。

水田与水浇地、旱地一般较易区别，水浇地与旱地一般不易区别，但山区耕地大部分为旱地。

图 3-14 水浇地

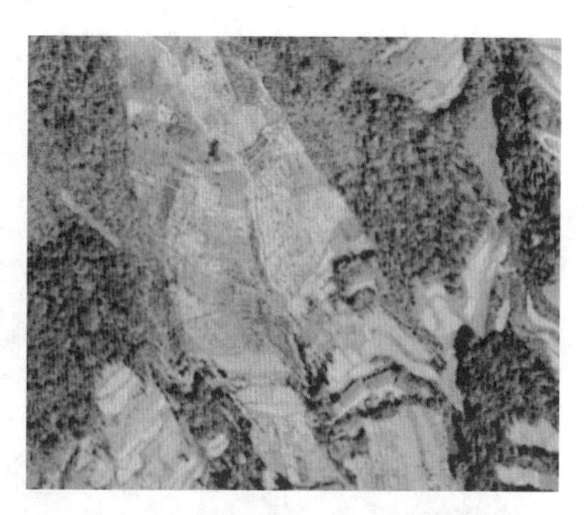

图 3-15 旱地

(二)园地

园地的影像色调因树叶的颜色不同而异，一般叶子颜色较浅和枝干叶子稀少的，航空影像上影像比较稀疏，且色调较浅，如枇杷和一些幼小的桑树、果树等，反之，色调较深。果园一般呈颗粒状、排列整齐、色调较深(图 3-16(a))，茶园呈条带状，在山区犹如弯曲的等高线(图 3-16(b))。这也是与林地的重要区别。

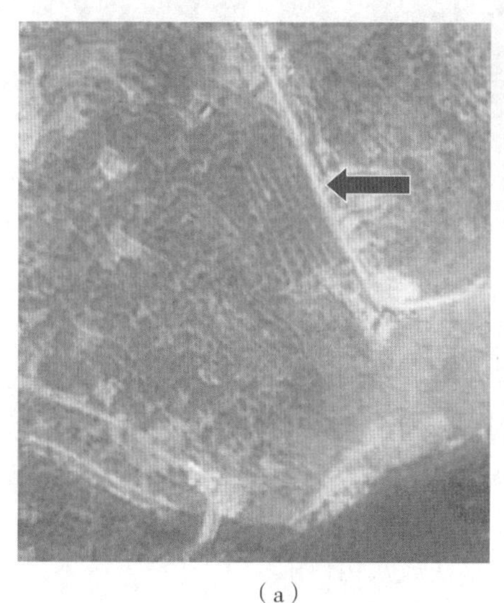

(a)

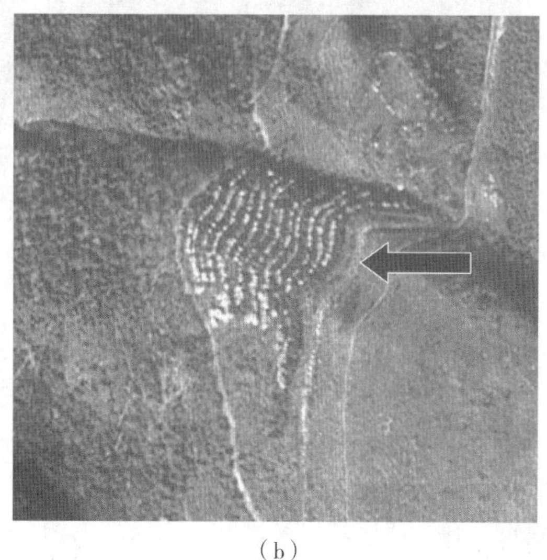

(b)

图 3-16 园地

园地调绘应注意：一些较高的果树因枝叶比较茂密，加之航空影像上的阴影，会遮盖相邻的地类，这时不能完全根据影像来勾绘界线，应实地准确判定。

(三) 林地

森林在影像上一般为界线轮廓较明显、色调呈暗色、主要分布在山上的颗粒状图案，较容易判别，如图 3-17 所示。

(a)　(b)　(c)　(d)

图 3-17　林地

(四) 草地

草地在影像上一般呈均匀的灰色或深灰色，纹理光滑细腻，形状不规则。在牧区草地较易判别，但人工牧草地与天然牧草地不易判别，如图 3-18 所示。

(五) 居民地

居民地在影像上呈由若干小的矩形(屋顶形状)紧密相连在一起的成片图形。由于阴影的存在，居民地更易判别。居民地色调一般呈灰或灰白(图 3-19(a))。

城市居民地一般面积大、街道比较规则，常有林荫大道、公园、广场等；城镇居民地一般分布在公路、铁路沿线，房屋多而密集；农村居民地一般与农田联系在一起，有

图 3-18　草地

道路相连(图 3-19(b)~(d))。

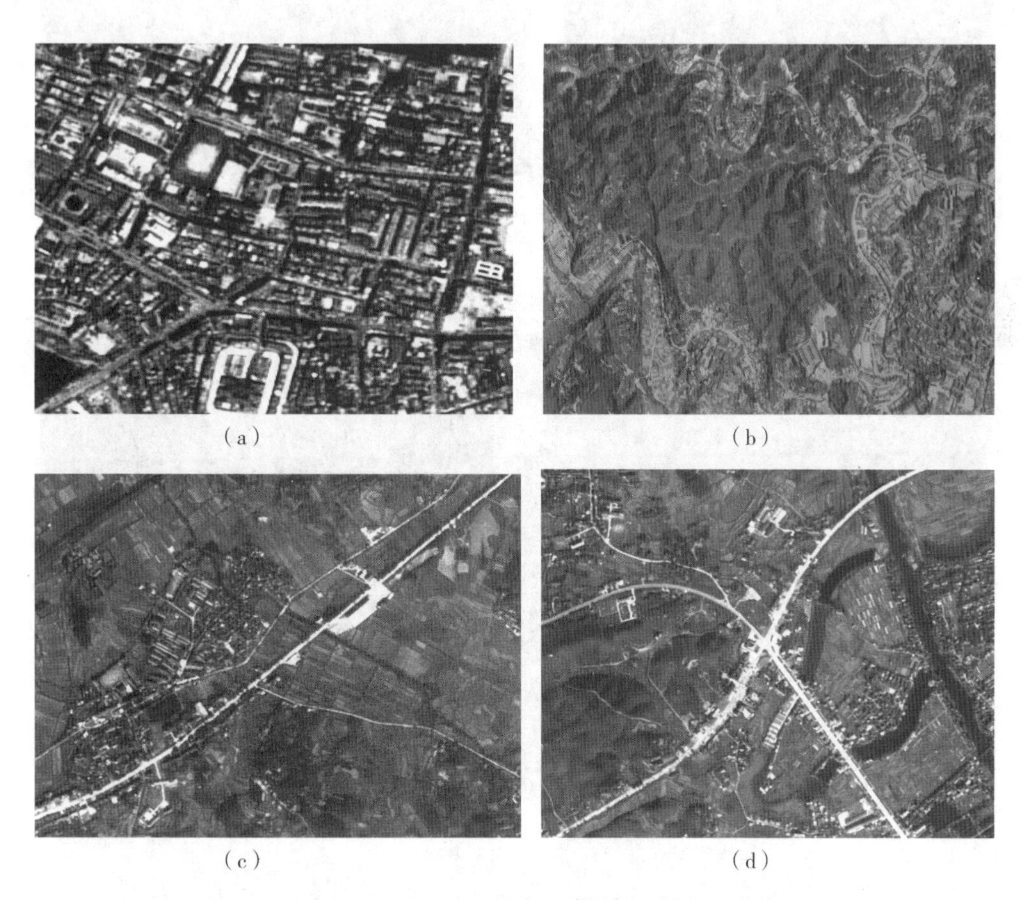

(a)　(b)

(c)　(d)

图 3-19　居民地(城市、建制镇、村庄)

（六）道路

道路指铁路、公路、农村道路。道路在影像上呈细而长的条状。色调由白到黑，随路面的湿度和光滑程度不同而变化。一般湿度小、光滑，色调浅，反之色调深暗。

铁路一般呈浅灰色或灰色的线状图形，转弯处圆滑或为弧形，且一般与其他道路直角相交(图3-20)；公路一般为白色或浅灰色的带状，山区公路常有迂回曲折的形状，公路两侧一般有树和道沟，呈较暗的线条(图3-21)；土路一般呈浅灰色的线条，边缘不太清晰；小路呈曲折的细线条状，浅灰色(图3-22)。

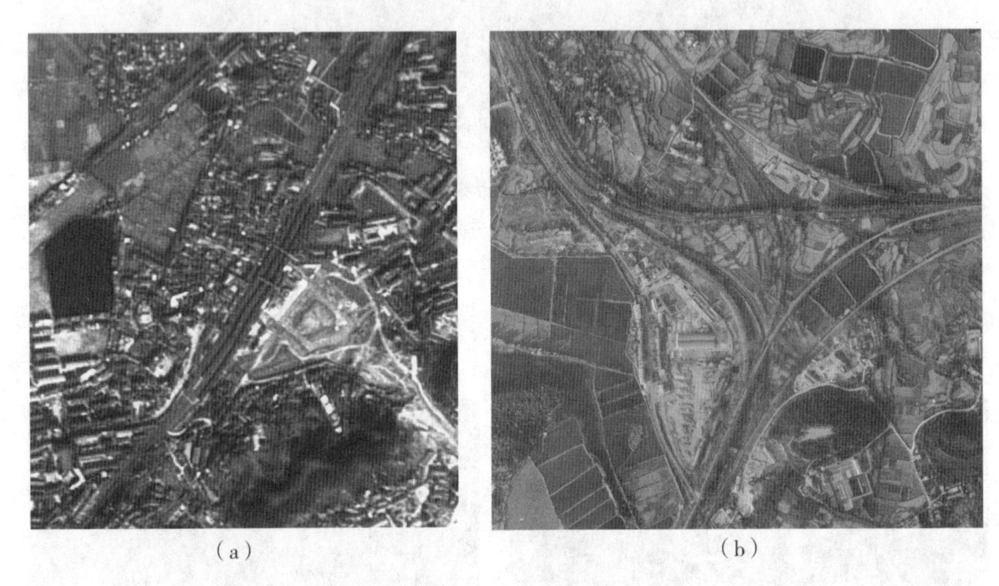

（a）　（b）

图3-20　铁路

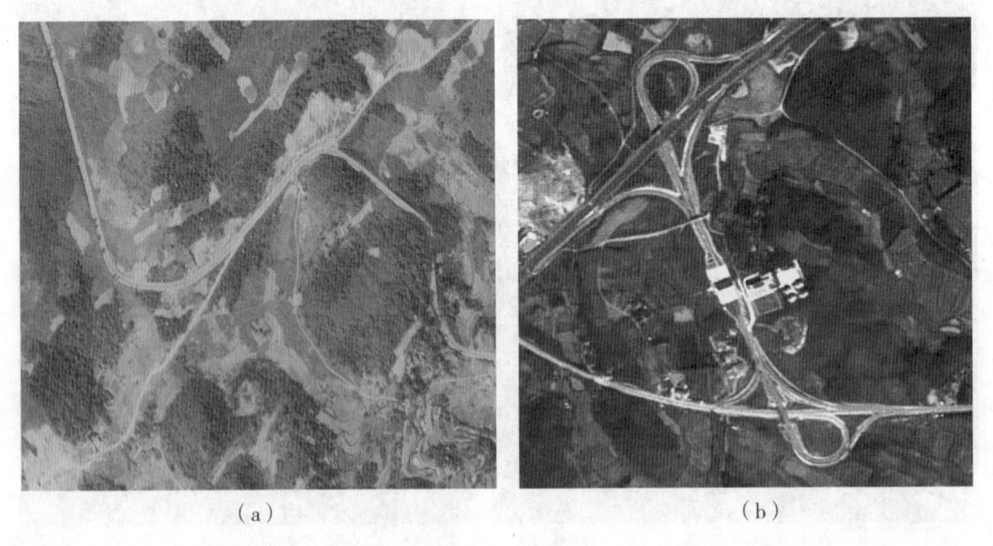

（a）　（b）

图3-21　公路

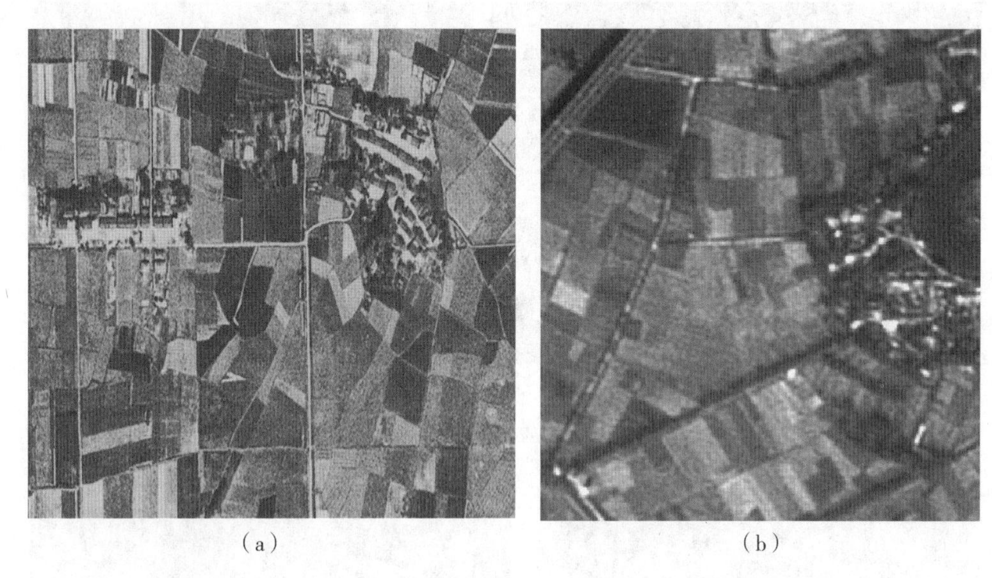

(a) (b)

图 3-22 农村道路

(七)水域

水的色调是由白到黑，色调的深浅与水的深浅、浑浊程度、光照条件等有关，水深则色调暗、水浅则色调浅；水越浑浊则色调越暗，反之越浅；光照越强则色调越浅，反之越深。河流在影像上一般较宽并呈弯曲带状，色调由白到黑；小溪呈弯曲不规则的细线条状，色调较暗，常被岸上树木、灌木掩盖；湖泊和坑塘的水面色调呈均匀的浅黑色或灰色，且面积大小相差甚大；沟渠为色调呈暗色的线状影像，灌渠的一端总与水源相连，排水渠的一端总与河流相通。如图 3-23~图 3-26 所示。

(a) (b)

图 3-23 河流

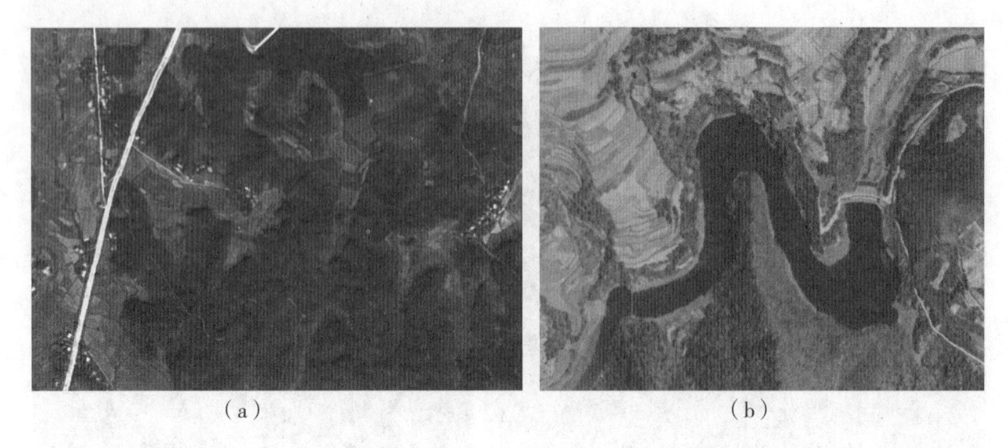

（a） （b）

图 3-24 水库

（a） （b）

图 3-25 沟渠与坑塘

（a） （b）

图 3-26 滩涂

思　考　题

1. 如何理解土地分类和土地分类系统?

2. 按照什么样的原则进行土地利用现状分类?我国历史上建立和使用的土地利用现状分类标准有哪些?

3. 如何划分地类图斑?

4. 地类调查的主要工作是什么?有什么样的精度要求?

5. 地类调查的基本方法有哪些?最小上图地类图斑的面积是多少?

6. 如何开展线状地类图斑调查?

7. 为什么需要开展耕地细化调查?细化调查的内容是什么?

8. 城镇村庄范围的现状界线如何划定?

9. 如何发现变化的地类?如何确定变化的地类类型?如何提高变化范围的精度?

10. 耕地、园地、林地、草地和居民地的影像特征是什么?

第四章　地籍控制测量

地籍控制测量是地籍测绘工作体系中的基础性工作，为土地管理建立精确可靠的基础空间框架。本章主要阐述了地籍控制测量的分类、作用、特点，给出了地籍测绘坐标系统的类型及其选择方法，介绍了地籍控制测量的基本方法。

第一节　概　　述

与其他的控制测量相比，地籍控制测量具有自身的特点和要求。本章主要对地籍控制测量的分类、特点、技术要求、采用的坐标系等进行阐述，而对地籍控制测量的方法只作一般介绍，详细的技术方法请参阅有关书籍。

一、地籍控制测量的分类与作用

地籍控制测量是根据界址点和地籍图的精度要求，视测区范围的大小、测区内现存控制点数量和等级等情况，按测量的基本原则和精度要求进行技术设计、选点、埋石、野外观测、数据处理、控制网点的维护与补测等工作。

按照测量的性质划分，地籍控制测量可分为平面控制测量和高程控制测量；按控制网点的作用划分，地籍控制测量可分为地籍首级(平面或高程)控制测量和地籍图根(平面或高程)控制测量；地籍首级平面控制网按精度分为三、四等或D、E级和一、二级，地籍图根平面控制网按精度分为一、二级图根网；按测量方法划分，地籍控制网可分为三角网(锁)、测边网、导线网和全球导航卫星系统(以下简称GNSS)控制网。

地籍控制网点是进行地籍测绘的依据，为地籍测绘工作提供空间定位基准(坐标系统)，保证地籍图与界址点的测量精度，使分片施测的地籍、地形要素能拼接为一个整体并保证调查区域测量精度均匀，还为GNSS-RTK作业提供检校、校准。

二、地籍平面控制测量的特点

地形控制网点一般只用于测绘地形图，而地籍平面控制网点不但要满足测绘地籍图的需要，还要以厘米级的精度(城镇或村庄)用于土地、海域权属界址点坐标的测定和满足地籍变更测量。因此，地籍控制测量除具有一般地形控制测量的特点之外，在质和量上又有别于地形控制测量。

(1)地籍图根控制点的精度与测图比例尺无关。测绘地形图的图根控制点精度与地形图测图比例尺成正比，即：最弱点相对于起算点的点位中误差为图上0.1mm×测图比

例尺分母 M，称为地形图的比例尺精度。一般情况下，地籍图根控制测量的精度是依据界址点测量精度要求确定的，界址点坐标精度要等于或高于其地籍图的比例尺精度，如果地籍图根控制点的精度能满足界址点坐标精度的要求，则也能满足测绘地籍图的精度要求。所以，地籍图根控制点的精度与地籍图的比例尺无关。例如：某经济发达地区，在宅基地使用权地籍调查技术设计书中，选择地籍图的比例尺为 1：2000，要求界址点的点位中误差不大于 5cm，如果只满足测绘地籍图的要求，则图根控制点的中误差不大于 0.2m，很显然这个精度不能够满足界址点测量的要求；如果以满足界址点测量的精度要求选择地籍图根控制测量的精度，则要求地籍控制点的点位精度不大于 5cm，很显然这个精度也能够满足地籍图测绘的要求。

(2)地籍图根控制点的密度与测图比例尺无直接关系。一般情况下，测绘地形图时，优先考虑测图的比例尺大小，再结合测量区域的地物密度、地貌的复杂程度，确定控制点的布设方法和数量。在地籍测绘工作中，除测绘地籍图上需要表达的地物、地貌外，更重要的是需要测定界址点坐标，因此，需要优先考虑有足够的控制点来满足界址点测量的要求(尤其是城镇村庄建成区)，再考虑测量区域的地物密度、地貌的复杂程度。因此，地籍控制点的密度与测区的大小、测区内的界址点总数和要求的界址点精度有关，而与测图比例尺无直接关系。

(3)城镇地籍图根控制测量中较多采用导线网。由于城镇街巷纵横交错，房屋密集，视野不开阔，布设三角网、GNSS 网等会受到较大的制约。导线网可以沿街巷布设，适合于障碍物较多的平坦地区或隐蔽地区，较多使用在地籍控制测量中。

三、地籍控制测量的技术指标

(一)地籍平面控制测量技术指标

地籍平面控制测量的精度是以界址点的精度和地籍图的精度为依据制定的。地籍平面控制网中，四等网或 E 级网中最弱边相对中误差不得超过 1/45000，四等或 E 级以下网最弱点相对于起算点的点位中误差不得超过 5cm。

各等级地籍平面控制网点，根据不同的施测方法，其主要技术指标见表 4-1~表 4-6。

(1)各等级 GNSS 相对定位测量的主要技术规定①见表 4-1~表 4-4。

表 4-1　各等级 GNSS 网的主要技术指标

等级	平均边长/km	a/mm	$b/(\times 1\times 10^{-8})$	最弱边相对中误差
三等	5	≤5	≤2	1/80000
四等	2	≤10	≤5	1/45000

① 本部分来源于《卫星定位城市测量技术标准》(CJJ/T 73)、《全球导航卫星系统测量(GNSS)规范》(GB/T 18314)及《地籍调查规程》(GB/T 42547)。

续表

等级	平均边长/km	a/mm	$b/(\times 1\times 10^{-8})$	最弱边相对中误差
一级	1	≤10	≤5	1/20000
二级	<1	≤10	≤5	1/10000

表 4-2　GNSS 测量各等级作业的基本技术指标

项　目	等级				
	二等	三等	四等	一级	二级
卫星高度角/(°)	≥15	≥15	≥15	≥15	≥15
有效观测同系统卫星数	≥4	≥4	≥4	≥4	≥4
平均重复设站数	≥2.0	≥2.0	≥1.6	≥1.6	≥1.6
时段长度/min	≥90	≥60	≥45	≥30	≥30
数据采样间隔/s	10~30	10~30	10~30	10~30	10~30
PDOP 值	≤6	≤6	≤6	≤6	≤6

表 4-3　D、E 级网测量技术指标

级别	相邻点基线分量中误差		相邻点间平均距离/km
	水平分量/mm	垂直分量/mm	
D	≤20	≤40	5
E	≤20	≤40	3

表 4-4　GNSS-RTK 平面控制测量技术

等级	相邻点间平均边长/m	点位中误差/cm	边长相对中误差	与基准站的距离/km	观测次数	起算点等级
一级	≥500	±5	≤1/20000	≤5	≥4	四等、E 级及以上
二级	≥300	±5	≤1/10000	≤5	≥3	一级及以上
一级图根	≥120	±5	≤1/5000	≤5	≥2	二级及以上
二级图根	≥70	±5	≤1/3000	≤5	≥2	一级图根及以上

注 1：点位中误差指控制点相对于最近基准站的误差。

注 2：采用网络 GNSS-RTK 方法测量各级图根平面控制点可不受流动站到基准站距离的限制，但应在网络有效服务范围内。

注 3：一级图根相邻点间距离宜大于 100m，二级图根相邻点间距离宜大于 50m。

(2)各等级测距导线主要技术规定①见表 4-5 和表 4-6。

表 4-5 一级和二级导线测量主要技术指标

等级	平均边长/km	闭合或附合导线长度/km	测距中误差/mm	测角中误差/(″)	导线全长相对闭合差	水平角观测测回数			方位角闭合差/(″)
						DJ_1	DJ_2	DJ_3	
一级	0. 3	3. 6	±15	±5. 0	1/14000		2	6	$\pm 10\sqrt{n}$
二级	0. 2	2. 4	±12	±8. 0	1/10000		1	3	$\pm 16\sqrt{n}$

表 4-6 图根导线测量技术指标

等级	附合导线长度/km	平均边长/m	测回数		测回差/(″)	方位角闭合差/(″)	坐标闭合差/m	导线全长相对闭合差
			DJ_2	DJ_6				
一级	1. 2	120	1	2	18	$\pm 24\sqrt{n}$	0. 22	1/5000
二级	0. 7	70		1		$\pm 40\sqrt{n}$	0. 22	1/3000

注：n 为导线转折角个数。当导线布设网状，节点与节点、节点与起始点间的导线长度不超过表中的附合导线长度的 0. 7 倍。

(二)地籍高程控制测量技术指标

原则上，地籍首级高程控制网点只测设四等或五等水准点的高程，可采用水准测量、三角高程测量等方法施测，有条件的地方可采用 GNSS 方法施测。地籍图根控制点高程可以采用三角高程测量或 GNSS-RTK 方法施测。在首级高程控制网中，四等水准点最弱点的高程中误差相对于起算点不大于 2cm，其观测和计算的技术要求②按照相关规定执行，其主要技术规定见表 4-7。

表 4-7 GNSS-RTK 高程测量技术指标

大地高中误差/cm	与基准站的距离/km	观测次数	起算点等级
±3	≤5	≥3	四等及以上水准

注 1：大地高中误差指控制点大地高相对于最近基准站的误差。

注 2：网络 GNSS-RTK 高程控制测量可不受流动站到基准站距离的限制，但应在网络有效服务范围内。

① 本部分来源于《城市测量规范》(CJJ/T 8)及《地籍调查规程》(GB/T 42547)。

② 本部分来源于《国家三、四等水准测量规范》(GB/T 12898)、《工程测量标准》(GB 50026)、《全球导航卫星系统实时动态测量(GNSS-RTK 方法)技术规范》(CH/T 2009)等。

四、地籍控制点埋石的密度

为满足日常地籍管理的需要，在城镇地区，应对一、二级及以上等级地籍控制点全部埋石。根据长期的实践经验，城镇区域地籍控制网点布设的密度为：

(1)城镇建成区　　100~200m 布设二级地籍控制；

(2)城镇稀疏建筑区　200~300m 布设二级地籍控制；

(3)城镇郊区　　300~400m 布设一级地籍控制。

在旧城居民区，内巷道错综复杂，建筑物多而乱，界址点非常多，在这种情况下应适当增加控制点和埋石的密度和数目，才能满足地籍测绘的需求。

五、地籍控制点之记和控制网略图

地籍控制点若需要作为永久性资料保存就必须在地上埋设标石(或标志)。基本控

点之记

日期：××××年××月××日　记录者：×××　观测者：×××　校对者：×××

<table>
<tr><td rowspan="4">点名及种类</td><td rowspan="2">GNSS 点</td><td>点名</td><td>南疙疸</td><td>等 级</td><td>四等</td></tr>
<tr><td>点号</td><td>D002</td><td>土 质</td><td>黄土</td></tr>
<tr><td rowspan="2">相邻点(名、号、里程、通视否)</td><td rowspan="2" colspan="2">交里 D001
1900
上河坊 D006
D002 南疙疸
2100
常兴社区 D003</td><td>标石说明(单、双类型)旧点</td><td>水泥现浇不锈钢标志</td></tr>
<tr><td>旧点名</td><td>—</td></tr>
<tr><td colspan="2">所 在 地</td><td colspan="4">山西省平陆县城关镇上岭村</td></tr>
<tr><td colspan="2">交通路线</td><td colspan="4">平陆县城乘车向东南约 7km 至上岭村，再步行约 800m 到点上</td></tr>
<tr><td colspan="2" rowspan="2">所在图幅号</td><td colspan="2" rowspan="2">I49E008013</td><td rowspan="2">坐标</td><td>x=3856119.261, y=516261.862</td></tr>
<tr><td>H =484.23m</td></tr>
<tr><td colspan="6">(略图)
上岭村
800
400
单位：m
盘南</td></tr>
<tr><td colspan="2">备 注</td><td colspan="4"></td></tr>
</table>

图 4-1　GNSS 控制点点之记

制点的标石往往埋设在地表之下(称暗标石)而不易被发现。一、二级地籍控制点标石的大部分被埋设在地表之下，在地表上面仅留有很少一点(约 2cm 高)。为了今后应用控制点时寻找方便，必须在实地选点埋石后，对每一控制点填绘一份点之记(图 4-1)。所谓点之记，一般来说，就是用图示和文字描述控制点位与四周地形和地物之间的相互关系，以及点位所处的地理位置的文件，该文件属上交资料。

为了更好地了解整个测区地籍控制网点的分布情况，检查控制网布网的合理性和控制点分布等情况，必须绘制测区控制网略图。控制网略图就是在一张标准计算用纸(方格纸)上，选择适当的比例尺(能将整个测区画在其内为原则)，按控制点的坐标值在制图软件中展绘，然后用不同颜色或不同线型的线条画出各等级的网形，并打印输出。控制网略图要做到随测随绘，也就是当完成某一等级控制测量工作后，立即按点的坐标展出，再用相应的线条连接，这样不断地充实完成。地籍控制测量工作完成，控制网略图也相应地完成。

控制网略图是上交资料之一，无论测区大小都要做好这项工作。地籍控制网略图见图 4-2。

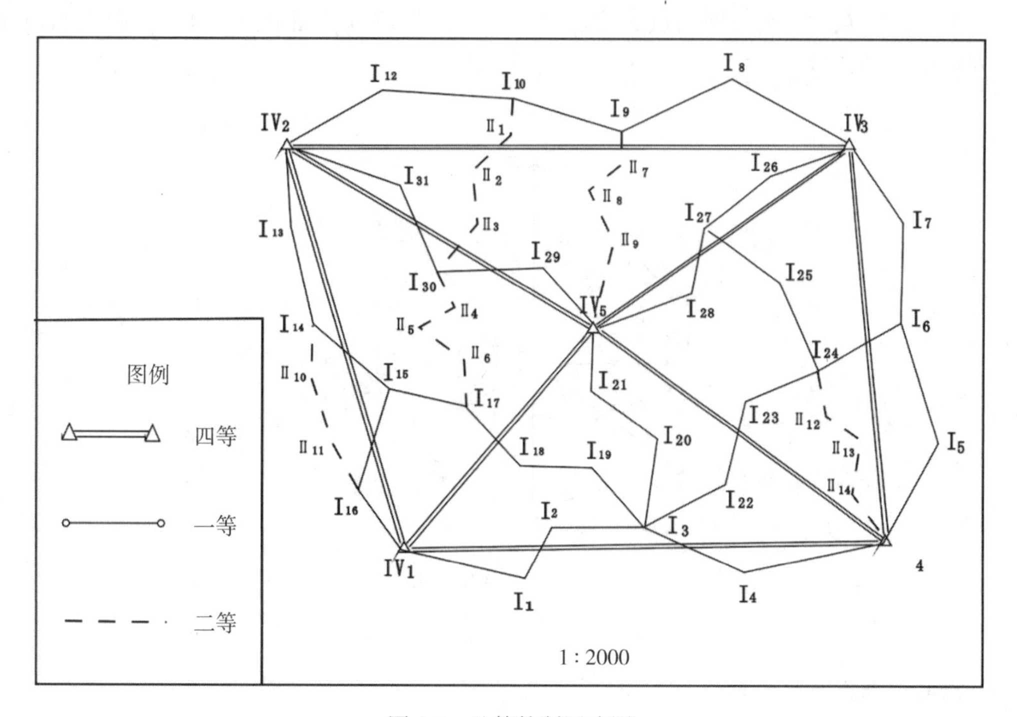

图 4-2　地籍控制网略图

第二节　地籍测绘坐标系

一般来说，为了定量地描述物体的位置及位置变化而选用的参考系称为坐标系。由于使用目的不同，所选用的坐标系也不同，与地籍测绘密切相关的有大地坐标系(地理坐标系)、平面直角坐标系和高程基准。

一、大地坐标系

大地坐标系是以参考椭球面为基准的，其两个参考面为：一个是通过英国格林尼治天文台与椭球短轴(即旋转轴)所作的平面(即子午面)，称为起始子午面(如图 4-3 中的 P_1GP_2平面)，它与椭球表面的交线称为子午线；另一个是过椭球中心 O 与短轴相垂直的平面，即 Q_1EQ_2平面，称为赤道平面。

过地面点 P 的子午面与起始子午面之间的夹角，称为大地经度，用 L 表示，并规定以起始子午面为起算，向东量取为东经(正号)，由 0°~+180°；向西量取为西经(负号)，由 0°~−180°。

地面点 P 的法线(过 P 点与椭球面相垂直的直线)与赤道平面的交角，称为大地纬度，用 B 表示，并规定以赤道平面为起算，向北量取为北纬(正号)，由 0°~+90°；向南量取为南纬(负号)，由 0°~−90°。

地面点 P 沿法线方向至椭球面的距离，称为大地高，用 h 表示。

例如，$P(L, B)$表示地面点 P 在椭球上投影点的位置，而 $P(L, B, h)$则表示地面点 P 在空间的位置。

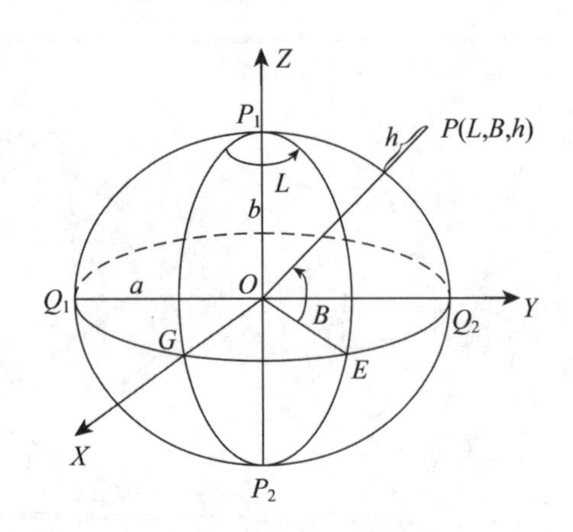

图 4-3　大地坐标系

二、高斯平面直角坐标系

将旋转椭球当作地球的形体，球面上点的位置可用大地坐标(L, B)来表示，球面是不可能没有任何形变而展开成平面的。在地籍测绘中，如地籍图，往往需要用平面表示，因此，就存在如何将球面上的点转换到平面上去的问题。解决的方法就是通过地图投影将球面上的点投影到平面上。地图投影的种类很多，地籍测绘主要选用高斯-克吕格投影(简称高斯投影)，以高斯投影为基础建立的平面直角坐标系称高斯平面直角坐标系。

(一)高斯平面直角坐标系的原理

高斯投影就是运用数学法则，将球面上点的坐标(L, B)与平面上坐标(X, Y)之间建立起一一对应的函数关系，即：

$$X = f_1(L, B)$$
$$Y = f_2(L, B) \tag{4-1}$$

从几何概念来看，高斯投影是一个横切椭圆柱投影。将一个椭圆柱横套在椭球外面(图4-4)，使椭圆柱的中心轴线QQ_1通过椭球中心O，并位于赤道平面上，同时与椭球的短轴(旋转轴)相垂直，而且椭圆柱与球面上一条子午线相切。把这条相切的子午线称为中央子午线(或称轴子午线)。过极点N(或S)沿着椭圆柱的母线切开便是高斯投影平面(图4-5)。中央子午线和赤道的投影是两条互相垂直的直线，分别为纵坐标(X轴)和横坐标(Y轴)，于是就建立起高斯平面直角坐标系。其余的经线和纬线的投影均是以X、Y轴为对称轴的对称曲线。

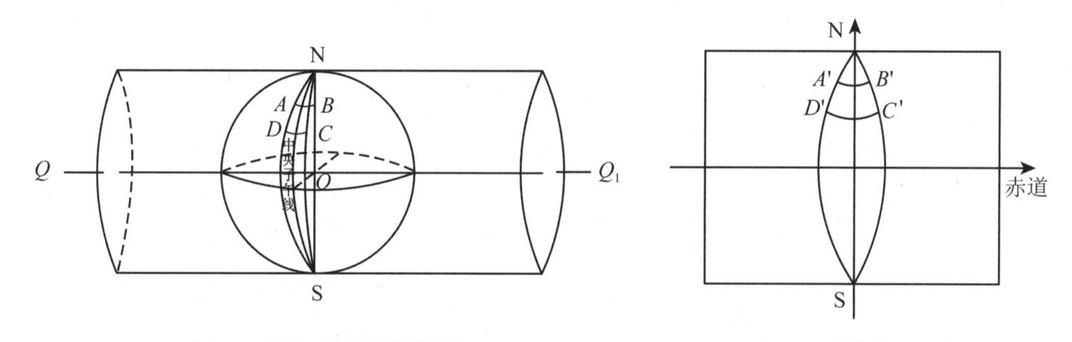

图4-4　横切椭圆柱投影图　　　　图4-5　高斯投影平面

(二)高斯投影带的划分

高斯投影属等角(或保角)投影，即投影前、后的角度大小保持不变，但线段长度(除中央子午线外)和图形面积均会产生变形，离中央子午线越远，变形越大。变形过大将会使地籍图发生“失真”，因而失去地籍图的应用价值。为了避免上述情况的产生，有必要把投影后的变形限制在某一允许范围之内。常采用的解决方法就是分带投影，即把投影范围限制在中央子午线两旁的狭窄区域内，其宽度为6°、3°或1.5°，称为投影带。如果测区边缘超过该区域，就使用另一投影带。

国际上统一分带的方法是：自起始子午线起向东每隔6°分为一带，称为6°带，按1，2，3……顺序编号(即带号)。各带中央子午线的经度L_0按下式计算，即：

$$L_0 = 6 \times N - 3$$

式中N为带号。

经差每3°分为一带，称为3°带。它是在6°带基础上划分的，就是6°带的中央子午线和边缘子午线均为3°带的中央子午线。3°带的带号是自东经1.5°起，每隔3°按1，2，3……顺序编号，各带中央子午线的经度L_0与带号n有下列关系式：

$$L_0 = 3 \times n$$

若某城镇地处两相邻带的边缘，也可取城镇中央子午线为中央子午线，建立任意投影带，这样可避免一城镇横跨两个带，同时也可减少长度变形的影响。

每一投影带均有自己的中央子午线、坐标轴和坐标原点，形成独立的但又相同的坐标系统。为了确定点的唯一位置并保证 Y 值始终为正，规定在点的 Y 值(自然值)上加上 500km，再在它的前面加写带号。例如某控制点的坐标(6°带)为 $X=47156324.536$m、$Y=21617352.364$m，根据上述规定可以判断该点位于第 21 带，Y 值的自然值是 117352.364m，为正数，该点位于 X 轴的东侧。

分带投影是为了限制线段投影变形的程度，但却带来了投影后带与带之间不连续的缺陷，如图 4-6 所示。同一条公共边缘子午线在相邻两投影带的投影则向相反方向弯曲，于是，位于边缘子午线附近的分属两带的地籍图就拼接不起来。为了弥补这一缺陷，规定在相邻带拼接处要有一定宽度的重叠(图 4-7)。重叠部分以带的中央子午线为准，每带向东加宽经差 30′，向西加宽经差 7.5′。相邻两带就是经差为 37.5′宽度的重叠部分。

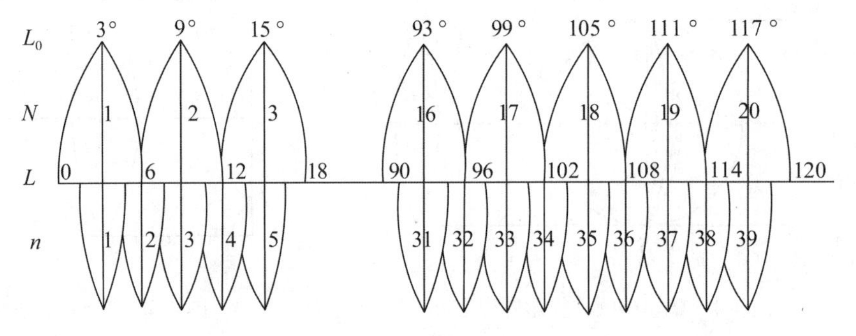

图 4-6　投影带的划分

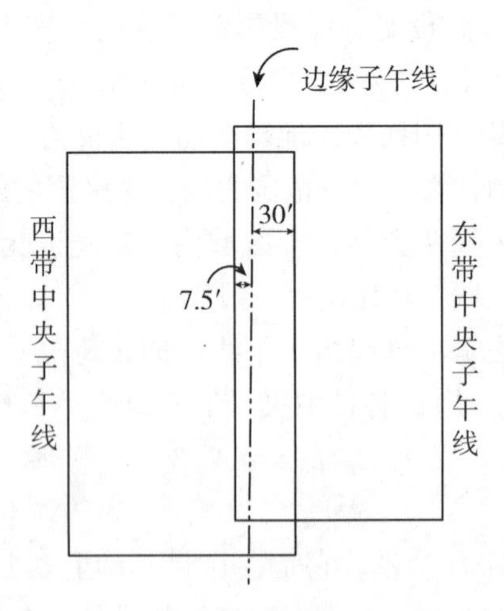

图 4-7　相邻两带的拼接

位于重叠部分的控制点应具有两套坐标值，分属东带和西带，地籍图、地形图上也应有两套坐标格网线，分属东、西两带。这样，在地籍图、地形图的拼接和使用，控制点的互相利用以及跨带平差计算等方面都是方便的。

(三)高斯投影长度变形

地面上有两点 A、B，已知它们的平面直角坐标分别为 $A(X_A, Y_A)$、$B(X_B、Y_B)$，则可由式(4-2) 计算出 AB 间的距离 S：

$$S=\sqrt{(X_B-X_A)^2+(Y_B-Y_A)^2} \tag{4-2}$$

S 仅表示在高斯投影平面上两点间的距离。若用测量工具(如钢尺、测距仪器等) 在地面上直接测量这两点的水平距离 S_1，是不会与 S 相等的，它们之间的差值就是由长度变形所引起的。

测量工作总是把直接测得的边长首先归算到参考椭球面上，然后再投影到高斯投影平面上去，无论是归算还是投影的过程总要产生变形。这种变形有时达到不能允许的程度，特别是在进行大比例尺的地籍图测绘工作时，必须考虑这一问题。

假如某两点平均高程为 H_m，平均水平距离为 S_m，归算到参考椭球面所产生的变形大小用式(4-3) 计算：

$$\Delta S=-\frac{H_m}{R}S_m+\frac{H_m^2}{R^2}S_m+\frac{S_0^2}{24R^2} \tag{4-3}$$

而 $H_m=(H_A+H_B)/2$。

式中：H_A、H_B——A、B 两点的高程；

R—— 平均曲率半径；

S_0—— 两点投影到参考椭球面上的弦长。

式(4-3) 右端前两项是：当地面距参考椭球面有一定的高度(即 $H_m\neq 0$) 就存在这样大小的变形。H_m 越大，变形也越大。所以在高原地区进行测量工作要特别重视这种变形的影响。第三项是由地球曲率所引起的。例如，某两点平均高程为 $H_m=500\text{m}$，平均水平距离为 $S_m=1000\text{m}$，按式(4-3) 计算，得：

$$\Delta S=-78.5\text{mm}+0.006\text{mm}+0.001\text{mm}=-78.507\text{mm}$$

参考椭球面上的长度投影到高斯平面上所产生的变形，用式(4-4) 计算：

$$\Delta S=\frac{1}{2}\left(\frac{Y_m}{R}\right)^2\times S \tag{4-4}$$

式中：Y_m—— 两点横坐标(自然值) 的平均值；

R—— 平均曲率半径；

S—— 两点(长度) 归算到参考椭球面上的长度。

由式(4-4) 可知，线段离中央子午线越远(即 Y_m 越大) 所产生的变形亦越大。

例如，已知 A、B 两点在参考椭球面上的长度 $S=1000\text{m}$，$Y_A=75124.5\text{m}$，$Y_B=75523.4\text{m}$，两点的平均纬度 $B_m=31°14'$，将它投影到高斯投影平面上所产生的变形，按式(4-4) 计算，得 $\Delta S=+70\text{mm}$。

表 4-8　每千米长度变形

测区平均高程/m	测区边缘距中央子午线的最大距离/km	高程归算长度变形/mm	高斯投影长度变形/mm
10	1	-1.6	0.0
60	15	-9.4	2.8
100	30	-15.7	11.1
160	45	-25.1	25.0
320	60	-50.2	44.4
640	75	-100.5	69.3
1000	90	-157.0	99.8
1500	105	-235.5	135.9
2000	120	-314.0	177.4
2500	135	-392.5	224.6
3000	150	-471.0	277.3
3600	165	-565.1	335.5

由于高程归算与投影的长度变形符号相反，可以相互抵消。地籍控制测量时要求由这两项引起的长度变形不大于 2.5cm/km。

三、高程基准

多年来，测绘的地形、地籍要素是以二维坐标表示的，对高程测量没有强制性要求，各地根据管理需要，可要求测绘一定密度的高程注记点，或是要求在地籍图上表示等高线，以便使地籍测绘成果更好地发挥多用途的作用，还有一些地区(如深圳)，直接以地籍图为基础开展地籍测绘工作，编制的地籍图上，其高程要素完全保留。随着三维地籍的发展、地籍测绘成果应用领域的不断扩张、地理信息三维可视化技术的进步、地籍测绘工作不断扩张覆盖至建设用地管理、耕地保护、国土整治、土地督察、自然资源确权登记等工作，高程测量、高度测量成为地籍测绘的重要工作内容之一。

与地形测量一样，地籍测绘的高程基准是 1985 国家高程基准，它以黄海平均海水面为高程起算面，起算点高程为 $H_0=72.260$m。

四、地籍测绘平面坐标系的选择

(一)地籍测绘平面直角坐标系的选择

由于地籍测绘测区(城、镇、村庄)可能远离统一的 3°带中央子午线，或者测区的海拔比较高，使高程归算和投影的长度相对变形值超过了 1/40000，或者开展地籍测绘的城市已经建立了长度变形不超过上述要求的城市平面直角坐标系(简称城市坐标系)，或者测区面积很小，可以不经投影建立平面直角坐标系。所以，基于长度变形限差的要求，同时还考虑地籍测绘成果与其他测量成果衔接应用的需求，就产生了地籍测绘平面直角坐标系选择的问题。

在城、镇、村庄开展大比例尺地籍测绘时，地籍测绘平面坐标系选择的基本原则是，高程归算和投影共同引起的长度相对变形值应小于 1/40000，即每千米长度变形值不大于 2.5cm。据此地籍测绘平面直角坐标系可按照下列方法进行选择：

(1)当测区利用统一的 3°带中央子午线进行投影，长度变形不超限时，优选国家统一 3°带高斯平面直角坐标系。

(2)当测区城市已经建立了城市坐标系时，可选用城市坐标系。城市坐标系是一种地方独立平面直角坐标系。

(3)当测区利用国家统一的 3°带中央子午线进行投影，长度变形超限，而且测区又没有建立城市坐标系时，地籍测绘时需建立长度变形不超限的地方独立平面直角坐标系(简称独立坐标系)。

(4)对测区面积小于 25km^2的小城镇，可建立不经投影的地方独立平面直角坐标系。

地籍测绘选用独立坐标系或城市坐标系时，测设的高等级控制点必须与国家高等级控制点进行联测，求出坐标转换参数，便于地籍测绘数据转换到统一 3°带高斯平面直角坐标系。下面对地籍测绘可选用的几种坐标系做简要的介绍。

(二)标准投影带高斯平面直角坐标系

标准投影带是指国际上定义的 3°带、6°带。利用标准带中央子午线，大地坐标系通过高斯-克吕格投影后建立的平面直角坐标系也称为标准投影带高斯平面直角坐标系。自 20 世纪 50 年代以来，我国采用过三种不同的大地坐标系，即 1954 年北京坐标系、1980 年西安坐标系和 2000 国家大地坐标系，该三种坐标系均可以作为地籍测绘的大地坐标系①。使用标准投影带高斯平面直角坐标系有如下优点：

(1)有利于地籍测绘成果的通用性，便于成果共享，使地籍测绘不仅能为地籍管理奠定基础，而且能为国土空间规划、建筑工程设计、建设用地管理、耕地保护、土地督察等多种用途提供服务。如果坐标系不统一，则降低了地籍测绘成果的使用价值。

(2)统一坐标系有利于分幅、拼接、接合、使用和各种比例尺图件的编绘。

(3)有利于相关部门之间的合作，这将加快地籍测绘的进度，提高效益和节约经费。

(三)独立坐标系

当地籍测绘测区的长度变形值大于 2.5cm/km 时，可以大地坐标系为基础，建立独立平面直角坐标系统。根据坐标系建立的方法不同划分，独立平面直角坐标系可分为任意带平面直角坐标系(以下简称任意带坐标系)、抵偿平面直角坐标系(以下简称抵偿坐

---

① 第二次全国土地调查时，城镇土地调查可以使用 1954 年北京坐标系或 1980 年西安坐标系，农村土地调查统一使用 1980 年西安坐标系；第三次全国国土调查要求统一使用 2000 国家大地坐标系。

标系)、不经投影的独立平面直角坐标系(以下简称不经投影的坐标系)。

1. 任意带坐标系

当测区(城、镇、村)地处投影带的边缘或横跨两带时，长度投影变形一般较大，或测区内存在两套坐标，这将给成果使用带来障碍。这时应该选择测区中央某一子午线作为投影中央子午线，由此建立任意带坐标系。这样既可使长度投影变形小，又可使整个测区处于同一坐标系内，无论对于提高地籍图的精度还是对于拼接以及使用都是有利的。

2. 抵偿坐标系

当测区(城、镇、村)的长度变形主要是由高程引起的，并且长度变形值大于2. 5cm/km时，可以采用抵偿坐标系。此时，选择一个合适的高程面，按照公式(4-3)计算投影长度变形小于2. 5cm/km,，则将此高程面作为抵偿高程面建立抵偿坐标系，地面测量数据不投影到大地坐标系所定义的参考椭球面，而是投影到抵偿高程面。一般情况下，可采用测区的平均高程面作为抵偿高程面。

3. 不经投影的坐标系

当在测区面积小于25km^{2}的区域开展地籍测绘时，可不经投影采用独立坐标系在平面上直接进行计算。在这种坐标系下的地籍测绘成果也要考虑与标准投影带测量成果的衔接使用，其建立方法一般是：

(1)用国家控制网中的某一控制点坐标作为原点坐标，用该点与另一个国家控制网中的控制点间的边的坐标方位角作为起始方位角，建立不经投影的坐标系。

(2)利用控制测量实测的各控制点之间水平边长数据不经投影改正，计算其他控制点的平面坐标。由于没有经过投影计算，各测点间的距离不存在长度变形，与实测数据一致。

(四)城市平面直角坐标系

一些大中城市，因城市规划、市政建设等工作的需要，建立了自己的城市平面直角坐标系(以下简称城市坐标系)。城市坐标系是依据高程归算和投影共同引起的长度相对变形值应小于1/40000的原则建立的。城市坐标系可以是采用标准投影带中央子午线进行投影，但其同名点纵横坐标值，可能与标准投影带平面直角坐标值差一个常数，或利用通过城市的某条子午线建立的任意带坐标系，或建立的抵偿坐标系。城市坐标系有如下优点：

(1)城市坐标系的长度变形完全能够满足地籍测绘对长度变形的要求。

(2)由于城市建设的需要，城市外围和内部已布设了大量的各等级城市坐标系下的控制点，这些控制点可以作为地籍测绘的起算数据或直接应用到地籍测绘，可以减少地籍控制测量的工作量、节约测量经费。

(3)城市各项建设规划的测量成果是城市坐标系下测得的，地籍测绘采用同样的坐标系有利于地籍测绘成果与其他管理部门测量成果共享，有利于其他管理部门叠加利用地籍测绘成果。

所以，在城镇地区，则尽可能利用已有的城市坐标系和城市控制网点来建立当地的地籍控制网点。

（五）平面坐标转换

坐标转换是指某点位置由一坐标系的坐标转换成另一坐标系的坐标换算工作，包括不同坐标系统的坐标转换和换带计算。换带计算是指6°带与6°带之间、3°带与3°带之间、3°带与6°带之间以及3°（6°）与任意投影带之间的坐标转换。不同坐标系的坐标转换计算是指1954年北京坐标系、1980年西安坐标系、2000国家大地坐标系、独立坐标系之间的转换。

换带计算的基本公式是高斯正、反算公式（即高斯投影函数式）。基本原理是：先根据点的坐标值（X，Y），用投影反算公式计算出该点的大地坐标值（L，B），再应用投影正算公式换算成另一坐标系或投影带的坐标值（X'，Y'）。具体的计算方法可参考相关书籍和技术标准。

不同坐标系统的坐标转换，有两种情况，一种是控制点只有一种坐标系统的坐标；另一种是测区有两个以上控制点有两种坐标系统的坐标。第一种情形可采用换带计算的原理实现坐标转换；第二种情形直接利用坐标对解算出坐标转换参数（三参数、四参数、七参数），然后将现坐标系统中的控制点转换成目标坐标系统的坐标，具体计算方法可参考相关数据或技术标准。

五、假定独立坐标系基准确定的方法

地籍测绘平面直角坐标系选择除前文介绍的外，还有一种选择是在不具备经济实力的条件下，而又要快速完成本地区的地籍调查和测量工作，可考虑建立假定独立坐标系，建立方法如下。

（一）起始点坐标的确定

起始点坐标的确定方法有三种：

一是，在图上量取起始点的平面坐标。先准备一张1∶1万（或1∶2.5万）的地形图，在图上标绘出所要进行地籍测绘的区域。在此区域内选择一适当的特征点，例如主要道路交叉点或某一固定地物作为起始待定点，然后对实地进行勘察，认为可行后，做好长期保存的标志，并给予编号。回到室内后，在地形图上量取该点的纵横坐标作为首级控制网的起始点坐标。

二是，假定坐标法。如果在地籍测绘区域搜集正规分幅的地形图有困难，也可以直接假定起始点坐标。例如，计划施测九峰乡全乡宅基地地籍图，以便核发土地使用证，经研究确定采用独立坐标系。在实地踏勘后，认为该区域西南角之水塔作为坐标起始点较为合适，并令它的坐标值为$x=1000.00$，$y=2000.00$。数值是任意假定的，但必须注意，用它发展该地区的控制点和界址点，应不使其坐标出现负值。

三是，采用交会或插点的方法确定原点坐标。在施测农村居民地地籍图中，一般使用岛图形式，并不要求大面积拼接。因此，当本地无起始点，而在几千米范围内找得到大地点时，可采用交会或插点的方法确定一点的坐标，做好固定标志后，用它作为该地独立坐标系的起始点，既经济又简便。

(二)起始方位角的确定

由坐标计算基本原理知，当假定一点的坐标后，如图4-8中的A点(水塔)，还必须有一个起始方位角和一条起始边，方能发展新点，进行局部控制测量。起始边长用红外测距仪测距或钢尺量距(方法见相关的测量学教材)，确定实施方位角的方法主要有以下两种：

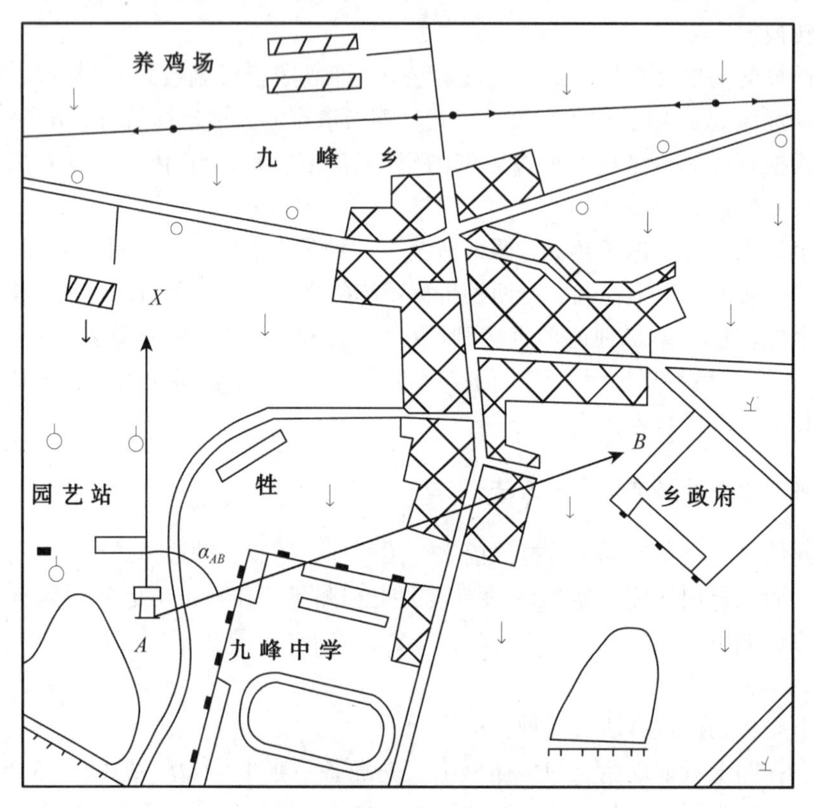

图4-8　独立坐标系的建立

(1)量算方位角。在准备好的地形图上标出起始点和第一个未知点，如图4-8中的A点(水塔)和B点(乡政府楼上)，用直线连接两点，过A点作坐标纵线，将透明量角器置于其上，测出夹角α_{AB}即可。

(2)磁方位角计算法。在起始点A处设置带有管状罗针的经纬仪(或罗盘仪)，按《测量学》中的方法测出磁北M至B点的磁方位角m，然后按下式计算出方位角α：

$$\alpha = m + \delta - \gamma - \Delta\gamma \tag{4-5}$$

式中：δ——磁偏角，可从地磁偏角等线图上查取；

γ——子午线收敛角，可用该地的经纬度计算；

$\Delta\gamma$——罗针改正数，用作业罗针与标准罗针比较而得，当定向角的精度要求不高或罗针磁性较强时可省略此项。

第三节　地籍控制测量的基本方法

地籍控制测量必须遵循从整体到局部，由高级到低级分级控制(或越级布网)的原则。

地籍平面控制测量是选用高等级控制点作为起算数据，加密建立低等级平面控制网的测量工作。地籍平面控制网可以采用GNSS静态相对定位或快速静态相对定位、导线测量等方法施测。其中，三、四等地籍平面控制网要采用GNSS静态相对定位方法施测；一、二级地籍平面控制网也可以采用GNSS快速静态相对定位、GNSS-RTK或导线测量方法施测；地籍图根平面控制网可以采用图根导线或GNSS-RTK方法施测。

地籍高程控制测量是选用高等级水准点作为起算数据，加密建立低等级高程控制网的工作。地籍高程控制测量一般采用水准测量、三角高程测量、GNSS高程测量等方法施测。

一、选用高等级平面控制点加密一、二级控制点的方法

高等级平面控制点是指二、三、四等国家大地三角点或城市平面控制点和B、C、D、E级国家或城市GNSS点，这些点都可作为一、二级控制点加密的起算点。优先选用静态GNSS定位或GNSS-RTK方法加密一、二级地籍平面控制点。如城市建筑物高度密集区域，卫星信号被遮挡，可以通过布设导线，加密一、二级地籍平面控制点。

如起算控制点的平面坐标系与地籍测绘的平面坐标系不一致，要将平面坐标转换到地籍测绘平面坐标系。

利用高等级控制点成果前，应采用全站仪测量或全球导航卫星系统静态定位方法进行检测。在检测过程中，如发现有过大误差时，应进行分析，对有问题的点(存在粗差、点位移动等)，则应避而不用。在投影面上，相邻控制点之间检测的水平边长与原有坐标反算边长比较，其相对误差不超过表4-9的规定。

表4-9　相邻控制点水平边长检测的规定

等级	相邻控制点之间检测的水平边长与原有坐标反算边长比较，其相对误差小于或等于
二等、C级	1/120000
三等、D级	1/80000
四等、E级	1/45000
一级	1/14000
二级	1/10000

二、GNSS 相对定位方法

应用 GNSS 相对定位技术开展控制测量已经成为地籍控制测量的主要方法，与传统的测量技术相比，GNSS 相对定位技术有观测站之间无须通视、定位精度高、观测时间短、操作简便、全天候作业的特点。

GNSS 测量虽不要求观测站之间相互通视，但必须保持观测站的上空开阔，以使接收 GNSS 卫星的信号不受干扰。另外，如需要在 GNSS 测量的控制点下通过导线测量等传统方法加密控制网，作为起算控制点必须保证通视。

(一)静态相对定位

静态相对定位是用两台接收机分别安置在基线的两端，同步观测相同的 GNSS 卫星，以确定基线端点的相对位置或基线向量。同样，多台接收机安置在若干条基线的端点，通过同步观测 GNSS 卫星可以确定多条基线向量。在一个端点坐标已知的情况下，可以用基线向量推求另一待定点的坐标。

该作业方式用两套(或两套以上)接收设备须同步观测 4 颗以上卫星，每时段长 30 分钟至 3 小时或更长。基线的相对定位精度可达 $1\times10^{-6}\sim2\times10^{-6}$。

静态相对定位作业方式所观测过的基线边，构成某种闭合图形，以便于观测成果的检核，提高成果的可靠性和 GNSS 网平差后的精度。如图 4-9 所示为经典静态相对定位。

(二)快速静态定位

该作业方式是在测区的中部选择一个基准站，并安置一台接收设备连续跟踪所有可见卫星；另一台接收机依次到各点流动设站，每个点上观测数分钟至十几分钟(图 4-10)。该作业模式要求，在观测时段中必须有 5 颗卫星可供观测；同时流动站与基准站相距不超过 5km。接收机在流动站之间移动时，不必保持对所测卫星的连续跟踪，因而可关闭电源以降低能耗。该模式作业速度快、精度高。流动站相对于基准站的基线中

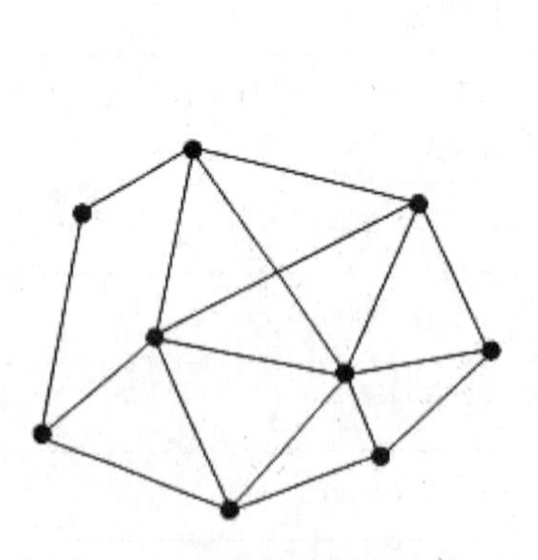

图 4-9 经典静态相对定位

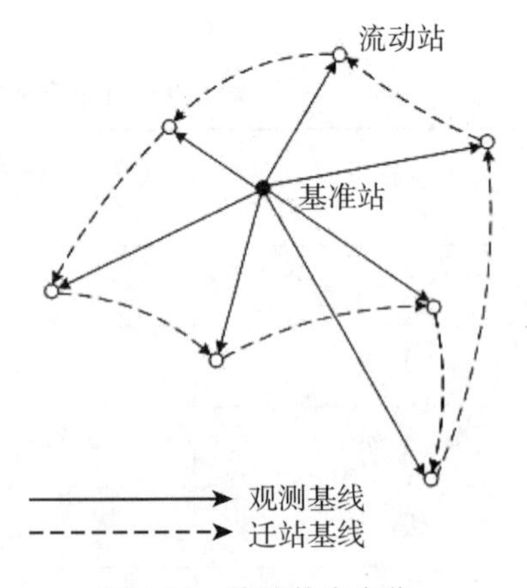

图 4-10 快速静态定位

误差为 $5\text{mm}+1\times10^{-6}\times D$。该模式的缺点是两台接收机工作时，不能构成闭合图形，可靠性较差。

快速静态定位作业速度快、精度高、能耗低，但两台接收机工作时，不能构成闭合图形，可靠性较差。该作业方式适用于一级、二级地籍平面控制网加密和图根控制测量。

(三)GNSS-RTK 测量

GNSS-RTK 测量技术是以载波相位测量为根据的实时差分 GNSS 测量技术，是 GNSS 测量技术发展中的一个突破。其他 GNSS 作业模式观测数据需在测后处理，不仅无法实时给出观测站的定位结果，而且也无法对基准站和用户观测数据的质量进行实时检核。而 GNSS-RTK 测量是在基准站上安置 GNSS 接收机，对所有可见的 GNSS 卫星进行连续观测，并将其观测数据通过无线电传输设备，实时地发送给用户观测站。在用户观测站上，GNSS 接收机在接收 GNSS 卫星信号的同时，通过无线电接收设备，接收基准站传输的观测数据，然后根据相对定位的原理，实时地计算并显示用户站的三维坐标及其精度。

GNSS-RTK 测量技术为 GNSS 测量工作的可靠性和高效率提供了保障，对 GNSS 测量技术的发展和普及，具有重要的现实意义。根据用户的要求，目前实时动态测量分为单基站 GNSS-RTK 和网络 GNSS-RTK(CORS-GNSS-RTK)。

1. 单基站 GNSS-RTK

单基站 GNSS-RTK 测量只利用一个基准站，并通过数据通信技术接收基准站发布的载波相位差分改正参数进行 GNSS-RTK 测量。用户在观测工作开始，首先在某一起始点(如图 4-11 中点 1)静止地观测数分钟，以便初始化工作完成。一旦开始流动测量工作，即在每个观测站上，静止地观测数秒钟，就能实时计算出厘米级流动站三维坐标。这种方式要求用户站在流动过程中，必须保持对 GNSS 卫星的连续跟踪，一旦发生失锁，便需重新进行初始化工作。该作业模式要求，至少同步观测 5 颗分布良好的卫星，同时，流动站与基准站的距离，目前应不超过 5km。

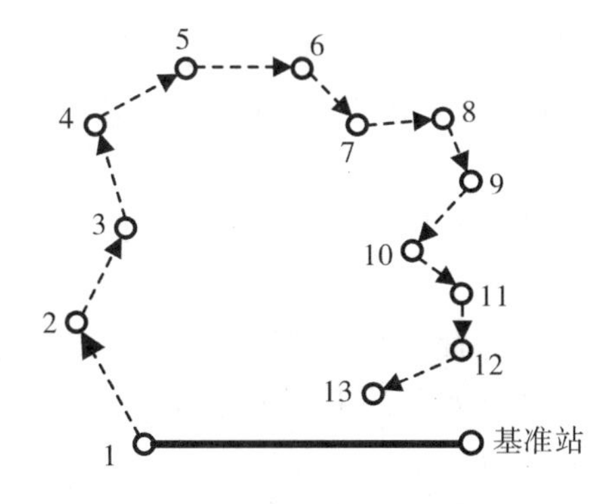

图 4-11　单基站 GNSS-RTK 定位

2. 网络 GNSS-RTK(CORS-GNSS-RTK)

网络 GNSS-RTK 指在一定区域内建立多个基准站，对该地区构成网状覆盖，并进行连续跟踪观测，通过这些站点组成卫星定位观测值的网络解算，获取覆盖该地区和该时间段的 GNSS-RTK 改正参数，用于该区域内 GNSS-RTK 用户进行实时 GNSS-RTK 改正的定位方式。目前，很多省市建立了连续运行卫星定位导航服务系统(CORS)，系统中应用的 CORS-GNSS-RTK 就是一种网络 GNSS-RTK。

在 GNSS-RTK 定位系统中，由于数据通信链的限制，作用距离受到一定的限制。并且随着参考站和流动站之间的距离增加，轨道误差和电离层延时误差等空间相关性降低，模糊度参数的整周特性也降低，增加了固定整周模糊度的难度，有时甚至不能固定。网络 GNSS-RTK 技术根据大区域多个 GNSS 基准站的数据，卫星轨道误差和大气折射误差可以得到消去或削弱，模糊度的整周特性得到加强，实现较长距离高精度快速动态定位。

网络 GNSS-RTK 的核心思想是根据用户的位置，系统生成一个观测值，如同在用户附近有一个虚拟的参考站；用户根据该观测值，采用常规的 GNSS-RTK 方法，就能实现精密定位。在条件允许时，地籍平面控制测量应优先采用网络 GNSS-RTK 进行定位。

3. 作业的技术要求

GNSS-RTK 作业方式可用于一级、二级地籍平面控制网加密或图根控制测量。由于 GNSS-RTK 作业方式可靠性较差，开展地籍控制测量时，要遵循以下作业要求：

(1)GNSS-RTK 作业时流动站观测时应采用三脚架对中、整平。

(2)观测开始前应对仪器进行初始化，并得到固定解，当长时间不能获得固定解时，宜断开通信链路，再次进行初始化操作。作业过程中，如出现卫星信号失锁，应重新初始化，并经重合点测量检测合格后，方能继续作业。

(3)每时段作业开始前(网络 GNSS-RTK)或重新架设基准站(单基站 GNSS-RTK)后，均应进行至少一个同等级或高等级已知点的检核，平面坐标较差不应大于 5cm。

(4)当进行一、二级地籍平面控制网加密时，每次观测历元数应不小于 20 个，采样间隔 2~5s，各次测量的平面坐标较差应不大于 4cm。图根平面控制网加密时，每次观测历元数应不小于 10 个。

(5)GNSS-RTK 测量同一时段内同一个点的两次观测之间，流动站应两次开关 GNSS 接收机，并重新初始化观测手簿；两次测量的平面坐标较差应不大于 3cm；应取两次测量的平均坐标作为最终结果。

(6)当单基站加密一级地籍平面控制点时，需至少更换一次基准站进行观测，每站观测次数不少于 2 次。

(7)一、二级 GNSS-RTK 地籍平面控制点测量平面坐标转换残差不应大于 2cm。

(8)数据采集器设置控制点单次观测的平面 X 方向和 Y 方向收敛阈值的绝对值分别不应大于 2cm(注：固定解收敛阈值)。

(9)用 GNSS-RTK 技术施测的控制点成果应进行 100%的内业检查和不少于总点数 10%的外业检测，平面控制点外业检测可采用相应等级的静态(快速静态)相对定位技术测定坐标，全站仪测量边长和角度等方法，检测点应均匀分布测区。

（10）对于投影长度变形值大于 2.5cm/km 的区域，当采用全站仪测量两个 GNSS-RTK 点之间的水平边长用于检核时，应对测量的边长做投影改正，方可进行边长比较校核。检测结果应满足表 4-10~表 4-12 的要求①。

表 4-10　一级和二级 GNSS-RTK 平面控制点检核主要技术要求

等级	边长校核		角度校核		坐标校核
	测距中误差/mm	边长较差的相对误差	测角中误差/(″)	角度较差限差/(″)	坐标较差中误差/cm
一级	±15	1/14000	≤±5	14	≤±5
二级	±15	1/7000	≤±8	20	≤±5

表 4-11　一级和二级 GNSS-RTK 方法地籍图根控制点检测结果技术参数表(测区检查)

等级	边长校核		角度校核		坐标校核
	水平距离中误差/mm	水平边长相对误差	测角中误差/(″)	角度较差限差/(″)	坐标点位较差中误差/cm
一级图根	±15	1/5000	±12	24	±5
二级图根	±15	1/3000	±20	40	±5

表 4-12　一级和二级 GNSS-RTK 方法地籍图根控制点检测结果技术参数表(测站检查)

等级	边长相对误差	角度较差限差/(″)
一级图根	1/5000	24
二级图根	1/3000	40

三、地籍平面图根导线测量方法

地籍平面图根控制测量在条件允许的情况下，优选采用 GNSS-RTK 方法。此种方法主要适用于建筑物密集的区域。

地籍平面图根控制网的布设，重点是保证界址点坐标的精度，界址点坐标的精度有了保证，地籍图的精度自然也就得到了保证。目前一、二级导线的平均边长都在 100m 以上，如此的控制点密度用于测定复杂隐蔽的居民地的界址点势必要做大量的过渡点(多为支导线形式)，不但工作量大，作业效率低，在精度方面也不能保证。经济而又可靠的方法是，布设一、二级平面图根导线。平面图根导线的测量方法有闭合导线、附

① 来源于《地籍调查规程》(GB/T 42547—2023)。

合导线、无定向附合导线、支导线等。在起算控制点允许的情况下，尽可能采用附合导线和闭合导线，但如果起算控制点遭到破坏，不能满足要求，可考虑无定向附合导线、支导线。

平面图根导线的边长已充分考虑建筑物密集的实际情况，目的是在控制点上能够直接测到界址点，对于特别隐蔽的地方，采用距离交会法、直角坐标法、截距法等方法测量的界址点，离开控制点的距离也会约束在较短的范围内。

下面主要介绍在日常地籍工作中，控制点遭到破坏情况下的无定向附合导线、支导线测量的方法。附合导线和闭合导线的测量方法参考相关书籍和技术标准。

(一)无定向导线

由于在日常地籍工作中，一些地籍要素需要经常测绘；当城镇原有的地籍控制点被严重破坏，则很难找到两个能相互通视的点。如果在加密控制点时仍然采用附(闭)合导线或附(闭)合导线(网)或支导线，势必会增加费用，延长时间，难以及时满足变更地籍测绘的要求。虽然无定向导线(图4-12)也是一种加密手段之一，但它比起其他种类的导线，精度难以估算，检核条件少等，故在一些测绘规范中并未作为一种加密方法被提及。随着测角、测距技术和仪器的发展，在满足一定的条件下，也可布设无定向导线。

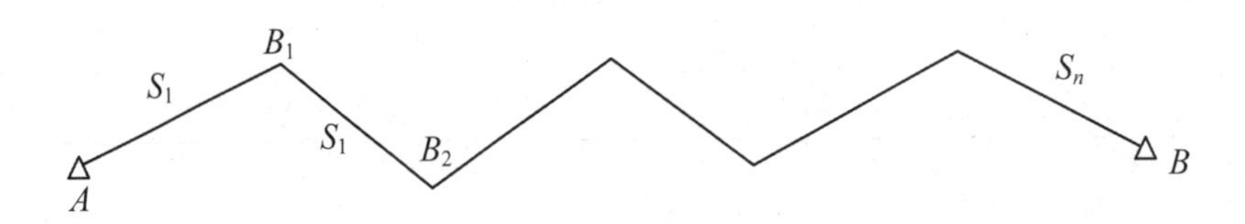

图4-12　无定向导线的一般形式

无定向导线检核条件少，在具体应用时要求注意如下几点：

(1)首先对高级点作仔细检测，确认点号正确，点位未动时方可使用。

(2)应采用高精度仪器作业。

(3)无定向导线中无角度检核，因此在进行角度测绘时应特别小心。一般说来，转折角应盘左和盘右观测，距离应往返测，并保证误差在相应的限差范围内。

(4)无定向单导线有一个多余观测，即有一个检核条件相似比 M。规定 $|1-M|<10^{-4}$ 的无定向导线才是合格的。

(5)对无定向导线，采用严密平差软件或近似平差软件进行平差计算，软件中最好有先进的可靠性分析功能。

(二)支导线的运用

在工作实践中，支导线的应用非常普遍，在一些较隐蔽处，支导线的边数可能达到三条或更多，因缺乏检核条件致使支导线出现粗差和较大误差也不能及时发现，造成返工，给工作带来损失。在实际工作中加强对支导线的检核，采取一些措施以保证支导线的精度，从而保证界址点的测量精度。

1. 闭合导线法

如图 4-13 所示，M，N，Q 为已知点，为了求出界址点 B 的坐标，首先要求出 A 点的位置。P_1，P_2，P_3，P_4，P_5 为只起连接作用的导线点，且 P_1 与 P_2，P_4 与 P_5 的距离很近。导线点观测顺序为 M，P_1，P_2，P_3，P_4，P_5，A，类似闭合导线的观测方法，但又与闭合导线的观测顺序不同。当观测结束后，按闭合导线 M，P_1，P_3，P_5，A，P_4，P_3，P_2，M 计算。这时 P_3 可以得到两组坐标，可以起到一种检核作用。然后根据 A 的坐标可以很方便地求出界址点 B 的坐标。这种方法虽然增加了一点外业工作量，但较好地解决了位于隐蔽处界址点的施测问题，同时导线点也得到了检核和精度保证。

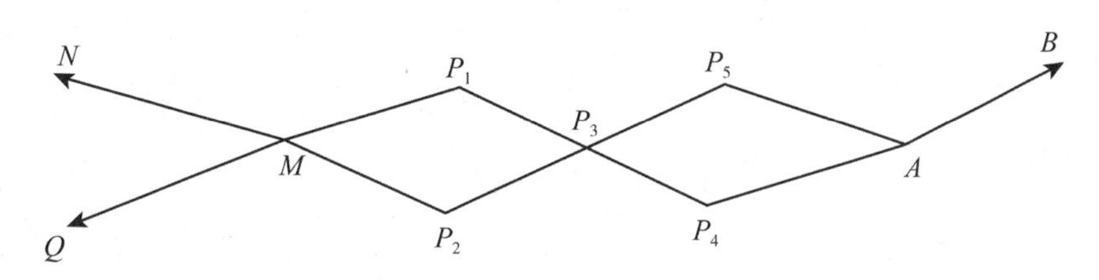

图 4-13　闭合导线法图示

2. 利用高大建筑物检核

高大建筑物，如烟囱、水塔上的避雷针和高楼顶上的共用天线等，在地籍控制测绘中有很好的控制价值。在作业时，高大建筑物的交会随首级地籍控制一次性完成，这样做工作量增加不多。用前方交会求出高大建筑物上的避雷针等的平面位置后，即可按下面的方法施测支导线。

如图 4-14 所示，M，N，Q 为已知点，B 为高大建筑物上的避雷针，且平面位置已知。为了求出 A 点的坐标，并观测 β_4，根据测得的角度和边长计算各导线点坐标。

求 AP 和 AB 边的坐标方位角：

$$\begin{aligned}\alpha_{AP} &= \arctan((Y_P - Y_A)/(X_P - X_A)) \\ \alpha_{AB} &= \arctan((Y_B - Y_A)/(X_B - X_A))\end{aligned} \tag{4-6}$$

设 $\beta_4' = \alpha_{AB} - \alpha_{AP}$，$\beta_4'$ 与观测值 β_4 比较，当 $|\beta_4' - \beta_4|$ 小于限差时，成果可以采用。该方法能够发现观测和计算中的错误，起到了检核支导线的作用。

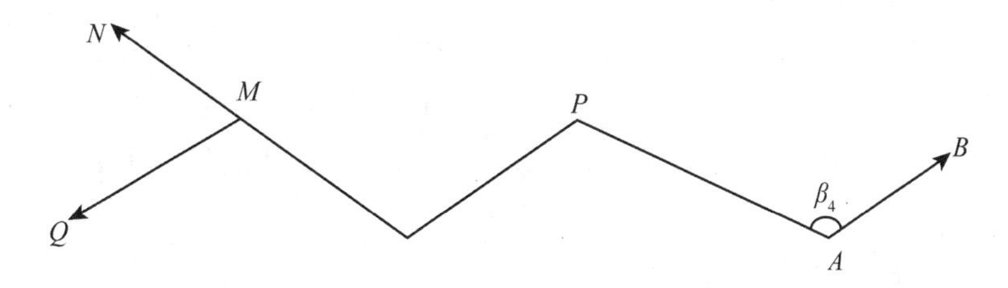

图 4-14　高大建筑物检核

3. 双观测法

如图 4-15 所示，因受地形条件的限制，布设支导线时，可布设不多于四条边，总长不超过 200m 的支导线。为了防止在观测中出现粗差和提高观测的精度，支导线边长应往返观测，角度应分别测左、右角各一测回，其测站圆周角闭合差不应超过 40″。此法在计算中容易出现错误，因此，在计算各导线点的坐标时一定要认真检查，仔细校核，尤其在推算坐标方位角时更要细心。

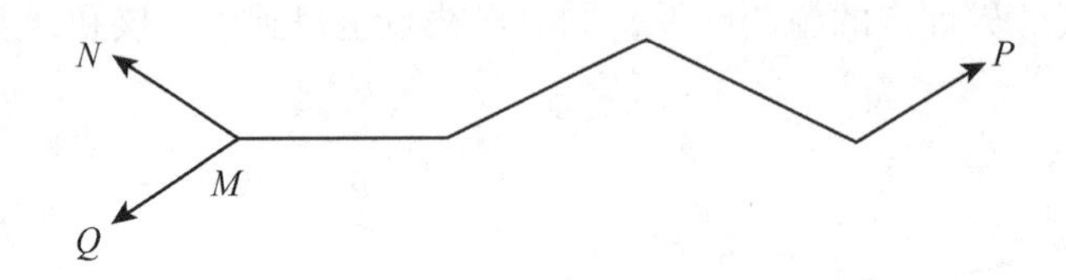

图 4-15　双观测法图示

四、GNSS 高程控制测量

如地籍平面控制测量采用的是 GNSS 相对定位的方法，地籍高程控制测量可以采用 GNSS 测量高程，这样高程控制测量就可以充分利用已有的 GNNS 控制测量的成果，减少外业工作量，提高效率。目前，在地籍高程控制测量时常常采用 GNSS 高程测量的方法。

(一) 大地高与正常高转换关系

我国国家高程基准采用的是正高系统，也叫海拔高，即地面点沿铅垂线至似大地水准面的距离。但在实际应用中，地面点的高程采用的是正常高系统。地面点的正常高 H_r 是地面点铅垂线至似大地水准面的距离。似大地水准面是由各地面点沿正常重力线向下截取各点的正常高，由所得到的点构成的曲面，它是正常高的基准面。似大地水准面不是重力等位面，无确切物理意义，但与大地水准面较为接近，平原地区两者只是相差几厘米，在高山地区两者最多相差 2m，且在辽阔海洋上与大地水准面一致。正常高可以精确求得，可用水准测量和重力测量确定。似大地水准面是不规则的曲面，往往与参考椭球面并不重合。沿正常重力线方向，由似大地水准面上的点量测到参考椭球面的距离被称为高程异常，用符号 ζ 表示。

利用 GNSS 相对定位得到三维基线向量，通过控制网平差无法直接得到各地籍控制点的正常高，但可以得到高精度的大地高 H，即测点沿椭球面的法线至椭球面的距离。GNSS 测量高程是利用图 4-16 所示的大地高 H、正常高 H_r 和高程异常 ζ 之间的关系求得的。

由图 4-16 可以得到以下关系：

$$H_r = H - \zeta \tag{4-7}$$

或

$$\zeta = H - H_r \tag{4-8}$$

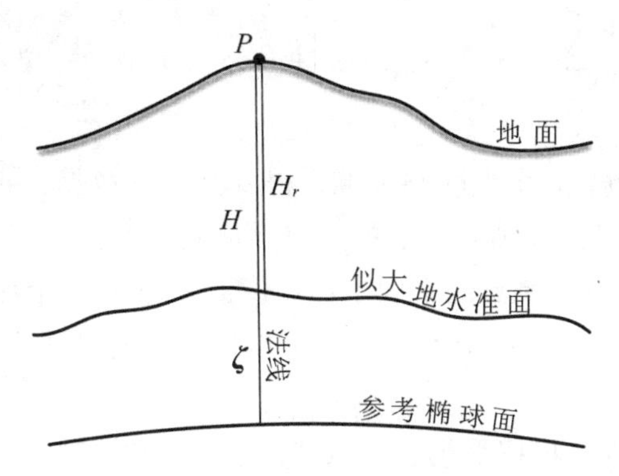

图 4-16　大地高与正常高的关系

由于 GNSS 相对定位能得到各控制点的大地高，如果也知道这些控制点的高程异常值，根据式(4-7)就能得到它们的正常高。GNSS 高程测量问题实际上就变成如何求得这些控制点的高程异常值的问题。

(二)GNSS 高程测量的常用方法

GNSS 高程测量也称为 GNSS 水准，其常用于地籍高程控制测量的方法有等值线法、几何内插法、大地水准面精化法。下面介绍这几种常用的 GNSS 高程测量方法。

1. 等值线法

(1)在 GNSS 控制网(n 个点)中选择 m 个点联测水准，得到其高程数据，再利用 GNSS 网平差得到这些点的大地高数据，求出这 m 个点的高程异常值；

(2)选定合适比例尺，按这 m 个点网平差得到的平面坐标展点，标注各点的高程异常值；

(3)根据 m 个点的高程异常值在平面上绘制固定差值(一般为 1~5cm)的高程异常值等值线；

(4)在平面上通过内插的方法求得其余控制点的高程异常值；

(5)根据式(4-7)求得其余控制点的高程值。

2. 几何内插法

几何内插法又称为高程拟合法，是利用在范围不大的区域中，高程异常具有一定的几何相关性这一原理，采用数学方法，求解正常高。

1)多项式拟合法

(1) 确定拟合多项式。

多项式拟合法根据联测水准的控制点数量和地貌特征，可以采用以下几种类型的多项式拟合：

零次多项式拟合：$\zeta = a_0$　　(4-9)

一次多项式拟合：$\zeta = a_0 + a_1 dx + a_3 dy$　　(4-10)

二次多项式拟合：$\zeta = a_0 + a_1 dx + a_3 dy + a_4 dx^2 + a_4 dy^2 + a_5 dx \cdot dy$　　(4-11)

式中：

$\bar{x} = \frac{1}{n}\sum x_i$，$\bar{y} = \frac{1}{n}\sum y_i$，$n$ 为 GNSS 网点数，x_i，y_i是第 i 个控制点的平面坐标；$dx = \bar{x} - x_i$，$dy = \bar{y} - y_i$。

(2)在 GNSS 网中选择 m 个点联测水准，得到其高程数据，再利用 GNSS 网平差得到这些点的大地高数据，求出这 m 个点的高程异常值。

(3)计算 GNSS 网所有控制点的平面坐标均值，并将这 m 个点的高程异常值及其平面坐标代入以上方程。因为有 m 个点，所以可以列出 m 个方程，方程中的未知参数为 a_0至 a_5。

(4)利用这 m 个方程，根据最小二乘原理，求解未知参数，得到拟合后的多项式。

(5)将未联测水准的 GNSS 控制点的平面坐标代入拟合方程，计算各点的高程异常值。

(6)根据式(4-7)求得未联测水准的 GNSS 控制点的高程值。

2)多面函数拟合法

多面函数拟合法①的基本思想是：任何一个规则或不规则的连续曲面均可以用 n 个规则曲面的叠加来拟合或逼近。则任意一点(x, y)处的高程异常$\zeta(x, y)$可表示为：

$$\zeta(x, y) = \sum_{i=1}^{n} \alpha_j Q(x, y, x_j, y_j) \tag{4-12}$$

式中，核函数一般取如下的正双曲面函数：

$$Q(x, y, x_j, y_j) = [(x - x_j)^2 + (y - y_j)^2 + \delta^2] \tag{4-13}$$

式中：n——核函数个数；

α_j——待定参数；

(x, y)——待求点坐标；

(x_j, y_j)——选取的核函数的中心点坐标，为已知值；

δ——光滑系数，或称为平滑因子，$\delta=0$。

设某个测区内有 m 个已联测水准或与水准点重合的控制点，则可以选取其中的 n 个点(x_j, y_j)作为核函数的中心点，且要求 $m \geqslant n$，则 $\zeta_j = \sum_{i=1}^{m} \alpha_j Q_{ij} (j = 1, 2, \cdots, n)$，故有误差方程：

$$\begin{bmatrix} v_1 \\ v_2 \\ \vdots \\ v_m \end{bmatrix} = \begin{bmatrix} Q_{11} & Q_{12} & \cdots & Q_{1n} \\ Q_{21} & Q_{22} & \cdots & Q_{2n} \\ \vdots & \vdots & \vdots & \vdots \\ Q_{m1} & Q_{m2} & \cdots & Q_{mn} \end{bmatrix} \cdot \begin{bmatrix} \alpha_1 \\ \alpha_2 \\ \vdots \\ \alpha_n \end{bmatrix} - \begin{bmatrix} \zeta_1 \\ \zeta_2 \\ \vdots \\ \zeta_n \end{bmatrix} \tag{4-14}$$

其向量形式为：

$$V = Q\alpha - \zeta \tag{4-15}$$

可通过最小二乘原理的方法求出系数：

① 美国 Hardy 教授在 1971 年提出。

$$\hat{\alpha} = (Q^{T}Q)^{-1}Q^{T}\zeta \tag{4-16}$$

对于其他只有大地高 H 的控制点，同样可以构造核函数矩阵，利用求得的参数值 α 求出这些点对应的高程异常值 ζ_i：

$$\zeta_i = Q_i^{T}\hat{\alpha}\text{，其中 } Q_i^{T} = [Q_i^1 \quad Q_i^2 \quad \cdots \quad Q_i^n] \tag{4-17}$$

再利用式(4-7)就可以求出这些控制点的正常高 H_r。

几何内插法是一种纯几何方法，因此，一般仅适用于高程异常变化较为平缓的地区(如平原地区)，其拟合的准确度可以达到1分米内。对于高程异常变化剧烈的地区(如山区)，这种方法的准确度有限，这主要是因为在这些地区，高程异常的已知点很难将高程异常的特征表示出来。

为获得好的拟合结果，联测水准的控制点数量要尽量多，而且应均匀分布，并且最好能将整个GNSS控制网包围起来。若要用零次多项式进行高程拟合，要确定1个参数，因此，需要1个以上的已知点；若要采用一次多项式进行高程拟合，要确定3个参数，需要3个以上的已知点；若要采用二次多项式进行高程拟合，要确定6个参数，则需要6个以上的已知点。

若拟合区域较大，或地貌变化较大，可以分区拟合，即将整个GNSS网划分为若干个区域，采用分区拟合法。

实际工作中几何内插法是在GNSS网平差时利用平差软件完成的。网平差时，将联测水准的控制点高程数据录入软件，并将这些高程数据作为平差的约束条件，再选择合适的几何内插模型进行平差计算，得到全部控制点平差后的高程值。

使用该方法时还要选择若干个联测水准的控制点作为检查点，检查点不参加拟合，而是利用拟合后得到的检查点的高程值与水准测量数据比较，评定高程拟合的精度。

3. 大地水准面精化法

前文介绍的几何内插法实质是利用区域内GNSS水准，得到部分点的高程异常值，构建某一曲面来逼近测区似大地水准面，从而实现大地高到正常高的高精度转换。

大地水准面精化是用GNSS定位技术结合区域内的地面重力资料、水准资料、高分辨率的地形数据以及最新的重力场模型，精确地研究并确定区域似大地水准面，以求取高精度的高程异常值，从根本上解决GNSS定位技术无法直接提供正常高的问题。

目前，各地的连续运行卫星定位导航服务系统(CORS)都建立了区域似大地水准面精化模型。CORS-GNSS-RTK测量正常高是大地水准面精化法测量高程方法的应用。CORS-GNSS-RTK测量正常高时，根据通过网络传输到CORS数据处理中心的流动站概略坐标，系统数据处理中心利用区域似大地水准面模型内插出其高程异常，并通过网络传送到流动站，流动站再利用测量的大地高，直接求得测点的正常高。由于CORS建立了区域似大地水准面模型，CORS-GNSS-RTK测量正常高的精度能够达到厘米级。

利用GNSS水准开展地籍高程控制测量时，必须对高程测量的精度进行评定，精度指标要符合地籍高程控制测量的精度设计要求。

思　考　题

1. 地籍控制测量是如何分类的？
2. 与其他控制测量相比，地籍平面控制测量有什么样的特点？
3. 如何选择地籍平面直角坐标系？如何计算高斯投影形变值？
4. 利用已有控制点加密地籍平面控制网点的方法有哪些？
5. GNSS-RTK 适用于什么级别地籍控制网点的测量，基本的作业要求是什么？
6. 大地高与正常高之间有怎样的转换关系？
7. GNSS 水准中多项式拟合法的原理是什么？

第五章　界 址 测 量

界址测量是地籍测绘工作的核心内容。本章阐述了界址点精度的选择方法，构建了界址测量的方法体系、各种方法测量的基本原理及其适用范围，介绍了解析法测量界址点外业实施的主要工作内容，给出了界址测量的精度估算方法。

第一节　界址测量精度的选择

界址测量是指对权属调查标定的界址，采用全野外数字测量、数字摄影测量或图解法(图上读取)等方法测定界址点坐标、界址点间距(边长)的测量工作，是地籍测绘工作的核心内容。

界址点坐标是特定坐标系中界址点地理位置的数学表达。它是确定宗地(海)位置的依据，是量算宗地(海)面积的基础数据。界址点坐标对实地的界址点起着法律上的保护作用，一旦界址点标志被移动或破坏，则可根据已有的界址点坐标，用测量放样的方法恢复界址点的位置。

一、界址测量的精度体系

德国、奥地利、荷兰等国家对界址点坐标的精度要求很高，点位中误差一般为 3～5cm。在日本则分为 6 个等级，最小点位中误差为 2cm，最大点位中误差为 100cm，限差取 3 倍中误差。

自 20 世纪 80 年代中期以来，我国相关技术标准对界址测量的精度做了相应的规定：

(1)解析法土地权属界址测量精度如表 5-1 所示。

表 5-1　解析法界址测量的精度

级别	界址点相对于邻近控制点的点位误差 相邻界址点或房角点间距误差/cm	
	中误差	允许误差
一	±2.0	±4.0
二	±5.0	±10.0
三	±7.5	±15.0

续表

级别	界址点相对于邻近控制点的点位误差 相邻界址点或房角点间距误差/cm	
	中误差	允许误差
四	±10.0	±20.0

注 1：对于土地使用权宗地，解析的明显界址点精度不低于二级，隐蔽界址点精度不低于三级。
注 2：对于土地所有权宗地，解析的界址点可选择二、三、四级精度。
注 3：实测房角点坐标的精度可按照本表的规定执行。其中城镇区域的明显房角点坐标精度不低于二级，隐蔽的不低于三级；城镇以外区域的明显房角点坐标精度不低于三级，隐蔽的不低于四级。

(2)图解法土地权属界址测量精度与基础图件的比例尺和精度关联紧密，如表 5-2~表 5-4 所示。

表 5-2　图解界址点精度指标(全野外数字测图)

序号	项　目	图上中误差/mm	图上允许误差/mm
1	相邻界址点的间距误差	±0.3	±0.6
2	界址点相对于邻近控制点的点位误差	±0.3	±0.6
3	界址点相对于邻近地物点的间距误差	±0.3	±0.6

注：本表是平原、丘陵地区明显界址点精度指标。荒漠、高原、山地、森林及隐蔽地区等可放宽至 1.5 倍。

表 5-3　图解界址点精度指标(数字摄影测量法成图)

序号	项　目	图上中误差/mm	图上允许误差/mm
1	相邻界址点的间距误差	±0.4	±0.8
2	界址点相对于邻近控制点的点位误差	±0.5	±1.0
3	界址点相对于邻近地物点的间距误差	±0.5	±1.0

注：本表是平原、丘陵地区明显界址点精度指标。荒漠、高原、山地、森林及隐蔽地区等可放宽至 1.5 倍。

表 5-4　图解界址点精度指标(数字编绘法成图)

序号	项　目	图上中误差/mm	图上允许误差/mm
1	相邻界址点的间距误差	±0.6	±1.2
2	界址点相对于邻近控制点的点位误差	±0.6	±1.2

续表

序号	项　目	图上中误差/mm	图上允许误差/mm
3	界址点相对于邻近地物点的间距误差	±0.6	±1.2

注：本表是平原、丘陵地区明显界址点精度指标。荒漠、高原、山地、森林及隐蔽地区等可放宽至1.5倍。

(3)海域权属界址测量精度与界址点离海域岸线的远近有关，如表5-5所示。

表5-5　海域界址点的精度

级别	界址点相对于邻近控制点的点位误差，相邻界址点间距误差/m	
	中误差	允许误差
一	±0.10	±0.20
二	±1.00	±2.00
三	±3.00	±6.00
四	±5.00	±10.00

注1：岸地及近海界址点精度不低于一级。
注2：离岸20km以内的海域界址点精度不低于二级。
注3：离岸20~50km的海域界址点精度不低于三级。
注4：离岸50km以外的海域界址点精度不低于四级。

二、界址测量精度的选择

由于存在测量误差，当要利用测量技术核实或恢复已破坏的界址线、界址点时，其结果与原来测量的坐标、边长或实地标定的界址点位置会产生偏离(不相等或不重合)，其偏离的程度应符合人们的认知。界线依附的地物地貌不同，界址点的标志不同，人们对其位置的精确性认知也是不同的。对于围墙，人们可接受的界线偏差在一块标准砖的宽度12cm左右，对有田埂的农用地，人们可接受的界线偏差在田埂顶部的宽度20~30cm，而对于诸如山脊线、山谷线、河流的中心线，由于界线所依附的地物地貌不规则，存在宽度并且宽度变化无规律，竖桩立界困难，则用文字(界址标示表、界址说明表)、图形(线划地籍图、正射影像地籍图)描述(图解法)界址的位置来达成定界共识，而不是用精确到分米或厘米的坐标或边长表达界址的位置来达成定界共识，更符合人们对界线的认知。因此，选择界址测量精度时，主要考虑以下6个因素：

(1)土地经济价值。经济价值越高的土地，人们要求精确定位界线，精确测算出土地的面积。界线的位置精度越高，土地面积精度越高，对土地交易双方就越公平公正，也能够更好地维护邻里之间的土地产权关系。如建设用地、发达地区经济效益显著的农用地等。

(2)区域差异。城镇村及农村零星的建设用地，其权属界线的认定、界标的设置比较容易，道路通达性好，界址施测较容易，土地的经济价值较高，一般要求较高的界址测量精度。

(3)界线标的物(界线所依附地物地貌)的可辨认程度。对界线标的物辨认越清晰，人们就要求精度越高。在广大的农村地区，许多界线本身就存在着不确定性，如河流的中心、山脊线、山谷线等，确权定界时要求给出界址点、界址线的精确位置是十分困难的，要求高精度测量，需要付出高昂的代价。

(4)人们的财产观念。为和睦邻里关系，权利人愿意付出代价来有效维护界线的安全(包括人、财、物)。对于标的物清晰的界址，界线的维护比较容易，高精度测量的代价也不高；但对于那些不确定性显著的界线(河流中心线、山脊线、山谷线等)，除非发生严重的界址纠纷事件(造成人身伤害)，会要求采用代价高昂的高精度界址测量方法定位界址点线，否则，人们更愿意采用当地的习惯认知(语言文字、图形)来维护界线。

(5)国家管理的需要。国家为了维护产权安全、和睦邻里关系、实现社会安定团结的目的，一般要求以最小的代价(人、财、物)达到所要求的精度。对于那些不确定性显著的界线(河流中心线、山脊线、山谷线等)，要求达到10cm以内的点位精度，则需要付出高昂的代价(包括界标埋设)，不符合社会管理成本最小化的原则。

(6)技术能力与代价。全野外数字测量方法测量的点位精度能够达到10cm以内，地籍图测量的明显点位中误差能够达到0.3mm，代价很高；在点位上空无严密遮盖的情形下，GNSS静态或动态差分定位方法测量的点位中误差在0.10cm之内，代价较高；对于无遮盖的明显地物点，高精度摄影测量加密技术和无人机倾斜摄影测量技术，明显地物点的中误差可达到3~15cm，代价一般；摄影测量制图、编绘法成图，对于平原、丘陵地区的明显地物点的点位中误差能够达到0.4~0.6mm，山区和高山区明显地物点的点位中误差能够达到0.6~0.9mm，代价较低。

将上述6个因素落实到技术层面，组合成两个界址点测量精度选择的指标：一是在满足人们认知习惯、法律法规要求、社会管理需求的条件下以最小代价测量界址点坐标或界址点间距；二是作为界线标的物的可辨认程度，辨认程度越高，要求的界址点精度越高。

(1)建设用地使用权界线、宅基地使用权界线等宜选择高精度测量。由于建设用地的经济价值较高，界线的具体位置是确切的、可辨认的，人们对界线的认知很具体细致，国家的管理也很严格，测量费用不高，因此，选择表5-1所示的界址测量精度，是必要的，也切实可行。

(2)集体土地所有权界线、土地承包经营权界线(含耕地、园地、林地、草地)或自然资源登记单元的界线等，宜根据实际情况做出合理的选择。对于那些位置清楚、能明确辨认、整条界址线的宽度一致、位置标识容易、可达性好的界址点，可以选择高精度测量，但对于界线标的物为河流中心线、山脊线、山谷线等情形，高精度测量需要付出高昂的代价。因此，应从前述5个因素的视角进行全面充分论证，认为需要采用高精度测量，则从表5-1所示的精度指标中选择界址测量精度，否则从表5-2~表5-4所示的精度指标中，结合地籍图测绘的方法和比例尺，选择界址测量的精度。

第二节　界址测量的方法

一、界址测量的方法体系

界址点测量方法一般有解析法和图解法两种。无论采用何种方法获得界址点坐标，一旦履行确权手续，就成为确定权属界线位置的依据之一。

(1)解析法界址点测量。是指利用全站仪、GNSS接收机、钢尺、测距仪等设备及其界址调查成果，实地测算界址点坐标和界址点间距的方法。按照测量要素和方法的特征，解析法界址点测量方法可分为极坐标法、角度交会法、距离交会法、截距法(内外分点法)、直角坐标法和GNSS定位法等方法，这些方法都是实测界址点与控制点或界址点与界址点之间的几何关系元素，按相应的数学公式求得界址点坐标。地籍图根控制点及以上等级的控制点均可作为测量界址点坐标的起算点。

(2)图解法界址点测量。是指利用钢制直尺或计算机及软件系统等设备及其界址调查成果，在图上量取、测算界址点坐标和界址点间距的方法。所谓图上量取界址点坐标是指在以老地籍图、影像图、正射影像图、地形图、土地利用现状图等为基础测制的地籍图上，利用钢制直尺手工读取或利用GIS软件系统计算机读取界址点坐标①；所谓图上测算界址点坐标是指根据界址调查成果，利用数字摄影测量系统立体测量方法测算出界址点坐标②。作业时，对同一界址点要独立读取或量测两次，两次读取或量测坐标的点位较差不得大于图上0.2mm，取中数作为界址点的坐标。

二、界址点测量的基本原理

解析法界址点测量包括极坐标法、交会法(角度交会法、距离交会法)、截距法(又叫内外分点法)、直角坐标法、GNSS定位法、摄影测量加密等方法。这些方法都能够满足表5-1所示的精度指标。

(一)极坐标法

1. 基本原理

---

① 此种方法较简单，本书不再赘述。

② 此种方法较复杂，可参阅相关技术标准、教材或专著，本书不再赘述。

极坐标法是指在一个测站上同时测定水平角和水平距离以确定界址点位置的方法。如图 5-1 所示，测站点 $A(X_A, Y_A)$，定向点 $B(X_B, Y_B)$，观测水平角 β 和水平距离 S，则界址点 $P(X_P, Y_P)$ 的计算公式为：

$$X_P = X_A + S\cos(\alpha_{AB} + \beta) \tag{5-1}$$

$$Y_P = Y_A + S\sin(\alpha_{AB} + \beta) \tag{5-2}$$

其中，$\alpha_{AB} = \arctan \dfrac{Y_B - Y_A}{X_B - X_A}$。

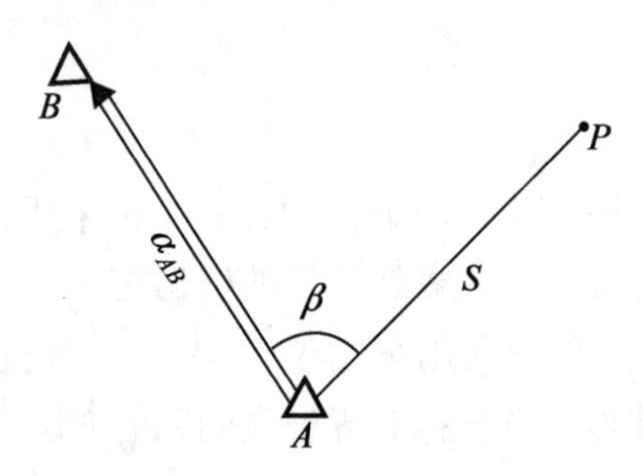

图 5-1　极坐标法图示

计算示例：测站点 A(1000.00m，1000.00m)，定向点 B(970.00m，960.00m)，观测水平角 $\beta = 125°32'56''$，水平距离 $S = 45.23$m，则界址点 P 的坐标计算过程如下：

（1）计算 A、B 的坐标增量：$\Delta X = X_B - X_A = -30.00$m；$\Delta Y = Y_B - Y_A = -40.00$m；

（2）计算 AB 边长：$S = \sqrt{(-30)^2 + (-40)^2} = 50.00$m；

（3）计算 AB 方位角 α_{AB}：$\alpha_{AB} = 180° + \arctan \dfrac{Y_B - Y_A}{X_B - X_A} = 180° + 53°7'48'' = 233°7'48''$；

（4）计算 AP 方位角 α_{AP}：$\alpha_{AP} = \alpha_{AB} + \beta = 358°40'44''$；

（5）计算 P 点的坐标：

$$X_P = X_A + S \cdot \cos\alpha_{AP} = 1000 + 45.23 \times 0.999734 = 1045.22\text{m};$$

$$Y_P = Y_A + S \cdot \sin\alpha_{AP} = 1000 - 45.23 \times 0.023056 = 998.96\text{m};$$

所以，界址点 P 的坐标为(1045.22m，998.96m)。

2. 方法特点

此方法具有精度高、效率高、灵活方便、一个测站上可以测设多个点的特点，主要用于测站上能够同时测量水平角和水平距离的界址点，是明显界址点测量的主要方法。

3. 技术要求

(1)使用的仪器设备主要是全站仪和反射棱镜。全站仪能够同时测定水平角 β 和水平距离 S，仪器中内置的软件可以实时计算出界址点 P 的坐标。水平角 β 和水平距离 S 也可以分开测量，然后利用计算软件计算出界址点 P 的坐标。测定水平角 β 的仪器有光学经纬仪、电子经纬仪和全站仪等，测定水平距离 S 的仪器有测距仪、钢尺、全站仪等。

(2)测站点和定向点应是支导线级别以上的图根点。如果是图根支导线，其往返水平距离观测值之差宜小于 1/3000，如果是 GNSS-RTK 测设的控制点，采用全站仪测量的测站点与定向点之间的水平距离与 GNSS-RTK 测量的坐标反算距离比较，其相对误差宜小于 1/3000。

(3)测站仪器对中误差为 3mm，归零差不应大于 1′。如果角度采用半测回，则每天至少检测一次 $2C$ 差和指标差，并把检测结果置入仪器内用于改正观测结果。

(4)如果因为界址点与反射棱镜中心点不在同一铅垂线上，则应利用全站仪内置的偏心测量程序，并宜用如图 5-2、图 5-3 所示的方法放置反射棱镜，以减弱目标偏心的影响。在图 5-2、图 5-3 中，P 为界址点的实际位置，P'为棱镜放置的位置，对于图5-2，放置棱镜时，宜使 P、P'两点在以 A 点为圆心的圆弧上；对于图 5-3，放置棱镜时，宜使 A、P'、P 或 A、P、P'在一条直线上。

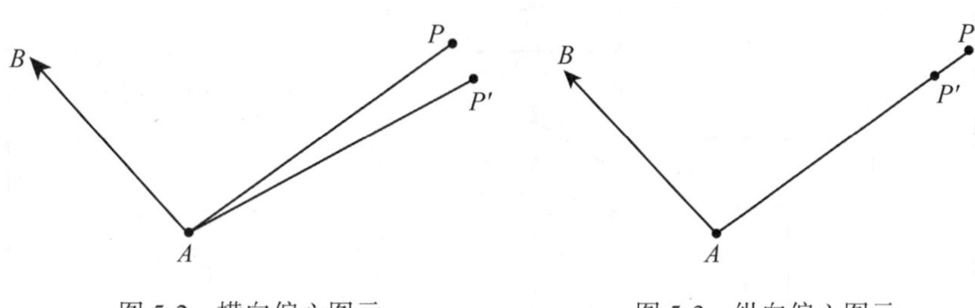

图 5-2　横向偏心图示　　　图 5-3　纵向偏心图示

4. 测量程序

极坐标法测量界址点的程序如图 5-4 所示。

(二)角度交会法

1. 基本原理

角度交会法又称前方交会，是指分别在两个测站上测量两个水平角以确定界址点位置的方法。如图 5-5 所示，A、B 两点为已知控制点，其坐标为 $A(X_A, Y_A)$、$B(X_B, Y_B)$，观测水平角为 α、β。应用式(5-3)、式(5-4)可以计算出界址点 P 的坐标值。

$$X_P = \frac{X_B \times \cot\alpha + X_A \times \cot\beta + Y_B - Y_A}{\cot\alpha + \cot\beta} \tag{5-3}$$

$$Y_P = \frac{Y_B \times \cot\alpha + Y_A \times \cot\beta - X_B + X_A}{\cot\alpha + \cot\beta} \tag{5-4}$$

也可以采用极坐标法计算公式计算出界址点 P 的坐标：

$$\left.\begin{aligned} X_P &= X_A + S\cos(\alpha_{AB} + \beta) \\ Y_P &= Y_A + S\sin(\alpha_{AB} + \beta) \end{aligned}\right\} \tag{5-5}$$

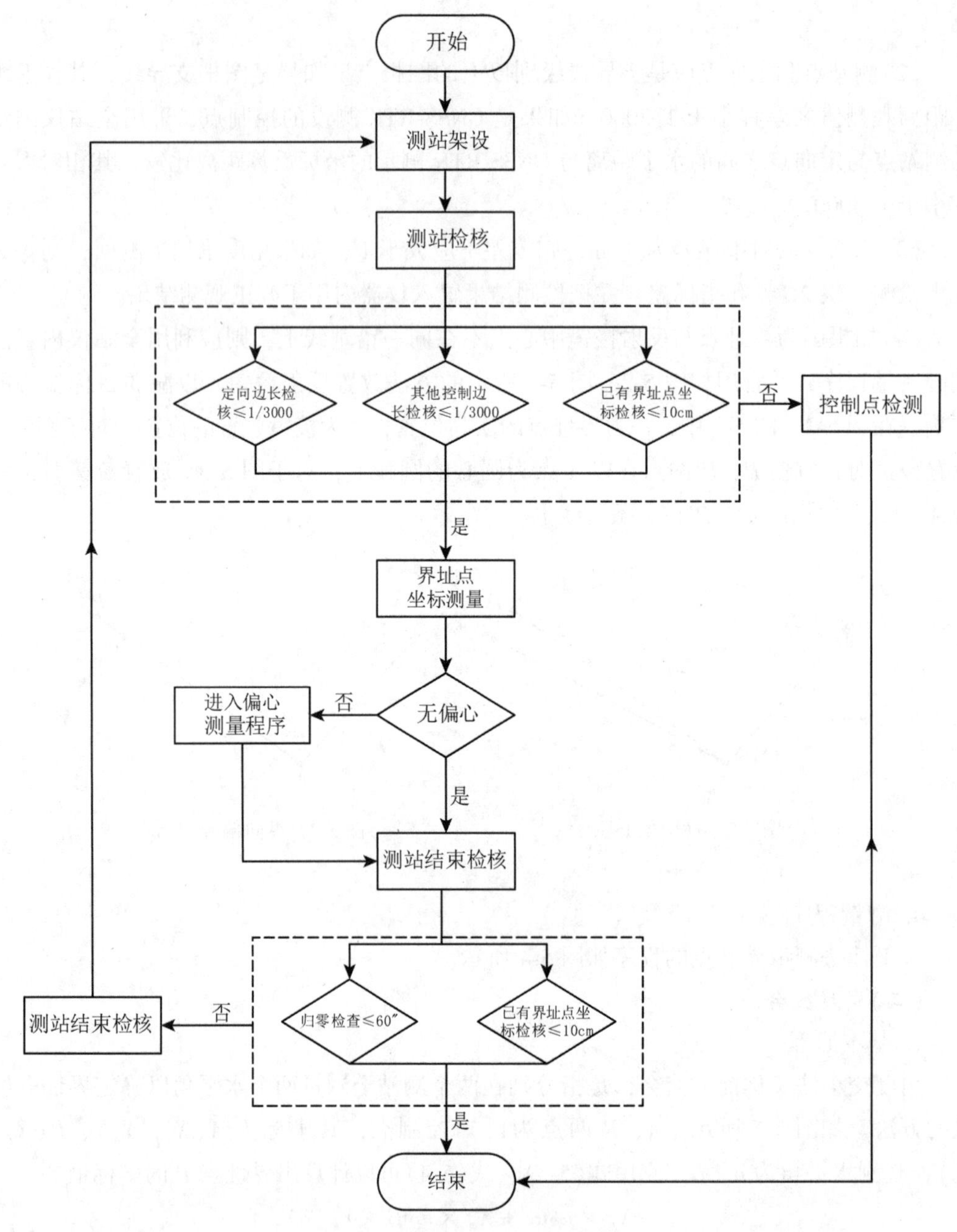

图 5-4 极坐标法测量程序框图

其中，$\alpha_{AB} = \arctan\dfrac{Y_B - Y_A}{X_B - X_A}$，$S = \dfrac{S_{AB}\sin\alpha}{\sin(180 - \alpha - \beta)}$。

计算示例：测站点 A 的坐标为 $A(1000.00\text{m}, 1000.00\text{m})$，方位角 $\alpha_{AB} = 275°23'45''$，水平距离 $S_{AB} = 95.45\text{m}$，观测水平角 $\alpha = 65°15'23''$，水平角 $\beta = 58°45'15''$，则界址点 P 的坐标计算过程如下：

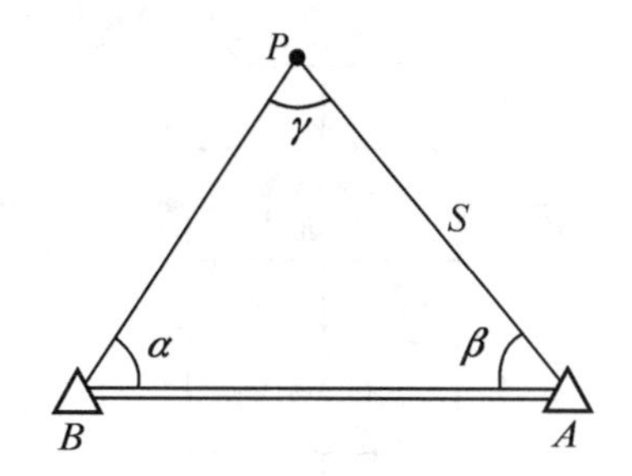

图 5-5　角度交会法图示

点 P 与点 A 的距离 $S=\dfrac{S_{AB}\sin\alpha}{\sin(180°-\alpha-\beta)}=\dfrac{95.45\times0.908190}{0.828935}=104.58\text{m}$；

$\alpha_{AP}=\alpha_{AB}+\beta=334°9'0''$；

$X_P=X_A+S\cdot\cos\alpha_{AP}=1000+104.58\times0.899939=1094.12\text{m}$；

$Y_P=Y_A+S\cdot\sin\alpha_{AP}=1000-104.58\times0.436017=955.01\text{m}$；

所以，界址点 P 的坐标为(1094.12m，955.01m)。

2. 方法特点

此方法具有施测程序简单、不受距离限制、精度高的特点，适用于在测站上能看见界址点位置，但难以量距或通达性差的明显界址点测量。

3. 技术要求

(1)测定水平角 β 的仪器有光学经纬仪、电子经纬仪和全站仪等。

(2)为确保测量精度，交会角 γ 应控制在 30°～150°之间。交会法的图形顶点编号应按顺时针方向排列，即按 B、P、A 的顺序排列。

(3)A、B 两点应是支导线级别以上的图根点。测站仪器对中误差为 3mm，归零差不应大于 1′。如果角度采用半测回，则每天至少检测一次 $2C$ 差和指标差，并把检测结果置入仪器内用于改正观测结果。

(4)如果是图根支导线，其往返水平距离观测值之差宜小于 1/3000，如果是 GNSS-RTK 测设的控制点，采用全站仪测量的测站点与定向点之间的水平距离与 GNSS-RTK 测量的坐标反算距离比较，其相对误差宜小于 1/3000。

4. 测量程序

角度交会法测量界址点的程序如图 5-6 所示。

(三)距离交会法

1. 基本原理

距离交会法是指从两个已知点分别丈量两段水平距离以确定界址点位置的方法。如图 5-7 所示，已知 $A(X_A, Y_A)$，$B(X_B, Y_B)$，观测水平距离 $S_1=AP$ 和 $S_2=BP$，采用极坐标法的计算公式计算界址点 P 的坐标(X_P, Y_P)：

$$\left.\begin{aligned}X_P&=X_A+S_1\cos(\alpha_{AB}+\beta)\\Y_P&=Y_A+S_1\sin(\alpha_{AB}+\beta)\end{aligned}\right\}\tag{5-6}$$

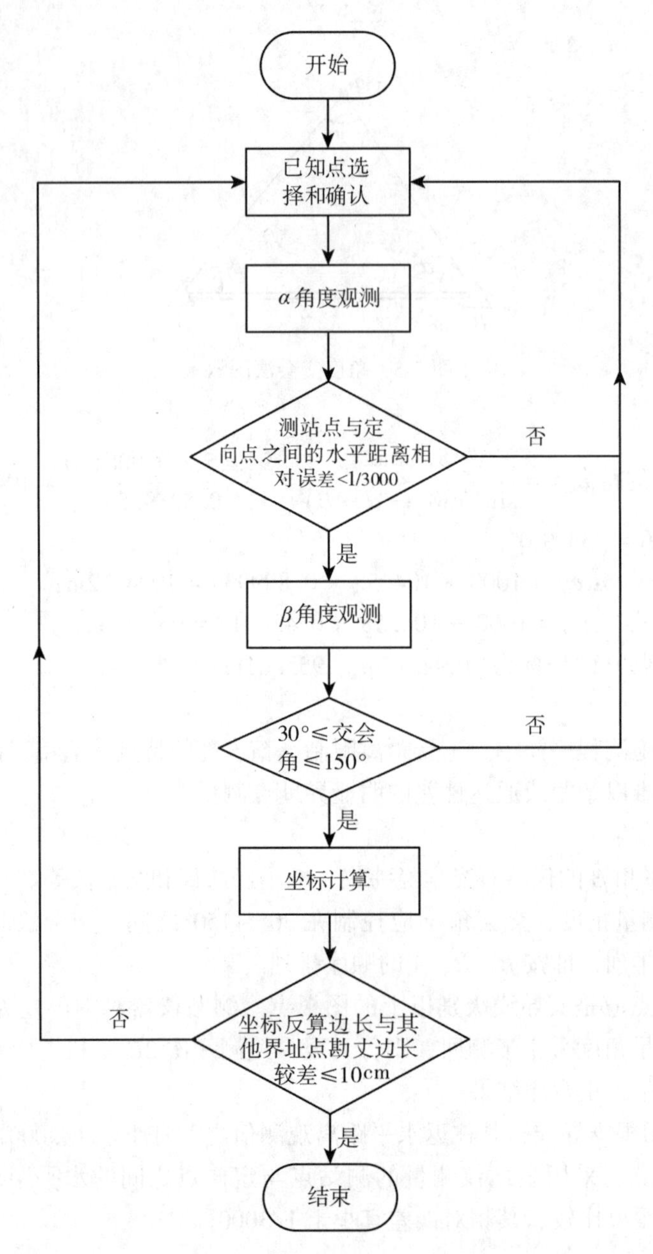

图 5-6 角度交会法程序框图

其中，$\alpha_{AB} = \arctan\dfrac{Y_B - Y_A}{X_B - X_A}$，$\beta = \arccos\dfrac{S_{AB}^2 + S_1^2 - S_2^2}{2S_{AB}S_1}$，

$$S_{AB} = \sqrt{(X_B - X_A)^2 + (Y_B - Y_A)^2}。$$

计算示例：已知点 A(1000.00m，1000.00m)，方位角 $\alpha_{AB} = 275°23'45''$，已知边长 $S_{AB} = 15.46\text{m}$，观测水平距离 $S_1 = 10.23\text{m}$，$S_2 = 8.55\text{m}$，则界址点 P 的坐标计算过程如下：

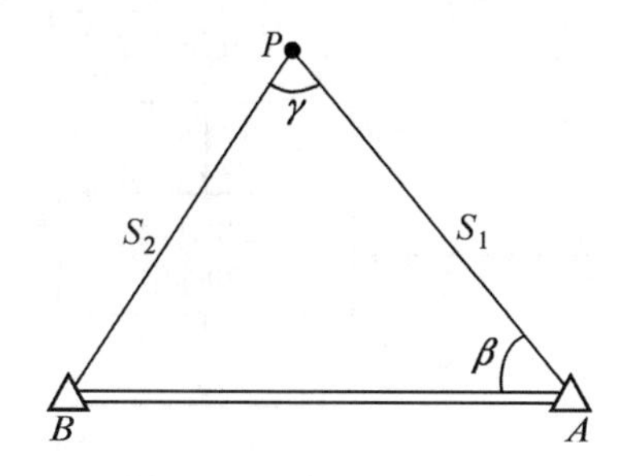

图 5-7　距离交会法图示

$$\cos\beta = \frac{S_{AB}^2 + S_1^2 - S_2^2}{2S_{AB}S_1} = \frac{270.562}{316.3116} = 0.855365;$$

$$\beta = \arccos 0.855365 = 31°12'0'';$$

$X_P = X_A + S_1 \cdot \cos(\alpha_{AB} + \beta) = 1000 + 10.23 \times 0.596166 = 1006.10\text{m};$

$Y_P = Y_A + S_1 \cdot \sin(\alpha_{AB} + \beta) = 1000 - 10.23 \times 0.802861 = 991.79\text{m};$

所以，界址点 P 的坐标为(1006.10m，991.79m)。

2. 方法特点

此方法具有原理简单、设备简单、易于操作、精度较高的特点，主要用于城镇村庄、独立工矿等建设用地区域隐蔽界址点的测量。

3. 技术要求

(1)水平距离丈量应采用检验过的钢尺(30m 或 50m)或测距仪。量距时应水平拉直，两次读数。

(2)A、B 两个已知点是解析法测量的界址点或辅助点(为测定界址点而测设的)，也可以是控制点。

(3)为确保测量精度，交会角 γ 应控制在 30°~150°之间。

(4)交会法的图形顶点编号应按顺时针方向排列，即按 B、P、A 的顺序排列。

4. 测量程序

距离交会法测量界址点的程序如图 5-8 所示。

(四)截距法

1. 基本原理

截距法又称内外分点法，是指当所求界址点在两已知点的连线上时，分别丈量两个已知点到界址点的水平距离以确定界址点位置的方法。如图 5-9、图 5-10 所示，已知 $A(X_A、Y_A)$，$B(X_B、Y_B)$，观测水平距离 $S_1=AP$，$S_2=BP$，此时可用内外分点坐标公式或极坐标法公式计算出未知界址点 P 的坐标。

内外分点法计算界址点 P 的坐标：

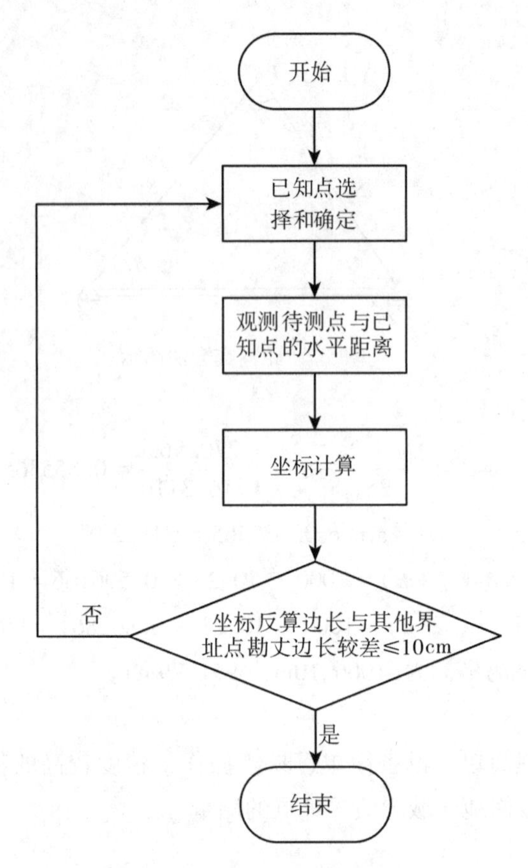

图 5-8　距离交会法程序框图

$$\left.\begin{aligned} X_P &= \frac{X_A + \lambda X_B}{1 + \lambda} \\ Y_P &= \frac{Y_A + \lambda Y_B}{1 + \lambda} \end{aligned}\right\} \tag{5-7}$$

式中：内分时，$\lambda = S_1/S_2$；外分时，$\lambda = -S_1/S_2$。

极坐标法计算界址点 P 的坐标：

$$X_P = X_A + S_1 \cos(\alpha_{AB} + \beta) \tag{5-8}$$

$$Y_P = Y_A + S_1 \sin(\alpha_{AB} + \beta) \tag{5-9}$$

其中，$\alpha_{AB} = \arctan\dfrac{Y_B - Y_A}{X_B - X_A}$，对图 5-9 的情形，$\beta = 0°$，对图 5-10 的情形，$\beta = 180°$。

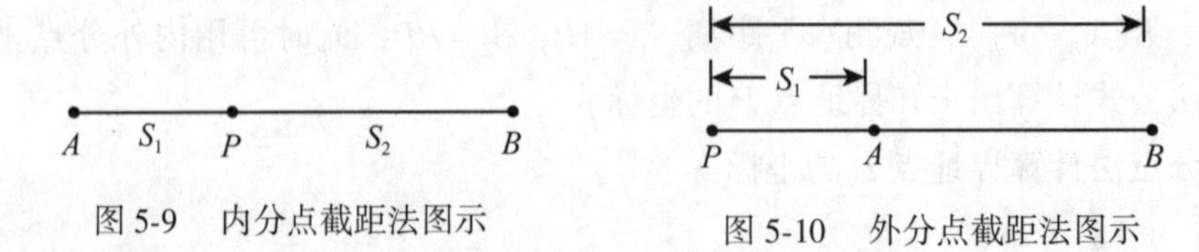

图 5-9　内分点截距法图示　　　图 5-10　外分点截距法图示

计算示例1：界址点 P 为内分点，已知：A(1000.00m，1000.00m)，方位角 α_{AB} = 95°23′45″，边长 S_{AB} = 15.46m，丈量水平距离 S_1 = 6.92m，S_2 = 8.55m，界址点 P 的坐标计算过程如下：

$$\lambda = \frac{S_1}{S_2} = 0.809357$$

$$X_B = X_A + S_{AB} \cdot \cos\alpha_{AB} = 1000 - 15.46 \times 0.094036 = 998.55\text{m}$$

$$Y_B = Y_A + S_{AB} \cdot \sin\alpha_{AB} = 1000 + 15.46 \times 0.995569 = 1015.39\text{m}$$

$$X_P = \frac{X_A + \lambda X_B}{1 + \lambda} = 1808.183432/1.809357 = 999.35\text{m}$$

$$Y_P = \frac{Y_A + \lambda Y_B}{1 + \lambda} = 1821.813004/1.809357 = 1006.88\text{m}$$

所以，界址点 P 的坐标为(999.35m， 1006.88m)。

计算示例2：界址点 P 为外分点，已知：A(1000.00m，1000.00m)，方位角 α_{AB} = 95°23′45″，边长 S_{AB} = 15.46m，丈量水平距离 S_1 = 6.92m，S_2 = 22.38m，界址点 P 的坐标计算过程如下：

$$\lambda = -\frac{S_1}{S_2} = -0.309205$$

$$X_B = X_A + S_{AB} \cdot \cos\alpha_{AB} = 1000 - 15.46 \times 0.094036 = 998.55\text{m}$$

$$Y_B = Y_A + S_{AB} \cdot \sin\alpha_{AB} = 1000 + 15.46 \times 0.995569 = 1015.39\text{m}$$

$$X_P = \frac{X_A + \lambda X_B}{1 + \lambda} = 691.243347/0.690795 = 1000.65\text{m}$$

$$Y_P = \frac{Y_A + \lambda Y_B}{1 + \lambda} = 686.036335/0.690795 = 993.11\text{m}$$

所以，界址点 P 的坐标为(1000.65m， 993.11m)。

2. 方法特点

此方法具有设备简单、易于操作、精度较高的特点，主要用于城镇村庄、独立工矿等建设用地区域隐蔽界址点的测量。

3. 技术要求

(1)水平距离丈量应采用检验过的钢尺(30m 或 50m)或光电测距仪。量距时应水平拉直，一次读数。

(2)A、B 两个已知点是解析法测量的界址点或辅助点(为测定界址点而测设的)，也可以是控制点。

(3)为确保测量精度，外分点到邻近起算点的距离 S_1 宜小于两个起算点之间的距离 S_{AB}。

(4)宜采用内外分点法计算界址点 P 的坐标。观测 S_1、S_2 后，宜将 S_1、S_2 之和或之

差与 A、B 之间的已知边长对比，当较差小于等于10cm时，将误差按照比例配赋给 S_1、S_2，然后再计算坐标，否则检查 A、B 两点和 S_1、S_2 是否存在错误，修正后再按照前述方法计算坐标。

4. 测量程序

截距法测量界址点的程序如图 5-11 所示。

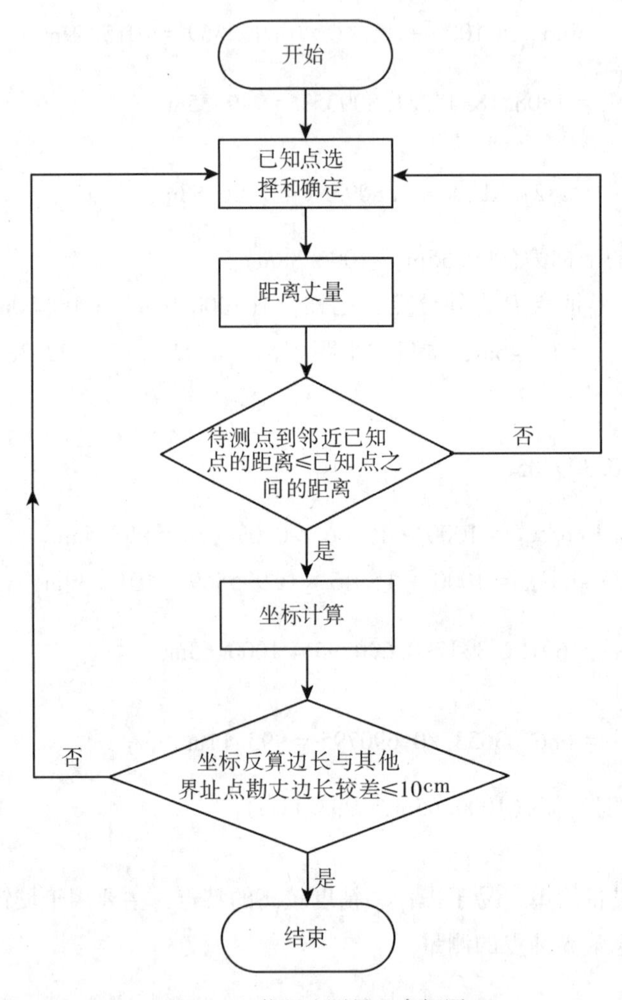

图 5-11　截距法测量程序框图

(五)直角坐标法

1. 基本原理

直角坐标法，也称正交法，是指将所求界址点垂直投影到控制线上，分别丈量投影点至所求界址点和控制线端点的水平距离以确定界址点位置的方法。如图 5-12 所示，已知 $A(X_A, Y_A)$，$B(X_B, Y_B)$ 为已知点，以 A 点为起点，B 点为终点，在 A、B 间放上一根测绳或钢尺作为投影轴线，先采用合适的方法定出垂足点 P_1，然后用钢尺或测距仪量出 S_1 和 S_2，采用极坐标法就可以计算出界址点 P 的坐标：

$$\left.\begin{aligned} X_P &= X_A + S\cos(\alpha_{AB} + \beta) \\ Y_P &= Y_A + S\sin(\alpha_{AB} + \beta) \end{aligned}\right\} \tag{5-10}$$

其中，$\alpha_{AB} = \arctan\dfrac{Y_B - Y_A}{X_B - X_A}$，$S = S_{AP} = \sqrt{S_1^2 + S_2^2}$，$\beta = \arctan\left(\dfrac{S_2}{S_1}\right)$。

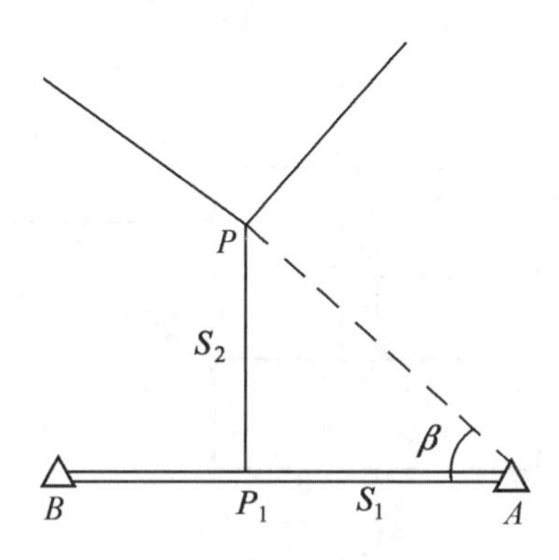

图 5-12　直角坐标法图示

计算示例：已知：A(1000.00m，1000.00m)，方位角 $\alpha_{AB} = 95°23'45''$，边长 S_{AB} = 15.46m，丈量水平距离 S_1 = 6.92m，S_2 = 3.55m，界址点 P 的坐标计算过程如下：

$$S = S_{AP} = \sqrt{S_1^2 + S_2^2} = 7.78\text{m}$$

$$\beta = \arctan\frac{S_2}{S_1} = 27°9'29''$$

$$\alpha_{AP} = \alpha_{AB} + \beta = 122°33'14''$$

$$X_P = X_A + S_{AP} \cdot \cos\alpha_{AP} = 1000 - 7.78 \times 0.538093 = 995.81\text{m}$$

$$Y_P = Y_A + S_{AP} \cdot \sin\alpha_{AP} = 1000 + 7.78 \times 0.842886 = 1006.56\text{m}$$

所以，界址点 P 的坐标为(995.81m，1006.56m)。

2. 方法特点

此方法具有操作简单、测量工具价格低廉、技术简单的特点，主要用于城镇村庄、独立工矿等建设用地区域隐蔽界址点的测量。

3. 技术要求

(1)水平距离丈量应采用检验过的钢尺(30m 或 50m)或测距仪，确定投影点时还要用到对中杆、测钎、线垂球等工具。量距时应水平拉直，一次读数。

(2)A、B 两个已知点是解析法测量的界址点或辅助点(为测定界址点而测设的)，也可以是控制点。

(3)为确保测量精度，引设垂足时的操作要仔细，垂线 S_2 不宜过长，宜小于 S_{AB}。

确定垂足的方法有两种：一是用设角器从界址点 P 引设垂线定出 P 点的垂足 P_1 点；二是以 P 点为圆心，用钢尺或测绳连续量测 P 点至直线 AB 的距离，其距离最短的相交点 P_1 就是垂足。

4. 测量程序

直角坐标法测量界址点的程序如图 5-13 所示。

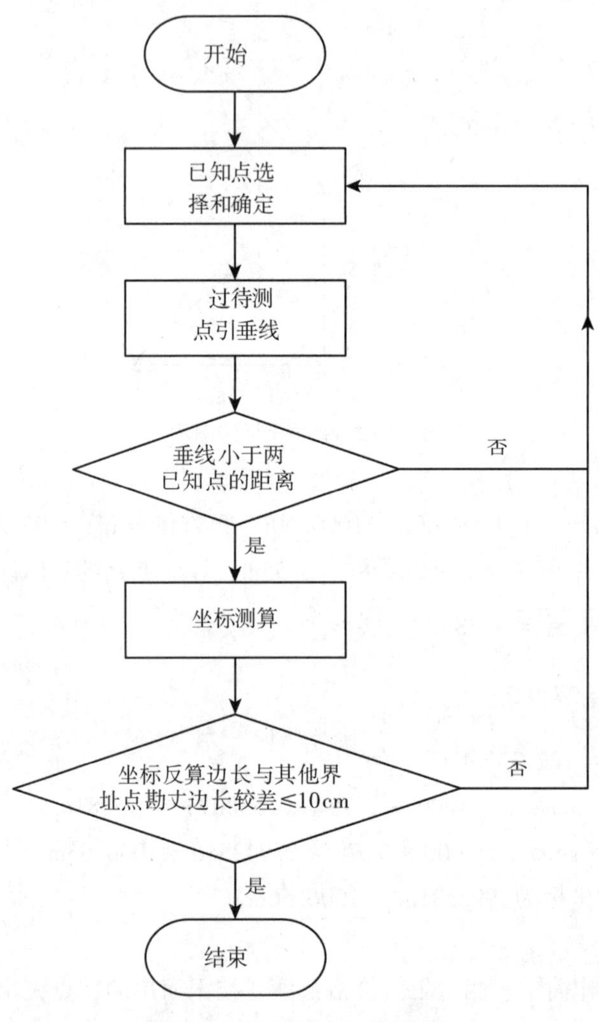

图 5-13　直角坐标法程序框图

(六)GNSS 定位法

能够满足表 5-1 所示精度指标的 GNSS 定位方法主要是 GNSS-RTK 方法，可细分为两种，第一种是基于基准站的 GNSS-RTK 方法；第二种是基于 CORS 的网络 GNSS-RTK 方法。广域差分 GNSS 可满足表 5-1 中四级精度的界址点测量，GNSS 精密单点定位可满足二级和三级精度的界址点测量。如果界址点在房屋的墙角或者界址点的上空遮挡严密，则不适合采用任何 GNSS 方法测量。

1. 基本原理

RTK(Real Time Kinematic)技术，即载波相位动态实时差分技术，是一种能够实时地提供测量点在指定坐标系中三维坐标，并达到厘米级精度的 GNSS 测量方法。

该方法依据 GNSS 的相对定位理论，分别在已知坐标的固定点和待测点上设站，使用一台 GNSS 接收机同步采集同一卫星信号。基准站将其观测值、卫星跟踪状态、测站坐标等信息通过数据链实时传输到各流动站；流动站将从基准站接收得到的数据结合自身所得的 GNSS 数据，经过系统中的差分计算、实时处理，最后得到待测点的三维坐标与实测精度，实现实时的三维精准定位。

2. GNSS-RTK 法的特点

(1)定位精确、可全天候施测。RTK 测量模式较少受到地形、季节、温度等诸多因素的影响，测量精度可以达到厘米级，点位精度分布均匀，不会出现传统测量方法中误差积累传播的现象。

(2)测量操作简便，观测效率高。基准站与流动站之间无须通视，GNSS 接收机自动完成卫星捕捉、跟踪记录等测量环节，移动站由单个测量员就可以单独完成整个测量工作，仅需数秒即可获得界址点的坐标。

(3)强电磁波干扰情况下 RTK 测量的精度会降低。因此，应该尽量选择在远离雷达、无线电波和微波中继站的地点设置基准站。

(4)当界址点处于墙角、树荫等对信号有遮蔽影响的地带时，测量精度会降低，甚至无法获得固定解坐标。

3. 技术要求

(1)界址点上空应无遮挡，如集体土地所有权宗地的界址点，远离城区的建设用地使用权宗地界址点等。

(2)采用基于基准站的 GNSS-RTK 方法测量时，基准站应是二级以上的控制点，流动站至基准站的距离宜小于 5km；采用基于 CORS 网络 GNSS-RTK 方法测量时，流动站至 CORS 网络基准站的距离没有限制。

(3)基准站应选择在视野开阔、远离强电磁波发射源，便于接收机容易接收卫星信号并方便地将此信息发送给移动站。每个作业时段至少联测 1 个已有控制点或界址点，以检核转换参数的设置和设站的正确性以及测量的精度。流动站至基准站的距离不应大于 5km。

(4)基准站和流动站同时能够接收到 5 颗以上的卫星，其图形强度因子 PDOP 宜小于 6。流动站观测的固定解收敛阈值：平面不大于 3cm，高程不大于 6cm。

(七)图解界址点的测量方法

图解界址点坐标的测量方法有两种，一种是采用数字摄影测量系统加密或直接从像片上量取界址点坐标的方法；另一种是在已制作好的地籍图上量取界址点坐标的方法。

1. 摄影测量加密方法①

航空摄影测量加密方法是一种利用航空遥感影像通过解析计算来确定地面目标点的空间位置及影像外方位元素的区域网平差方法。随着传感器技术、空间定位技术和计算机技术的发展，其理论和方法在不断改进。

用摄影测量方法测定界址点坐标始于20世纪50年代中期。当时在西方，摄影测量的像点量测中误差为12~15μm(在像片上)。由于测量仪器可以自动记录坐标，而当时的地面测量仪器尚无自动记录装置，因而摄影测量方法得到快速应用。当时选择1∶8000~1∶12000的摄影比例尺，其加密精度可达到10~15cm。

随着摄影质量的提高和采用地面标志或高精度数学影像匹配技术，像点量测中误差可降到3~5μm。采用带附加参数的自检校平差，用GNSS数据和地面测量辅助信息，使加密的精度大大提高，作业也更加方便。所以自20世纪70年代以来，摄影测量加密的方法在测定界址点的任务中作用极大。当选1∶5000~1∶8000摄影比例尺时，加密点位精度在西方国家可达到3~4cm。例如20世纪70年代，联邦德国就曾用摄影测量方法测定了193000个界址点的坐标。

21世纪以来，采用1∶2500或1∶3000比例尺的航片，平原和山区的明显地物点加密的平面点位中误差小于15cm，如果在界址点上布设摄影辅助标志，利用1∶3000摄影比例尺的像片资料，也能获得5~10cm的高精度加密结果。近年来，利用无人机低空倾斜摄影测量方法，明显界址点的点位中误差小于10cm。

2. 地籍图上图解界址点的方法

可按照如图5-14所示流程图解界址点坐标。在已制作好的地籍图上量取界址点坐标时，依不同的工具和图件形式，可采用两种方法：

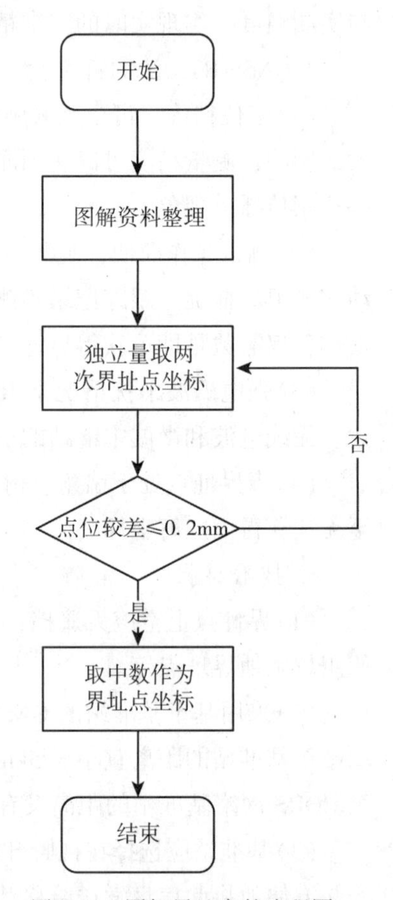

图5-14 图解界址点的流程图

(1)如果地籍图是纸质的，则利用经检验的三角板、钢制直尺、坐标量测仪等工具，依图件的数学基础，根据宗地草图或宗海草图，准确认定界址点在图上的位置，并量取界址点坐标；

(2)如果地籍图是数字的，则依图件的数学基础，利用图形数据处理软件等工具，根据宗地草图或宗海草图，准确认定界址点在图上的位置，并量取界址点坐标。

① 利用CSCD、CSSCI、EI及以上级别期刊发表的论文，经整理形成本节的内容。详细的测量方法可参阅相关技术标准、教材、专著和论文。

第三节　界址测量精度分析①

一、界址测量误差的来源分析

影响界址点测量精度的因素多种多样。根据测量误差来源的特点，影响界址点测量精度的误差来源归纳为界址定界、测量仪器、测量环境、观测过程、测量方法与模型等五个方面。常见的精度衡量指标有中误差、相对误差和限差等。

(一)界址定界引起的误差

界址定界引起的误差主要是指人们认定界线、或界线不稳定、或界址点密度不够引起的误差。这种误差的度量很困难，一般作为选择界址测量精度的依据。对于能够精确辨认、稳定性好、多边形的界线，采用高精度测量，否则，适度降低测量精度。

(1)认定界线的偏差。通过确权定界，许多地理实体界线被定义为权属界线，如山脊线、山谷线、河流的边线或中心线、道路的边线、林地和草地的分界线等，不同的人在实地或图上确认界线位置时存在一定偏差。

(2)界线不稳定的偏差。可能因受到外力破坏、因故变更或失效等外部不稳定因素的影响，导致界线不稳定。例如，当田埂边线或中心线是界址线时，由于耕作过程可能导致田埂变宽、变窄或整体移动，与此类似的还有道路、沟、渠的边线或中心线(尤其是小路、小沟、小渠)等，这些情形都会导致在不同时段重复观测时，其观测值发生变化。

(3)界址点设置密度不够的偏差。由于地理环境条件、界标物是连续性的，设置的界址点通常难以全面地代表整条界线。如界址线为曲线时，界址点过少会造成对实际界址拟合、逼近的失真。

(二)测量仪器引起的误差

测量工作使用的测量仪器存在误差导致测量结果存在误差。例如，测角度盘误差、测距计时相位误差、测量仪器轴线误差等，也会引起测量误差。

(三)测量环境引起的误差

测量环境引起的误差主要是指进行测量工作时所处的外界环境中的空气温度、气压、湿度、风力、日光照射、大气折光、烟雾等客观情况时刻在变化，使测量结果产生误差。例如，温度变化使钢尺产生伸缩，风吹和日光照射使仪器的安置不稳定，大气折光使望远镜的瞄准产生偏差等；又如，使用 GNSS-RTK 法进行界址点测量时，电离层、阳光、大气透明度、空气含尘量等均对测量结果有明显影响，但由于认识不足等原因，通常并未进行有针对性的逐项修正，产生测量误差。

---

① 本节主要针对采用全野外数字测量技术测量界址点进行测量精度分析，GNSS-RTK 方法、航空摄影测量方法、低空无人机倾斜摄影方法测量界址点的精度分析，请参阅相关期刊论文、专著和教材。

（四）观测过程产生的误差

由于观测者感觉器官的辨别能力存在局限性，所以对于仪器的对中、整平、瞄准、读数等操作都会产生误差。另外，观测者技术熟练程度及疲劳程度也会给观测成果带来不同程度的影响。例如：

（1）使用钢尺测量界址点边长，测量时由于拉力不均、钢尺有所倾斜等原因，给测量结果中引入误差；

（2）界址点处于特殊位置（如墙角是界址点或测站无法直接看到界址点等情形），需要用人工标志（棱镜）进行替代，此时往往不能够使人工标志的中心与实际的界址点位置处于同一铅垂线上，导致观测结果存在误差。

（五）测量模型引起的误差

测量模型引起的误差主要是指测量模型存在近似和假设，导致测量结果存在误差。例如：

（1）由于界址点坐标是采用数学函数计算出来的，其数学函数也会造成计算结果存在误差。如用距离交会法或角度交会法观测时，要求交会角在30°～150°范围内，否则其计算所产生的误差会很大。

（2）在界址点坐标计算时，其起算点的误差会随着数学函数传导到计算结果中。起算数据或观测数据的小数点取位为分米级，要求界址点测量结果达到厘米级精度，这是不可能的；又如边长和角度都是高精度实地测量的，计算时其起算数据是从用三角板或直尺或量角器在地籍图或地形图上量取的，要求界址点测量结果达到厘米级精度，这也是不可能的。

二、各类因素误差影响分析

根据界址测量误差来源分析，结合实际情况，综合长期以来的实践经验，解析法界址点测量能够量化计算的误差主要是起算误差、观测误差、对中误差、偏心误差、照准误差等。综合影响的估算公式为：

$$m_{界址点} = \sqrt{m_{起算}^2 + m_{测量}^2 + m_{对中}^2 + m_{照准}^2 + m_{偏心}^2} \tag{5-11}$$

（一）起算误差的影响①

在城镇村庄、独立工矿等区域测量界址点时，一般要求界址点相对于邻近控制点的点位中误差为5cm。设测量界址点的测站点A和定向点B为两个图根控制点，则界址点的误差是指界址点相对于A、B都必须为5cm的要求，即起始误差对界址点精度的影响可理解为测站点与定向点之间的相对点位中误差对界址点精度产生的影响。设A、B两点之间的相对点位中误差为$m_0 = m_{AB}$，依极坐标法计算公式，按照误差传播定律推导可得到公式：

$$m_{起算} = m_0 \times \sqrt{1 + \frac{1}{2} \times \left(\frac{S}{S_0}\right)^2} \tag{5-12}$$

① 詹长根，涂李蕾．界址点测量中起算误差的实证分析［J］．测绘科学，2017，42（11）．

式(5-12)中，$m_{起算}$为测站点A和B两个控制点的相对点位中误差对于界址点精度的影响值，S为测站点到界址点的水平距离，S_0为测站点与定向点之间的水平距离。

GNSS-RTK方法或图根导线方法测量的技术参数一般为：测距中误差、测角中误差、边长相对中误差、导线全长相对闭合差、平均边长等。

(1)由GNSS-RTK测量技术指标测算m_0。设相邻两个GNSS-RTK点为A点和B点，它们之间的水平距离为S_0，其边长(纵向)中误差为m_S，方向(横向)中误差为m_α，角度中误差为m_β，存在关系式$m_\alpha = \frac{m_\beta}{\sqrt{2}}$，设$A$、$B$之间的相对点位中误差为$m_0$，则：

$$m_0 = \sqrt{m_S^2 + m_\alpha^2} = \sqrt{m_S^2 + \left(\frac{S_0 \times m_\beta}{\sqrt{2} \times \rho}\right)^2} \tag{5-13}$$

假设GNSS-RTK的测边中误差$m_S = 1.5\text{cm}$，测角中误差$m_\beta = 12''$，$\rho = 206265''$，A、B两点的边长$S_0 = 120\text{m}$，由式(5-13)可得$m_0 = 1.58\text{cm}$。

假设GNSS-RTK的测边中误差$m_S = 1.5\text{cm}$，测角中误差$m_\beta = 20''$，$\rho = 206265''$，A、B两点的边长$S_0 = 70\text{m}$，由式(5-13)可得$m_0 = 1.58\text{cm}$。

因此，采用GNSS-RTK测设图根点，测量界址点的起始误差主要来源于测边误差，其方向误差影响很小。

(2)由图根导线测量技术指标测算m_0。设图根导线的全长相对闭合差限差为$1/K$，导线边数为n，导线边长相等，则：

$$\frac{\sqrt{f_x^2 + f_y^2}}{n \times S_0} \leqslant \frac{1}{K} \tag{5-14}$$

设每条边的相对点位中误差相等：$m_{\Delta x} = m_{\Delta y} = \frac{\sqrt{2}}{2} m_0$，每条边相对点位差的限差取相对点位中误差的2倍，则导线全长X、Y方向上的误差分别为：

$$f_x = f_y = 2 \times n \times m_x = 2 \times n \times m_y = \sqrt{2} \times n \times m_0,$$

则：

$$m_0 = \frac{S_0}{2K}(\text{cm}) \tag{5-15}$$

假设图根导线平均边长$S_0 = 70\text{m}$或120m，$K = 1/3000$或$1/5000$，代入式(5-15)，分别得到：$m_0 = 1.17\text{cm}$、1.20cm。

(3)起算误差对界址点精度影响的估算。假设起算点A、B两个图根点的相对点位中误差为$m_0 = 1.58\text{cm}$，定向边长分别为70m、120m、170m，利用式(5-12)计算得到起算误差对界址点的影响大小，如表5-6所示。

从表5-6中可以看出：

(1)当测站与界址点间的距离一定时，起算定向边长越长，起算误差影响越小；

(2)当起算定向边长一定时，测站与界址点间的距离越远，起算误差影响越大；

(3)当观测距离与起算定向边长相等时，起算误差影响约为1.9cm；

(4)当观测距离为起算定向边长两倍时，起算误差影响约为2.7cm。

表 5-6 不同起算定向边长的起算误差表 （单位：cm）

观测距离 S/m	定向边长		
	$s_0=70$m	$s_0=120$m	$s_0=170$m
70	1.94	1.71	1.65
120	2.48	1.94	1.77
140	2.74	2.05	1.83
170	3.14	2.24	1.94
240	4.14	2.74	2.23
340	5.65	3.54	2.74

因此，与界址点相对于邻近控制点的中误差为 5.00cm 相比较，起算误差是界址点测量的主要误差来源；在极坐标法界址点测量实践中，起算定向边长应尽可能选用长距离已知边，最长观测距离宜不大于定向边长的 2 倍。

(二)测量误差的影响

测量误差主要分为测角误差和测距误差两种。

1. 测角误差的影响

$$m_{测角} = m_\beta \times \frac{S}{\rho} \tag{5-16}$$

式(5-16)中，m_β 为半测回测角中误差，S 为测量边长，$\rho = 206265''$。一般情况下，采用 J6 级全站仪观测界址点，则仪器一测回方向中误差为 6″，推算可知半测回方向中误差为 $6\sqrt{2}$，半测回测角中误差 m_β 为 $\pm 12''(6\sqrt{2}\times\sqrt{2}=12'')$。表 5-7 为 m_β 分别等于 12″、24″时对点位误差的影响。

表 5-7 测角误差影响值计算表 （单位：cm）

观测距离/m	测角中误差	
	$m_\beta=12''$	$m_\beta=24''$
70	0.41	0.81
120	0.70	1.40
140	0.81	1.63
240	1.40	2.80

从表 5-7 中可以看出，当测角中误差一定，观测距离越长，导致界址点测量的误差越大。

2. 测距误差的影响

$$m_{测距} = \pm(a + b \times S) \tag{5-17}$$

式(5-17)中，a 为固定误差，b 为比例误差，S 为测量的距离。

J6 级全站仪标称测距精度不会超过($3mm+2\times10^{-6}\times D$)。由于实际测量时，距离都比较短(小于 200m)，取其极限误差为测距中误差，约为 3mm。一般情况下，量距中误差不会超过 2.0cm。

3. 测量误差的综合影响

测量误差的综合影响，可采用如下公式估算：

$$m_{测量} = \pm \sqrt{m_S^2 + S^2 \times \frac{m_\beta^2}{\rho^2}} \tag{5-18}$$

式(5-18)中，m_S 为测距中误差，m_β 为半测回测角中误差。

(三)仪器对中误差的影响

$$m_{对中} = \frac{\rho e}{\sqrt{2}} \times \frac{S_{AB}}{S_1 \times S_2} \tag{5-19}$$

式(5-19)中，e 为偏心距，$\rho = 206265''$，S_{AB} 为待测界址点至定向控制点的水平距离，S_1、S_2 为测站点到界址点、定向控制点的距离。

现行全站仪基本配有光学或激光对中器。一般光学或电子对中器的对中误差约为 $m_{对中}=\pm3mm$。

(四)目标照准误差的影响

多数情况下，全站仪测量测站点至界址点的距离不会超过 200m，照准目标引起的误差不会超过 $m_{照准}=\pm5mm$。

(五)目标偏心误差的影响

界址点测量中，目标偏心误差可由多种原因引起。一般分为以下两种情形：

(1)无障碍物条件下的目标偏心误差。由于需要在界址点点位上设立中杆或脚架作为测量目标支撑物，以实现瞄准和信号返回。对中杆的高度一般不会超过 2m，可产生约 $m_{偏心}=\pm15mm$ 的目标偏心误差。脚架可采用激光、光学或垂球等方法对中，其目标偏心误差与对中误差相当，约为 $m_{偏心}=\pm3mm$。

(2)有障碍物条件下的目标偏心误差。界址点测量中，主要采用光学单棱镜作为照准目标。其中，大体积棱镜直径为 11cm 左右，小体积棱镜直径为 6cm 左右。以棱镜半径值的二分之一作为目标偏心中误差，即大棱镜约为 $m_{偏心}=\pm3.0cm$，小棱镜约为 $m_{偏心}=\pm1.5cm$。

三、界址点测量方法的误差分析

不同的界址点测量方法，因其测量原理、测量程序等方面的差异，受到不同种类误差的影响。下面针对极坐标法、距离交会法、角度交会法、截距法、直角坐标法和 GNSS-RTK 法等界址点测量方法分别计算分析在常规条件下的误差值。为分析方便，取中误差为 5cm 作为界址点测量误差分析的标准。

(一)极坐标法误差分析

极坐标法施测界址点的测量中误差公式如下：

$$m_{极坐标法} = \sqrt{m_{起算}^2 + m_{测量}^2 + m_{对中}^2 + m_{照准}^2 + m_{偏心}^2} \tag{5-20}$$

将下列参数代入式(5-12)~式(5-20)，得到如表5-8、表5-9所示的极坐标法中误差估值。

(1)起算边长分别为 $S_0 = 70$m、120m；测站点与定向点之间的相对中误差 $m_0 = \pm 1.58$cm。

(2)取半测回测角中误差 $m_\beta = \pm 12''$；测距中误差 $m_{测距} = \pm(3+2\times10^{-6}\times D)$mm。

(3)取测站整平对中误差 $m_{对中} = \pm 3$mm。

(4)取目标照准中误差 $m_{照准} = \pm 5$mm。

(5)取目标偏心中误差 $m_{偏心}$：脚架对中3mm；对中杆15mm；小棱镜偏心1.5cm；大棱镜偏心3.0cm。

表5-8　定向边长70m的中误差估值　（单位：cm）

观测距离/m	目标			
	脚架对中	对中杆	小棱镜偏心	大棱镜偏心
70	2.11	2.57	2.57	3.65
140	2.95	3.29	3.29	4.20
210	3.97	4.23	4.23	4.97

表5-9　定向边长120m的中误差估值　（单位：cm）

观测距离/m	目标			
	脚架对中	对中杆	小棱镜偏心	大棱镜偏心
120	2.18	2.63	2.63	3.70
240	3.16	3.49	3.49	4.35
360	4.32	4.57	4.57	5.25

结合所给的计算参数，由表5-8、表5-9可知：

(1)界址点测量的主要误差来源是起算误差和目标偏心误差，其对中误差、测角误差、测距误差的综合影响很小，可以忽略不计。

(2)如果大棱镜中心与界址点位置不在同一条铅垂线上时，不采取措施减弱偏心误差影响，则误差量比较显著。

(二)距离交会法误差分析

在界址点测量实践中，距离交会法往往应用于街坊内部界址点的测量，其起算点一般为解析法测量的界址点。如图5-7所示，在不考虑其他误差的情况下，界址点 P 的点位中误差为 $m_{测距}$，设 m_{S1}、m_{S2} 分别为交会边长 S_1、S_2 的测距误差，令 $m_{S1} = m_{S2} = m_S$，可推得①：

$$m_{测距} = \sqrt{\frac{1}{\sin^2\gamma}(m_{S1}^2 + m_{S2}^2)} = \frac{\sqrt{2}}{\sin\gamma}m_S \tag{5-21}$$

上式中，γ是交会角度，$0° < \gamma < 180°$。实际工作中，一般使$|\gamma - 90°| < 60°$。距离交会法界址点测量中误差公式如下：

$$m_{距离交会} = \sqrt{m_{起算}^2 + m_{测距}^2 + m_{照准}^2} \tag{5-22}$$

在不同的交会角和量测距离情况下，将下列参数代入式(5-12)、式(5-21)、式(5-22)，计算得到如表5-10～表5-12所示的距离交会点位中误差估值。

(1)起算边长取相邻两个界址点的水平边长：$S_0 = 10m$、$20m$、$30m$。与二级图根导线点相比，相邻两个界址点作为起算点，其相对点位中误差是原来的$\sqrt{2}$倍，即$m_0 = \pm1.58\times\sqrt{2} = \pm2.23cm$。

(2)取测距中误差$m_S = \pm1.5cm$。

(3)取目标照准中误差$m_{照准} = \pm5mm$。

表5-10 起始边长为10m时，距离交会法点位中误差估值 (单位：cm)

交会角度/(°)	S_1/m			
	5	10	15	20
30	4.89	5.07	5.37	5.77
60	3.45	3.71	4.11	4.61
90	3.22	3.50	3.92	4.44
120	3.45	3.71	4.11	4.61
150	4.89	5.07	5.37	5.77

表5-11 起始边长为20m时，距离交会法点位中误差估值 (单位：cm)

交会角度/(°)	S_1/m				
	5	10	20	30	40
30	4.84	4.89	5.07	5.37	5.77
60	3.38	3.45	3.71	4.11	4.61
90	3.15	3.22	3.50	3.92	4.44
120	3.38	3.45	3.71	4.11	4.61
150	4.84	4.89	5.07	5.37	5.77

① 武汉测绘科技大学《测量学》编写组编著. 测量学(第三版)[M]. 北京：测绘出版社，1991.

表 5-12　起始边长为 30m 时，距离交会法点位中误差估值　（单位：cm）

交会角度/(°)	S_1/m				
	5	15	30	45	60
30	4.83	4.89	5.07	5.37	5.77
60	3.36	3.45	3.71	4.11	4.61
90	3.13	3.22	3.50	3.92	4.44
120	3.36	3.45	3.71	4.11	4.61
150	4.83	4.89	5.07	5.37	5.77

结合给定的参数，由表 5-10～表 5-12 可以看出，距离交会法点位中误差与起始边长的长短、交会角的大小有关，而交会角又与两条交会边长的组合有关。交会角为 90°时，误差最小；随着交会角的增大或减小，误差会增大。

(三)角度交会法误差分析

如图 5-5 所示，设 α、β 的测角中误差 m_α、m_β 相等，为 $m_{角}$，S 为已知边长，在不考虑其他误差的情况下①：

$$m_{界} = \frac{S \times m_{角}}{\rho} \times \frac{\sqrt{\sin^2\alpha + \sin^2\beta}}{\sin^2(\alpha + \beta)} \tag{5-23}$$

当界址点 P 趋近已知点 A 或 B 时，可得到角度交会法中误差的极值公式：

$$m_{测角} = \frac{S \times m_{角}}{\rho} \times \frac{1}{\sin\gamma} \tag{5-24}$$

交会角度 $\gamma = 180 - (\alpha + \beta)$，$0° < \gamma < 180°$。式(5-24)表明，当 $\gamma = 90°$ 时，交会精度最高。以 90° 为分界，随着交会角 γ 的减小或增加，交会精度都会下降。

角度交会法界址点测量中误差公式如下：

$$m_{角度交会} = \sqrt{m_{起算}^2 + m_{测角}^2 + m_{照准}^2} \tag{5-25}$$

将下列参数代入式(5-12)、式(5-25)，得到如表 5-13 所示的角度交会法中误差估值。

(1)起算边长分别为 S_0 = 70m、120m；两个起算点之间的相对中误差 m_0 = ±1.58cm；

(2)取半测回测角中误差 m_β = ±24″；

(3)取目标照准中误差 $m_{照准}$ = ±5mm；

(4)取测站点到界址点的距离不超过起始边长的 2 倍。

结合给定的参数，由表 5-13 分析可知，只要将交会角控制在 30°～150°，使界址点点位中误差控制在 5.00cm 是可行的。

---

① 武汉测绘科技大学《测量学》编写组编著．测量学(第三版)[M]．北京：测绘出版社，1991.

表 5-13 角度交会法点位中误差极值估值 （单位：cm）

交会角度/(°)	已知边长/m		
	70	120	170
30	3. 23	3. 94	4. 84
45	3. 01	3. 41	3. 95
60	2. 94	3. 22	3. 60
75	2. 91	3. 14	3. 46
90	2. 90	3. 12	3. 42
105	2. 91	3. 14	3. 46
120	2. 94	3. 22	3. 60
135	3. 01	3. 41	3. 95
150	3. 23	3. 94	4. 84

（四）截距法误差分析

在界址点测量实践中，截距法往往应用于街坊内部界址点的测量，其起算点一般为解析法测量的界址点。如图 5-9、图 5-10 所示，截距法只量取边长，采用极坐标法公式计算界址点坐标，则产生误差的项目有起算误差、照准误差和测距误差，中误差公式为：

$$m_{截距法} = \sqrt{m_{起算}^2 + m_{测距}^2 + m_{照准}^2} \tag{5-26}$$

将下列参数代入式(5-12)、式(5-26)，得到如表 5-14 所示的截距法测量界址点的中误差估值。

(1)起算边长分别为 $S_0 = 10\text{m}$、20m、30m。与二级图根导线点相比，相邻两个界址点作为起算点，其相对点位中误差是原来的$\sqrt{2}$倍，即 $m_0 = \pm 1.58 \times \sqrt{2} = \pm 2.23\text{cm}$。

(2)取测距中误差 $m_{测距} = \pm 1.5\text{cm}$。

(3)取目标照准中误差 $m_{照准} = \pm 5\text{mm}$。

表 5-14 外分点截距法点位中误差估值 （单位：cm）

S_1	起始边长/m		
	10	20	30
5	2. 85	2. 77	2. 75
10	3. 16	2. 85	2. 79
15	3. 62	2. 98	2. 85
20	4. 18	3. 16	2. 93
25		3. 38	3. 04

续表

S_1	起始边长/m		
	10	20	30
30		3. 62	3. 16
40		4. 18	3. 46
45			3. 62
60			4. 18

结合给定的参数，由表 5-14 分析可知，其误差来源主要是起算误差和量距误差，内分点的中误差最大不会超过 3. 16cm。当外分边长为起算边长的 2 倍时，在不考虑多尺段连接误差的情形下中误差为 4. 18cm。

（五）直角坐标法误差分析

在界址点测量实践中，直角坐标法往往应用于街坊内部界址点的测量，其起算点一般为解析法测量的界址点。如图 5-12 所示，直角坐标法只量取边长，采用极坐标法公式计算界址点坐标，则产生误差的项目有起算误差、照准误差和测距误差，中误差公式为：

$$m_{直角坐标法} = \sqrt{m_{起算}^2 + m_{测距}^2 + m_{照准}^2} \tag{5-27}$$

将下列参数代入式(5-12)、式(5-27)，得到如表 5-15 所示的直角坐标法测量界址点的中误差估值。

(1)起算边长取相邻两个界址点的水平边长，分别为 $S_0 = 10\text{m}$、20m、30m。与二级图根导线点相比，相邻两个界址点作为起算点，其相对点位中误差是原来的$\sqrt{2}$倍，即 $m_0 = \pm 1.58 \times \sqrt{2} = \pm 2.23\text{cm}$。

(2)取量距中误差为±1. 5cm，则 S_{AP}的 $m_{测距} = \pm\sqrt{2} \times 1.5 = \pm 2.12\text{cm}$。

(3)取目标照准中误差 $m_{照准} = \pm 5\text{mm}$。

表 5-15　直角坐标法点位中误差估值　　（单位：cm）

S_{AP}	起始边长/m		
	10	20	30
5	3. 22	3. 15	3. 13
10	3. 50	3. 22	3. 17
15	3. 92	3. 34	3. 22
20	4. 44	3. 50	3. 30
30		3. 92	3. 50
40		4. 44	3. 77

续表

S_{AP}	起始边长/m		
	10	20	30
45			3.92
60			4.44

结合给定的参数，由表5-15分析可知，当界址点到起算点的距离不超过起算边长的2倍时，其点位中误差将控制在5.00cm以内。

（六）GNSS-RTK误差分析

GNSS-RTK测量误差可分为两类，即：与测站有关的误差和与卫星信号有关的误差。

（1）与测站有关的误差。造成此类误差的原因包括多路径效应、信号干扰、天线相位中心变化和气象因素等。其中多路径效应是主要因素。多路径误差大多由接收机天线周围的环境条件所引起，当接收机天线周围有高大的建筑物或大面积水体时，建筑物或水面将对电磁波有强反射作用，使得接收机天线在接收信号的过程中，受到反射电磁波的干扰，向测量结果中引入误差。

（2）与卫星信号有关的误差。此类误差包括轨道误差、电离层误差和对流层误差。据现阶段研究可知，RTK法界址点测量中轨道误差的影响可忽略不计。电离层误差则与太阳黑子活动情况密切相关，太阳黑子爆发时其影响值是平时的10倍以上。对流层误差主要与点间距离和高差相关，一般影响在$3\times10^{-6}\times D$以内。

（3）GNSS-RTK法误差对界址点测量的影响。GNSS-RTK法界址点测量中误差公式如下：

$$m_{\text{RTK法界址点}} = \sqrt{m_{\text{起算}}^2 + m_{\text{RTK测}}^2 + m_{\text{目标偏心}}^2} \tag{5-28}$$

在使用GNSS-RTK法观测时，GNSS接收机内需要设定转换参数，转换参数一般由3个已知点计算得到。一般情况下，GNSS-RTK法观测的起算误差的影响不超过3.0cm。GNSS-RTK法观测的平面中误差不超过3.0cm。接收机支撑物分别使用对中杆和脚架，假设仅存在无障碍物偏心误差，目标偏心误差分别取1.5cm和0.3cm，代入公式，计算得到此测量条件下，GNSS-RTK法界址点中误差理论估值如表5-16所示。

表5-16　GNSS-RTK法界址点测量误差理论估值　　（单位：cm）

测量条件	GNSS-RTK法理论误差估值
对中杆观测	4.50
脚架观测	4.25

第四节 解析法测量界址点的外业实施

一、准备工作

解析法测量界址点的准备工作包括资料准备、野外踏勘、资料整理等。

(一)界址点位的资料准备

在权属调查时所填写的地籍调查表中详细说明了界址点实地位置的情况，并丈量了大量的界址边长，详细绘制了宗地(海)草图。这些资料都是进行界址点测量所必需的。

(二)界址点位置野外踏勘

踏勘时应有参加界址调查的工作人员引导，实地查找界址点位置，了解权属主的用地范围，并在工作图件(最好是现势性强的大比例尺图件)上用红笔清晰地标记出界址点的位置和权属主的用地范围。如无参考图件，则要详细画好踏勘草图。对于面积较小的宗地(海)，最好能在一张纸上连续画出若干个相邻宗地(海)的用地情况，并充分注意界址点的共用情况。对于面积较大的宗地(海)，要认真地注记好四至关系和共用界址点情况。在画好的草图上标记权属主的姓名和草编宗地(海)号。在未定界线附近则可选择若干固定的地物点或埋设参考标志，测定时按界址点坐标的精度要求测定这些点的坐标值，待权属界线确定后，可据此补测确认后的界址点坐标。这些辅助点也要在草图上标注。

(三)踏勘后的资料整理

这里主要是指草编界址点号和制作界址点观测及面积计算草图。进行地籍调查时，一般不知道各调查区内的界址点数量，只知道每宗地(海)有多少界址点，其编号只标识本宗地(海)的界址点。因此，在调查区内统一编制野外界址点观测草图，并统一编上草编界址点号，在草图上注记出与地籍调查表中相一致的实量边长及草编宗地(海)号或权利人或实际使用人姓名，主要目的是为外业观测记簿和内业计算带来便利。

二、野外界址点测量的实施

界址点坐标的测量应有专用的界址点观测手簿。记簿时，界址点的观测序号直接用观测草图上的草编界址点号。观测用的仪器设备主要是钢尺、测距仪、全站型电子速测仪和 GNSS 接收机等。这些仪器设备都应进行严格的检验。

测角时，仪器应尽可能地照准界址点的实际位置，方可读数。角度观测一测回，距离读数至少两次。当使用钢尺量距时，其量距长度不能超过一个尺段，钢尺必须检定并对丈量结果进行尺长改正。

使用光电测距仪或全站仪测距，不仅可免去量距的工作，还可以隔站观测，免受距离长短的限制。用这种方法测距时，由于目标是一个有体积的单棱镜，因此会产生目标偏心的问题。偏心有两种情况：其一为横向偏心。如图 5-15 所示，P 点为界址点的位置，P'点为棱镜中心的位置，A 为测站点，要使 $AP=AP'$，则在放置棱镜时必须使 P、

P'两点在以A点为圆心的圆弧上，在实际作业时达到这个要求并不难。其二为纵向偏心。如图 5-16 所示，P、P'、A点的含义同前，此时就要求在棱镜放置好之后，能读出PP'，用实际测出的距离加上或减去PP'，以尽可能减少测距误差。这两种情况的发生往往是因为界址点P的位置是墙角。

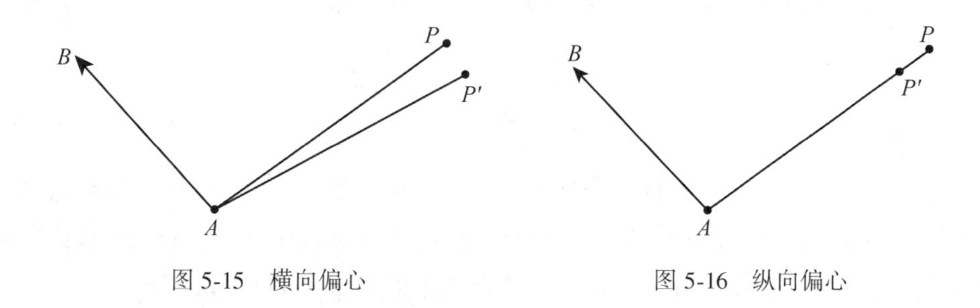

图 5-15　横向偏心　　　图 5-16　纵向偏心

三、野外观测成果的内业整理

界址点的外业观测工作结束后，应及时地计算出界址点坐标，并反算出相邻界址边长，填入界址点误差表中，计算出每条边的Δ_1。如Δ_1的值超出限差，应按照坐标计算、野外勘丈、野外观测的顺序进行检查，发现错误及时改正。

当一个宗地(海)的所有边长都在限差范围以内才可以计算面积。

当一个调查区内的所有界址点坐标(包括图解的界址点坐标)都经过检查合格后，按界址点的编号方法编号，并计算全部宗地(海)面积，然后把界址点坐标和面积填入标准的表格中，并整理成册。

四、界址点误差的检验

界址点误差包括界址点点位误差和界址间距误差。表 5-17 中Δ_s为界址点点位误差，表 5-18 中的ΔS_1表示界址点坐标反算出的边长与地籍调查表中实量的边长之差，ΔS_2表示检测边长与地籍调查表中实量的边长之差。ΔS_1和ΔS_2为界址点间距误差。

表 5-17　界址点坐标误差表

界址点号	测量坐标		检测坐标		比较结果		
	X/m	Y/m	X/m	Y/m	Δ_x/m	Δ_y/m	Δ_s/m

表 5-18　界址间距误差表

界址边号	勘丈边长/m	反算边长/m	检测边长/m	ΔS_1/cm	ΔS_2/cm	备注

采用同精度观测检验界址点误差时的中误差计算公式为：

$$m = \pm \sqrt{\frac{[\Delta\Delta]}{2n}} = \pm \sqrt{\frac{\sum_{i=1}^{n} \Delta_i^2}{2n}} \tag{5-29}$$

采用高精度观测检验界址点误差时的中误差计算公式为：

$$m = \pm \sqrt{\frac{[\Delta\Delta]}{n}} = \pm \sqrt{\frac{\sum_{i=1}^{n} \Delta_i^2}{n}} \tag{5-30}$$

计算示例 1：表 5-19 是界址点坐标检测表，共检测 20 个点，采用同精度检测方法，表中测量坐标是指作业组测量的界址点坐标。检测坐标是指作业队检查或验收组检查实地测量的坐标。由式(5-29)计算可得，界址点的中误差 $m = \pm 0.031$m。

表 5-19　界址点坐标检测表

序号	测量坐标		检测坐标		坐标较差		
	X/m	Y/m	X/m	Y/m	Δ_x/m	Δ_y/m	Δ_s/m
1	4869. 857	7592. 465	4869. 822	7592. 461	0. 035	0. 004	0. 035
2	4880. 357	7595. 773	4880. 325	7595. 779	0. 032	−0. 006	0. 033
3	4880. 182	7596. 374	4880. 159	7596. 385	0. 023	−0. 011	0. 025
4	4889. 860	7599. 609	4889. 827	7599. 627	0. 033	−0. 018	0. 038
5	4896. 973	7562. 531	4896. 950	7562. 502	0. 023	0. 029	0. 037
6	5172. 665	7690. 336	5172. 673	7690. 277	−0. 008	0. 059	0. 060
7	5172. 417	7690. 306	5172. 428	7690. 259	−0. 011	0. 047	0. 049
8	5188. 265	7693. 085	5188. 270	7693. 027	−0. 005	0. 058	0. 058
9	5196. 060	7694. 244	5196. 103	7694. 241	−0. 043	0. 003	0. 043
10	5162. 560	7683. 559	5162. 572	7683. 507	−0. 012	0. 052	0. 053
11	5153. 020	7680. 360	5153. 030	7680. 309	−0. 010	0. 051	0. 052
12	5151. 682	7683. 863	5151. 711	7683. 795	−0. 029	0. 068	0. 074
13	5130. 794	7676. 495	5130. 808	7676. 457	−0. 014	0. 038	0. 040
14	5130. 462	7676. 401	5130. 478	7676. 370	−0. 016	0. 031	0. 035
15	5126. 398	7675. 167	5126. 411	7675. 169	−0. 013	−0. 002	0. 013
16	5122. 422	7675. 167	5122. 402	7675. 097	0. 020	0. 070	0. 073
17	5110. 289	7672. 329	5110. 306	7672. 324	−0. 017	0. 005	0. 018
18	5109. 880	7670. 684	5109. 888	7670. 686	−0. 008	−0. 002	0. 008

续表

序号	测量坐标		检测坐标		坐标较差		
	X/m	Y/m	X/m	Y/m	Δ_x/m	Δ_y/m	Δ_s/m
19	5107.771	7669.262	5107.786	7669.282	−0.015	−0.020	0.025
20	5096.494	7665.501	5096.514	7665.479	−0.020	0.022	0.030

计算示例 2：表 5-20 是界址间距检测表 1，共检测 20 条边，采用同精度检测方法，表中勘丈边长是从地籍调查表中获取的，反算边长是指作业组测量的界址点坐标反算边长。由式(5-29)计算可得，界址间距中误差 $m=\pm0.027$m。

表 5-20　界址间距检测表 1

序号	勘丈边长/m	反算边长/m	ΔS_1/m
1	10.58	10.54	0.04
2	10.92	10.85	0.07
3	12.69	12.67	0.02
4	12.04	11.99	0.05
5	3.48	3.50	−0.02
6	11.82	11.83	−0.01
7	13.47	13.45	0.02
8	10.83	10.81	0.02
9	11.58	11.57	0.01
10	6.33	6.30	0.03
11	11.75	11.82	−0.07
12	9.54	9.45	0.09
13	9.06	9.05	0.01
14	18.33	18.30	0.03
15	18.41	18.37	0.04
16	9.01	9.04	−0.03
17	11.47	11.48	−0.01
18	14.86	14.84	0.02
19	7.61	7.61	0.00
20	5.42	5.40	0.02

计算示例 3：表 5-21 是界址间距检测表 2，共检测 20 条边，采用同精度检测方法，

表中检测边长是指作业队检查或验收组检查实地丈量的边长，反算边长是指作业组测量的界址点坐标反算边长。由式(5-29)计算可得，界址间距中误差 $m=\pm0.032$m。

表 5-21　界址间距检测表 2

序号	反算边长/m	检测边长/m	ΔS_2/m
1	10.10	10.03	0.07
2	3.50	3.56	-0.06
3	11.60	11.64	-0.04
4	16.80	16.81	-0.01
5	1.20	1.18	0.02
6	4.00	4.03	-0.03
7	1.80	1.77	0.03
8	1.00	1.04	-0.04
9	1.57	1.53	0.04
10	0.60	0.53	0.07
11	12.50	12.51	-0.01
12	2.70	2.78	-0.08
13	9.83	9.80	0.03
14	2.70	2.63	0.07
15	5.50	5.55	-0.05
16	3.90	3.94	-0.04
17	11.20	11.22	-0.02
18	3.90	3.92	-0.02
19	12.00	11.97	0.03
20	7.30	7.34	-0.04

第五节　勘界测绘*

一、勘界测绘概述

从秦朝设立郡县到20世纪80年代，中国从未全面精确地划定过行政区划界线。我国各级行政区域的界线绝大部分为传统习惯线，缺乏能够准确描述边界位置及其走向的文字和图纸资料。当界线位于河流、湖泊之中或没有明显界标物或界线参考物的区域，容易造成土地管辖争议，甚至引起争议双方的冲突，给边界管理工作带来困难，影响社会生产活动的正常进行，制约国民经济的健康发展。

为了与社会生产力的发展水平相适应，保证各级政府部门制定社会经济发展的长期规划，1986年我国在新疆昌吉回族自治州进行勘界试点，并从1996年起在全国陆续开展了各级行政区域界线的勘界工作。通过勘界工作，核对法定线、法定习惯线，解决争议线。

勘定行政区域界线即行政勘界是指毗邻行政区的人民政府在上一级人民政府的指导下，实地明确勘定毗邻行政区之间的政区界线，并采取一定的技术措施，如树立界桩、进行测绘、标绘边界线、签订边界线协议书等，运用法律手段将各级行政区域界线固定下来，以达到稳定界线且便于管理的目的。

勘界测绘是指勘定行政区域界线的测绘工作，即在确定界线实际走向以后，在实地埋设界桩，测定界桩点位，测绘边界地形图，并在地形图上表述边界线走向等工作。勘界测绘的目的是通过获取和表述行政区域界线的位置和走向等信息，为勘界和边界管理工作提供基础资料和科学依据。

勘界测绘必须在毗邻行政区组成的联合勘界领导小组的统一领导下，民政、土地、测绘部门密切配合，由测绘行政主管部门组织实施。由于勘界测绘涉及行政管辖权，与地形测绘相比具有以下特点：

(1)勘界测绘是政府行政行为，其测绘成果具有法律效力。

(2)勘界测绘以标准化的地形图作为工作底图，测量的主要对象是界桩及边界线的位置和走向。

(3)勘界测绘的最终成果是界桩成果表、边界线位置和走向说明、边界线地形图。

(4)勘界测绘成果均有严格的检核，界桩及边界线位置和走向施测的误差不允许超出限差，可靠性强。

二、勘界测绘的工作内容及流程

(一)勘界测绘的内容

勘界测绘的内容包括：界桩的埋设与测定，边界线的标绘，边界协议书附图的绘制，边界线走向和界桩位置说明的编写，中华人民共和国省级行政区域界线详图集的编纂和制印。

1. 界桩的埋设和测定

为提高工作效率，防止勘界工作中出现反复，界桩的埋设工作一般与实地勘界同步进行。界桩是指示边界线位置的永久性人工标志。

首先根据勘界工作图在实地核实界线的位置及走向，根据各级行政区域界线的界桩密度要求，现场确定界桩埋设位置、界桩类型和编号、界点的测量位置等。

在无争议地段，要即时在工作图上注明界线的位置及周围地物地貌情况，标明埋设界桩的位置和点号。当出现边界争议时，要即时进行调解和裁决。对个别难以在短期内解决的地段，可根据争议范围的大小，预留出恰当个数的界桩编号后，继续进行勘界工作。

界桩位置确定后要即时埋设界桩，量取三个明显方位物的距离(精确到0.1m)，量测磁方位角，并绘制界桩位置略图，拍摄界桩实地照片。界桩埋设后，即时进行测量工作。

2. 边界线的标绘

边界线的标绘是将双方确定的边界线、界桩点的位置准确地标绘在规定的地形图上。地形图比例尺的选择以能清晰反映边界线走向为原则，一般可选择最新1：5万地形图。地形图的内容不能满足需要时，须对边界线两侧一定范围内与确定边界线以及界桩位置有关的地物、地貌及地理名称注记进行补测、修测。在人烟稠密、情况复杂的地区，也可采用航摄像片进行调绘。

3. 边界协议书附图的绘制

边界协议书附图是详细表示边界线位置的重要勘界测绘成果。由双方政府负责人签字、经上级政府批准的边界协议书附图是具有法律效力的边界线画法图。

边界协议书附图根据实测的界桩点坐标、协商确定或裁定的边界线及边界线的调绘成果认真标绘、整理而成。各类要素符号、颜色及规格要求与边界线的标绘成果一致。

4. 边界线走向和界桩位置说明

边界线走向说明是对边界线实地走向的完整描述，是边界协议书的核心内容。边界协议书附图是对边界线和界桩位置的图形表示，是勘界工作成果的重要组成部分。

边界线走向说明以明确描述边界线实际走向为原则。其内容一般包括每段边界线起讫点、界线在实地的标志、界线转折的方向、界线延伸的长度、界线经过的地形特征点、两界桩间界线长度等。边界线走向说明的编写一般以两界桩间为一自然段。根据界线所依附的自然地理情况分为若干条，每条可含若干自然段。

边界线走向说明中所涉及的方向，采用16方位制，以磁北方向为基准，如北偏东北111°15′—33°45′。

界桩位置说明根据界桩登记表中所填内容编写，包括界桩号、类型、材质、界桩与周围地物地貌的关系、界桩与边界线的关系、界桩与方位物的关系等内容。界桩位置说明的编写一般以一个界桩为一自然段，与边界线走向说明的分条方法相一致。

(二)勘界测绘的流程

勘界测绘按其工作流程主要分为准备阶段、野外测量和调绘、内业成果整理、质量检查验收四个阶段。界桩的制作和埋设由民政部门与国土部门共同完成，一般分如下几个阶段的工作：

(1)准备阶段。该阶段的工作主要是资料收集、勘界测绘工作图的标绘、勘界测绘技术设计书的编写和人员、仪器、设备和物质准备。

(2)野外测量和调绘。该阶段的工作主要是界线位置确定、界桩的埋设和测定、边界线局部带状地形图的修测、补测或调绘。

(3)内业成果整理。该阶段的工作主要是制作界桩成果表、制作界桩登记表、边界线走向说明和界桩位置说明、编写检查验收报告、界线转标、界桩实地照片整理、协议书附图的图面整饰、面积量算、编写测绘技术工作总结等。

(4)各级检查验收。

(5)成果上交。

三、勘界测绘的技术问题

勘界测绘采用全国统一的大地坐标系统、平面坐标系统和高程系统。勘界测绘必须满足《省级行政区域界线勘界测绘技术规定》和各地制定的《行政区域界线勘界测绘技术规定》以及国家现行有关测绘技术规范等的要求，并且在勘界测绘工作中还要从实际出发，注意一些技术问题。

1. 地形图补调

补调范围除了规程要求的范围之外还应考虑到地貌地物的连续性，应尽可能将与边界线有关的交通道路、大型厂矿等大型连续性地貌地物全部包括在内。

补调时要充分利用现有测绘成果，对已有土地详查资料的地区，可对照最新土地利用现状图、土地所有权属图、基本农田保护区分布图等，进行野外补调，并转绘到地形图上；补调地物的平面位置精度应与相应基本比例尺地形图测绘标准一致；对地物变化较大的地区，可先独自进行调绘工作，对荒漠、高山等地貌地物变化较小的地区，可在地形图上标绘边界线的同时，参照最新资料进行补调工作；在 1∶5 万地形图上不能详细表示边界线位置和走向时，应在更大比例尺地形图上进行调绘。

界桩点、界线拐点及界线经过的独立地物点相对于邻近固定地物点的平面误差一般不大于图上 0.2mm；修测、补调的其他与确定边界线有关的地物地貌相对于邻近固定地点的平面误差一般不大于图上 0.5mm，同时保证界桩点与各类地物点相关位置的准确。

2. 界桩点坐标的测定

界桩点坐标一般要求实测。当实地测量确有困难，但能在图上准确判定界桩点位时，可在现有最大比例尺的地形图上量取，误差不得超过图上 0.3mm，同时必须保证其与周围地物的相关位置准确。界桩点高程从较大比例尺地形图上根据等高线内插确定，误差不得超过 1/3 基本等高距。

3. 边界线标绘

边界线标绘一般要求在实地进行，但在某些情况下，边界线走向清晰，也可在室内进行标绘。在荒漠、戈壁地区，没有明显地物和地貌特征点、线，边界线根据特定界点的连线确定，可在室内标绘。

界桩点和边界线在地形图上的标绘要按照其与地貌、地物的相互关系进行。界桩点和边界线拐点难以在地形图上直接判定其准确位置时，可量测界桩点和边界线拐点与邻近地物点或地貌特征点之间的距离，用图解的方法在地形图上进行标绘。一般情况下，不宜采用展点法确定界桩点在地形图上的位置，而要根据其与邻近地物、地貌之间的相关距离标绘在地形图上。

4. 界桩方位物的选择与测定

每个界桩所选择的方位物最好均匀分布在界桩周围，必须明显，固定，不易移动和损毁，具有永久性，应离界桩较近，且尽可能通视，便于测距和测方位；以大物体作为方位物时，要明确方位物中心点的具体部位；实地缺少可利用的地物作为方位物时，可以增设人工方位物，如地上栽插水泥桩等。

界桩至方位物的距离，一般应实地量测，精确到0.1m；当界桩点附近缺少永久性地物和地貌特征点，且对点位的精度要求又不是很高时，可从图上量取，取位到图上0.1mm。界桩至方位物的磁方位角注记到0.1°，测定精度0.2°。

四、勘界测绘各级检查验收及成果上交

勘界测绘工作结束后，由双方勘界工作机构组织对测绘成果成图资料的完整性和正确性进行全面检查、整理，并由双方负责人签名。内容包括：边界线标绘资料，边界线走向和界桩位置说明，边界协议书附图，界桩埋设位置和界桩号编排，界桩成果表和界桩登记表，观测手簿和计算手簿。经双方勘界工作机构组织对测绘成果检查合格后，报上级政府勘界工作领导小组办公室组织。上报的成果主要有：

(1)技术设计书；

(2)观测手簿、计算手簿、计算成果、边界线调绘资料、航片等；

(3)界桩登记表、界桩点成果表；

(4)边界走向说明、界桩点位置说明、界桩点照片；

(5)界桩点、边界上部分拐点展点图；

(6)边界协议书附图；

(7)技术总结、检查报告。

上级政府勘界工作领导小组办公室组织对上报成果进行检查验收。勘界测绘成果的基本要求是：各类图表清晰易读，项目填写齐全，文字叙述简明确切，地理名称调注准确，简化字和少数民族语地名译音正确，一切原始记录和计算成果均正确无误，精度符合规定要求。

思　考　题

1. 界址点坐标有什么作用？

2. 界址测量精度选择的依据是什么？如何选择界址测量的精度？

3. 何谓解析法界址点测量和图解法界址点测量？

4. 解析法测量界址点的原理是什么？各种方法有什么样的特点？

5. 界址测量的误差来源有哪些？不同的来源有多大的影响？不同的界址测量方法的误差如何估算？怎样检验界址点的误差？

6. 试述勘界测绘的含义及其内容。

第六章　地籍图的测绘

地籍图测绘是人们既能够看到单个不动产单元空间状况、又能够看到各个不动产单元空间关系的不可或缺的工作内容，即“既要看到树木、又要看到森林”，是地籍测绘工作体系中不可或缺的内容。本章阐述了多用途地籍图的概念及其分类，给出了地籍图的内容和精度指标，指出了地籍图与地形图的相同之处和不同之处，构建了地籍图测绘的方法体系，给出了测绘方法选择的方法，阐述了农村地籍图、城镇村庄地籍图、土地利用现状图和不动产单元图的测绘内容和方法，以及地籍挂图的编制方法。

第一节　概　　述

一、地籍图的概念

按照特定的投影方法、比例关系和专用符号把地籍要素及其有关的地物和地貌测绘在平面图纸上的图形称地籍图。地籍图、地籍数据和地籍表册通过特定的标识符建立有序的对应关系。

地籍图是一种专题图，但具有国家基本图的特性。一个国家的整个国土范围由于被占用或使用或利用而被分割成许多地块和土地权属单位，并且无一遗漏，那么整个国土面积，不论城镇、农村，还是边远地区，均必须测设地籍图。

地籍图只能表示基本的地籍要素和地形要素。一张地籍图，并不能表示出所有应该要表示或描述的地籍要素。在图上主要直观地表达自然的或人造的地物和地貌，对应的地籍空间要素的属性要素在地籍图上只能用标识符来对此进行有限的表达，这些标识符与地籍数据和地籍表册建立了一种有序的对应关系，从而使地籍资料有机地联系在一起。这不仅是因为受到图的比例尺的限制，而且还应使地籍图符合图的可读性和美学的观点。

多用途地籍图有很多功能，能提供给许多部门使用。使用地籍图和地籍资料的部门，关心的只是符合自己要求的那一部分，但有一部分内容是所有用户都需要的，可称之为“基本内容”。“基本内容”构成的地籍图就是按技术标准测绘的地籍图。这张地籍图仍具有多用途的特性，其最直接的原因就是它为各种用户提供了统一准确的地理参考系统。使用者在基本地籍图的基础上添加表示和描述各自所需的专题内容，为自己所用。因此，多用途地籍图不能理解为一张不管谁拿来就可以用的万能图，而是各类地籍图的集合。在这个集合中，按表示的内容可分为基本地籍图和专题地籍图；按城乡地域的差异可分为农村地籍图和城镇地籍图；按图的表达方式可分为模拟地籍图和数字地籍图；按用途可分为税收地籍图、产权地籍图和多用途地籍图；按图幅的形式可分为分幅地籍图和地籍岛图。

在地籍图集合中，我国现在主要测绘制作的有：农村地籍图、城镇地籍图、村庄地籍图、土地利用现状图、不动产单元图(宗地图、宗海图、房产分户图等)、地籍挂图、地籍索引图等。

二、地籍图比例尺

地籍图比例尺的选择应满足地籍管理的需要。地籍图需准确地表示权属界址及定着物等的细部位置，为地籍管理提供基础资料，特别是地籍测绘的成果资料将提供给很多部门使用，故地籍图应选用大比例尺。根据我国现状，要在近期内完成全国性的大比例尺地籍图的测图任务，显然是困难的。考虑到城乡土地经济价值的差异，农村地区地籍图的比例尺可比城镇地籍图的比例尺小一些。即使在同一地区，也可视具体情况及需要采用不同的地籍图比例尺。

(一)选择地籍图比例尺的依据

相关技术标准对地籍图比例尺的选择规定了一般原则和范围。但对具体的区域而言，应选择多大的地籍图比例尺，必须根据以下原则来考虑。

1. 土地用途和土地价值

从土地经济的视角，土地用途和土地价值密切相关。建设用地的价值高于农用地，要求地籍图对地籍要素及地物要素的表示十分详细和准确。因此，城镇村庄等建设用地区域应选择大比例尺测图，如1∶500、1∶1000。

2. 建设密度和细部粗度

一般来说，建筑物密度大，其比例尺可大些，以便使地籍要素能清晰地上图，不至于使图面负载过大，避免地物注记相互压盖。反之建筑物密度小的地方，选择的比例尺就可小一些。另外，表示房屋细部的详细程度与比例尺有关，比例尺越大，房屋的细微变化可表示得更加清楚。如果比例尺小了，细小的部分无法表示，影响到房产管理的准确性。如农村集镇、中心村等区域可选择1∶500比例尺，而山区散列居民地可选择1∶1000或1∶2000比例尺。

(二)我国地籍图比例尺系列

目前，世界上各国地籍图的比例尺系列不一，选用的比例尺最大为1∶250，最小为1∶50000。例如，日本规定城镇地区比例尺为1∶250~1∶5000，农村地区比例尺为1∶1000~1∶5000；德国规定城镇地区比例尺为1∶500~1∶1000，农村地区比例尺为1∶2000~1∶50000。

根据我国国情，我国地籍图比例尺系列为：城镇地区(指大、中、小城市及建制镇以上地区)地籍图的比例尺可选用1∶500、1∶1000、1∶2000，其基本比例尺为1∶500；农村地区(含土地利用现状图和土地所有权属图)地籍图的测图比例尺可选用1∶5000、1∶10000、1∶25000、1∶50000，其基本比例尺为1∶10000。

为了满足权属管理的需要，村庄及乡村集镇可测绘村庄地籍图。村庄(或称宅基地)地籍图的测图比例尺可选用 1∶500、1∶1000 或 1∶2000。急用图时，也可编制任意比例尺的村庄地籍图，以能准确地表示地籍要素为准。

三、地籍图的分幅与编号

(一)城镇地籍图的分幅与编号

城镇地籍图的幅面通常采用 50cm×50cm 和 50cm×40cm，分幅方法采用技术标准所要求的方法，便于各种比例尺地籍图的连接。

当 1∶500、1∶1000、1∶2000 比例尺地籍图采用正方形分幅时，图幅大小均为 50cm×50cm，图幅编号按图廓西南角坐标公里数编号，X 坐标在前，Y 坐标在后，中间用短横线连接，如图 6-1 所示。

1∶2000 比例尺地籍图的图幅编号为：689~593；

1∶1000 比例尺地籍图的图幅编号为：689. 5~593. 0；

1∶500 比例尺地籍图的图幅编号为：689. 75~593. 50。

当 1∶500、1∶1000、1∶2000 比例尺地籍图采用矩形分幅时，图幅大小均为 40cm ×50cm。图幅编号方法同正方形分幅，如图 6-2 所示。

1∶2000 比例尺地籍图的图幅编号为：689~593；

1∶1000 比例尺地籍图的图幅编号为：689. 4~593. 0；

1∶500 比例尺地籍图的图幅编号为：689. 60~593. 50。

若测区已有相应比例尺地形图，地籍图的分幅与编号方法可沿用地形图的分幅与编号，并于编号后加注图幅内较大单位名称或著名地理名称命名的图名。

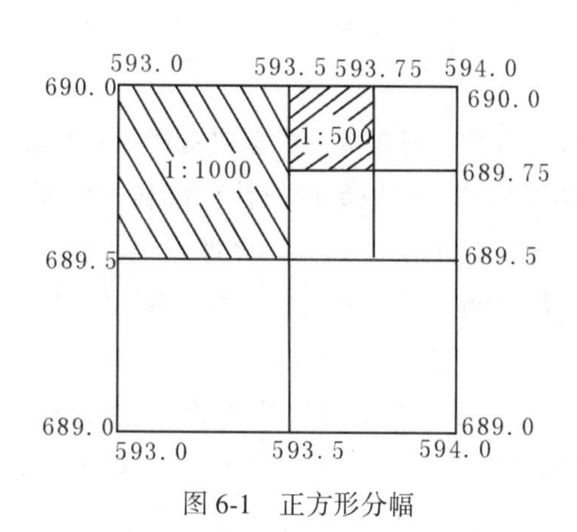

图 6-1　正方形分幅

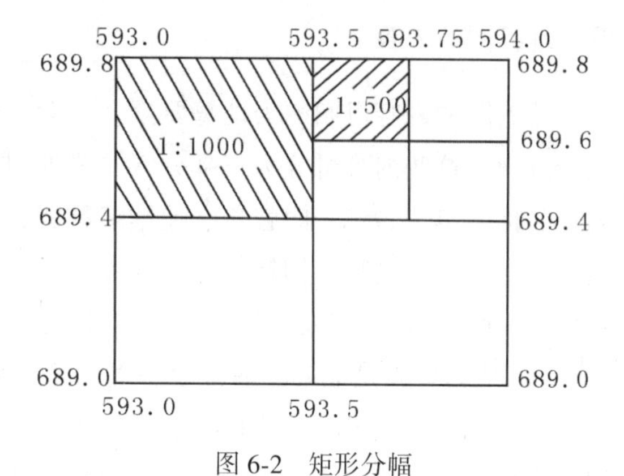

图 6-2　矩形分幅

(二)农村地籍图的分幅和编号

农村地籍图的分幅和编号与城镇地籍图相同。若是独立坐标系统，则是县、乡(镇)、行政村、组(自然村)给予代号排列而成。

农村地籍图(包括土地利用现状图和土地所有权地籍图)按国际标准分幅编号(分幅方法详见相关技术标准)，编号均以 1∶100 万比例尺地形图为基础，采用行列编号方法，由其所在 1∶100 万比例尺地形图的图号、比例尺代码和图幅的行列号共十位码组成，如图 6-3 所示。

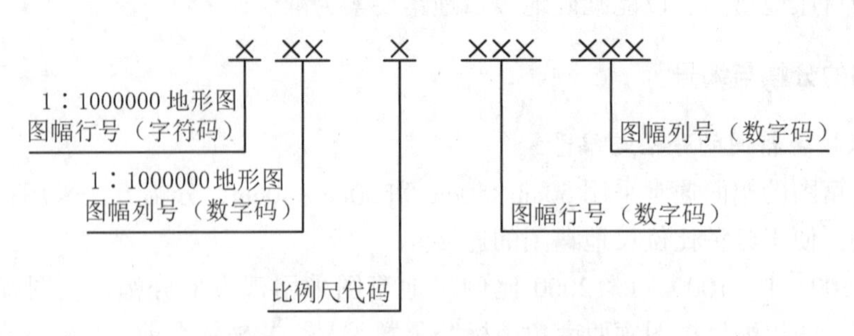

图 6-3　农村分幅地籍图编号的构成

比例尺代码采用大写英文字母表示，如表 6-1 所示。H50G060005 为一幅 1∶10000 农村地籍图的编号。

表 6-1　比例尺代码表

比例尺	1∶500000	1∶250000	1∶100000	1∶50000	1∶25000	1∶10000	1∶5000
代码	B	C	D	E	F	G	H

无论是城镇地籍图还是农村地籍图，均应取注本幅图内最著名的地理名称或企事业单位、学校等名称作为图名，以前已有的图名一般应沿用。

四、地籍图的内容

地籍图的内容可归纳为地籍要素、地形要素、行政区划要素、数学要素和图廓要素五个方面。这些内容可分为三部分，一是通过调查得到，如地籍标识符、权利人名称、街道名称、单位名称、门牌号、地理名称等；二是通过测绘得到，如界址点线、房屋、道路、水系、建筑物、构筑物、地类界等；三是地籍调查的基础要素，如行政区划界线与形成、图幅号、图名、坐标系统、控制点、比例尺等数学、图廓要素。

(1)地籍要素是地籍图的核心要素，需要突出表示在地籍图上，主要内容包括地籍区界线、地籍子区界线、界址线、界址点、图斑界线、地籍区代码、地籍子区代码、宗地号或宗海号、地类编码或用海类型编码、幢号、土地所有权人名称等。其中，界址线、界址点回答了宗地或宗海在“哪里”，是“多少”的问题；宗地号或宗海号、幢号等标识符，在地籍图上占有非常重要的位置，它是对客体(宗地、宗海、房屋)的标识，以便使地籍数据、地籍表册和地籍图形集之间有机地连接在一起；标识符的含义和表达的具体内容在地籍数据集和地籍簿册中都有准确和详细的描述；标识符间接地回答了宗地或地块是“谁的”“怎么样”和“为什么”的问题。

(2)地形要素是地籍图上十分重要的要素，部分要素是不可或缺的。主要内容包括道路、水系、植被、地理名称、高潮位线、低潮位线等；界址线依附的地形要素(地物、地貌)应表示，不可省略；可根据需要表示地貌要素，如等高线、高程注记、悬崖、斜坡、独立山头等。地籍图上的海域部分，还应表示海岸线(海陆分界线)、水深要素、明显标志物等。

(3)行政区划要素、数学要素和图廓要素，是地籍图的基础要素，不可或缺。

①行政区划要素包括行政区界线和行政区名称。行政区界线级别从高到低依次为：省级界线、市级界线、县级界线和乡级界线。

②数学要素包括内外图廓线、内图廓点坐标、坐标格网线、控制点、比例尺、坐标系统等。

③图廓要素包括分幅索引、密级、图名、图号、制作单位、测图时间、测图方法、图式版本、测量员、制图员、检查员等。

五、地籍图的精度

在以前的模拟测图时代，地籍图的精度分为绘制精度和基本精度两个方面。绘制精度主要指图上绘制的图廓线、图廓对角线、图廓点、坐标格网点、控制点等数学要素的展绘精度。在现今的数字地籍测绘时代，这些数学要素由测图软件自动生成，所以可以不考虑绘制精度的要求。

无论是模拟测图还是数字测图，其基本精度与测绘方法有关，精度的高低差异不大，由两部分精度构成，一是界址点线的精度①；二是明显地物点的精度。我国数字地籍图的测图精度指标为：地籍图上界址点的平面位置精度应符合表5-2~表5-4的规定；地籍图上明显地物点的平面位置精度应符合表6-2、表6-3的规定。

表6-2 全野外数字测量法和数字摄影测量法成图的平面位置精度

序号	项目	图上中误差/mm	图上允许误差/mm	备注
1	邻近房角点之间、邻近明显地物点之间、邻近房角点与明显地物点之间的间距误差	±0.4	±0.8	建设用地隐蔽区域及荒漠、高原、山地、森林、海域等区域可放宽至1.5倍
2	房角点和明显地物点相对于邻近控制点的点位误差	±0.5	±1.0	

① 见第二章和第三章的相关内容。

表 6-3　数字编绘法成图的平面位置精度

序号	项目	图上中误差/mm	图上允许误差/mm	备注
1	邻近房角点之间、邻近明显地物点之间、邻近房角点与明显地物点之间的间距误差	±0.6	±1.2	建设用地隐蔽区域及荒漠、高原、山地、森林、海域等区域可放宽至 1.5 倍
2	房角点和明显地物点相对于邻近控制点的点位误差	±0.6	±1.2	

六、地籍图与地形图测绘的差异

地籍图与地形图之间主要存在 5 个方面的差异，即图上内容的差异、测绘过程的差异、测绘精度的差异、测绘成果的差异和服务范围的差异。

(一)图上内容的差异

地形图上主要描绘地物地貌，反映地表形态。地形图根据测图比例尺、地形特征和地表覆盖状况全部选取或综合选取相应内容。

地籍图上主要反映界址状况和利用状况，有选择地表示地物和地貌。地籍图上突出描绘地籍要素，如权属界址、地类及定着物的信息等。地籍图主要表示既有权属或地类划分有参考意义的地物和地貌，选取具有重要地理特征的地物(如水库、公路、铁路、河流等)，其他地貌要素可择要表示。

地籍图图式符号的种类在地形图的基础上有所增加，例如地籍区和地籍子区号、宗地号、宗海号、图斑号、权属界线、界址点等。

(二)测绘过程的差异

在地籍图测绘之前，需要进行权属调查或土地利用现状调查，其调查成果是测绘地籍图的基础资料，并在地籍图上有明确的反映，地籍图测绘之后还要进行各类面积量算与分类汇总统计。这些工作环节是地形图测绘工作所没有的。

(三)测绘精度的差异

相同的比例尺地籍图和地形图上，明显地物点的平面精度要求一致。地形图对于高程和等高线的精度有硬性的规定，而地籍图没有。地籍图上界址点的平面精度要求要高于明显地物点，并且界址点坐标的精度最高要求达到 5cm。因此，测绘地形图与地籍图时，图根控制点平面精度确定的依据不一样。

(四)测绘成果的差异

地形图测绘时，分幅地形图为最终成果。而地籍图测绘时，除分幅地籍图外，还需要宗地图、地籍挂图、面积汇总表等成果。目前，完成地籍测绘后还要求建立、更新城镇地籍数据库或土地利用现状数据库。

(五)服务范围的差异

在地形图上可以量测地面坡度、纵横断面、土石方量、水库容量、森林覆盖面积等。地形图可以作为工程设计、铁路、公路、地质勘察等施工的工程用图，广泛地服务于国民经济建设和国防建设。

在地籍图上能量测土地或海域面积、土地利用现状面积，利用地籍图的标识符能查阅不动产权属状况等信息。地籍图是不动产管理、征收土地税费、土地流转、土地权属争议纠纷调处的基础图件。地籍图主要应用于土地管理和相关行政管理工作，行使国家对土地的行政职能。

第二节　测绘地籍图的方法

一、概述

测绘地籍图的方法有全野外测绘法、摄影测量法和编绘法等。依地籍图可视化的手段不同，测绘地籍图的方法可分为模拟测图法和数字测图法。由于信息技术的进步，现在主要采用全野外数字测绘法、数字摄影测量法和数字编绘法等方法开展地籍测绘。

地籍测绘技术和方法是当今测绘技术应用的集成，是与测绘技术和方法同步发展的。传统的地籍测绘利用大平板、小平板、经纬仪对各种地籍要素及有关的地物和地貌要素进行测定，用专用符号和按一定的比例尺绘制成图，其成果是人工绘制的模拟地籍图。

科学技术的进步，计算机的普及，各种软件的开发和电子测绘仪器的发展应用，促进了测绘技术向自动化、数字化方向发展。测量成果不再是纸质图，而是以数字形式存储在计算机中可以传输、处理、共享的数字图。

数字地籍测绘是以计算机和 GIS 为基础，在外连输入输出设备及硬、软件的支持下，对地籍信息数据进行采集、输入、成图、绘图、输出、管理的测绘方法。数字地籍测绘是一个融地籍测绘外业、内业于一体的综合性作业系统，是计算机技术用于地籍管理的必然结果。它的最大优点是在完成地籍测绘的同时可建立地籍数据库，从而为实现现代化地籍管理奠定基础。

(一)数字测绘的特点

数字测绘是一种先进的测绘方法，与模拟测图相比具有明显的优势。

(1)自动化程度高。数字测绘的野外测量能够自动记录，自动解算处理，自动成图、绘图，并向用图者提供可处理的数字地图。数字测绘自动化的效率高，劳动强度小，错误概率小，绘制的地图精确、美观、规范。

(2)精度高。模拟测图方法的比例尺精度决定了图的最高精度，图的质量除点位精度外，往往和图的手工绘制有关。无论所采用的测量仪器精度多高，测量方法多精确，都无法消除手工绘制对地籍图精度的影响。数字测绘在记录、存储、处理、成图的全过程中，观测值是自动传输，数字地籍图毫无损失地体现外业测量精度。

(3)现势性强。数字测绘克服了纸质地籍图连续更新的困难。管理人员只需将数字地籍图中变更的部分输入计算机，经过数据处理即可对原有的数字地籍图和相关的信息作相应的更新，保证地籍图的现势性。

(4)整体性强。模拟测绘是以幅图为单位组织施测。数字测绘在测区内部不受图幅限制，作业小组的任务可按照河流、道路的自然分界来划分，也可按街道或街坊来划分，当测区整体控制网建立后，就可以在整个测区内的任何位置进行实测和分组作业，成果可靠性强，精度均匀，减少了接边的问题。

(5)适用性强。数字测绘是以数字形式储存的，可以根据用户的需要在一定范围内输出不同比例尺和不同图幅大小的地籍图，输出各种分层叠加的专用地籍图。数字地籍图可以方便地传输、处理和多用户共享，可以自动提取点位坐标、两点距离、方位角、量算宗地面积、输出各种地籍表格等；通过接口，数字地籍图可以供地理信息系统建库使用；可依软件的性能，方便地进行各种处理、计算，完成各项任务；数字地籍测绘既保证了高精度，又提供了数字化信息，可以满足建立地籍信息系统及各专业管理信息系统的需要。

(二)数字地籍测绘的作业流程

数字地籍测绘可以分为三个阶段：数据采集、数据处理和数据输出。图6-4所示是数字地籍测绘的作业流程。数据采集是在野外和室内电子测量与记录仪器中获取数据，这些数据要按照计算机能够接受的和应用程序所规定的格式记录。从采集的数据转换为地图数据，需要借助计算机程序在人机交互方式下进行复杂的处理，如坐标转换、地图

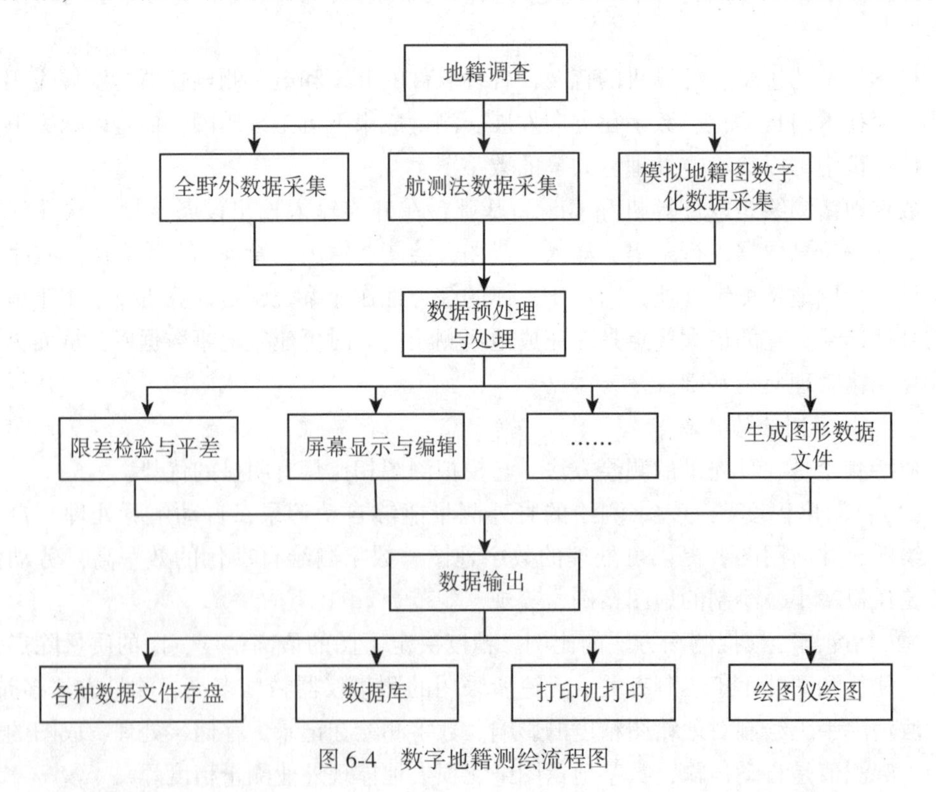

图6-4　数字地籍测绘流程图

符号的生成和注记的配置等，这就是数据处理阶段。地图数据的输出以图解和数字方式进行。图解方式是自动绘图仪绘图，数字方式是数据的存储，建立数据库。

(三)地形要素测绘的要求

地籍图上地形的综合取舍，应充分根据地籍要素及权属管理方面的需要来确定必须测绘的地物。与地籍要素和权属管理无关的地物在地籍图上可不表示。对一些地物(如房屋、道路、水系、地块)的测绘有特殊要求的，必须根据相关技术标准在技术设计书中具体指明。

1. 地形要素的选择

由于地形要素众多，如何选择地形要素，使地籍图的图面主次分明，清晰易读，是测绘地籍图应考虑的重要问题。地形要素选择的方法如下：

(1)具有不动产单元划分或划分参考意义的各类自然或人工地物和地貌，即这些地物或地貌本身就是权属界线或在界线的附近，如墙、沟、路、坎、建筑物基底投影线等。

(2)具有土地利用现状分类划分意义或划分参考意义的各种地物或地貌，如田埂、地类界、沟、渠、水域岸线等。

(3)土地或海域上的重要定着物，如构筑物、建筑物等，这些地物都是地籍图具有地理性功能的重要因素。

(4)地面上重要的管线，如万伏以上高压线、裸露的大型管道(工厂内部的可以根据需要考虑)等。

(5)注记部分，也就是地表自然情况的符号表示，如房屋结构和层数、植被、地理名称等。

2. 房屋和建(构)筑物测量

房屋既是地籍要素，又是地物要素，是人们生产生活不可或缺的场所。可选择全野外数字测绘法、数字摄影测量法和数字编绘法等方法施测房屋和建(构)筑物。当采用数字摄影测量法和数字编绘法等图解法施测房屋和建(构)筑物时，用于建筑占地面积和建筑面积计算的房屋边长应实地丈量或实地测量。采用全野外数字测绘法测量房屋和建(构)筑物时，技术方法如下：

(1)房屋应逐幢测绘；不同建筑结构、不同层数的房屋应分别测量；独立成幢房屋，以房屋四面墙体外侧为界测量；毗连房屋四面墙体，应根据房产草图上标示的墙体归属，区分自有墙、共有墙或借用墙，以墙体所有权范围为界测量；每幢房屋除按本规范要求的精度测定其平面位置外，应分幢、分层、分间或分户丈量作图。

(2)房角点测量。可采用极坐标法、直角坐标法、截距法、边长交会法等方法测量房角点，测点位置在房屋外墙勒脚以上(100±20)cm处的墙角。

(3)房屋附属设施测量。柱廊以柱外围为准，檐廊和架空通廊以外轮廓水平投影为准，门廊以柱或围护物外围为准，独立柱的门廊以顶盖投影为准，挑廊以外轮廓投影为准，阳台以底板投影为准，门墩以墩外围为准，门顶以顶盖投影为准，室外楼梯和台阶以外围水平投影为准。

(4)其他建(构)筑物测量。工矿专用或公用的贮水池、油库、地下人防干支线、管线设施、消防设施等建(构)筑物以及其他独立地物，应根据建(构)筑物的几何图形测定其定位点，如亭以柱外围为准，塔、烟囱、罐以底部外围轮廓为准，水井以中心为准。

(四)图边的测绘与拼接

为保证测图小组之间测绘区域的互相拼接，接图的图边一般均须测出小组测区外5~10mm。地籍图接边差不超过规范规定的点位中误差的$2\sqrt{2}$倍。小于限差平均配赋，但应保持界址线及其他要素间的相互位置，超限时需检查纠正。

二、全野外数字测绘法

2000年以前，主要采用模拟测图(也称白纸测图)方法测绘地籍图，其实质是图解测图。测图的方法有平板仪测图、经纬仪测图等。模拟测图一般适用于大比例尺的城镇地籍图和村庄地籍图的测绘，其作业顺序为测图前的准备(图纸的准备、坐标格网的绘制、图廓点及控制点的展绘)，测站点的增设，碎部点(界址点、地物点)的测定，图边拼接，原图整饰，图面检查验收等工序。碎部点的测定方法一般都采用极坐标法和距离交会法等。在测绘地籍图时，通常先利用实测的界址点展绘出宗地位置，再将宗地内外的地籍、地形要素位置测绘于图上。这样做可减少地物测绘错误发生的概率。

2000年以后，随着计算机技术和GIS技术的发展，导致当今全野外数字测绘方法完全替代了模拟测图方法。全野外数字测绘法用于测绘1：500、1：1000、1：2000比例尺的数字地籍图，其主要的测量工具包括全站仪、钢尺和GNSS接收机等，这些工具应检定合格并在有效期内方能用于作业。

(一)基本技术要求

全野外数字测绘的基本技术要求如下：

(1)界址点按第五章的要求进行测量；明显地形要素可采用极坐标法测量，也可采用RTK(含CORS)定位方法测量；可采用角度交会法、距离交会法、直角坐标法和截距法施测隐蔽地形要素。

(2)外业测量时，如果有相同比例尺的工作底图，则在底图上详细标注地形要素测量点的编号、属性和点与点之间的连接方式；如果没有工作底图，则应实地绘制地形要素观测草图。

(3)根据工作底图、权属调查成果和实地观测草图，在计算机上采用数字测量软件系统导入外业测量数据，进行编辑处理生成地籍图。

(二)点线的信息描述

测图最基本的测量工作是测定点位。传统的测图方法在外业只测得点的三维坐标，然后由绘图员按坐标(或角度、距离)将点展绘到图纸上，再根据测点与其他点的关系连线，按点(地物)的类别加绘图示符号，通过这样逐点的测绘，生产出一幅幅地图。数字地籍测绘是在计算机辅助下用数字测量软件完成的。测站测量时必须同时给出测点的坐标、编码、连接等三类信息，并记录下来，现场或室内经过计算机软件的处理(自动识别、自动检索、自动调用图示符号等)生成地籍图。

(1)测点的三维坐标。外业使用仪器设备测量并记录点的三维坐标(X, Y, $H(Z)$)。

(2)测点的编码信息，即点线的分类特征信息(如界址点、房角点、道路中心点、水域岸线转折点、山顶点、鞍部点……)，也称为点的属性信息。测点的属性是用编码表示的。在数字测绘系统中必须设计一套完整的信息编码来替代地籍图中地籍要素、地物要素、行政区划要素等的图式符号，以表明测点的分类特征。当今的商业化数字测绘软件中按照相关技术标准建立了一套用于数字地籍测绘的信息编码库，即将每一个地籍信息、地形信息和行政区划要素编制代码，形成地籍图图式符号编码表。操作时，用户无须人工记忆编码，只要按一个键，编码表就可以显示出来；用光笔或鼠标点中所要的符号，其编码将自动送入测量记录中，并随时可以修改。

(3)测点的连接信息。测点的连接信息是指两个点之间是否连接以及连接的线型。在测站上完成一个点的测量时，还需要给出这个点与已测量的点之间是否连接，以及连接后形成的线型，如直线、曲线或圆弧线等。

如图 6-5 所示，测第 2 点，必须与第 1 点以直线相连，第 3 点须与第 2 点直线相连，第 5 点与第 4 点，第 4 点与第 3 点则以圆弧相连(圆弧至少需要测 3 个点才能绘出)，第 5 点与第 1 点以直线相连。有了点位、编码，再加上连接信息，就可以正确地绘出宗地、宗海、房屋、道路、河流、水田、旱地、果园、草地、林地等面状、线状地籍或地形空间对象了。

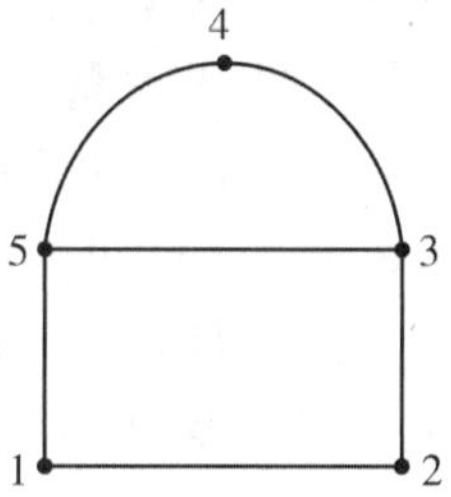

图 6-5　点的连接方式

为了便于计算机识别，对线型可作数字代码的规定。如 1 为直线，2 为曲线，3 为圆弧，空为独立点。

(三)野外数据采集记录表

在数字测绘系统中提供了一套描述点线信息的记录表。记录的数据基本项如表 6-4、表 6-5 所示。

表 6-4　CASS 测图精灵测站点记录表

测站点	测站点坐标	测站点坐标	测站点高程	定向点 X 坐标	定向点 Y 坐标	定向水平角	仪器高
(S)	($X_{站}$)	($Y_{站}$)	($Z_{站}$)	($X_{定}$)	($Y_{定}$)	(H)	(I)

表 6-5　CASS 测图精灵测点的记录表

点号	编码	水平角	天顶距	斜距	觇标高	连接点	线型
(P)	(C)	(H)	(V)	(D)	(h)		

表6-5中：

(1)点号：即点的测量顺序号。第一个点号输入以后，不必再人工输入。每观测一个点，点号自动累加1，也可以手工输入，一个测区内点号不能重复，点号是唯一的。

(2)编码：顺序测量时，同类编码只需输入一次，其后编码有程序自动默认。只有在编码改变时，再键入新的编码。

(3)H，V，D各项：由全站仪观测后自动输入记录表。

(4)觇标高：由人工键入，输入一次以后，其余测点的觇标高则由程序自动默认，如觇标高改变了，才需再键入新觇标值。

(5)连接点：当测点与上一点相连时，程序自动默认上一点点号；当需与其他点相连时，则需输入该连接点的点号。

(四)野外数据采集的方法

传统的测图作业方法是采用先控制测量后碎部测量、先整体后局部的测量方法。数字地籍测绘可以采用同样的测量方法。具体的测量方法有两种，一是一步测量法；二是设站测绘法。如果完成了权属调查，并且在实地标定了界址点的位置，则界址测量与碎部测量同时进行。

1. 一步测量法

一步测量法是指图根导线测量与碎部测量、界址测量同时进行的测量方法。如图6-6所示，A、B、C、D为已知点；a，b……为图根导线点；1，2……为碎部点。

全站仪安置于B测站(坐标已知)，后视A点，选定前视图根点a，测得水平角及前视的天顶距和斜距。由B点坐标，即可算得a点的坐标(x_a，y_a，H_a)。施测B测站周围的碎部点或界址点1，2……，并依据B点的坐标，算得各碎部点或界址点的坐标。同理，依次测得各导线点坐标和碎部点或界址点坐标。

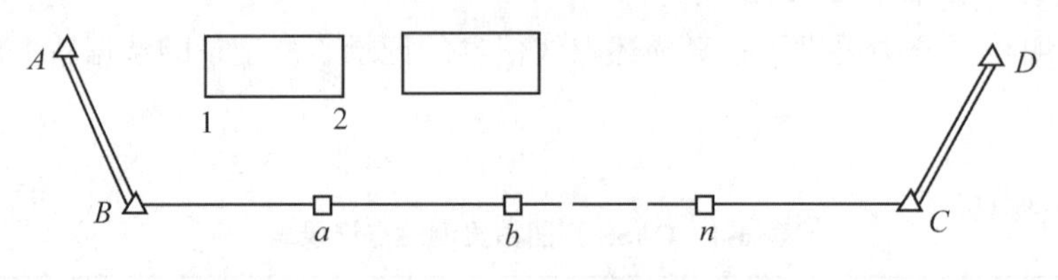

图6-6　一步测量法

待导线测到C点，则根据B点至C点的导线测量数据，计算附合导线闭合差。若在限差范围内，则平差计算出各导线点的坐标值，然后重新计算各站碎部点或界址点坐标。若导线闭合差超限，则找出错误，重测导线，再对碎部点或界址点进行坐标重算。最后绘制地籍图，打印成果表。

2. 设站测量法

设站测量是指在已测量的图根控制点上设立测站测量碎部点或界址点的方法。作业基本步骤如下：

(1)测站设置与检核。碎部测量时，首先要进行测站的设置，即首先要输入测站点号、后视点号、仪器高。接着选择定向点，照准好后，输入定向点点号和水平度盘读数。然后选择一已知点(或已测点)进行检核，输入检核点点号，照准后进行测量。测完之后将显示 X、Y、H 的差值，如果不通过检核则不能继续测量。检核定向是一项十分重要的工作，切不可忽视。

(2)碎部点或界址点测量。野外数字地籍测绘的碎部点或界址点的测量方法主要有极坐标法、交会法、截距法、直角坐标法等。通常采用极坐标法进行碎部测量和界址点测量，并记录全部测点信息。对于隐蔽的界址点或地物点，则采用交会法、截距法、直角坐标法等方法测量，其测量的基本原理见第五章。

3. 测量草图的绘制

多数情况下，采用测记法(野外测记、室内成图模式)进行野外数据采集。由于有场地、气象等条件的限制，现场测量时需要绘制测量草图，并在草图上标注点号、点的连接信息、地籍信息、地形信息等，以帮助内业数据处理。测量草图可现场人工白纸绘制，也可在制作的工作底图上绘制，现今数字测绘系统软件供应商和不少测量单位开发了基于平板电脑的现场测绘成图软件，可实现现场实时成图和图形编辑、修正，保证外业测绘的正确性，到内业仅做一些整饰和修改后，即可绘图输出。

(五)数据处理

数据处理是数字测绘系统中的一个非常重要的环节。因为数字地籍测绘中数据类型涉及面广，信息编码复杂，其数据采集方式和通信方式形式多样，坐标系统往往不一致，这对数据的应用和管理是不利的。因此，对数据进行加工处理，统一格式，统一坐标，形成结构合理、调用方便的分类数据文件，是数字测绘软件中不可缺少的组成部分。数据处理软件通常由数据预处理模块和数据处理模块组成。

1. 数据预处理

数据预处理的目的主要是对所采集的数据进行各种限差检验，消除矛盾并统一坐标系统。其具体内容大体上包括以下两个部分：

(1)对野外采集并传输到计算机内的原始数据进行合理的筛选、科学的分类处理，并对外业观测值的完整性以及各项限差进行检验。

(2)对于未经平差计算的外业成果实施平差计算，从而求出点位坐标。

2. 数据处理

经预处理之后的数据，已进行了分类，形成了各自的文件。但这些数据文件还不能直接用来绘图，真正可用来绘图的文件，尚需进一步处理才行。数据处理模块主要应包含以下几个部分：

(1)对测量数据文件作进一步处理。主要是检验信息编码的合法性和完整性，组成以点号为序的新的数据文件，以方便图形数据文件的形成。

(2)对界址点数据文件作进一步处理。在数据处理时，软件首先对界址信息编码的正确性进行检验，然后连接成界址链，并输入界址链的左、右宗地(海)号，清楚地反映宗地(海)的毗邻关系，而且便于根据观测数据计算出各宗地(海)的面积。

(3)根据新组成的数据文件，由文件中的信息编码和定位坐标，再按照绘制各个矢量符号的程序，计算出自动绘制这些图形符号所需要的全部绘图坐标，形成图形数据文件。

(六)图形输出

绘制出清晰、准确的地籍图是数字地籍测绘工作的主要目的之一，因此图形输出软件也就成为数字化成图软件中不可缺少的重要组成部分。各种测量数据和属性数据，经过数据处理之后所形成的图形数据文件，数据是以高斯直角坐标的形式存放的，而图形输出无论是在显示器上图形显示，还是在绘图仪上绘图输出，都存在一个坐标转换的问题。另外，还有图形截幅、绘图比例尺确定、图式符号注记及图廓整饰等内容，都是计算机绘图不可缺少的内容。

1. 图形截幅

因为野外数据采集时，常采用全站仪等设备自动记录或手工键入实测数据，并未在现场成图，因此对所采集的数据范围需要按照标准图幅的大小或用户确定的图幅尺寸进行截取，对自动成图来说，这项工作就称为图形截幅，即将图幅以外的数据内容截除，把图幅以内的数据保留，并考虑成图比例尺和图名图号等成图要素，按图幅分别形成新的图形数据文件。

图形截幅的基本思路是：首先，根据四个图廓点的高斯直角坐标，确定图幅范围；然后，对数据的坐标项进行判断，利用在图幅矩形框内的数据及由其组成的线段或图形，组成该图幅相应的图形数据文件，而在图幅以外的数据及由其组成的线段或图形，则仍保留在原数据文件中，以供相邻图幅提取。图形截幅的原理和软件设计的方法很多，常用的有四位码判断截幅、二位码判断截幅和一位码判断截幅等方式。

2. 图形显示与编辑

要实现图形屏幕显示，首先要将用高斯直角坐标形式存放的图形定位，并将这些数据转换成计算机屏幕坐标。高斯直角坐标系 X 轴向北为正，Y 轴向东为正；对于一幅图来说，向上为 X 轴正方向，向右为 Y 轴正方向。而计算机显示器则以屏幕左上角为坐标系原点(0，0)，X 轴向右为正，Y 轴向下为正，X、Y 坐标值的范围则由屏幕的显示方式决定。因此，只需将高斯坐标系的原点平移至图幅左上角，再按顺时针方向旋转 90°，并考虑两种坐标系的变换比例，即可实现由高斯直角坐标向屏幕坐标的转换。

在屏幕上显示的图形可根据野外草图或原有地图进行检查，若发现问题，用程序可对其进行屏幕编辑和修改。经检查和编辑修改而准确无误的图形，软件能自动将其图形定位点的屏幕坐标再转换成高斯坐标，连同相应的信息编码保存到图形数据文件中(原有误的图形数据自动被新的数据所取代)或组成新的图形数据文件，供自动绘图时调用。

3. 绘图仪自动绘图

采用喷墨绘图仪进行图形输出，适合于对栅格数据或经过格式转换后形成的栅格数据进行处理。输出时，每个栅格像元对应一个“墨点”，最后输出一幅比例准确、表现精美的彩色地籍图。图形输出时，也应考虑其图形整饰、图形符号管理和绘图输出三个部分的内容。

三、数字摄影测量法①

摄影测量已从传统的模拟方法、解析方法转变为数字摄影测量方法。无论摄影测量处于何种发展阶段，制作地籍图和其他图件的作业流程大致如图 6-7 所示，摄影测量作为有别于普通测量技术的另一种测量技术，已广泛应用于地籍测绘工作中。如：

(1)测绘多用途地籍图；

(2)用于土地利用现状分类的调查、制作农村地籍图和土地利用现状图；

(3)加密界址点坐标(主要用于农村地区土地所有权界址点，见第五章相关内容)；

(4)作为地籍数据库的数据采集站。

数字摄影测量法可用于所有比例尺地籍图的测绘，其主要的数字摄影工具包括数字摄影仪、激光扫描仪、有人驾驶航空飞机、无人遥控飞机和专用机动汽车及其相关的辅助设备、软件等，这些工具应检定合格并在有效期内方能用于作业。其基本技术要求如下：

(1)如果要求达到解析法界址点的精度符，则按照第五章的要求测绘界址点；解析界址点与数字摄影测量的地物点实地为同一位置时，应以解析界址点坐标代替地物点坐标。

(2)应按照第三章的要求和相关技术标准，外业调绘地形要素。

(3)将解析法测量的界址点坐标文件导入数字摄影测量系统，根据工作底图、权属调查成果和地形要素调绘成果，进行编辑处理生成地籍图。

四、数字编绘法

编绘法是一种快速、经济、有效的地籍图测绘方法，可用于各类、各种比例尺地籍图的编绘。农村地籍图和土地利用现状图多采用此方法编绘。按照编绘的手段和精度，可分为模拟编绘法②和数字编绘法。由于 GIS 技术的发展，当今主要采用数字编绘法编绘地籍图。

(一)基本要求

以现有的满足精度要求的地籍图、地形图、正射影像图等为基础制作工作底图，采用野外调绘方法或全野外数字测绘法或数字摄影测量法，调绘、修补测地形要素，如道路、水系、地类界等，然后通过数字化输入计算机，经编辑处理形成以数字形式表示的地籍图。为了满足地籍管理的需要，对界址点通常采用全野外实测的方法。编制数字地籍图的基本步骤为编辑准备、数字化、数据处理和编辑阶段、图形输出阶段，基本流程如图 6-8 所示。根据具体情况，数字编绘法有两种，一种是基于解析界址点的数字编绘法；第二种是基于图解界址点的数字编绘法。

(1)基于解析界址点的数字编绘法：利用 GIS 平台，以工作底图为基础，根据宗地

---

① 数字摄影测量技术是专门的测量技术，若需要了解，请参照相关书籍和技术标准。

② 如需要了解模拟编绘法，可参阅《地籍测量学》，2011 年版，武汉大学出版社。

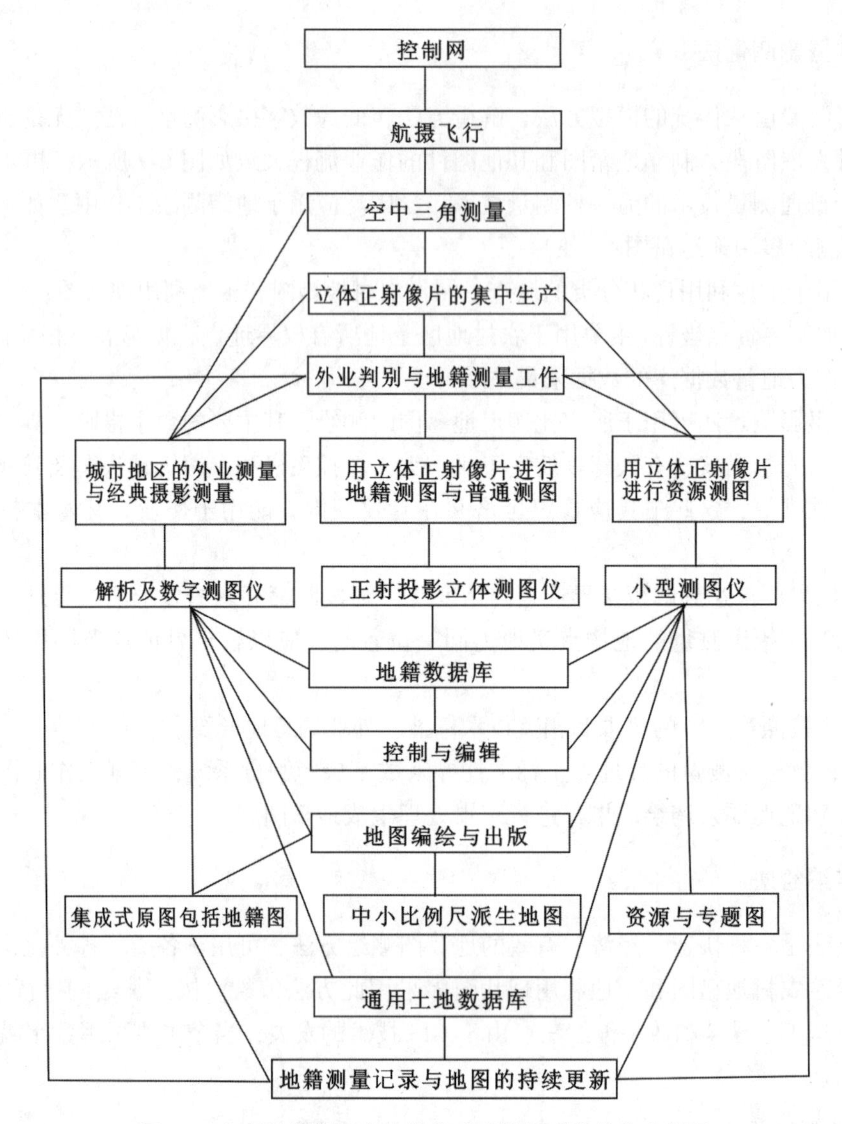

图 6-7 包括地籍测绘在内的集成式测图系统的作业框图

(海)草图的数据、解析界址点坐标和调绘、修补测的地形要素，编辑处理生成地籍图。

(2)基于图解界址点的数字编绘法：利用 GIS 平台，在工作底图上，采用宗地(海)草图的数据，依影像纹理图解定位界址点，同时依调绘、修补测的地形要素，编辑处理生成地籍图。

(二)纸质图件数字化

随着信息技术在土地管理中的应用，各地相继建立地籍数据库、土地利用数据库及地籍信息系统。实际工作中，还会遇到需要将已有的纸质图件(如地籍图、地形图、土地利用现状图、用地审批图、征收拆迁图等)进行数字化的工作。目前，纸质图件数字化的方法有扫描数字化、手扶数字化两种，其中扫描数字化效率高，应用也最普及。

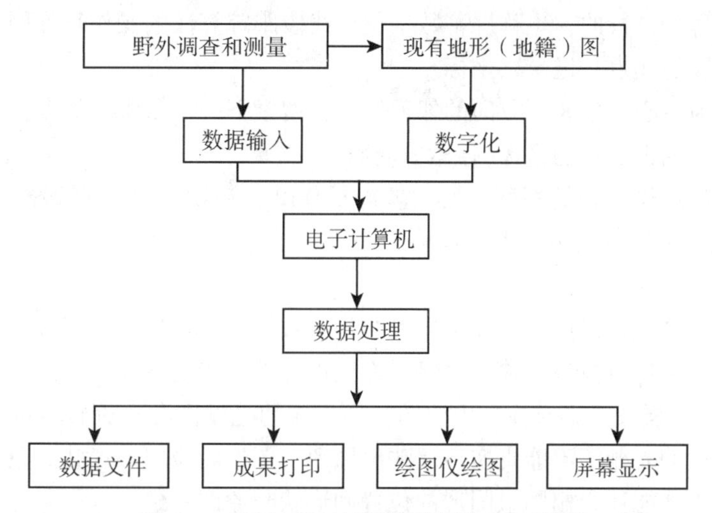

图 6-8　利用地形(地籍)图编制数字地籍图

1. 纸质原图扫描数字化

扫描仪获取的数据是大量记录为“黑白灰”或“彩色”的像元，必须经过大量的处理工作才能变成有用的数字图形数据，如房屋、道路和界线等。像元的大小取决于扫描仪的分辨率，部分扫描仪分辨率是可以调整的。纸质原图扫描数字化流程框图如图 6-9 所示。

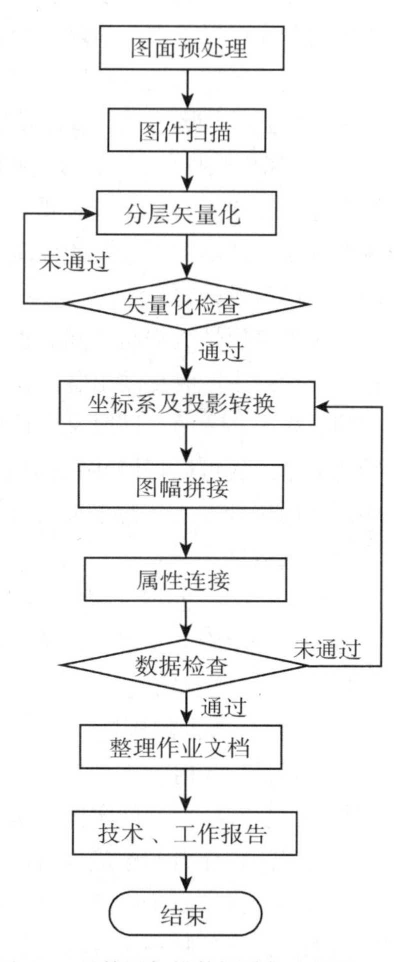

图 6-9　地籍图扫描数据采集流程图

(1)图面预处理。在进行扫描数字化前，首先进行图面预处理。图面预处理主要是检查相邻图幅的接边情况、线状要素的连续性、图斑界线是否闭合以及等高线是否连续、相接、与水系的关系是否正确等；标出同一条线上具有不同属性内容线段的分界点等；添补不完整的线划，如被注记符号等压盖而间断的线划，境界线以双线河、湖泊为界的部分均以线划连接；对图面上的各种注记标示清楚，包括图廓内外各种注记。

(2)分层矢量化。扫描仪获取的是栅格数据，应进行矢量化。矢量化是指将栅格图像数据转换为矢量图形的过程，一般的线段可做到自动跟踪矢量化，但由于地图上线划分布比较复杂，地物要素的多样、重叠、交叉以及一些文字符号、注记等，使得全自动跟踪矢量化比较困难。一般都采用人机交互与自动跟踪相结合的方法完成地图的矢量化，这一过程是在屏幕上进行的，也称屏幕数字化。线段跟踪算法的操作步骤如下：

①给定线段的起点，记录其坐标。

②以此点为中心，按8个方向的邻近像束，搜索下一个未跟踪的点，如果没有点则退出，若有点，则记下它的坐标(搜索方向)。

③将找到的点作为新的判别中心，转向操作②，依次循环，直到追踪到另一端点(结束点)，线段上所有点被自动跟踪出来。

④追踪结束。

矢量化是分层进行，作业人员可以参照相关数据库技术标准进行分层。分层矢量化完成后必须对成果进行检查，检查合格后方能进行下一步的工作。

(3)坐标系转换及投影转换。由原图扫描生成的光栅图存在旋转、位移和畸变等误差，没有纠正过的光栅图不能真实地反映出原图上图形的位置和形状。只有通过对扫描图的一系列纠正才能让光栅图上图形的位置和形状与原图一致。

平面坐标的转换是根据四个内图廓点及格网点的坐标采集和键盘输入的相应点高斯平面坐标的对应关系，求出坐标系的平移和旋转参数，最后使两坐标系统一。通过平面坐标的转换可以基本上消除图纸旋转、位移和畸变等误差。

当行政区域跨过两个以上3°带时则选择一个主带，将副带的数据转换到主带上来。如果数据源的投影方式与要求不吻合，则需要进行投影转换。

(4)属性数据的录入。属性数据包括定性数据和定量数据。定性数据用于描述地籍、地形等要素的分类或对要素进行标识，一般用拟定的属性码表示。定量数据则用于说明地籍、地形图等要素的性质、特征等。属性数据主要通过调查或相关资料处理来获取，用键盘进行输入。

可以将属性数据与空间数据组织在数据文件的同一记录中。采用这种记录方式可以在一个记录中同时反映出空间位置及其特征信息，但是当数据量很大时在数据管理过程中便显得很不灵活，同时又会造成很大的数据冗余，从而使数据处理时间增加，降低系统的效率。还可以将属性数据以单独的数据文件方式与空间数据文件并存于文件系统中。采用这种方式，对于某些具体应用可能是简单实用的，但局限很大，结构不灵活，难以实现数据共享。

(5)数据接边处理。数据接边是指把被相邻图幅分割开的同一图形对象的不同部分拼接成一个逻辑上完整的对象。在图形接边的同时要注意保持与属性数据的一致性，数据接边要满足限差要求。

(6)属性数据的连接。在输入空间数据时可以直接在图形实体上附加特征编码，但是当数据量较大时，这种交互输入的效率太低。因此，可以用特定的程序把属性与已数字化的点、线、面空间实体连接起来。这样只要求空间实体带有唯一的识别符即可，识别符可以用程序自动生成也可以手工输入。

数字图件中属于一个空间实体的属性项目可能有很多，可以将其放入同一个记录中，而该记录的顺序号或者是某一特征数据项可作为该记录的识别符。该识别符与所对应的空间数据的识别符一起构成了它们之间相互检索的纽带。

2. 数据编辑处理

由于数据采集和录入过程中，不可避免地会产生错误。因此，数据采集、录入完成后，要对其进行必要的编辑处理，以保证数据符合要求。

数据编辑处理指在数据获取和图形输出这两个阶段之间所进行的各种数据处理，数据检索、编辑与更新，以及执行建立图形的各种处理功能(如数据的选取、图形变换、各种专门符号的绘制、注记等)和为图形输出(如宗地图、地籍图)而进行的计算机处理，这些工作都是通过调用系统和应用程序来完成的。编辑处理的途径是采用图形显示编辑方法，即将每次的处理结果及时地在屏幕上显示，供编辑人员检查，以便对重复、遗漏或错误的数据进行编辑。编辑功能应包括：数据的添加、删除、修改，图形的分割、连接、显示、放大、选取、变换，以及线划、符号、注记和图廓整饰处理等。

数据编辑处理工作是按照检查错误、编辑修改、再检查、再编辑修改、再检查，循环进行的，直到满足质量控制要求为止。

(1)编辑方法如下：

①图形数据的编辑工作，一般利用土地信息系统软件提供的功能，或数据采集软件提供的编辑工具进行。图形数据的编辑工作包括点、线、面数据的增加、删除、移动、连接、相交等。对于带属性的图形数据，在编辑阶段，还要对其属性数据进行增加、删除或修改等。

②利用具有拓扑关系的地理信息系统软件建库时，还应建好拓扑关系，并对其进行检查。

③由于不同的软件，功能不同，对数据的编辑处理方式有一定的差异。因此可根据软件的功能，以数据结构设计为标准，进行不断的编辑处理。

④属性数据的编辑处理主要是检查表中记录数据的正确性，进行增加、删除、修改等。

(2)编辑处理的内容如下：

①扫描影像图数据的编辑处理包括几何纠正。

②空间数据的编辑处理包括精度检查、与影像图数据的匹配、节点平差、图幅拼接、拐点匹配、行政界编辑、权属编辑、地类界编辑、数据的几何校正、投影变换、接边处理、要素分层等。在编辑处理的每个过程中需不断检查修正。

③属性数据的编辑处理主要包括各数据记录完整性和正确性检查与修改等。

④在数据编辑处理阶段，应该建立和完善图形数据与属性数据之间的对应连接关系。

五、地籍图测绘方法的选择

针对不同的区域，可选择不同的测绘方法测绘地籍图：

(1)对城镇、村庄、独立工矿等区域，宜采用全野外数字测绘法。

(2)对农村区域，宜采用数字编绘法或数字摄影测量法；对经济发达的区域，也可采用全野外数字测绘法。

(3)对海域，综合建(构)筑物的密度、规模及其离岸地远近等因素，分别选择全野外数字测绘法、数字编绘法或数字摄影测量法。无居民海岛宜采用全野外数字测绘法或数字摄影测量法。

(4)应以地籍图为基础，充分利用权属调查成果，采用数字编绘的方法编制宗地图、宗海图(含无居民海岛)和房产分户图。

第三节　地籍图的测绘

本节主要介绍农村地籍图、城镇地籍图、村庄地籍图、土地利用现状图等的测绘。

一、农村地籍图的测绘

农村地籍图是以土地所有权和土地利用现状为主题的地籍图，突出表示土地所有权界址点、线和土地利用现状。农村地籍图的主比例尺为1∶1万，对社会经济发达的行政区域可采用1∶5000比例尺，在人口密度很低的荒漠、沙漠、高寒等地区可采用1∶5万比例尺。

农村地籍图应采用数字摄影测量方法成图，也可以利用已有的数字化的土地利用现状图和土地所有权属图编绘而成。农村地籍图可分为线划地籍图和正射影像地籍图。各地可以测绘其中的一种地籍图，也可以测绘两种地籍图。线划农村地籍图样图见图6-10。

一般情况下，分幅农村地籍图与分幅土地利用现状图同比例尺，它是以土地所有权调查成果和土地利用现状调查成果图为依据编制的。在土地所有权数据库和土地利用数据库中选取境界与政区(包括行政区、行政界线、行政区注记)、宗地要素(包括宗地、宗地注记)、界址线要素(包括界址线、界址线注记)、界址点要素(包括界址点、界址点注记)等内容，生成分幅农村地籍图。

二、城镇地籍图的测绘

城镇地籍图是以国有土地使用权为主题的地籍图，突出表示国有土地使用权界址点、线，其基本比例尺为1∶500，见图6-11。

在土地使用权调查的基础上，城镇地籍图应采用全野外数字测量方法成图，也可以利用已有的数字化城镇地籍图和土地使用权属调查图编绘而成。城镇地籍图制作线划地籍图。城镇地籍图覆盖的范围应与基本地籍图上相应图斑的覆盖范围一致。

三、村庄地籍图

村庄是指建制镇(乡)以下的村庄住宅区及乡村圩镇。由于农村地区采用1∶5000、1∶1万较小比例尺测绘分幅地籍图，因而地籍图上无法表示出村庄的细部位置，不便于村民宅基地的土地使用权管理。故需要测绘大比例尺村庄地籍图，用作农村地籍图的加细与补充，以满足地籍管理工作的需要。村庄地籍图是以土地使用权为主题的地籍图，突出表示土地使用权界址点、线，见图6-12。

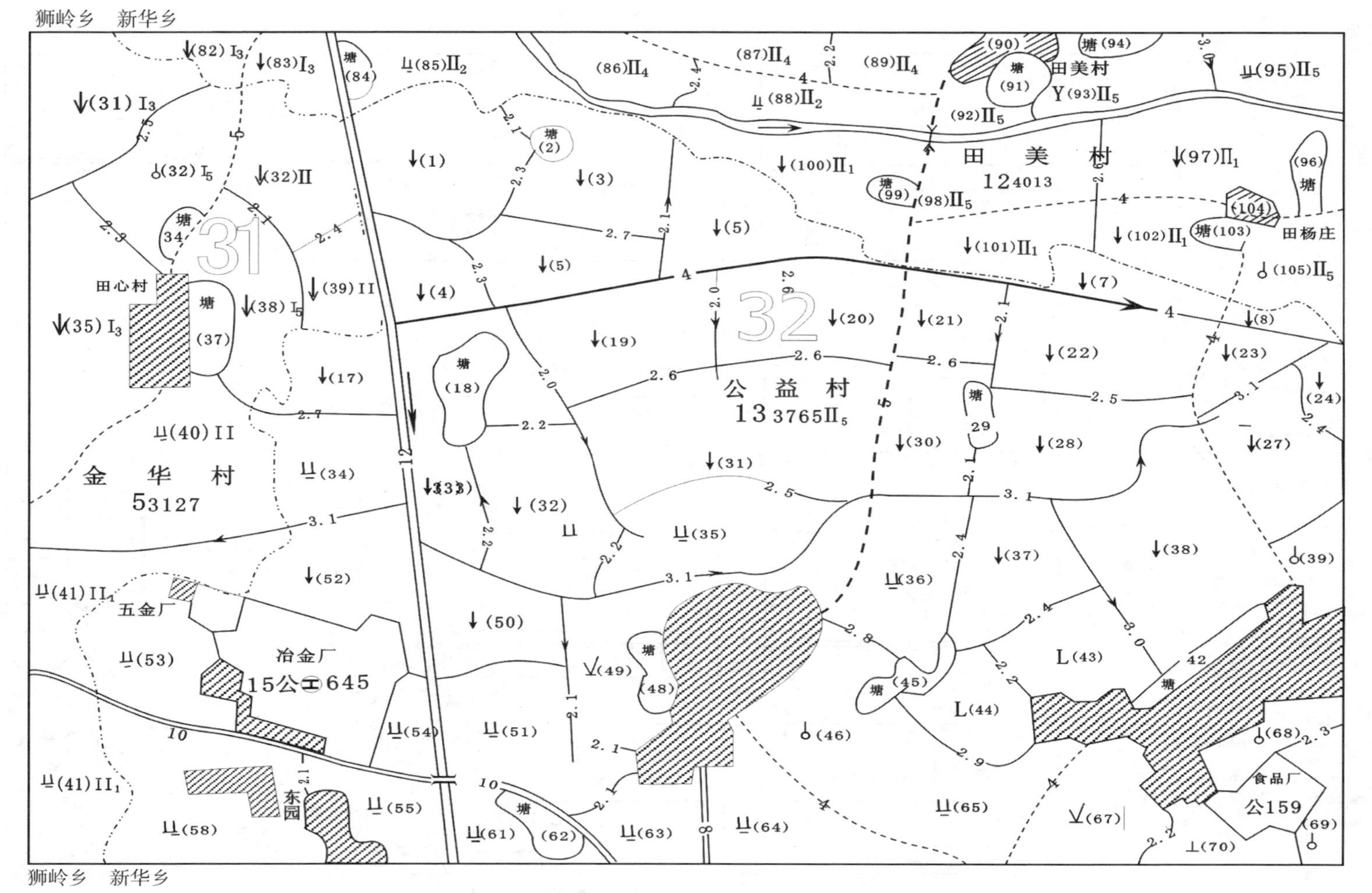

图6-10　农村地籍图样图

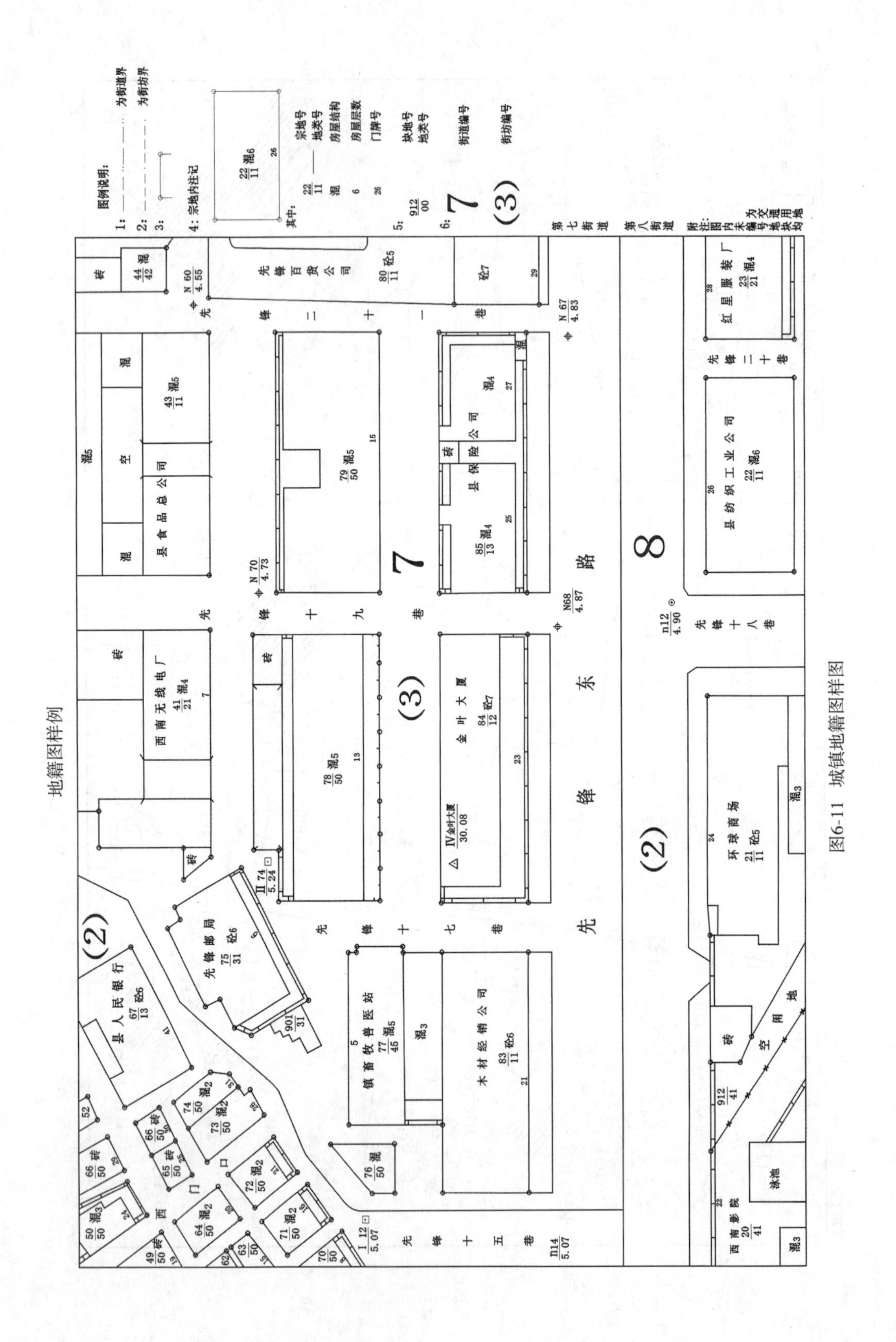

图6-11　城镇地籍图样图

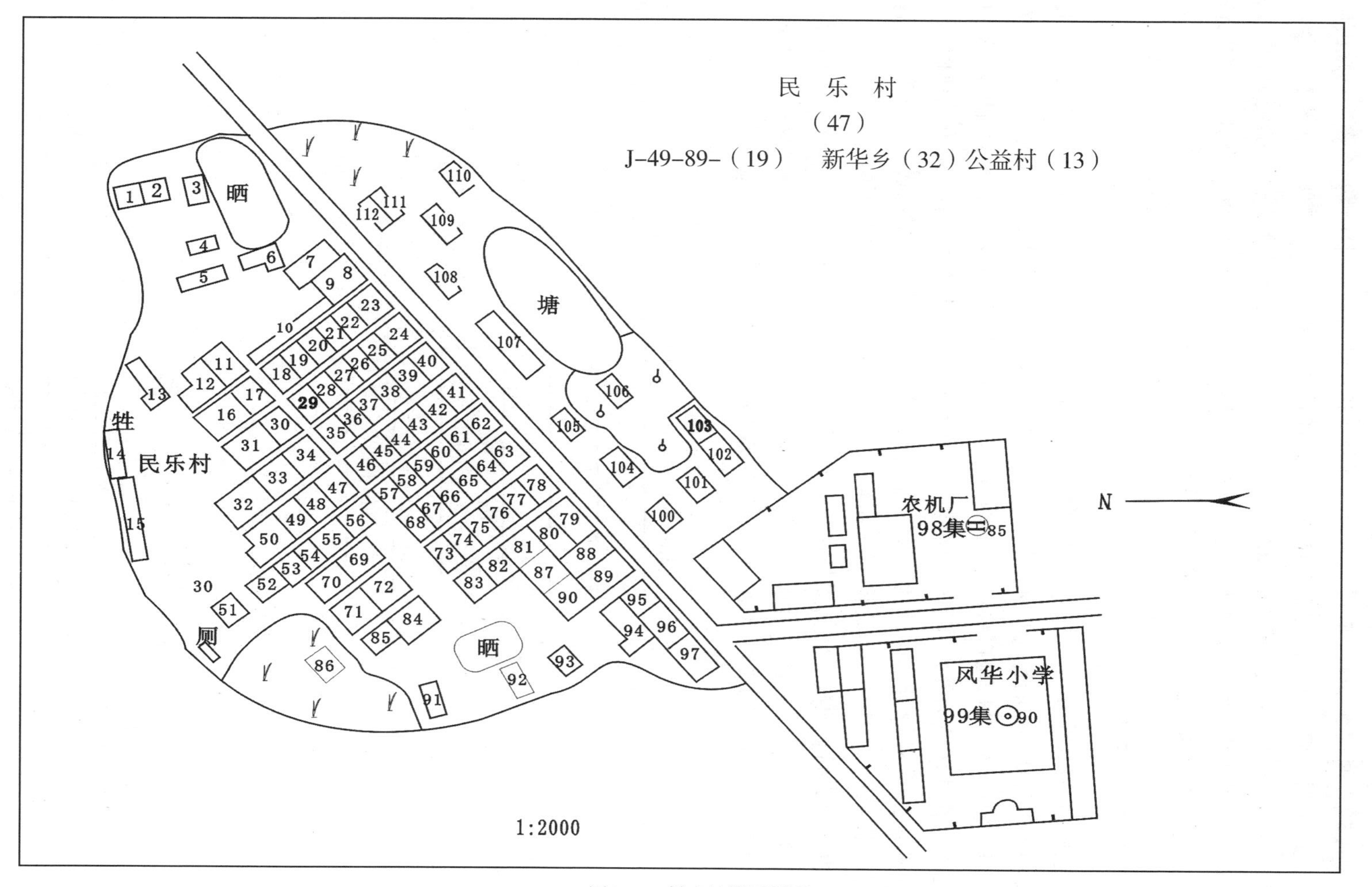

图6-12　村庄地籍图样图

村庄地籍图应采用全野外数字测量方法成图，也可以利用已有的数字化村庄地籍图和土地使用权属调查图编绘而成。一般线划制作村庄地籍图。村庄地籍图覆盖的范围应与农村地籍图上相应图斑的覆盖范围一致。村庄地籍图采用自由分幅以岛图形式测绘。

比例尺可选用 1∶500 或 1∶1000 或 1∶2000。必要时(如急用、投入的资金少等)，也可采用航摄像片放大，编制任意比例尺村庄地籍图。村庄内权属单元的划分、权属调查、土地利用类别、房屋建筑情况的调查与城镇地籍测绘相同。

四、土地利用现状图

土地利用现状图是土地利用现状调查工作结束需要提交的主要成果之一，它是地籍管理和土地管理工作的重要基础资料。土地利用现状图的成图主比例尺为 1∶1 万，对社会经济发达的行政区域可采用 1∶5000 比例尺，在人口密度很低的荒漠、沙漠、高寒等地区可采用 1∶5 万比例尺。分幅土地利用现状图应采用数字摄影测量方法成图，也可以利用已有的数字化的土地利用现状图编绘而成。分幅土地利用现状图可分为线划图和正射影像图。各地可以测绘其中一种地籍图，也可以测绘两种地籍图。

目前，分幅土地利用现状图是在数字环境下制作的。利用正射影像图作为调查底图，通过外业调绘、补测、矢量化等工作，建立土地利用数据库，利用数据库管理软件，制作土地利用现状图。土地利用现状图编制程序如下(见图 6-13)：

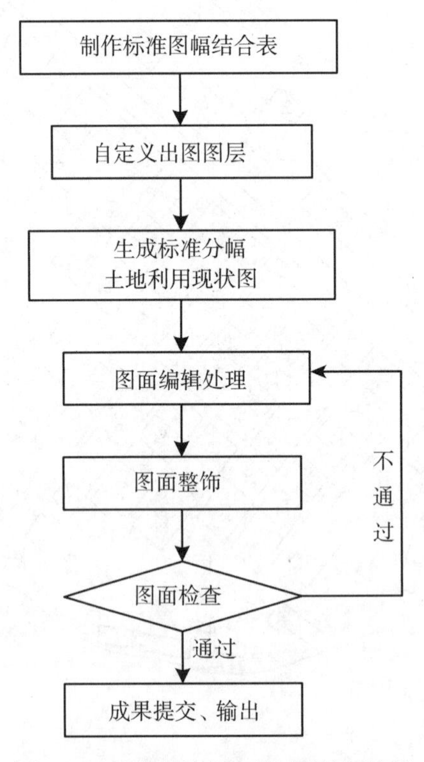

图 6-13　标准分幅土地利用图编制流程

(1)根据调查区范围，按照1∶1万标准分幅，制作调查区标准图幅的图幅结合表。图幅结合表可以根据标准分幅的图廓四个角点的大地坐标来制作。如果有标准分幅的大地坐标，也可以在调查区图斑文件中自动提取分幅参数，制作图幅结合表。

(2)按照相关的标准，选择标准分幅土地利用现状图的出图所需图层，如行政辖区、地类图斑、线状地物、零星地物、地类图斑注记等图层。

(3)按照图幅结合表可以自动生成单幅土地利用现状图，也可以批量生成土地利用现状图。

(4)对分幅图图面进行编辑处理。主要是对注记的压盖、文字大小、文字注记的位置、字型、线型、符号颜色等进行编辑，达到图式标准的要求。

(5)对分幅图图面进行整饰，对图框、图例、比例尺、指北针、图内注记和图外注记等进行编辑处理，达到图式标准的要求。

(6)对经编辑处理的分幅图进行检查，检查合格后输出分幅图。

第四节　不动产单元图的编绘

一、不动产单元图的特性和作用

不动产单元图是指描述不动产单元的位置、界址点、界址线、面积、相邻关系等要素的图件。包括宗地图、宗海图和房产分户图等。

(一)不动产单元图的特性

根据不动产单元图的含义和内容，不动产单元图有以下特性：

(1)是地籍图的一种附图，是地籍资料的一部分；

(2)图中数据都是实量得到或实测得到，精度高并且可靠；

(3)其图形与不动产单元图可以拼接；

(4)标识符齐全，人工和计算机都可方便地对其进行管理。

(二)不动产单元图的作用

基于以上特性，不动产单元图有以下作用：

(1)是不动产权利证书的附图，它通过具有法律手续的不动产登记过程的认可，使不动产权利人对不动产的使用或拥有感到可靠的法律保证。

(2)是处理不动产权属问题的具有法律效力的图件。

(3)在日常地籍调查中，通过对这些数据的检核与修改，较快地完成不动产单元的分割与合并等工作，直观地反映不动产单元变更的相互关系，便于日常地籍管理。

二、宗地图的编绘

宗地图是指描述宗地位置、界址点、界址线和相邻宗地关系及其定着物位置等要素的图件，是不动产登记簿和不动产权证书的附图。应以地籍图为基础，利用宗地调查表和宗地草图制作宗地图。日常地籍工作中，一般逐宗实测绘制宗地图，在更新地籍数据库之后，编制宗地图。按照权利类型划分，宗地图可分为土地使用权宗地图(图 6-14)和土地所有权宗地图(图 6-15)。应以地籍图为基础，利用地籍数据编绘宗地图，其比例尺和幅面应根据宗地的大小和形状确定，比例尺分母以整百数为宜。宗地图内容和编绘要求如下：

(1)宗地号、所在图幅号、宗地面积、地类号等。可不表示权利人的姓名或名称。

(2)本宗地界址点、界址点号、界址线、界址边长、门牌号码。其中门牌号码标注在宗地门牌号码的挂贴处。

(3)以幢为单位的房屋要素，包括房屋的幢号、建筑结构、总层数等；其中幢号可用(1)、(2)、(3)……表示，也可用(0001)、(0002)、(0003)……表示，幢号标注在房屋轮廓线内的左下角。

(4)用加粗黑线表示建筑物区分所有权专有部分所在房屋的轮廓线；如果宗地内的建筑物不存在区分所有权专有部分，则不表示。

(5)宗地内的地类界线、房屋、构(建)筑物及宗地外紧靠界址点、界址线的定着物、邻宗地的宗地号及相邻宗地间的界址分隔线。

(6)房屋的挑廊、阳台、架空通廊等以栏杆外围投影为准，用虚线表示。

(7)相邻的道路、街巷等名称。

(8)指北方向、比例尺、界址测量方法、制图者、制图日期、审核者、审核日期等。

(9)地籍调查成果中的宗地图上表示测绘单位的名称并加盖印章，不动产权证书附的宗地图上表示不动产登记机构的名称并加盖印章。

三、宗海图的编绘

宗海图是指描述宗海、界址点、界址线和相邻宗海关系及其定着物位置等要素的图件，是不动产登记簿和不动产权证书的附图。

宗海图包括宗海位置图和宗海界址图。宗海位置图用于反映宗海的地理位置；宗海界址图用于反映宗海的形状及界址点分布；当宗海位置图无法清晰反映各宗海间相对位置关系时，应增加反映同一用海项目内多宗宗海之间平面布置、位置关系的宗海平面布置图。宗海图的内容和编制方法按照相关技术标准执行。

无居民海岛开发利用图包括用岛范围图、建筑物和设施布置图。用岛范围图表示无居民海岛在海区中的位置及用岛范围在无居民海岛上的位置；建筑物和设施布置图表示用岛范围内建筑物和设施的分布。

四、房产分户图的编绘

房产分户图是指描述房屋等定着物单元位置、界线、结构、所在层、面积等要素的图件，是不动产登记簿和不动产权证书的附图。

以宗地图、宗海图(含无居民海岛开发利用图)为基础，以幢、层、套、间为单元，根据房屋权属调查和测量的结果绘制房产分户图。

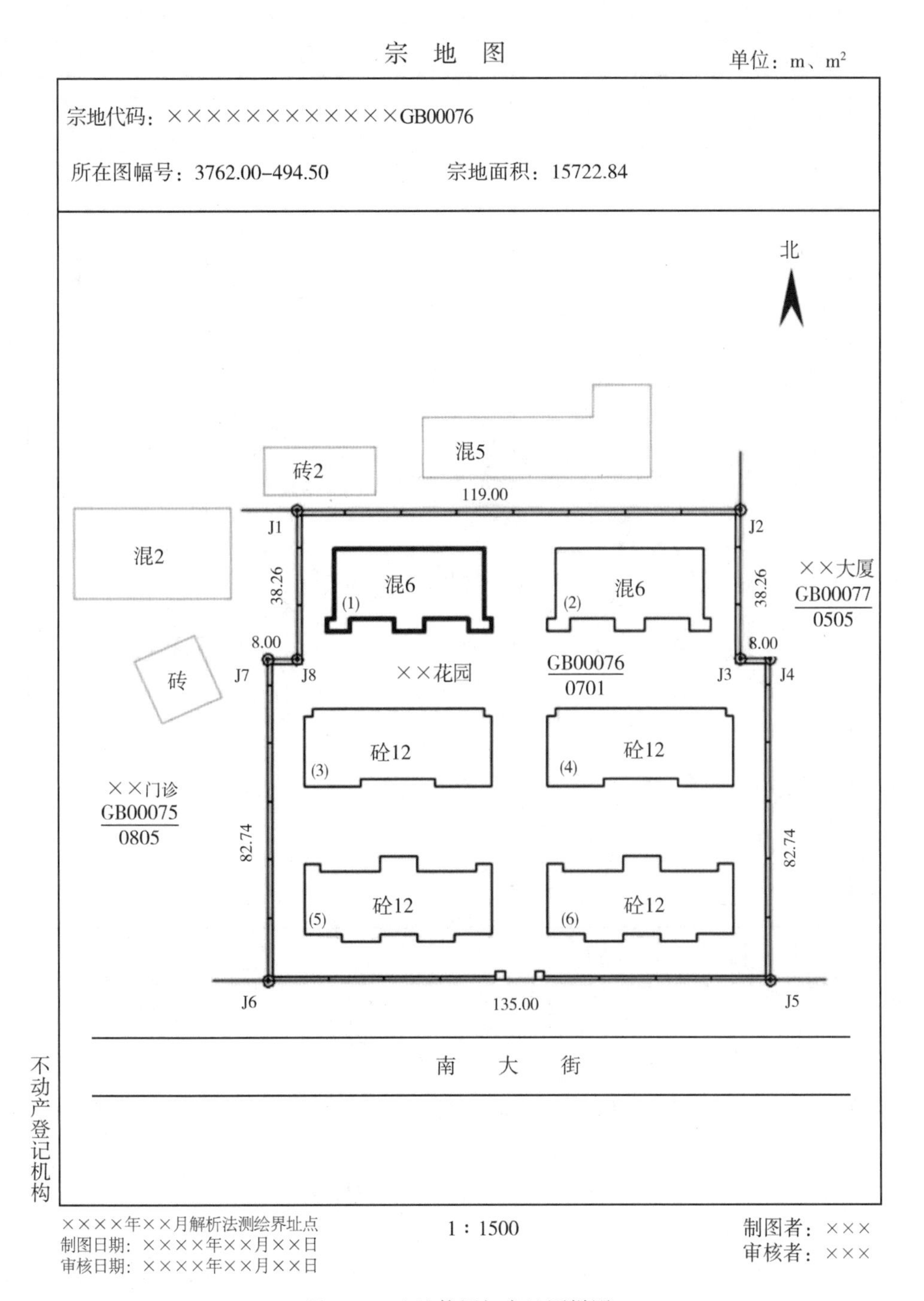

图 6-14　土地使用权宗地图样图

(一)房产分户图的规格

可根据房屋的大小设计房产分户图的比例尺，比例尺分母以整百数为宜。

房产分户图的方向应尽可能与分幅地籍图一致；如果不一致，房产分户图的方位应

图 6-15　土地所有权宗地图样图

使房屋的主要边线与轮廓线平行，按房屋的朝向横放或竖放，并在适当位置加绘指北方向。

可选用 A3、A4、A5、B5 等作为房产分户图的幅面。

(二)房产分户图的内容和绘制方法

以幢为单元的房产分户图，如果各层不一样，则按层分别绘制，不同层的空间投影范围一样，可只绘制一层的平面图，并注记"××层相同"；一张图纸上可绘制多层平面图；房产分户图的内容如下(图 6-16)：

(1)房屋轮廓线、实地丈量或解析房屋边长、专有部分权属界线、四面墙体的归属、比例尺、指北针、绘图员、绘制日期、绘制单位等；

(2)坐落、宗地号、户号、幢号、结构、所在层、总层数、专有建筑面积等标注在

单位：m、m²

宗地代码	××××××××××××GB00076	结构	混合	专有建筑面积	60.86
幢号	F0001	总层数	06	分摊建筑面积	7.56
户号	0017	所在层次	5	建筑面积	68.42
坐落	××××街66号××花园1期1栋1单元502室				

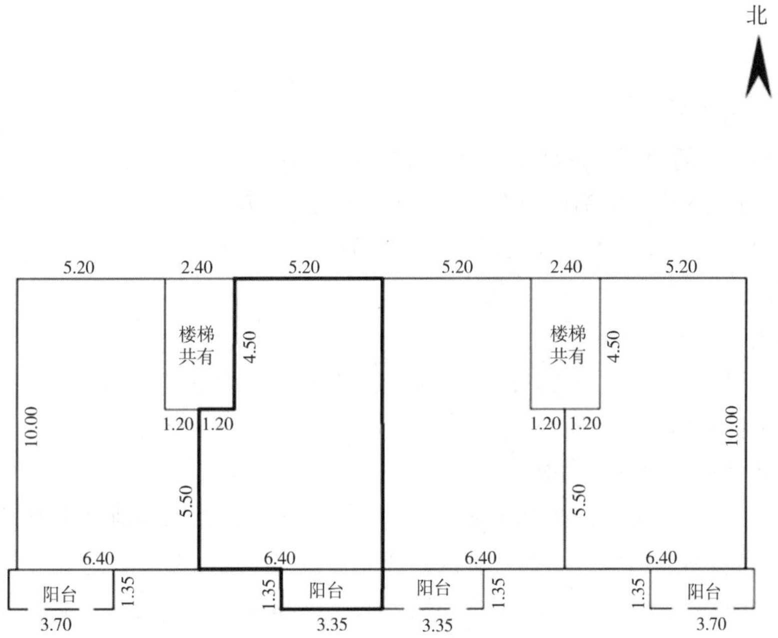

北

5.20 2.40 5.20 5.20 2.40 5.20

楼梯共有 4.50 楼梯共有 4.50

10.00 1.20 1.20 1.20 1.20 10.00

5.50 5.50

6.40 6.40 6.40 6.40

阳台 1.35 1.35 阳台 阳台 1.35 1.35 阳台

3.70 3.35 3.35 3.70

不动产登记机构

绘图日期：××××年××月××日

1∶200

图 6-16 房产分户图样图

房产分户图框内；

(3)楼梯、走道等共有部分，需在范围内加简注名称及用途；

(4)房屋权属界线(如墙体及其归属)；

(5)房屋轮廓线、房屋所有权界线与土地使用权界线三者重合时，用土地使用权界线表示；

(6)可将调查的房屋单元(幢、层、套、间)空间范围内左下角部位空间坐标(X、Y、H)作为房屋坐落的附加注释，标注在房产分户图上(空间标识)。

第五节　地籍挂图的编制*

现阶段，我国主要制作的地籍挂图有县级土地利用挂图、乡级土地利用挂图、城镇土地利用挂图、地籍索引图等。地籍挂图是地籍管理和土地管理工作的重要基础资料，必须认真编制。

一、概述

(一)成图比例尺

根据本地区的面积、形状来选择成图比例尺。挂图的比例尺是根据成图大小(如全开、两个全开)来计算比例尺的大小，一般采用1∶5万、1∶7.5万、1∶10万三种比例尺。乡(镇)级地籍挂图编图比例尺较大，一般为1∶5000、1∶1万或1∶2万，图幅大多为单开，也有少数双开的。

(二)图的基本内容

地籍挂图上应反映的内容有：图廓线及公里网线、各级行政界、水系、各种地类界及符号、线状地物、居民地、道路、必要的地貌要素、各要素的注记等。

(三)编图资料的收集与预处理

(1)基础资料。标准分幅基本地籍图、与成图比例尺相同的地理底图等。

(2)参考资料。收集最新的行政区划图、交通图、水利图等专题资料。

(3)缩小套合。将标准分幅基本地籍图缩小到和成图比例尺一致并与选择的地理底图套合。套合时，以地理底图控制，将调查的地类要素标绘上图。

(四)综合取舍的基本原则

(1)土地利用数据缩编应合理概括区域土地利用语义特征，图斑归并时应遵循土地利用类型属性邻近优先原则。

(2)土地利用数据缩编前后土地利用类型分布面积的视觉对比应保持一致，对主要一级地类的面积比例变化进行控制。

(3)土地利用数据缩编时应保持要素的区域分布特征，如土地利用类型图斑的大小、密度等区域特征及其区域之间的对比、道路网分布密度特征等。

(4)土地利用数据缩编时应考虑要素综合的优先级，次要地物避让重要地物。

(5)土地利用数据缩编时应保持要素的地理特征，如岸线的类型特征、水系分布特征等，保持特定要素的特殊形态特征，如建设用地、机场等的规则轮廓特征等。

(6)土地利用数据缩编后各要素之间的空间关系应协调，保持逻辑一致性。

(7)土地利用数据缩编应保证综合后要素的位置精度和属性精度，并保持数据完备性。

（五）综合取舍的主要技术要求

1. 图斑上图的技术要求

（1）图斑选取指标要遵循相关规程中各地类最小上图面积的规定。缩编后的图斑不仅要真实地反映各种类型的分布规律和特点，还须反映出各类型面积的对比关系（见图6-17）。

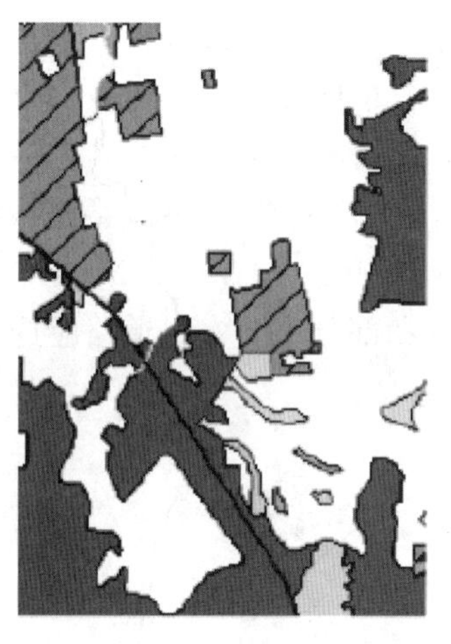

（a）1∶1万土地利用现状图图斑

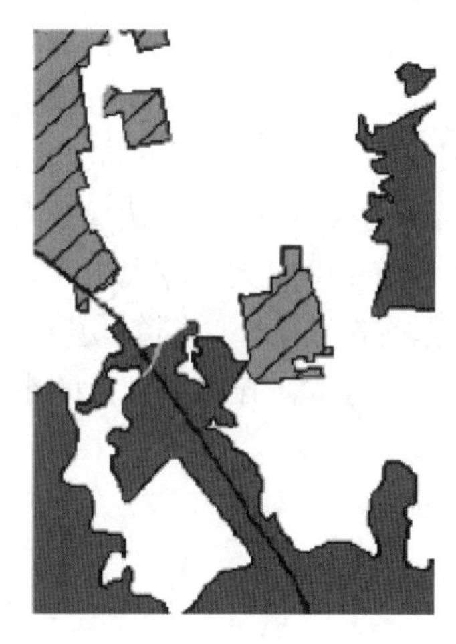

（b）1∶5万土地利用现状图图斑

图6-17　土地利用现状图图斑

（2）在确定图斑选取指标时，也不能一成不变。根据编图区土地利用的特点、地形、景观特征及图斑地区所占面积的大小和其重要程度的不同，进行调整。

（3）进行相邻地类图斑合并时，尽可能归并到性质最相近的地类；对地类图斑进行合并时，要考虑行政界线，在同一行政区域内进行合并。

（4）最小图斑间距指相邻的两个岛状图斑之间的最小间隙。1∶5万土地利用现状图中的最小图斑间距为0.8mm。

（5）湖泊、坑塘图上面积大于2mm^{2}的，一般全取；在湖塘密集区，作适量选取，但只取舍，不合并。水库，一般全取，图上面积大于2mm^{2}的依比例尺表示；小于2mm^{2}的用符号表示。在干旱地区，湖、水库图上面积在1.5～2.0mm^{2}之间的放大到2mm^{2}表示；小于1.5mm^{2}的可适当选取用点状符号表示。

（6）岛屿综合应保持岛屿轮廓形状特征和位置的准确性。图上面积大于1.5mm^{2}的一般应表示，小于1.5mm^{2}的一般可舍去，但具有重要意义的要酌情选取，并放大到1.5mm^{2}表示。为显示群岛、列岛的分布特征，还要适当选取一部分小于1.5mm^{2}的岛屿，并用实点表示。岛屿综合时，只能取舍，不能合并。海洋中的礁石应适当选取。

（7）根据主次的原则优先选取位于交通线、道路交叉口、关隘、国境线等地的村庄。城镇村及工矿用地图上面积大于上图指标的，一般全取，依比例尺表示；小于上图指标的，用点状地物表示。

2. 道路与水系上图的技术要求

(1)图上宽度小于 1mm 的道路用线状地物表示；河渠实地宽度大于 20m 时，依比例尺双线表示；河渠实地宽度小于(含)20m 时，不依比例尺用 0.1～0.4mm 渐变单线表示。

(2)图上长度 12mm 以上的道路予以保留，河渠的最小上图长度依据密度分区不同，保留指标为 8～12mm。

(3)小于 0.5mm×0.6mm 的道路、河渠、海岸线岸部弯曲细部，一般舍去拉直；地类图斑界线小于 0.5mm×0.6mm 的弯曲可综合(见图 6-18)。

(4)图上平行的河渠根据分布密度综合表示，保留的间距指标为图上 5～8mm。

(5)综合后极密、稠密区道路网眼大小为 3～4cm^2；中密区道路网眼大小为 4～6cm^2；稀疏区道路网眼大小应大于 6cm^2。

(6)高速公路、国道、省道、县道、乡镇道路和部分重要农村道路应选取。平原区农村道路可适当选取。丘陵、山区的小路应全部选取。

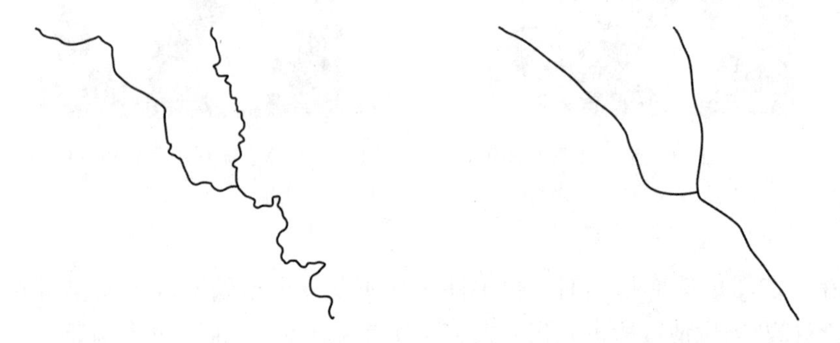

(a)1∶1 万土地利用现状图中线状地物　　(b)1∶5 万土地利用现状图中线状地物

图 6-18　土地利用现状图中线状地物

(7)选取河流、运河、沟渠时，按从大到小、由主及次的顺序进行，界河、独流河、连通湖泊的河流及荒漠缺水地区的短小河流必须选取。双线河中的拦水坝、水闸，择要选取。

(8)道路、沟渠、河流等条带状图斑，缩编后宽度达不到图斑最小宽度要求时，图斑退化为线状地物，取其中轴线，并按照前文要求对细部进行综合(见图 6-19)。

3. 行政界线

综合后行政界线应以相应比例尺区域行政区划图(由国务院或者省、自治区、直辖市人民政府批准)为准；当不同等级境界重合时，按最高级境界表示。

4. 注记

主要城镇村及工矿注记、水域及水利设施用地注记、交通运输用地注记、地类图斑注记、特征高程点注记等要选取，县(县级市)、乡(镇)、行政村以及部分重要的自然村注记要注记在各级政府所在地；注记清晰，主次分明，不压盖。

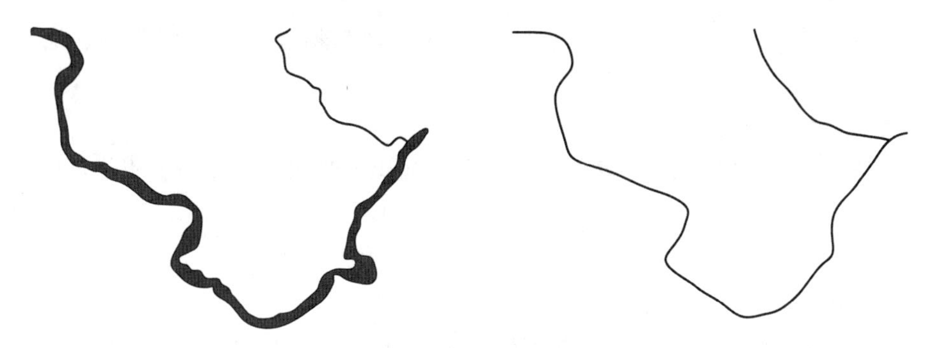

(a)1∶1万土地利用现状图狭长图斑　　(b)1∶5万土地利用现状图狭长图斑中轴化

图 6-19　土地利用现状图狭长图斑

二、城镇土地利用挂图的编制

根据城镇规模选择1∶5000、1∶1万或其他比例尺。以表示宗地和地类为主，进行相同或相近地类的综合取舍，上图面积为4mm^2。宗地不综合。保留界址线，不保留宗地号、界址点、图斑号等信息，不保留地类代码，用不同颜色区分土地类别。注记二级导线以上控制点、主要的地形地物要素、主要街道名称、大宗地名称、地籍区号、地籍子区号等。编制程序与乡(镇)级土地利用挂图的编制相同。

三、乡(镇)级土地利用挂图的编制

乡(镇)级土地利用挂图采用岛图形式，也是在土地利用数据库的基础上利用软件自动生成的。其编制的程序如下：

(1)建立数据字典。数据字典是系统工作处理的依据，记录了数据库系统整个运行中所需要的元数据信息，如地类编码、坡度码、权属代码、土地权属及单位、变更原因等信息。数据字典根据国家相关《规程》设计，用户可以根据各地的实际情况做进一步的修改和维护。数据字典中的乡级代码是数据库软件按照行政范围生成乡(镇)土地利用图件的基础。

(2)当制作的乡(镇)级土地利用挂图出图比例尺为1∶1万时，利用数据库软件，按照乡(镇)的行政范围自动生成土地利用挂图。

(3)按照本节"一、概述中(二)(五)"的要求对图面进行编辑处理。

(4)按照本节"一、概述中(二)(五)"的要求对图幅进行整饰。

(5)对挂图进行检查，检查合格后输出图件。

(6)当制作的乡(镇)级土地利用挂图出图比例尺为1∶2.5万或1∶5万时，需要对图件进行缩编，其方法与技术要求见县级土地利用挂图的编制部分。

四、县级土地利用挂图的编制

应按照下列要求编制县级土地利用挂图。

1. 收集资料

收集编图区的行政区划图件、各级政府及行政村所在地、地理名称、地形图资料等。

2. 制定缩编技术方案

确定技术路线、技术指标(如最小图斑上图面积、曲线压缩矢高、非临近图斑合并间距、中轴线地物最小上图宽度、切割并需合并图斑的面积阈值等)、设计图式符号，对工作做全面安排。

3. 数据缩绘

(1)若有与缩编图件一致的县(市)级行政界线时，首先进行行政边界套合。

(2)小图斑综合。小图斑是指缩编后面积小于上图面积的图斑。小图斑处理的方法有删除、合并、点转化、夸大。小图斑处理要以行政村为单位进行。

当缩编后小图斑达不到上图面积，且所处位置没有与其相同地类的小图斑存在聚集关系时，可以删除。

当小图斑呈现聚集态势时，为保证地类的分布特征，需要做非拓扑邻近图斑合并操作(图6-20)。

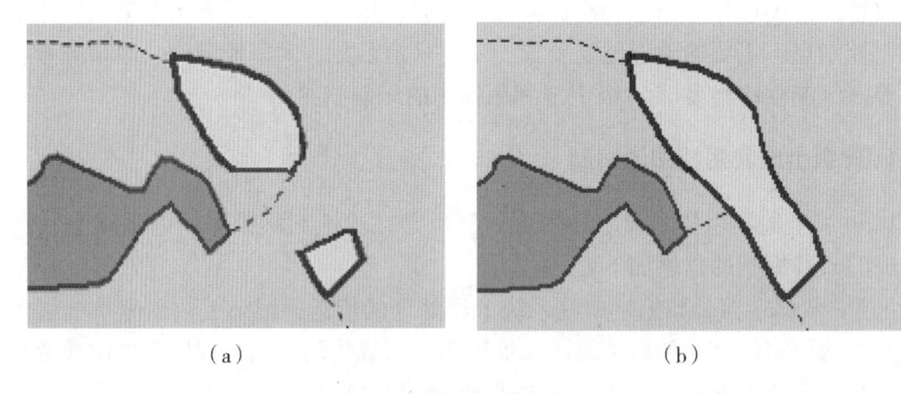

(a)　　(b)

图6-20　非邻近图斑合并

当小图斑的地类在某一区域分布特别少，且特别重要时，如沙漠戈壁地带的坑塘水面，其本身的意义重大，不能删除，故对该小图斑进行点转化。

当某地类小图斑分布少，且没有聚集态势，为保持图斑面积平衡，在删除一部分图斑的同时，夸大一部分图斑。选择夸大的图斑应能反映地类的分布特征，并且对周边的图斑没有影响。在特殊的地貌环境下，特别重要的小图斑，也需要夸大以表现其重要意义。

(3)中轴化。道路、沟渠、河流等在地理空间中呈狭长状的图斑在缩编后其宽度达不到上图宽度要求，需要由面状的图斑转化成为线状地物。中轴化时将选定的图斑地物转换成线状地物，并将原来的图斑沿中轴线剖分后按邻近关系合并到相关图斑中去。中轴化时按河渠、道路分层进行。当行政界线为带状图斑边界或中线时，中轴化后应与行政界线重合。

(4)线状地物综合。根据现状地物最小上图长度要求，删除长度不足的线状地物。对于线状地物密度较大的区域，根据河渠密度与道路密度指标，删除次要的、分支、断头的线状地物。删除时注意不要出现没有道路连接的村庄居民点。对于保留的现状地物还需对弯曲细部进行综合，一般是舍去拉直。

(5)边界化简。根据设定的弯曲深度、曲线压缩矢高、内插点间距等指标，对地类界进行化简。经过边界化简之后，地类界会变得圆滑，同时处理掉很多细节。如图6-21所示。

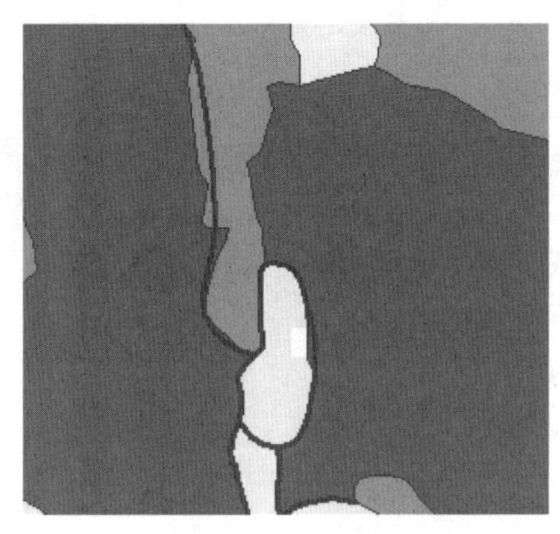
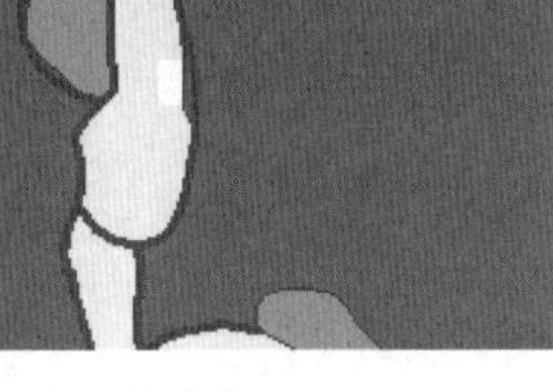

（a）化简前　　（b）化简后

图6-21　图斑边界化简前后对比

(6)邻近图斑融合。对图斑间距小于最小图斑间距指标的图斑进行融合。

4. 添加注记

要注记的内容包括村名、乡镇名、县名、河流、水库、湖泊、公路、铁路、风景名胜等名称。

5. 拓扑、属性检查及修改

在缩编工作完成后要对数据库的拓扑错误与属性错误进行检查并修改。

6. 按照本节“一、概述中(二)(五)”的要求对图幅进行整饰。

7. 成果输出

经图面检查合格后输出县级土地利用挂图。

五、地籍索引图的编制

为实现城乡一体化土地管理的目标，便于日常管理，应编制地籍索引图，用于检索不同类型的地籍图及其相关内容。地籍索引图以农村地籍图为基础编制，主要类型有地籍区与地籍子区索引图、不同比例尺调查区索引图及其他类型的索引图等。

(1)为便于检索和使用，地籍调查工作结束后，应以县级为单位编制地籍索引图。

(2)地籍索引图主要表达本调查区内地籍区、地籍子区以及不同比例尺测图区域的分区界线及其编号，主要道路、铁路、河流及和图幅分幅的关系。

(3)地籍索引图在地籍图分幅结合表的基础上参照地籍图缩小编制而成。地籍索引图的比例尺以一幅图能包含全调查区范围而定。

思 考 题

1. 什么是地籍图？多用途地籍图有哪些特征？我国现在主要测绘制作的地籍图有哪些？

2. 如何选择地籍图的比例尺？

3. 地籍图的主要内容有哪些？内容来源的途径有几种？地籍图上地形要素如何选取？

4. 测绘地籍图的方法有几种？对特定区域，如何选择测绘地籍图的方法？

5. 如何理解不动产单元图，有什么样的特征和作用？

6. 如何编制宗地图、宗海图和房产分户图？

7. 地籍图与地形图之间存在怎样的差异？

第七章 面积计算

面积是不动产单元大小的度量。面积计算是地籍测绘工作的核心内容。本章在厘清不动产面积重要性的基础上，构建了面积计算的方法体系，给出了各种面积计算方法的基本原理，阐述了土地、海域、房屋等建筑物面积计算的内容、方法以及面积精度估算的方法。

第一节 概 述

本章所指的面积计算包括土地面积计算、海域面积计算和房屋建筑面积计算。计算的土地、海域、无居民海岛、房屋建筑等面积数据是开展国土空间规划、制订国民经济计划、计算不动产市场交易价格、收取不动产费(税)、确定农业区划等工作的基础数据。

按照精度的高低，面积计算方法可分为解析法面积计算(简称解析法)和图解法面积计算(简称图解法)两种。利用高精度仪器设备实测坐标、边长、角度等元素计算面积的方法称为解析法面积计算；从图纸上量取坐标、边长、角度、网格数、格点数等元素计算面积的方法称为图解法面积计算。

按照计算模型或计算工具的不同，面积计算方法可分为坐标法、几何要素法、膜片法、求积仪法、沙维奇法、光电求积法、称重法以及电算法等方法。随着技术的进步和工具的更新，坐标法面积计算和几何要素法面积计算是未来计算土地面积、海域面积和房屋建筑面积的主要方法，其他方法较少使用或不再使用①。

解析法面积计算、图解法面积计算与坐标法面积计算、几何要素法面积计算相互组合，可综合得到四种面积计算方法，分别是：解析坐标法、解析几何要素法、图解坐标法、图解几何要素法。

第二节 面积计算原理

一、几何要素法

所谓几何要素法是指实地解析测量或图上图解测量边长、角度计算几何图形面积的

---

① 需要了解膜片法、求积仪法、沙维奇法、光电求积法、称重法以及电算法等方法的原理，请参阅詹长根、唐祥云、刘丽编著的《地籍测量学》(2001年，武汉大学出版社)，及其相关文献资料。

方法。这种方法多用于简单几何图形的面积计算，如三角形、矩形、梯形等。对于大于等于 4 条边的多边形，可将其划分为若干个三角形、矩形、梯形等几何图形，首先计算出这些简单几何图形的面积，再汇总计算出多边形面积。通常情况下，几何要素法主要用于小地块面积计算(如宅基地使用权宗地)和房屋建筑面积计算。

(一)三角形面积计算

如图 7-1 所示，可以测量 $\triangle ABC$ 的底边和高计算面积，也可以测量 $\triangle ABC$ 的边长和角度计算面积。计算公式如下：

$$P = \frac{1}{2}ch_c = \frac{1}{2}bc\sin A = \sqrt{p(p-a)(p-b)(p-c)} \tag{7-1}$$

其中 $p = (a+b+c)/2$。

(二) 四边形面积计算

如图 7-2 所示，可以测量四边形 $ABCD$ 的角度和边长计算面积，计算公式如下：

$$P = (ad\sin A + bc\sin C)/2 = [ad\sin A + ab\sin B + bd\sin(A + B - 180°)]/2 \tag{7-2}$$

如果四边形 $ABCD$ 为梯形，计算公式如下：

$$P = \frac{d^2 - b^2}{2(\cot A + \cot D)} \tag{7-3}$$

如果四边形 $ABCD$ 为矩形，则测量四条边长就可以计算面积。由于丈量时存在误差，计算公式如下：

$$P = (a+c)(d+b)/4 \tag{7-4}$$

如果测量了四边形 $ABCD$ 对角线的长度，则可以将其划分为两个三角形 BAD、BCD 或两个三角形 ABC、ACD，按照式(7-1) 计算三角形面积，然后将两个三角形面积相加得到四边形的面积。

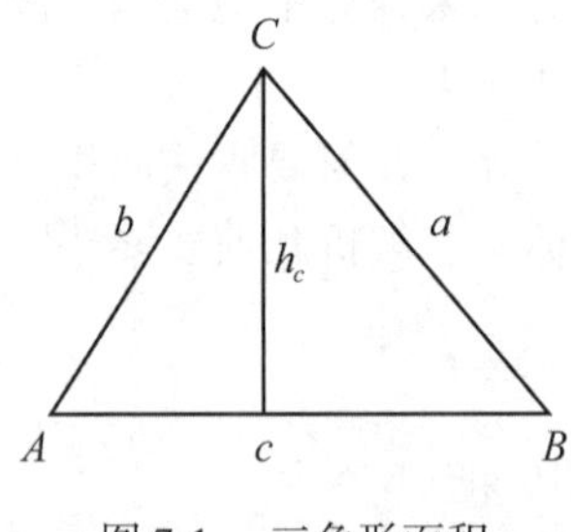

图 7-1　三角形面积

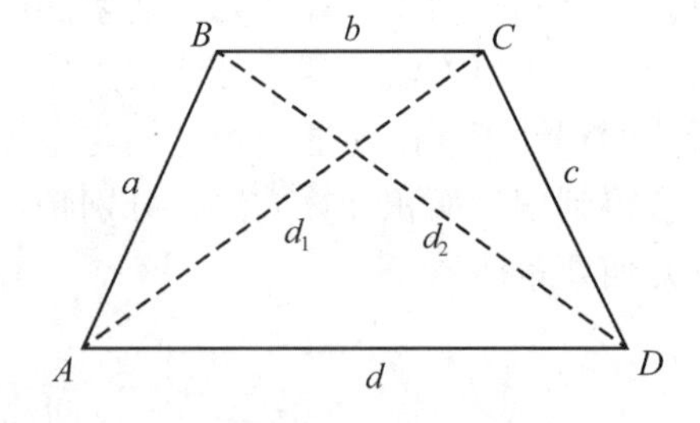

图 7-2　四边形面积

二、坐标法

坐标法是指实地解析测量或图上图解测量坐标计算几何图形面积的方法。这种方法适用于任意几何图形的面积计算。利用平面直角坐标(X，Y) 计算的面积为水平面面积，利用地理坐标(纬度 B、经度 L) 计算的面积为椭球面面积。

(一) 坐标法水平面面积计算

如图7-3所示，多边形$ABCDE$各顶点的坐标为(X_A, Y_A)，(X_B, Y_B)，(X_C, Y_C)，(X_D, Y_D)，(X_E, Y_E)，则多边形$ABCDE$的面积：

$$
\begin{aligned}
P_{ABCDE} &= P_{A_0ABCC_0} - P_{A_0AEDCC_0} \\
&= P_{A_0ABB_0} + P_{B_0BCC_0} - (P_{CC_0D_0D} + P_{DD_0E_0E} + P_{EE_0A_0A}) \\
&= \frac{(X_A + X_B)(Y_B - Y_A)}{2} + \frac{(X_B + X_C)(Y_C - Y_B)}{2} + \frac{(X_C + X_D)(Y_D - Y_C)}{2} + \\
&\quad \frac{(X_D + X_E)(Y_E - Y_D)}{2} + \frac{(X_E + X_A)(Y_A - Y_E)}{2}
\end{aligned}
$$

化成一般形式：

$$
\begin{aligned}
2P &= \sum_{i=1}^{n} (X_i + X_{i+1})(Y_{i+1} - Y_i) \\
2P &= \sum_{i=1}^{n} (Y_i + Y_{i+1})(X_{i+1} - X_i)
\end{aligned}
\tag{7-5}
$$

$$
\begin{aligned}
2P &= \sum_{i=1}^{n} X_i(Y_{i+1} - Y_{i-1}) \\
2P &= \sum_{i=1}^{n} Y_i(X_{i-1} - X_{i+1})
\end{aligned}
\tag{7-6}
$$

式中，X_i，Y_i为多边形转折点坐标。当$i-1=0$时，$X_0=X_n$，$Y_0=Y_n$；当$i+1=n+1$时，$X_{n+1}=X_1$，$Y_{n+1}=Y_1$。

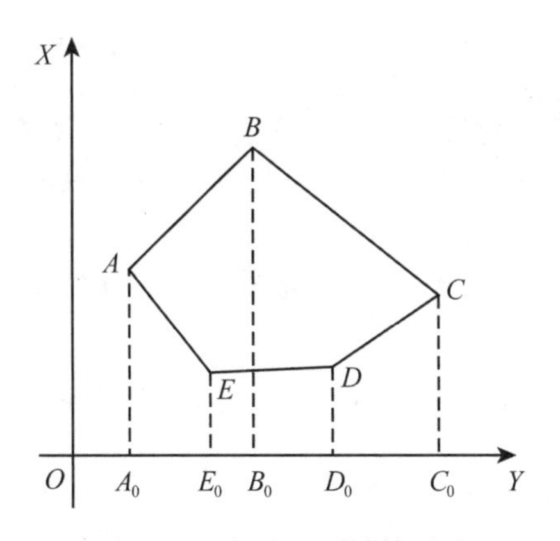

图7-3　坐标法面积计算图示

如果几何图形的边界是曲线，则几何图形转折点的个数就会很多，这种情形采用的面积计算方法可称为微分坐标法。转折点愈多，就愈接近曲线，计算出的面积愈接近实际面积。转折点个数的多少取决于面积计算精度的要求，而面积计算的精度取决于转折点的测量精度。当采用解析坐标法计算面积时，在实地设置曲线转折点(界址点)，应尽量使两点之间的曲线到两点之间直线的最大距离小于解析转折点的点位中误差的2倍，并使划进部分面积与划出部分面积相等，例如：取界址点点位中误差为5cm，则曲线到直线的最大距离为10cm；采用图解坐标法计算时，为了编制计算程序方便，给定固定的计算步长(曲线长度)设置计算面积的转折点；按照误差理论，计算步长以不超过地图的点位中误差的两倍为宜，例如：取地籍图上的点位中误差为0.6mm，则计算步长不应大于1.2mm。

(二)坐标法椭球面面积计算①

椭球面上任意几何图形面积计算的基本原理与坐标法水平面面积计算的原理相同，主要用于全国国土调查的地类图斑面积计算。如图7-4所示，几何图形$ABCD$各转折点的地理坐标为$A(B_1, L_1)$、$B(B_2, L_2)$、$C(B_3, L_3)$、$D(B_4, L_4)$、$E_i(B_i, L_i)$，则几何图形$ABCD$的椭球面积等于4个梯形图块(ABB_1A_1、BCC_1B_1、CDD_1C_1、DAA_1D_1)面积的代数和，即：

$$P = S_{ABCD} = S_{BCC_1B_1} + S_{CDD_1C_1} + S_{DAA_1D_1} - S_{ABB_1A_1} \tag{7-7}$$

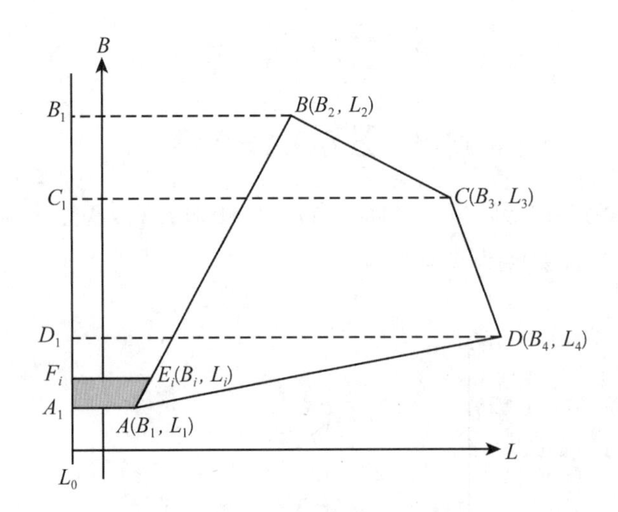

图7-4　坐标法椭球面面积计算图示

椭球面上任意直角梯形的面积计算公式如下(以直角梯形ABB_1A_1为例)：

$$S = 2b^2\Delta L\left[A\sin\frac{1}{2}(B_2 - B_1)\cos B_m - B\sin\frac{3}{2}(B_2 - B_1)\cos 3B_m + C\sin\frac{5}{2}(B_2 - B_1)\right.$$

$$\left.\cos 5B_m - D\sin\frac{7}{2}(B_2 - B_1)\cos 7B_m + E\sin\frac{9}{2}(B_2 - B_1)\cos 9B_m\right] \tag{7-8}$$

式中：

a—— 椭球长半径，m；

① 本节内容是根据全国第二次土地调查培训教材的相关内容编辑整理的。

b—— 椭球短半径，m；

ΔL——A、B 两点的经差，弧度；

$(B_2 - B_1)$——A、B 两点的纬差，弧度。

$B_m = (B_1 + B_2)/2$

$e^2 = (a^2 - b^2)/a^2$

$A = 1 + (3/6)e^2 + (30/80)e^4 + (35/112)e^6 + (630/2304)e^8$

$B = \quad (1/6)e^2 + (15/80)e^4 + (21/112)e^6 + (420/2304)e^8$

$C = \quad (3/80)e^4 + (7/112)e^6 + (180/2304)e^8$

$D = \quad (1/112)e^6 + (45/2304)e^8$

$E = \quad (5/2304)e^8$

通常情况下，测量的是高斯平面直角坐标。因此，需要将平面直角坐标变换为大地坐标(地理坐标)，坐标变换公式(高斯投影反算)如下：

$$\begin{aligned}
B = {} & B_f - \frac{1}{2}(V^2 t)\left(\frac{y'}{N}\right)^2 + \frac{1}{24}(5 + 3t^2 + \eta^2 - 9\eta^2 t^2)(V^2 t)\left(\frac{y'}{N}\right)^4 \\
& - \frac{1}{720}(61 + 90t^2 + 45t^4)(V^2 t)\left(\frac{y'}{N}\right)^6 \\
L = {} & \left(\frac{1}{\cos B_f}\right)\left(\frac{y'}{N}\right) - \frac{1}{6}(1 + 2t^2 + \eta^2)\left(\frac{1}{\cos B_f}\right)\left(\frac{y'}{N}\right)^3 \\
& + \frac{1}{120}(5 + 28t^2 + 24t^4 + 6\eta^2 + 8\eta^2 t^2)\left(\frac{1}{\cos B_f}\right)\left(\frac{y'}{N}\right)^5 \\
& + \text{中央子午线经度值(弧度)}
\end{aligned} \tag{7-9}$$

式中：

$y' = y - 500000 - \text{带号} \times 1000000$；

$E = K_0 x$；

$B_f = E + \cos E(K_1 \sin E - K_2 \sin^3 E + K_3 \sin^5 E - K_4 \sin^7 E)$；

$t = \tan B$；

$\eta^2 = e'^2 \cos^2 B$；

$N = C/V$，$V = \sqrt{1 + \eta^2}$；

K_0，K_1，K_2，K_3，K_4 为与椭球常数有关的量。

如图 7-4 所示，求几何图形(多边形)$ABCD$ 面积的程序和方法为：

(1) 对几何图形(多边形)的转折点连续编号(顺时针或逆时针)$ABCD$，提取各转折点的高斯平面直角坐标 $A(X_1, Y_1)$，$B(X_2, Y_2)$，$C(X_3, Y_3)$，$D(X_4, Y_4)$；

(2) 利用坐标变换(高斯投影反解)式(7-9)，将高斯平面直角坐标换算为相应大地坐标 $A(B_1, L_1)$，$B(B_2, L_2)$，$C(B_3, L_3)$，$D(B_4, L_4)$；

(3) 给定一经线 L_0(如 $L_0 = 114°$)，这样多边形 $ABCD$ 的各边 AB、BC、CD、DA 与 B 轴就围成了 4 个梯形图块(ABB_1A_1、BCC_1B_1、CDD_1C_1、DAA_1D_1)；

(4) 由于在椭球面上同一经差随着纬度升高，梯形图块的面积逐渐减小，而在同一纬差上等经差梯形图块的面积相等，所以，将梯形图块 ABB_1A_1 按纬差分割成许多个小梯形图块 $AE_iF_iA_1$(微分坐标法)，用式(7-8) 计算出各小梯形图块 $AE_iF_iA_1$ 的面积 S_i，然后累加 S_i 就得到梯形图块 ABB_1A_1 的面积。同理，依次计算出梯形图块 BCC_1B_1、CDD_1C_1、DAA_1D_1 的面积，则任意多边形 $ABCD$ 的面积 P 由式(7-7) 计算得到。

具体计算时，要注意两点：一是，用式(7-8) 计算面积时，B_1、B_2 分别取沿转折点编号方向的前一个 E_i 转折点、后一个 E_{i+1} 转折点的大地纬度，ΔL 为沿转折点编号方向的前一个 E_i 转折点、后一个 E_{i+1} 转折点的大地经度平均值与 L_0 的差；二是，梯形图块 $AE_iF_iA_1$ 小到什么程度(称之为计算步长)，才能够使计算的面积接近真实的椭球面积？从理论上讲，当然是越小越接近真实面积，但计算量也会不断增大；从测量误差的视角，E_i、E_{i+1} 两点之间的长度不宜小于地图点位中误差的 2 倍，例如全国国土调查的土地利用现状图的点位中误差为图 0. 6mm，则计算步长不应小于图上 1. 2mm。

三、图解法面积计算的改正

如果工作底图由纸质图纸通过扫描数字化的方法得到，由于图纸存在变形，当采用图解法计算面积时，应对计算的结果进行改正。设 L 为图纸上量得的直线长度，L_0 为相应的实地水平距离图上长度，r 为变形系数，则有 $r = (L_0 - L)/L$。改正后的面积为：

$$P_0 = P + 2Pr \tag{7-10}$$

其中，P 为量算出的面积，P_0 为改正之后的面积。式(7-10)适用于任何形状的图形面积，并且与图形所处的方位无关。

四、地表面上地块的水平面面积计算

如果边长、角度是从实地水平量取的，采用几何要素法计算的面积为地表水平面面积；如果是从图上量取坐标或边长、角度，则采用坐标法、几何要素法计算的面积为地籍图投影面上的水平面积；如果坐标是采用解析法测量的，采用坐标法计算的面积为投影面上的水平面积。因此，图解法和解析坐标法计算的面积是投影面上的水平面的面积，不是地表水平面的面积。

在地籍测量工作中，测量的坐标投影面或地籍图的投影面是高斯平面。根据地籍控制测量的相关知识可知，同名线段在地表水平面的长度与高斯平面上的长度不相等，其差值为投影形变长度。投影形变长度由两部分构成，一是地表水平面长度投影到参考椭球面的形变长度，二是椭球面投影到高斯平面的形变长度。面积计算的基本单元是宗地、宗海、地类图斑等，其投影面水平面积与地表面水平面面积之差主要由高程引起。

如图 7-5 所示，设 L 为地球表面的水平长度；P 为地表水平面面积；L_0 为投影面上的长度，P_0 为投影面上的水平面积；H 为地表水平面到投影面的高度，为方便计算取水准高程，R 为地球半径，取 6730km，根据高斯投影形变的计算公式，则有：

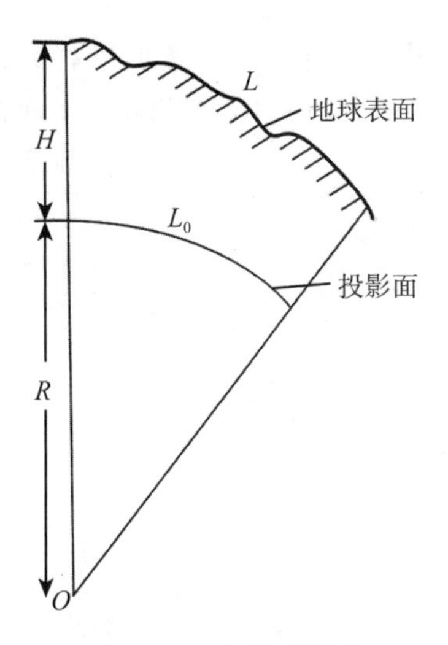

图 7-5　面积投影图示

$$\frac{L}{L_0}=\frac{R+H}{R}=1+\frac{H}{R}$$

由于相似图形面积之比等于其相应边平方之比，则有

$$\frac{P}{P_0}=\left(\frac{L}{L_0}\right)^2=1+\frac{2H}{R}+\frac{H^2}{R^2}$$

略去微小项，则得

$$P=P_0\left(1+\frac{2H}{R}\right) \tag{7-11}$$

式中：$\frac{2H}{R}$为投影形变引起的改正系数。

利用不同的高程 H，可以得出不同的改正数，由表 7-1 可以看出，如果测定面积的误差不大于 1/2000，则在图上测定海拔 1500m 以内的高程面上的面积时，可以不考虑高程影响的改正。

表 7-1　高程引起的投影形变的改正系数

H/m	$2H/R$	H/m	$2H/R$
100	1 : 3200	2000	1 : 1600
500	1 : 6400	2500	1 : 1270
1000	1 : 3200	3000	1 : 1060
1500	1 : 2100	3500	1 : 910

五、地表面上地块的倾斜面面积计算

这是一个比较复杂的问题，通常地面不是一个平面，更不是一个水平面。为方便理解，对于宗地、地类图斑等面积计算单元，其地面可看成近似倾斜面，如图 7-6 所示。设 P_α 为地表倾斜面的面积，P_0 为 P_α 所对应的地表水平面积，其倾斜角为 α，则：

$$P_\alpha = b \times L_\alpha = b \times \frac{L_0}{\cos\alpha} = \frac{P_0}{\cos\alpha} \tag{7-12}$$

$$\cos\alpha = 1 - \frac{\alpha^2}{2!} + \frac{\alpha^4}{4!} - \cdots$$

上式中 α 为弧度。取前两项，可得近似公式：

$$P_\alpha \approx \frac{P_0}{1 - \frac{\alpha^2}{2}} \approx P_0\left(1 + \frac{\alpha^2}{2}\right) \tag{7-13}$$

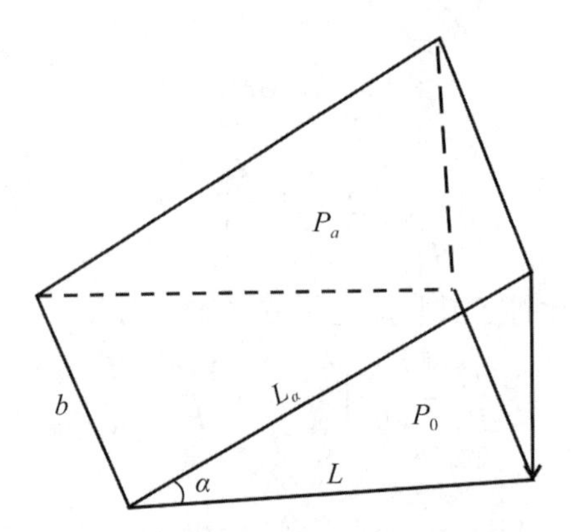

图 7-6　倾斜面积与水平面积图示

式中，$\frac{\alpha^2}{2}$ 是地表水平面面积改正为地表倾斜面面积的改正系数。如表 7-2 所示，随着 α 的增大，面积的改正数越大。

表 7-2　地表面积改正为倾斜面面积的改正系数

α	α²/2	α	α²/2	α	α²/2	α	α²/2	α	α²/2
0.6	1 : 18240	4.0	1 : 410	7.4	1 : 120	10.8	1 : 56	14.0	1 : 33
1.1	1 : 5427	4.6	1 : 310	8.0	1 : 103	11.3	1 : 51	14.6	1 : 31
1.7	1 : 2272	5.1	1 : 252	8.5	1 : 91	11.9	1 : 46	15.1	1 : 29
2.3	1 : 1241	5.7	1 : 202	9.1	1 : 79	12.4	1 : 43	15.6	1 : 27
2.9	1 : 781	6.3	1 : 165	9.6	1 : 71	13.0	1 : 39	16.2	1 : 25
3.4	1 : 568	6.8	1 : 142	10.2	1 : 63	13.5	1 : 36	16.9	1 : 23

注：表中 α 的单位为度，计算时 α 需要转换为弧度。

第三节　土地面积计算①

土地面积计算的基本单元是宗地和图斑。在土地管理工作中，常常要求计算汇总某一区域范围内多种层级的土地面积，如县区、乡镇、行政村等，因此，土地面积统计也是土地面积计算的重要内容。

一、宗地面积计算

地籍总调查时，集体土地所有权和土地承包经营权的宗地面积主要采用图解坐标法计算；建设用地使用权的宗地面积主要采用解析坐标法计算。日常土地管理工作中，根据实际需要，解析法和图解法都可以用来计算宗地的面积。根据宗地权利人的情况，宗地面积计算的内容和方法是不一样的。

(一)面积计算的内容和方法

只有一个权利人的宗地(独立宗)，计算宗地面积，也称为用地面积；如果是建设用地使用权宗地，还应计算幢建筑占地面积(也称基底面积)、宗地总建筑占地面积。

对于有多个权利人的宗地(共有宗或共用宗)，除计算宗地面积外，还需要计算各权利人的用地面积，它由三部分构成，即权利人用地面积=分摊的基底面积+分摊的共用面积+独用土地面积：

(1)分摊的基底面积，即宗地内各权利人应分摊到的基底面积。

(2)分摊的共用面积，即宗地内各权利人应分摊到的除基底面积以外的土地面积。

(3)独用土地面积，是指宗地内各土地权利人单独使用的土地面积。如自购花园面积等。

(二)分摊土地面积的原则

1. 按照协议分摊的原则

各权利人已签订了合约，并在合约中明确了各权利人的土地份额或面积的，则按合约中的份额或面积计算各权利人的土地面积。

2. 按比例分摊的原则

对共用宗，各权利人没有特别约定的，则以各权利人拥有的房屋建筑面积或建筑占地面积按比例分摊共用土地面积。这个原则主要是针对建设用地使用权宗地的土地面积分摊。

3. “谁使用、谁分摊”的原则

(1)建筑占地面积由本幢建筑物内权利人共用，则分摊到本幢的权利人。

(2)宗地内的公共道路、绿地等由宗地内所有权利人共用，则分摊到宗地内所有的权利人。

---

① 海域面积计算的内容和方法与本节的内容基本相同，不再赘述。

(3) 仅为本宗地权利人服务的学校、医院、市场等，则分摊到宗地内所有的权利人。

(4) 服务于社会的学校、医院、市场等，权利人为政府机关或事业单位，则作为独立的权利人，与宗地内的权利人一起参与分摊土地面积。

(5) 对不应分摊的共有建筑面积，单独成为综合主体，分摊土地面积。

(6) 权利人的独用土地，归该权利人使用，不参与分摊。

(7) 宗地内的城镇公共设施(道路、绿地、广场等)，不参与分摊。

(8) 权源材料中规定地表停车位单独设置用益物权的土地，不参与分摊。

(三) 分摊土地面积的方法

分摊土地面积的方法有建筑面积分摊法和建筑占地面积分摊法。

1. 建筑面积分摊法

建筑面积分摊法包括建筑面积两步分摊法、房基地分摊法和容积率分摊法三种。

(1) 建筑面积两步分摊法。是指按照权利人的建筑面积占所在幢总建筑面积的比例分摊该幢建筑占地面积，然后按照权利人的建筑面积占宗地总建筑面积的比例分摊其他共用面积的方法。其中幢总建筑面积是幢建筑面积与幢分摊的共有建筑面积之和。计算公式如下：

$$分摊建筑占地面积=\frac{本幢建筑占地面积}{本幢总建筑面积}\times权利人建筑面积$$

$$分摊其他共用土地面积=\frac{宗地总面积-宗地总建筑占地面积-宗地内独用土地面积之和}{宗地总建筑面积}\times权利人建筑面积$$

权利人土地面积=分摊建筑占地面积+分摊其他共用土地面积+独用土地面积

(2) 房基地分摊法。是指以幢为单位，按照权利人的建筑面积占所在幢总建筑面积的比例分摊该幢建筑占地面积的方法。其中幢总建筑面积是幢建筑面积与幢分摊的共有建筑面积之和。分摊计算公式如下：

$$分摊土地面积=\frac{本幢建筑占地面积}{本幢总建筑面积}\times权利人建筑面积$$

权利人土地面积=分摊土地面积+独用土地面积

(3) 容积率分摊法。是指容积率作为分摊系数分摊土地面积的方法。计算公式如下：

$$分摊土地面积=\frac{宗地总面积-独用土地面积}{宗地总建筑面积}\times权利人建筑面积$$

权利人土地面积=分摊土地面积+独用土地面积

2. 建筑占地面积分摊法

建筑占地面积分摊法是指按照权利人的建筑占地面积占宗地内总建筑占地面积的比例分摊宗地面积的方法。计算公式如下：

$$分摊土地面积=\frac{宗地总面积-独用土地总面积-各权利人建筑占地面积之和}{各权利人建筑占地面积之和}\times权利人建筑占地面积$$

权利人土地面积=分摊土地面积+独用土地面积

（四）分摊土地面积的程序

以宗地为单位，宜按照资料准备、共用面积的认定、分摊方法的选择、分摊计算和成果整理与归档的次序进行土地面积的分摊计算。

1. 资料准备

准备土地面积分摊计算所需要的资料和数据，包括宗地面积、宗地总建筑面积、宗地总建筑占地面积、幢建筑占地面积、幢建筑面积、权利人建筑面积等。

2. 共用面积的认定

认定宗地内的建筑占地、公共道路、绿地、城镇公共设施、独用土地、仅为本小区服务的学校医院市场及其服务于社会且权利人为政府机关或事业单位的用地范围，确定应分摊的土地面积及其分摊土地面积的主体。

3. 分摊方法的选择

根据共用面积的认定情况和房改房、还建房情况，选择不同的土地面积分摊方法。

（1）对宗地界址清晰的住宅小区、混合型小区（如商住混合型小区、商住公混合型小区）等，宜选择建筑面积两步分摊法分摊共用土地面积。

（2）对宗地界址清晰的住宅小区、混合型小区（如商住混合型小区、商住公混合型小区）等，如果宗地内各幢建筑占地面积相等，且各幢总建筑面积相等，则可选择容积率分摊法分摊共用土地面积。

（3）对宗地界址清晰分期建设的住宅小区（未全部建成），宜选择房基地面积分摊法分摊共用土地面积，待宗地范围内的建设全部完成后，则应采用建筑面积两步分摊法分摊共用土地面积。

（4）对无明显用地界线的房改房小区及其他类型开放小区等，可选择房基地面积分摊法分摊共用土地面积，待明确宗地界址后，宜采用建筑面积两步分摊法分摊共用土地面积。

（5）对宗地界址清晰，各权利人独自拥有的建筑物的用地范围，如平房大院、纯别墅住宅小区等，应采用建筑占地面积分摊法分摊共用土地面积。

4. 分摊计算

根据选定的共用土地面积分摊计算方法，作业队伍自行设计表格或计算程序进行面积分摊计算，并计算出每个权利人的分摊土地面积。计算时，应进行整体与局部的检核，检核的总体要求如下：

（1）宗地总面积等于总分摊面积与不分摊面积之和。

（2）总分摊面积等于应分摊的建筑占地面积与其他共用面积之和。

（3）幢分摊的建筑占地面积等于幢内所有权利人分摊到的建筑占地面积之和。

（4）宗地其他共用面积等于宗地内所有权利人分摊到的其他共用面积之和。

5. 成果整理与归档

计算完成后，应将所有的计算成果整理归档。计算成果至少包括：

(1)宗地内不应分摊的共有建筑面积表。

(2)宗地共用面积认定表。

(3)幢建筑占地面积分摊表。

(4)其他共用面积分摊计算表。

二、地类图斑面积计算

地籍图斑面积计算包括单个图斑面积计算和区域面积汇总统计两部分内容。日常土地管理工作中，往往只关注计算某一图斑的面积，采用图解计算即可。对于全覆盖的土地调查，不仅需要采用图解法计算一个图斑的面积，更重要的是要汇总统计一个区域的分类面积，包括权属分类面积、地类分类面积等。为此，会涉及各种问题，如不同层级土地总面积之间的面积汇总协调一致、不同层级土地面积计算精度、如何防止计算层次多导致的出错等问题。因此，土地调查中图斑面积计算及其汇总统计有着更加明确的原则约束和有效的面积计算控制。

(一)计算的原则

图斑面积计算应遵循“从整体到局部，层层控制，分级量算，块块检核，逐级按比例平差”的原则，也可表述为“分级控制、分级量算、分级平差”的原则。

(二)计算的方法

通常情况下，地类图斑面积采用图解法计算。计算的面积为地图投影面的水平面积。一个区域全覆盖土地调查的地类图斑面积的投影面应该是同一投影面。不同投影面的面积存在理论上的差值。差值的大小按照本章第五节“四、图解法两次独立计算面积的较差”所述的方法估算。

(三)分级控制与分级平差的方法

面积计算控制是相对的，二级被一级控制，又对下一级起控制作用，控制级别越高，精度要求就越高。下面是三种分级控制与分级平差的方法。

第一种方法：行政区划面积控制法。这种方法适用于县级行政区全覆盖土地调查。一是以国家土地行政主管部门根据相关规定计算出县级行政区划的总面积，编制县级行政区划界线矢量数据，下发到县级土地行政管理部门作为土地调查的首级控制面积；二是在县级行政区划内，图解计算乡级行政区划面积，各乡镇面积之和与县级行政区划面积的闭合差小于规定的限差值时，将闭合差按面积比例配赋给各乡级行政区划，得出平差后的各乡级行政区划面积；三是以平差后各乡级行政区划的面积作为二级控制面积，采用图解法计算乡级行政区划内各行政村(社区、居委会)的面积，各行政村(社区、居委会)面积之和与乡级行政区划面积的闭合差小于规定的限差值时，将闭合差按面积比例配赋给各行政村(社区、居委会)，得出平差后各行政村(社区、居委会)的面积；四是以平差后各行政村(社区、居委会)的面积作为三级控制面积，采用图解法或解析法计算行政村(社区、居委会)内地类图斑的面积，各地类图斑面积之和与行政村(社区、居委会)面积的闭合差小于规定的限差值时，将闭合差按面积比例配赋给各地类图斑，得出平差后各地类图斑的面积。

在各级别控制面积范围内，有部分采用解析法测算的地类面积，只参加闭合差的计算，不参加闭合差的配赋。

第二种方法：图幅面积控制法。这种方法适用于县级行政区全覆盖土地调查。一是，按照土地调查的比例尺及图幅分幅方法，计算图幅理论面积，作为首级控制面积；跨县级行政界线的图幅，应以图幅理论面积为控制，采用图解法计算图幅内各县所占区块的面积，各县所占区块的面积与图幅理论面积之间的闭合差小于规定限差时，将闭合差按面积比例配赋给各县所占区块，得出偏差后各县所占区块的面积，作为各县面积计算的首级控制；二是，采用图解法计算图幅或区块内行政村(社区、居委会)的面积，当图幅或区块内各行政村(社区、居委会)面积之和与图幅理论面积或区块之间的闭合差小于规定的限差时，将闭合差按面积比例配赋给各行政村(社区、居委会)，得出平差后各行政村(社区、居委会)的面积；三是，以平差后的行政村(社区、居委会)为二级控制，采用图解法或解析法计算行政村(社区、居委会)内各图斑(如土地承包经营权宗地)面积，各地类图斑面积之和与行政村(社区、居委会)面积之差小于限差值时，将闭合差按面积比例配赋给各图斑，得出平差后地类图斑面积。

在各级别控制面积范围内，有部分采用解析法测算的地类面积，只参加闭合差的计算，不参加闭合差的配赋。

第三种方法：特定区域面积控制法。这种方法适用于县级行政辖区内特定区域的全覆盖土地调查。一是，采用解析法测量土地调查特定区域边界的坐标并采用坐标法计算面积，将其作为首级面积控制；二是，采用图解法或解析法计算特定区域内的地类图斑的面积，各地类图斑面积之和与特定区域面积的闭合差小于规定的限差值时，将闭合差按面积比例配赋给各地类图斑，得出平差后各地类图斑的面积。

在特定区域内，有部分采用解析法测算的地类面积，只参加闭合差的计算，不参加闭合差的配赋。

(四)面积平差方法

由于量测误差、计算方法误差的原因，使量算出来各地类图斑面积之和 $\sum P'_i$ 与控制面积不等，若在限差内可以平差配赋，即

$$\Delta P = \sum_{i=1}^{k} P'_i - P_0 \quad K = -\Delta P / \sum_{i=1}^{k} P'_i$$

$$V_i = KP'_i \quad P_i = P'_i + V_i$$

式中：ΔP—— 面积闭合差；

P'_i—— 某地类图斑平差前的面积；

P_0—— 控制面积；

K—— 单位面积改正数；

V_i—— 某地类图斑面积的改正数；

P_i—— 某地类图斑平差后的面积。

平差后的面积应满足检核条件：

$$\sum_{i=1}^{k} P_i - P_0 = 0$$

(五)面积的汇总统计

面积计算工作结束之后，要对计算的原始资料加以整理、汇总。整理、汇总后的面积才能为土地登记、土地统计提供基础数据，为社会提供服务。

面积汇总统计与面积计算的原则、控制方法、平差方法有关。汇总内容取决于社会经济管理的需求。汇总工作可分两部分：第一部分是村、乡、县土地总面积的汇总；第二部分是村、乡、县分类面积的汇总，即按权属单位及行政单位汇总统计分类土地面积。两者汇总统计结果应相互校核，发现问题应及时处理。

1. 汇总统计村、乡、县土地总面积

以分级控制分级平差得到的面积成果为基础，按照规定的汇总表统计表格，自下而上分别汇总统计村、乡、县土地总面积。汇总过程中，用控制面积作校核。

为便于检查接边，要编制县、乡级图幅控制面积接合图表。县(乡)级图幅控制面积接合图表上应标出县(乡)界、相邻县(乡)的名称及图幅号。有县(乡)界穿越的图幅，需按图幅量算出县(乡)内、外面积，并标在图幅上；无县(乡)界穿越的图幅，可直接标出该县(乡)行政范围所包括的图幅数，编制面积接合图表，计算出该县(乡)行政范围所包括的图幅数，以汇总土地总面积，参见图 7-7。

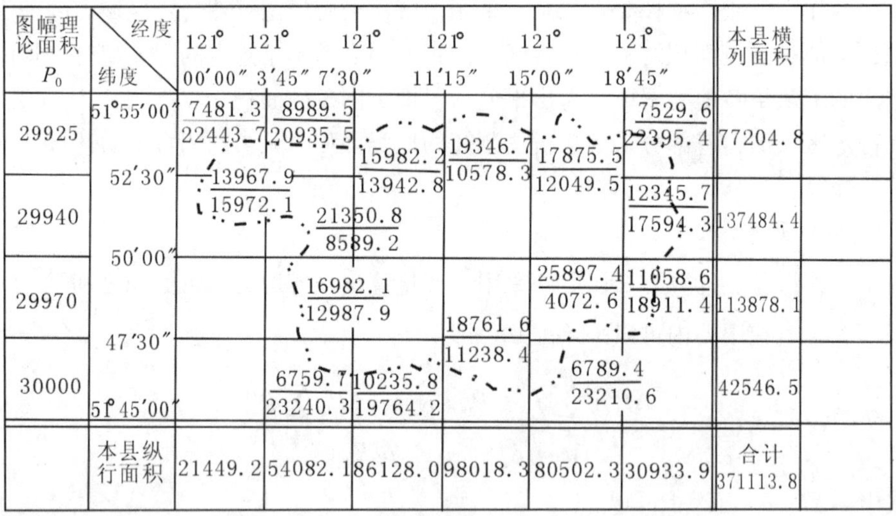

图幅理论面积 P_0	经度 / 纬度	121°00′00″	121°3′45″	121°7′30″	121°11′15″	121°15′00″	121°18′45″	本县横列面积	
29925	51°55′00″–52′30″	7481.3 / 22443.7	8989.5 / 20935.5	15982.2 / 13942.8	19346.7 / 10578.3	17875.5 / 12049.5	7529.6 / 22395.4	77204.8	
29940	52′30″–50′00″	13967.9 / 15972.1	21350.8 / 8589.2				12345.7 / 17594.3	137484.4	
29970	50′00″–47′30″		16982.1 / 12987.9			25897.4 / 4072.6	11058.6 / 18911.4	113878.1	
30000	47′30″–51°45′00″		6759.7 / 23240.3	10235.8 / 19764.2	18761.6 / 11238.4	6789.4 / 23210.6		42546.5	
	本县纵行面积	21449.2	54082.1	86128.0	98018.3	80502.3	30933.9	合计 371113.8	

图 7-7 图幅控制面积接合图

2. 分类土地面积汇总统计

以地类图斑计算成果为对象，分别按土地权属单位和行政单位汇总统计分类土地面积及土地总面积。

(1)土地权属单位分类面积汇总。土地权属单位分类面积汇总，按村、乡两级进行。先汇总出村级土地权属单位分类面积，再汇总出乡级不同所有制性质的土地总面积及分类面积。

村级土地权属单位分类面积汇总。村级土地权属单位面积是指村集体经济组织所有的集体土地、国有土地。以地类图斑面积计算成果为基础进行汇总。它们直接为土地登记和土地统计提供依据。

乡级行政区划内土地权属单位分类面积汇总。在村内土地权属单位土地面积的基础上，乡(镇)行政区划土地总面积等于集体所有土地、国有土地总和。乡(镇)土地使用总面积等于乡(镇)行政界内土地总面积减去乡界内的外单位飞地面积，加上乡(镇)界外本乡(镇)的飞地面积。

(2)村、乡、县行政界内分类面积汇总。在村、乡、县三级分类面积汇总中，以村级行政界内的分类面积汇总为基础，乡(镇)行政界内土地总面积及分类面积等于各村的界内权属分类面积与各村界内其他用地单位分类面积之和。县土地总面积及各分类面积则由各乡(镇)的土地总面积及各分类面积汇总而来。

3. 土地面积汇总统计中几种特殊地块的处理

(1)飞地，利用《飞地通知书》通知的所属单位，由该单位汇总。

(2)坎或田埂也是线状地物，由于数量过多而不能逐个量测，可划分若干类型，依不同类型，抽样实测，得出净耕地面积=毛耕地面积-田坎面积，从而求得耕地系数或田坎系数：$K_{耕}$=净耕地面积/毛耕地面积，$K_{坎}$=田坎面积/毛耕地面积，且$K_{耕}=1-K_{坎}$。

依不同类型求出不同的K值。即可在量算出毛耕地面积之后，按上式求出净耕地面积和应扣除的田坎面积。

第四节　建筑面积计算

一、建筑面积计算的内容和方法

应采用解析几何要素法计算建筑面积，包括专有建筑面积和共有建筑面积；形状不规则或直接丈量边长有困难的层，可实测房屋层特征点坐标，采用坐标法计算层建筑面积，应采用几何要素法计算层内的专有建筑面积和共有建筑面积；在宗地范围内，房屋建筑面积计算的内容和方法如下：

(1)以层为基本单元的面积计算项目有层建筑面积、层不同功能部位的建筑面积、层专有建筑面积和层共有建筑面积；层建筑面积等于层专有建筑面积与层共有建筑面积之和；

(2)针对成套住宅，以套为单元计算套专有建筑面积(含套内使用面积、套内墙体面积、套内阳台面积)；

(3)针对商业、办公及其他商品房，以间为单元计算间专有建筑面积；

(4)以幢为单位的面积计算项目有幢建筑面积、幢专有建筑面积和幢共有建筑面积；幢建筑面积等于各层建筑面积之和；幢建筑面积等于幢专有建筑面积与幢共有建筑面积之和；幢专有建筑面积等于层专有面积之和，幢共有建筑面积等于层共有建筑面积之和；

(5)宗地内的计算项目有：总建筑面积、专有总建筑面积、共有总建筑面积等；总建筑面积等于幢建筑面积之和；总建筑面积等于专有总建筑面积与共有总建筑面积之和。

二、建筑面积计算规则

(一)相关名词定义

(1)幢：一座地上独立，主体结构为一整体，在使用功能上不可分割，包括不同结构、不同层次的房屋。

(2)幢基底面积：也称幢建筑占地面积，是指建筑物与室外地面相连接的外围护结构或柱子外边线所包围区域以及部分悬挑建筑外围的水平投影面积。

(3)层建筑面积：是指房屋自然层外墙结构外围水平投影面积，包括阳台、挑廊、地下室、室外楼梯等，且具备上盖，结构牢固，层高 2.20m 以上(含 2.20m)的永久性建筑。外墙装饰、保温隔热材料不计算建筑面积。

(4)专有建筑面积：专有范围内由产权单元的权属界线所围成的水平投影面积。对于成套住宅，套专有建筑面积由套内使用面积、套内墙体水平投影面积和套内阳台建筑面积三部分组成。

(5)共有建筑面积：宗地内房屋的各产权人共同占有或共同占用的建筑面积。

(6)套内使用面积：套内全部可供使用的空间面积，按房屋内墙面水平投影计算。不包括墙、柱等结构构造和内保温层的面积。

(7)结构层高：楼面或地面结构层上表面至上部结构层上表面之间的垂直距离。

(8)结构净高：楼面或地面结构层上表面至上部结构层下表面之间的垂直距离。

(9)地下室：室内地面低于室外地平面的高度超过室内结构净高 1/2 的空间。

(10)半地下室：室内地面低于室外地平面的高度超过室内结构净高的 1/3，且不超过 1/2 的空间。

(11)设备层：建筑物中专为设置暖通、空调、给排水和电气的设备和管道施工人员进入操作的空间层。

(12)夹层：房屋自然层内未形成完整楼层结构但属于房屋整体结构的局部楼层。

(13)架空层：仅有结构支撑而无外围护结构的开敞空间层。

(14)柱廊：有顶盖和支柱，供人们通行的水平交通空间。

(15)架空通廊：两端以房屋为支撑，有围护、底层无支柱的架空通道。

(16)室外设备平台：房屋主体结构外，供空调外机、热水器组等设备搁置的检修空间。

(17)公共通道：为满足房屋消防或公众通行需要而专门设置的与市政(小区)道路连通且穿越建筑的通道。

(18)避难层(间)：建筑内用于人员暂时躲避火灾及其烟气危害的楼层(房间)。

(19)自然层：按楼地面结构分层的楼层。

(20)建筑空间：以建筑界面限定的、供人们生活和活动的场所。

(21)围护结构：围合建筑空间的墙体、门、窗。

(22)围护设施：为保障安全而设置的栏杆、栏板等围挡。

(23)阳台：附设于建筑物外墙，设有栏杆或栏板，可供人活动的室外空间。

(24)走廊：建筑物中的水平交通空间。

(25)挑廊：挑出建筑物外墙的水平交通空间。

(26)檐廊：建筑物挑檐下的水平交通空间。

(27)门廊：建筑物入口前有顶棚的半围合空间。

(28)门斗：建筑物入口处两道门之间的空间。

(29)雨篷：建筑物出入口上方为遮挡雨水而设置的部件。

(30)架空层：仅有结构支撑而无外围护结构的开敞空间层。

(31)变形缝：防止建筑物在某些因素作用下引起开裂甚至破坏而预留的构造缝。

(32)凸窗(飘窗)：凸出建筑物外墙面的窗户。

(33)勒脚：在房屋外墙接近地面部位设置的饰面保护构造。

(34)阶：联系室内外地坪或同楼层不同标高而设置的阶梯形踏步。

(35)露台：设置在屋面、首层地面或雨篷上的供人室外活动的有围护设施的平台。

(36)骑楼：建筑底层沿街面后退且留出公共人行空间的建筑物。

(37)过街楼：跨越道路上空并与两边建筑相连接的建筑物。

(38)建筑物通道：为穿过建筑物而设置的空间。

(39)建(构)筑物高度：建(构)筑物室外地面到檐口、女儿墙和屋脊线或屋顶最高处等位置之间的垂直距离。

(二)计算全部建筑面积的范围

结构层高在 2.20m 以上(含 2.20m)计算全部建筑面积的情形：

(1)永久性结构的单层房屋，按一层计算建筑面积；多层房屋按各层建筑面积的总和计算。

(2)房屋内的夹层、插层、技术层及其梯间、电梯间等结构层高在 2.20m 以上的部位，按其水平投影计算面积。

(3)穿过房屋的通道，房屋内的门厅、大厅，均按一层计算面积；门厅、大厅内的回廊部分，结构层高在 2.20m 以上的，按其水平投影计算面积。

(4)楼梯间、电梯(观光梯)井、提物井、垃圾道、管道井等均按房屋自然层水平投影计算面积。

(5)房屋天面上，属永久性建筑，结构层高在2.20m以上的楼梯间、水箱间、电梯机房及斜面结构屋顶结构净高2.10m以上的部位，按其水平投影计算面积。

(6)挑楼、封闭的阳台按其围护结构的外围水平投影计算面积；建筑物中类似于阳台的空中花园、入户花园、观景平台、设备平台等建筑空间，封闭的按其围护结构的外围水平投影计算面积。

(7)属永久性结构有上盖的室外楼梯，按各层水平投影计算面积。

(8)与房屋相连的有柱走廊(含连廊、挑廊、檐廊)，两房屋间有上盖和柱的走廊(含连廊、挑廊、檐廊)，均按其柱的外围水平投影计算面积。

(9)房屋间永久性的封闭的架空通廊，按外围水平投影计算面积。

(10)地下室、半地下室及其相应出入口，结构层高在2.20m以上的部位，按其外墙(不包括采光井、防潮层及保护墙)外围水平投影计算面积。

(11)有柱或有围护结构的门廊、门斗、车棚、货棚、站台、加油站、收费站等永久性建筑，按其柱或围护结构的外围水平投影计算面积。

(12)玻璃幕墙等作为房屋外墙的，按其外围水平投影计算面积。

(13)属永久性建筑有柱的车棚、货棚等，按柱的外围水平投影计算面积。

(14)依坡地建筑的房屋，利用吊脚做架空层，有围护结构的，按其结构层高在2.20m以上部位的外围水平投影计算面积。

(15)有伸缩缝的房屋，若其与室内相通的，伸缩缝计算建筑面积。

(16)对于场馆看台下的建筑空间，结构净高在2.10m及以上的部位，按其水平投影计算面积。

(17)对于立体书库、立体仓库和立体车库，有围护结构的，应按其围护结构外围水平投影计算面积；无围护结构、有围护设施的，应按其围护设施水平投影计算面积；无结构层的应按一层计算，有结构层的应按其结构层水平投影分别计算面积。

(18)有围护结构的舞台灯光控制室，结构层高在2.20m及以上的部位，应按其围护结构外围水平投影计算面积。

(19)对于建筑物内的设备层、管道层、避难层等有结构层的楼层，结构层高在2.20m及以上的，按其围护结构外围水平投影计算面积。

(20)住宅、体育、文化、教育和医疗建筑的底层作公共开放空间的架空层，以及用地与市政道路等开放空间无分隔的公建底层架空层，结构层高2.20m及以上的部位，应按其水平投影面积计算。

(三)计算一半建筑面积的范围

结构层高在2.20m以上(含2.20m)计算一半建筑面积的情形：

(1)与房屋相连有上盖无柱的走廊、檐廊、连廊、挑廊，按其围护设施外围水平投影面积的一半计算面积。

(2)独立柱、单排柱的门廊、门斗、车棚、货棚、站台、加油站、收费站等永久性建筑，按其上盖水平投影面积的一半计算面积。

(3)未封闭的阳台、挑廊，按其结构底板水平投影面积的一半计算面积。

(4)建筑物中类似于阳台的空中花园、入户花园、观景平台、设备平台等建筑空间，不封闭的按其结构底板水平投影的一半计算面积。

(5)窗台与室内楼地面高差在0.40m以下且结构净高在2.10m及以上的凸(飘)窗，应按其围护结构外围水平面积的一半计算面积。

(6)无顶盖的室外楼梯按各层水平投影面积的一半计算面积。

(7)有顶盖不封闭的永久性的架空通廊，按外围水平投影面积的一半计算面积。

(8)室内单独设置的有围护设施的悬挑看台，有顶盖无围护结构的场馆看台应按其顶盖水平投影面积的一半计算面积。

(9)出入口外墙侧坡道有顶盖的部位，应按其外墙结构外围水平面积的一半计算面积。

(四)不计算建筑面积的范围

下列为不计算建筑面积的情形：

(1)结构层高小于2.20m不计算建筑面积的情形为：

①夹层、插层、技术层、立体书库、立体仓库、立体车库、坡地建筑物吊脚架空层、门厅(大厅)内设置的走廊、有围护结构的舞台灯光控制室、附属在建筑物外墙的落地橱窗、场馆看台下的建筑空间、地下室、半地下室。

②设在建筑物顶部的、有围护结构的楼梯间、水箱间、电梯机房。

③建筑物内的设备层、管道层、避难层等有结构层的楼层。结构净高小于2.1m的场馆看台下的建筑空间、斜面结构顶部净高小于2.10m的部位。

(2)突出房屋墙面的构件、配件、装饰柱、装饰性的玻璃幕墙、垛、勒脚、台阶、无柱雨篷等。

(3)房屋之间无上盖的架空通廊。

(4)房屋的天面、挑台，天面上的花园、泳池。

(5)建筑物内的操作平台、上料平台及利用建筑物空间安置箱、罐的平台。

(6)骑楼、过街楼的底层用作道路街巷通行的部分。

(7)利用引桥、高架路、高架桥、路面作为顶盖建造的房屋。

(8)活动房屋、临时房屋、简易房屋。

(9)独立烟囱、亭、塔、罐、池，地下人防干、支线。

(10)与房屋室内不相通的房屋间伸缩缝。

(11)装饰性幕墙、外墙装饰、保温隔热材料。

(12)室外爬梯、室外专用消防钢楼梯；无围护结构的观光电梯；舞台及后台悬挂的幕布和布景的天桥、挑台等。

(13)窗台与室内地面高差在0.40m以下且结构净高在2.10m以下的凸(飘)窗，窗台与室内地面高差在0.40m及以上的凸(飘)窗。

三、成套房屋专有建筑面积的计算

成套房屋的专有建筑面积由套内使用面积、套内墙体面积、套内阳台建筑面积三部分组成：

(1)套内使用面积：是指套内房屋使用空间的水平投影面积，计算范围如下：

①套内使用面积为套内卧室、起居室、过厅、过道、厨房、卫生间、厕所、贮藏室、壁柜等空间面积的总和。

②套内楼梯按自然层数的面积总和计入使用面积。

③不包括在结构面积内的套内烟囱、通风道、管道井均计入使用面积。

④内墙面装饰厚度计入使用面积。

(2)套内墙体面积：套内墙体面积是套内使用空间周围的维护或承重墙体或其他承重支撑体所占的面积，其中各套之间的分隔墙和套与公共建筑空间的分隔墙以及外墙(包括山墙)等共有墙，均按水平投影面积的一半计入套内墙体面积。套内自有墙体按水平投影面积全部计入套内墙体面积。

(3)套内阳台建筑面积：套内阳台建筑面积均按阳台外围与房屋外墙之间的水平投影面积计算，其中：封闭的阳台按水平投影全部计算建筑面积，未封闭的阳台、挑廊，按其结构底板水平投影面积的一半计算建筑面积。

四、共有建筑面积的计算

(一)共有建筑面积的含义

共有建筑面积是指宗地内房屋的各产权人共同占有或共同占用的建筑面积。

按照是否分摊，共有建筑面积可分为应分摊的共有建筑面积和不应分摊的共有建筑面积。应分摊的共有建筑面积主要有室内外楼梯、楼梯悬挑平台、内外廊、门厅、电梯房及机房，多层建筑物中突出屋面结构的楼梯间、有维护结构的水箱等。不应分摊的共有建筑面积是指建筑报建时未计入容积率的共有建筑面积和有关文件规定不进行分摊的共有建筑面积，包括机动车库、非机动车库、消防避难层、地下室、半地下室、设备用房、梁底标高不高于2m的架空结构转换层和架空作为社会公众休息或交通的场所等。

按照共有建筑空间范围服务功能，共有建筑面积可分为：

(1)幢共有建筑面积：为整幢房屋服务的共有建筑面积；

(2)功能区间共有建筑面积：专为两个以上功能区服务的共有建筑面积；

(3)功能区共有建筑面积：专为某一功能区服务的共有建筑面积；

(4)层共有建筑面积：各层中专为本层服务的共有建筑面积；

(5)局部共有建筑面积：专为两个以上房屋定着物单元服务的共有建筑面积。

(二)共有建筑面积的特点

共有建筑面积有以下特点：

(1)产权是共有的。应分摊的共有建筑面积，其产权归属应属于建筑物内部参与分摊共有建筑面积的所有业主，物业管理部门及用户不得改变其功能或有偿出租(售)。对于不应分摊的共有建筑面积也是如此。

(2)共有建筑面积的相对性。如图 7-9 中，T_2是整栋房屋的权利人在法律意义上都拥有，数量上归第 i 层所有，而第 i 层的 C、D 两部分权利人同样拥有其他各层与T_2性质相同的共有建筑面积。而T_1却不同，它只能是 C、D 两部分权利人所共同拥有，本栋楼其他权利人是不能拥有的。

(3)各权利人拥有的应分摊共有建筑面积在空间上是无界的。各权利人对共有建筑面积只拥有数量上的表达，而无空间位置界线的准确表达。

(4)从理论上讲，任何建筑物都有使用面积和共有建筑面积，实际上无共有建筑面积的建筑物是极少的，仅限于只有一层的建筑物。因此，一份房屋调查报告有无共有建筑面积是其是否完整和规范的重要体现，也是办理房地产交易、抵押等手续时在法律上的要求。

(三)共有建筑面积的空间范围

整幢建筑物的建筑面积扣除整幢建筑物各套套内专有建筑面积之和，为整幢建筑物的共有建筑面积。共有建筑面积的空间范围主要包括：

(1)电梯井、管道井、楼梯间、垃圾道、变电室、设备间、公共门厅、过道、值班警卫室等，以及为整幢服务的公共用房和管理用房的建筑面积，以水平投影面积计算；

(2)套与公共建筑之间的分隔墙，以及外墙(包括山墙)水平投影面积一半的建筑面积；

(3)独立使用的地下室、车棚、车库、为多幢建筑物服务的管理用房、人防工程等；

(4)为多幢(或小区)建筑物服务的警卫室、管理用房、变电房、水泵房等公共设施用房；

(5)不作为日常人员通行的室外疏散消防梯；

(6)技术层(包括设备层、转换层)；

(7)连体楼相连的走廊或架空通廊；

(8)地下室、半地下室出地面的各类楼梯间、电梯井、提物井、垃圾道、管道井和尾气井等；

(9)屋顶水箱与屋面之间设计利用有围护结构的隔层；

(10)位于屋面上并与屋面相通的亭、塔、阁、廊和棚等；

(11)其他共有部分范围等。

（四）应分摊共有建筑面积的分摊方法

共有建筑面积分摊计算时，主要根据共有权利人是否有分摊文件或协议的情形，采用不同的分摊方法。

产权各方有合法权属分割文件或协议的，可按文件或协议分摊。无产权分割文件或协议的，则根据房屋专有建筑面积按比例进行分摊。按比例分摊的计算公式如下：

$$\delta_{S_i} = K \times S_i \quad K = \frac{\sum \delta_{S_i}}{\sum S_i} \tag{7-14}$$

式中：K—— 面积的分摊系数；

S_i—— 各单元参加分摊的专有建筑面积，m^2；

δ_{S_i}—— 各单元参加分摊所得的分摊面积，m^2；

$\sum \delta_{S_i}$—— 需要分摊的分摊面积总和，m^2；

$\sum S_i$—— 参加分摊的各单元建筑面积总和，m^2。

（五）共有部分建筑面积分摊规则

通常情况下，共有建筑面积按服务功能进行分摊。服务于本层的共有建筑面积只在本层分摊，服务于整栋的共有建筑面积整栋分摊，只为某部分建筑物服务的共有部分只在该部分分摊。住宅平面以外，仅服务于住宅的共有建筑面积（电梯房、楼梯间除外）应计入住宅部分进行分摊。住宅平面以外的电梯间、楼梯间，仅服务于住宅部分，但其通过其他建筑功能的楼层，则按住宅部分面积和其他建筑面积的各自比例分配相应的分摊面积。

对有多种不同功能的房屋（如综合楼、商住楼等），共有建筑面积应参照其服务功能，按照式（7-14）进行多层级的分摊计算。

1. 服务功能区分分摊面积的规则

正确的区分及计算是保证房屋建筑面积测算正确的关键。根据实际情况，不管房屋结构有多复杂，其综合概念图形可表示成图 7-8 和图 7-9。

图 7-8 为一综合概念楼立面图。A 为裙楼，B 为塔楼，A、B 两部分功能不一样，G_i（i=1~5）为应分摊的共有建筑面积，其中 G_4 为天顶部分，G_5 为不通过 A 部分的共有建筑面积。5 个部分的共有建筑面积可以有如下分摊组合：

（1）G_1 只服务于 A 部分，则只在 A 内分摊；

（2）G_1 只服务于 B 部分，但通过 A，则由 A、B 两部分按比例分摊；

（3）G_2 只服务于 B 部分，但通过 A，则由 A、B 两部分按比例分摊；

（4）G_2 同时服务于 A、B 两部分，则整栋分摊；

（5）G_3 只服务于 B 部分，则只在 B 部分分摊；

（6）G_4 为天顶部分，整栋分摊；

（7）G_5 只服务于 B 部分，但不通过 A，则只在 B 部分分摊。

对于图 7-9，为某栋房屋第 i 层建筑平面示意图，T_2 为在整栋房屋中本层应分得的共有建筑面积。T_1为本层的共有建筑面积，仅服务于C、D两部分，C、D两部分为本层功能不同或权利人不同的使用面积，而$C+D+T_1$相对于整栋房屋来说又是使用面积。该图中，T_1+T_2作为本层的共有建筑面积分摊到C、D两部分。

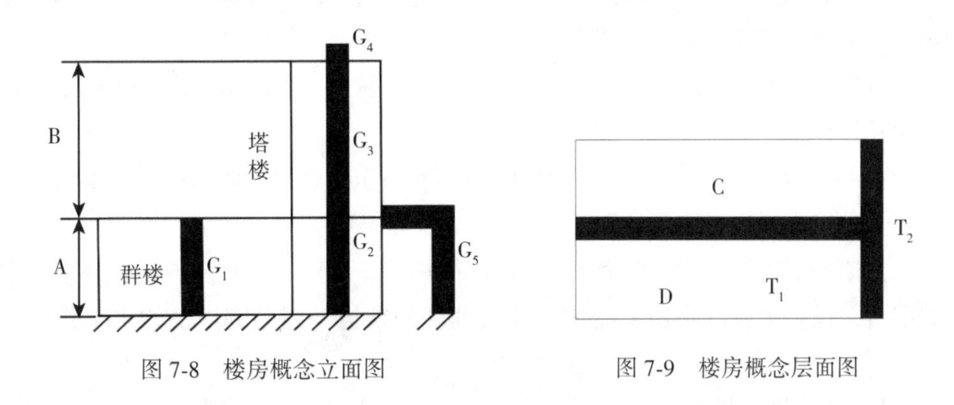

图7-8　楼房概念立面图　　　　图7-9　楼房概念层面图

以上两图只是一个综合表示，但无论多复杂的共有建筑面积分摊计算都可由以上说明推出。

2. 共有建筑面积分摊计算规则

(1)整幢建筑物的建筑面积扣除整幢建筑物各套套内专有部分建筑面积之和，并扣除不计入可分摊的共有部分建筑面积，即为整幢建筑物的共有部分建筑面积。

(2)住宅楼共有部分建筑面积的分摊方法。住宅楼以幢为单元，根据各套房屋的套内专有部分建筑面积，求得各套房屋分摊所得的共有分摊建筑面积。

(3)商住楼共有部分建筑面积的分摊方法。首先根据住宅和商业等的不同使用功能按各自的建筑面积将全幢的共有部分建筑面积分摊成住宅和商业两部分，即住宅部分分摊得到的全幢共有部分建筑面积和商业部分分摊得到的全幢共有部分建筑面积。然后住宅和商业部分将所得的分摊面积再各自进行分摊。

住宅部分：将分摊得到的幢共有部分建筑面积，加上住宅部分本身的共有部分建筑面积，按各套的建筑面积分摊计算各套房屋的分摊面积。

商业部分：将分摊得到的幢共有部分建筑面积，加上商业部分本身的共有部分建筑面积，按各层套内的建筑面积依比例分摊至各层，作为各层共有部分建筑面积的一部分，加至各层的共有部分建筑面积中，得到各层总的共有部分建筑面积，然后再根据层内各套房屋的套内专有部分建筑面积按比例分摊至各套，求出各套房屋分摊得到的共有部分建筑面积。

(4)多功能综合楼共有部分建筑面积的分摊方法。多功能综合楼共有部分建筑面积按照各自的功能，参照商住楼的分摊计算方法进行分摊。

五、房屋建筑占地面积计算

应以幢为单元，采用解析几何要素法计算房屋的建筑占地面积；形状不规则或直接丈量边长有困难的房屋占地范围，可实测房屋占地的房角点坐标，采用坐标法计算房屋的建筑占地面积；当宗地界址与房屋建筑占地范围完全重合时，则房屋建筑占地面积等于宗地面积，不再采用几何要素法计算。具体的计算方法如下：

(1)按其外墙结构外围水平投影边长计算；地面层外墙有勒脚的，应按其外墙结构外围勒脚以上的水平投影边长计算。

(2)建筑物底层有柱走廊、门廊和门斗，应按其柱或围护结构外围勒脚以上外围水平投影边长计算。

(3)建筑物局部悬挑部分，其结构板底(或梁底)至室外地面的高度在3.00m及以下的，应按其外围水平投影边长计算。

(4)建筑底层阳台按其围护设施水平投影面积计算，建筑物有柱或突出外墙的墙体落地的阳台、设备平台、飘窗，应按其柱或墙体的结构外围勒脚以上的水平投影边长计算。

(5)建筑物挑廊或挑檐的底层，不封闭、有围护设施或两端有墙体落地的，应按其围护设施或墙体结构外围水平投影边长计算。

(6)多排柱的棚结构建筑、底层架空的建筑，应按其柱的结构外围勒脚以上的水平投影边长计算。

(7)单排柱、独立柱的棚结构建筑，应按其顶盖结构外围水平投影边长计算。

(8)建筑物外墙外倾的，应按其至室外地坪的高度3.00m处的结构外围水平投影边长计算；建筑物外墙内倾的，应按其底板面的外墙结构外围水平投影边长计算。

(9)建设用地范围内的骑楼，应按其柱的结构外围勒脚以上水平投影边长计算。建设用地范围内的过街楼、架空连廊和人行天桥，高度在4.50m及以下的应按其围护结构或围护设施的外围水平投影边长计算。

(10)建筑物室外楼梯，应按其结构外围水平投影边长计算。高于室外地坪1.50m以上的，且其下方有设计利用的建筑空间的室外台阶，应按其计算建筑面积部分的水平投影纳入建筑占地面积。

(11)建筑物的外墙向内凹进，且至室外地坪高度在4.50m内有顶盖的，按凹进部位与顶盖的重叠部分水平投影计算建筑占地面积。

(12)与房屋室内相通的伸缩缝计入建筑占地面积。

(13)地下室、半地下室出地面的各类井道及出入口(楼梯间、汽车坡道和自行车坡道)，其顶盖高于室外地坪1.50m以上的，应计算建筑占地面积。

(14)坡地建筑物设有一层或多层吊脚层的，应按其接触地面各层的结构外围勒脚以上外围水平投影边长计算。

(15)别墅或者排屋中存在内天井，而且独户使用的，计算建筑占地面积。

(16)下列构(建)筑物不计算建筑占地面积。

①高度在1.50m及以下的建筑物，以及建筑的附属构件、外墙附着物；

②建筑物的内天井，建筑物底层附属围墙，无顶盖的构架；

③建设用地内高度在4.50m以上的过街楼、架空连廊和人行天桥；

④市政道路内的骑楼、跨越市政道路的过街楼、架空连廊；

⑤绿地内的雕塑和假山等；

⑥建筑物外墙结构外围附墙柱、垛、台阶、保温层、墙面抹灰、装饰面、镶贴块料面层等；

⑦独立的烟囱、烟道、油(水)罐、气柜、水塔、贮油(水)池、贮仓等构筑物；

⑧室外爬梯、室外专用消防钢楼梯和钢筋砼悬臂一字形平板式踏步楼梯。

第五节　面积精度估算

一、坐标法面积计算的误差估算

按照坐标法面积计算公式，利用误差传播定律，可导出地块面积中误差计算式为：

$$M_S = \pm \frac{1}{2 \times \sqrt{2}} \times m_{界} \times \sqrt{\sum_{i=1}^{n} [(X_{i+1} - X_{i-1})^2 + (Y_{i+1} - Y_{i-1})^2]} \tag{7-15}$$

式中，M_S 为地块面积中误差，$m_{界}$ 为界址点点位中误差；$i = 1, 2, \cdots, n$；n 为界址点个数；当 $i - 1 = 0$ 时，$X_0 = X_n$，当 $i + 1 = n + 1$ 时，$X_{n+1} = X_1$。

令：$D_i^2 = (X_{i+1} - X_{i-1})^2 + (Y_{i+1} - Y_{i-1})^2$，设地块的转折角为 β，界址边长为 L，则有：

$$D_i^2 = L_{i+1,\ i}^2 + L_{i-1,\ i}^2 - 2L_{i+1,\ i}L_{i-1,\ i}\cos\beta_i \tag{7-16}$$

为简化处理，设地块为正多边形，即 $L_1 = L_2 = \cdots = L_n = L$，$\beta_1 = \beta_2 = \cdots = \beta_n = \beta$，对式(7-15)化简得：

$$D_i^2 = 2L_i^2 - 2L_i^2\cos\beta = 2L_i^2(1 - \cos\beta) \tag{7-17}$$

将式(7-17)代入式(7-15)，可得：

$$M_S^2 = \pm \frac{1}{4} \times m_{界}^2 \times n \times L^2 \times (1 - \cos\beta) \tag{7-18}$$

由于 $\sin\frac{\beta}{2} = \pm\sqrt{\frac{1 - \cos\beta}{2}}$，$\sin 2\beta = 2\sin\beta\cos\beta$，

对于正多边形 $\frac{\beta}{2} = 90° - \frac{\pi}{n}$，其面积公式为 $S = \frac{1}{4} \times L^2 \times n \times \cot\frac{\pi}{n}$。

所以：

$$M_S = m_{界} \times \sqrt{S \times \sin\frac{2\pi}{n}} \tag{7-19}$$

对于式(7-18)，令多边形的周长为 $P = n \times L$，则得到：

$$M_S = \frac{1}{2\sqrt{n}} \times m_{界} \times P \times \sqrt{1 - \cos\frac{(n-2)}{n} \times \pi} \tag{7-20}$$

$$P = \sqrt{4 \times S \times n \times \tan\frac{\pi}{n}} \tag{7-21}$$

由式(7-15)、式(7-19)、式(7-20)、式(7-21)及其推导过程，可得出如下结论：

(1)面积精度与地块转折点(界址点)精度成正比。界址点精度越高，面积精度越高。

(2)面积精度与面积的大小成反比。由式(7-19)可知，随着面积的增加，面积中误差随之增大。在周长相等的多边形中，正多边形的面积最大，精度也最低。

(3)面积精度与周长成反比。由式(7-20)可知，随着周长的增加，面积中误差随之增大。在面积相等的多边形中，正多边形的周长最短，精度也最高。

二、几何要素法面积精度估算

几何要素法面积计算有三角形法、四边形法等。现阶段用得最广泛的是四边形面积计算，更准确地说是矩形面积计算，如宅基地使用权宗地面积计算、房屋建筑面积计算等。为简化误差公式推导，设地块是由若干个正方形组成的，其边长为 a，则一个正方形面积 S 的计算公式为 $S=a^2$，根据误差传播定律，设边长的丈量中误差为 $M_{界}$，可得到正方形面积中误差公式为：

$$M_S = M_{界} \times \sqrt{2S} \tag{7-22}$$

根据 ×× 省 8 个县市 3154 个宅基地使用权宗地样点统计，平均每个宗地的界址点数为 6.52 个，宗地界址点个数的分布区间在 4 ~ 10 个之间，按照矩形计算面积时，可分解成的矩形个数在 1 ~ 4 之间，则取平均最大矩形个数 $n=4$，按照误差传播定律，则存在下式：

$$M_S = M_{界} \times \sqrt{2nS} = 2 \times \sqrt{2} \times M_{界} \times \sqrt{S} \tag{7-23}$$

分别取 $M_{界}=\pm 2\text{cm}$ 和 $M_{界}=\pm 5\text{cm}$，根据式(7-22)可得到表 7-3。表中限差取中误差的 2 倍。

表 7-3　几何要素法计算面积中误差与限差示例表(近似)

面积/m²	$m_L=\pm 2.00\text{cm}$		$m_L=\pm 5.00\text{cm}$	
	中误差	限差	中误差	限差
100	0.57	1.13	1.41	2.83
200	0.80	1.60	2.00	4.00
300	0.98	1.96	2.45	4.90
400	1.13	2.26	2.83	5.66

续表

面积/m^2	$m_L = \pm 2.00$cm		$m_L = \pm 5.00$cm	
	中误差	限差	中误差	限差
500	1. 26	2. 53	3. 16	6. 32
600	1. 39	2. 77	3. 46	6. 93
700	1. 50	2. 99	3. 74	7. 48
800	1. 60	3. 20	4. 00	8. 00
900	1. 70	3. 39	4. 24	8. 48
1000	1. 79	3. 58	4. 47	8. 94

三、房屋建筑面积误差估算

房产面积测量的精度要求如表 7-4①、表 7-5 所示。表中 S 为房屋的建筑面积，单位为 m^2。

表 7-4　房屋建筑面积精度等级表

房屋建筑面积的精度等级	限差(ΔS)	中误差
一	$0.02\sqrt{S}+0.0006S$	$0.01\sqrt{S}+0.0003S$
二	$0.04\sqrt{S}+0.002S$	$0.02\sqrt{S}+0.001S$
三	$0.08\sqrt{S}+0.006S$	$0.04\sqrt{S}+0.003S$

表 7-5　房屋建筑面积中误差与限差示例表

精度等级	一级精度		二级精度		三级精度	
面积	中误差	限差	中误差	限差	中误差	限差
100	0. 13	0. 26	0. 30	0. 60	0. 60	1. 20
200	0. 20	0. 40	0. 48	0. 97	0. 97	1. 93
300	0. 26	0. 53	0. 65	1. 29	1. 29	2. 59
400	0. 32	0. 64	0. 80	1. 60	1. 60	3. 20
500	0. 37	0. 75	0. 95	1. 89	1. 89	3. 79
600	0. 42	0. 85	1. 09	2. 18	2. 18	4. 36

① 来源于《房产测量规范》(GB/T 17986. 1-2000)。

续表

精度等级	一级精度		二级精度		三级精度	
面积	中误差	限差	中误差	限差	中误差	限差
700	0.47	0.95	1.23	2.46	2.46	4.92
800	0.52	1.05	1.37	2.73	2.73	5.46
900	0.57	1.14	1.50	3.00	3.00	6.00
1000	0.62	1.23	1.63	3.26	3.26	6.53

四、图解法两次独立计算面积的较差

在采用图解法计算面积时，两次独立计算的较差应满足式(7-24)：

$$\Delta P \leqslant 0.0003 \times M \times \sqrt{P} \tag{7-24}$$

式中：ΔP——宗地(海)面积中误差，m^2；

M——地籍图的比例尺分母；

P——计算的面积，m^2。

思　考　题

1. 地籍调查有哪些面积计算工作？面积计算的方法有几种？
2. 几何要素法和坐标法的计算原理是什么？
3. 如何计算地表面的地块面积？
4. 宗地或宗海面积计算的内容有哪些？
5. 对于共有(用)宗，如何分摊土地(海域)面积？
6. 如何开展图斑面积的计算与汇总？
7. 建筑面积计算的内容有哪些？如何选择计算建筑面积的方法？
8. 成套房屋建筑面积由几部分构成？
9. 什么是共有建筑面积？共有建筑面积的空间范围有哪些？共有建筑面积有什么特点？
10. 如何分摊共有建筑面积？(含分摊规则和计算规则)
11. 如何估算建筑面积计算的精度？

第八章　地籍总调查和日常地籍调查

从工程项目的视角，本章阐述了地籍总调查、日常地籍调查(日常调查和建设项目地籍调查)的内容、方法和程序，给出了地籍调查成果内容和通用审核方法。

第一节　地籍总调查

一、概述

(一)地籍总调查的含义

地籍总调查(systematic cadastral survey)是指在特定的时间段内，对县级行政辖区内或特定区域内的全部土地、海域(含无居民海岛)及其定着物或某类型不动产或某类型自然资源开展的全面地籍调查。需要开展地籍总调查的情形如下：

(1)未开展过总登记或地籍总调查。

(2)已有地籍资料陈旧散乱。

(3)国家或地方有新的需求。

例如：1986—2000年全国各地开展的城镇地籍调查，2007—2009年第二次城镇土地调查，2010—2012年开展的集体土地确权登记地籍调查，2015—2020年开展的集体建设用地和宅基地使用权确权登记地籍调查，2016—2020年开展的农房所有权确权登记地籍调查等，都属于地籍总调查。

(二)地籍总调查的特点

地籍总调查是一项基础性、综合性的系统工程，有着与日常地籍调查、土地利用现状调查或其他调查不一样的特点。

一是，地籍总调查是由政府启动的。通常情况下，地籍总调查涉及土地、房产、司法、税务、财政、规划、农业等多个部门。县级以上地方人民政府应成立以主管确权登记工作的领导为组长，各有关部门负责人参加的调查领导小组，全面负责调查的行政和技术工作。领导小组应结合本地的实际，提出任务，确定调查范围、方法、经费、人员安排、时间和实施步骤。

二是，地籍总调查有特定的时间段。对于特定的区域或县级行政辖区，查清某类不动产或自然资源状况，时间段一般为2~3年；如果要查清特定区域内每一块土地的状况，则可能需要5年以上的时间，如2016年深圳市政府启动的全市地籍调查和总登记工作，结束时间为2021年。

三是，地籍总调查规模大、费用多。通常情况下地籍总调查是空间全覆盖的，调查区域少则几十平方千米，多则整个县级行政辖区，所需经费为千万元级别，由当地财政支出，建立专门的调查账户，专款专用。

四是，地籍总调查组织工作层级多。地籍总调查需要在特定的时间段内完成，并且需要每一个权利人的配合。地籍总调查期间，权利人或实际使用权人都有自己的工作，有的不在调查区域工作和生活，有的外出打工，等等，这些情形，都需要在领导小组的组织指导下，进行多层级的组织工作，才能保障调查工作效率和成果质量。因此，必须在充分准备、周密计划、精心组织的基础上进行地籍总调查，宣传工作必不可少，乡镇街道办、行政村、社区、居委会等基层组织的参与不可或缺。

五是，地籍总调查需要的技术方法繁杂。地籍总调查不仅需要数字测量、卫星导航、遥感、地理信息系统等技术的支撑，还需要参与的工作人员或技术人员，掌握相关政策法规、公共行政等方面的知识。因此，多层级、多方向的培训工作必不可少。

六是，调查成果丰富。地籍总调查的成果包括文字成果、数据成果、图件成果、簿册成果等。文字成果包括各类工作报告、技术报告、质检报告等；数据成果主要是地籍数据库；图件成果包括地籍图、不动产单元图等；簿册成果包括地籍调查表册、统计簿册等。

(三)地籍总调查的目的

地籍总调查的目的，就是在某一时期内，建立一套准确、完整的地籍簿、册、图和数据库，形成地籍档案。调查成果最基本和最直接的应用就是不动产登记，并满足不动产税费征收、地籍管理、用地管理、用途管制、国土空间规划、国土资源统计、自然资源动态监测以及其他国民经济各部门的需要。所以，地籍总调查是一项非常重要的基础工作，从根本上讲是为维护国家不动产制度，保护不动产权利人的合法权益服务的，并为制定不动产的政策与自然资源开发、利用、保护的计划等提供基础资料。

(四)地籍总调查的工作内容

总体上，地籍总调查的工作内容包括权属调查和地籍测绘。其中：

(1)权属调查。包括土地权属调查、海域(含无居民海岛)权属调查、房屋等建(构)筑物权属调查和森林、林木权属调查等。

(2)地籍测绘。包括控制测量、界址测量、房屋等建(构)筑物测量、地籍图测绘、面积测算与量算等。

根据调查目的、覆盖的空间范围或不动产的类型，选择具体的调查工作内容，所形成的工作内容组合有很多。下面略举几例说明。

(1)调查特定区域内的全部土地及其定着物，则权属调查包括土地权属调查、房屋等建(构)筑物权属调查和林木权属调查，地籍测绘包括控制测量、界址测量、房屋等建(构)筑物测量、地籍图测绘、面积测算与量算等。

(2)调查特定区域内的全部土地，但不调查定着物，则需要开展土地权属调查、控制测量、界址测量、地籍图测绘、土地面积测算等工作。

(3)调查特定区域内的全部海域，但不包括海域上的定着物，则需要开展海域权属调查、控制测量、界址测量、地籍图测绘、海域面积测算等工作。

(4)调查特定区域内的全部林木所有权，则需要开展林木权属调查、控制测量、界址测量、地籍图测绘、林木面积量算等工作。

(5)调查特定区域内的全部房屋所有权，则需要开展房屋权属调查、地籍图测绘、房屋面积测算等工作。

(6)调查特定区域内的无居民海岛使用权及其定着物所有权，则需要开展无居民海岛权属调查、房屋等建(构)筑物权属调查、测量、控制测量、界址测量、房屋等建(构)筑物测量、地籍图测绘、面积测算与量算等。

(五)地籍总调查的单元

应根据地籍总调查的目的和工作内容，合理确定不动产单元的空间对象和需要调查的要素。其空间对象包括土地、海域(含无居民海岛)、房屋、构(建)筑物、森林和林木等。根据调查的空间对象确定调查的单元，如宗地(海)、幢(层、套、间)等。

(六)地籍总调查的技术路线与程序

应充分利用已有地籍调查、国土调查、土地征收、用地审批、规划许可、不动产交易、不动产登记、建设或整治项目(含填海项目)竣工验收、用海审批、用岛审批等成果资料，选择已有地籍图、地形图、正射影像图等图件为基础图件制作工作底图，以“权属清楚、界址清晰、面积准确”为目标，采用内业核实与外业调查相结合的方法完成权属调查；依据权属调查的成果，开展地籍测绘。根据调查成果编制不动产单元表；调查成果经入库检查后，利用地籍数据库生成不动产单元表。

地籍总调查程序包含的环节包括准备工作、权属调查、地籍测绘、检查验收、成果材料整理与归档、数据库与信息系统建设等。图 8-1 所示的流程图是地籍总调查的程序框图。各地可根据地籍总调查的具体工作内容，编制相应的程序框图。

二、准备工作

地籍总调查是一项综合性的系统工程，在开展调查前，应做好充分的准备工作，以确保工作的顺利进行，并使调查成果质量符合要求。

(一)组织准备

1. 成立调查领导小组

地籍总调查由县级以上地方人民政府组织实施。县级以上地方人民政府应成立以市、县领导为组长，各有关部门负责人参加的调查领导小组，负责组织实施。调查领导小组应责成调查辖区内各级地籍管理行政主管部门成立相应的工作机构，负责本辖区内地籍总调查工作的实施，对辖区内的地籍总调查工作进行技术指导、组织协调及检查验

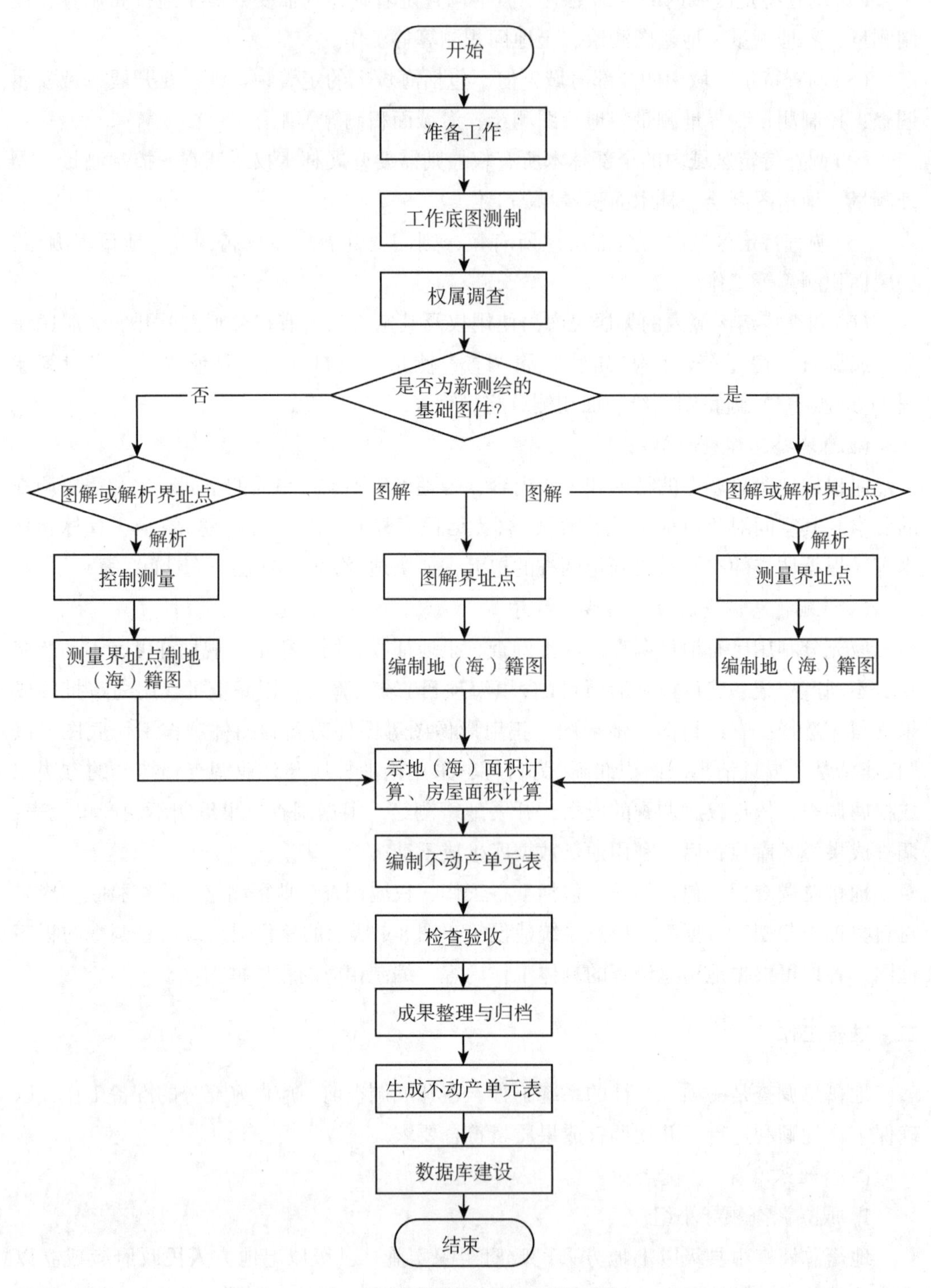

图 8-1　地籍总调查程序框图图示

收。各级组织机构要选定负责人，职责明确，分工有序，使地籍总调查工作的质量有管理上的保证。

地籍总调查工作开展之前，领导小组负责组织制订工作计划、编制实施方案和技术设计书、宣传调查目的和意义、培训技术人员和开展前期试点等工作。科学的计划可以加速工作的进程，节省人力、物力、财力，并可减少浪费。地籍总调查工作是否顺利开展，调查队伍是关键。调查队伍应由管理、法律、测量、计算机等专业人员组成。其中：

(1)工作计划的主要内容包括调查的范围、任务、方法、经费、时间、步骤、人员和组织等。

(2)技术设计书的主要内容包括调查区概况、技术路线和程序、技术要求、成果质量控制、应提交的成果资料等。

2. 宣传工作

地籍总调查工作牵涉千家万户，需要权利人的密切配合。为了得到广大群众对这项工作的理解和支持，要充分利用新闻媒体进行宣传、报道。各级政府应召开本辖区内的动员大会，要求用地单位派专人协助地籍总调查工作。通过宣传发动工作，使用地单位对地籍总调查的意义及重要性有较为深刻的理解，得到他们的大力支持。

(二)技术准备

由于地籍总调查涉及许多方面的法规政策，各地区情况有不同的特殊性，同时地籍总调查工作涉及不同专业，为使调查工作在行政管理、技术标准上统一，开展地籍总调查工作前，应进行资料收集、现场踏勘、试验试点、编制技术设计书、技术培训等工作，为顺利开展地籍总调查工作提供技术准备。

1. 资料准备

地籍总调查需要准备的材料包括地籍材料、测绘材料等。应根据地籍总调查的目的和内容，到不同部门分别有选择地收集整理下列材料：

(1)地籍材料。包括权利人证明材料、权属来源材料和地籍调查材料等。

①土地征收、用地审批、农用地转用以及土地整治、勘测定界等材料。

②历史形成的各类不动产登记材料。

③履行指界程序形成的调查表、权属界线协议书等地籍调查成果。

④县级以上人民政府或相关行政主管部门的权属争议调解书、裁定书、批准文件、处理决定等。

⑤县级以上司法机关的判决书、裁定书或调解书。

⑥用海项目设计、审批材料和无居民海岛使用设计、审批材料等。

⑦房屋等建(构)筑物的竣工验收资料、普查资料、买卖合同、登记资料和森林林木的普查资料、买卖合同、登记资料等定着物的地籍材料。

⑧身份证、户口簿、社会信用代码证等权利人身份证明材料。

(2)测绘材料。包括航空正射影像、航天正射影像、地形图、控制网点和其他已有图件等。

(3)历史上的调查、普查、规划等材料。包括文字报告、图件(如现状图、地籍图、房产图、林权图等)、数据库等。

(4)住宅小区的物业、水、电、燃气等缴费人员信息。

(5)其他材料。包括行政区划、自然地理、社会经济、标准地名地址等材料。

2. 现场踏勘

在收集整理分析资料的基础上，应开展现场踏勘，即根据调查区域范围和资料收集情况，实地了解调查区域内的自然、社会、经济情况及其控制网点的分布情况，为调查技术设计书的编制打下坚实的基础。

3. 试验试点

通过试验试点取得开展地籍总调查的经验，为编制技术设计书打下坚实基础。在试点获得一定经验并通过验收后，方可全面开展工作。试点区域大小以一个乡镇或街道或专门划定调查范围为宜。试点区内的不动产权利类型、土地利用分类应比较丰富，能反映当地的不动产特点。

4. 编制技术设计书

地籍总调查技术设计书的合理与否，直接关系着地籍总调查的成果质量。因此，要在总结试验试点的基础上认真地编写地籍总调查的技术设计书。

(1)技术设计书的编写单位。地籍总调查领导小组负责组织技术设计书编制，承担调查任务的实施单位负责编写。

(2)技术设计书的大纲。技术设计书的大纲包括调查区概况、技术路线和程序、技术要求、成果质量控制、应提交的成果资料等。

①调查区概况：调查区域的地理位置、范围、行政隶属、用地权属情况、用地类型情况等。

②技术路线和程序：开展地籍总调查的技术路线、程序框图等。

③技术要求：主要阐述调查的技术、方法。主要内容包括资料收集分析整理、工作底图制作、权属调查和地籍测绘等。

- 权属调查：确权的规定(依据)、工作底图编制、调查区的划分、不动产单元设定与代码编制的要求、权属状况调查的方法和要求、界址调查的方法和要求、宗地草图的绘制方法及要求等。
- 地籍测绘：已有控制点及其成果资料的分析和利用、控制网采用的坐标系统、控制网的布设方案、控制网的精度指标、控制网的观测方法与平差计算方法、数据采集的软硬件设施、界址点的观测方法及精度要求、地籍图比例尺的选择、地籍图的成图方法、面积量算方法及精度要求等。

④成果质量控制。主要阐述调查过程中成果质量控制的方法、检查验收方法等。

⑤应提交的成果。主要阐述地籍总调查的成果内容、成果类型及其成果档案整理与归档等。

(3)技术设计书的审批与实施。地籍总调查技术设计书应由地籍总调查领导小组批准后实施。在实施过程中，若有重大的变动、修改时，须经地籍总调查领导小组批准。

5. 技术培训

地籍总调查工作政策性、技术性强，涉及面广。因此在地籍总调查工作开始前，应对调查技术人员进行业务培训，使其熟悉有关法律、法规和政策；熟悉调查程序；熟悉掌握调查技术和方法；能正确处理作业过程中出现的特殊情况。

培训方式应理论与实际相结合。理论学习与实地作业应穿插进行，以便学员理解和掌握。应采用从上级到下级逐步培训的方式逐级培训。

培训内容包括技术设计书及与地籍调查有关的政策法规、规范性文件、技术标准等，以及仪器的操作技能和作业要求等。

(三)工作底图准备

工作底图是指开展地籍总调查所需要的工作图件。主要利用收集或测绘得到的调查区基础图件，采用实测、修补测、编绘相结合的方法测制。宜按照如图 8-2 所示的流程测制工作底图。

当调查范围区内的调查基础图件现势性强且精度满足要求，可以根据权属调查结果，进行补测，以工作底图为基础编制地籍图。

1. 基础图件的选择与测绘

1)基础图件的选择

确定调查区域后，收集调查区内的相关基础图件来制作地籍总调查的工作底图。基础图件包括：航空正射影像、航天正射影像、地形图、控制网点和其他已有图件等，及已有的土地利用现状图、地籍图、房产图、林权图等地籍图和数据库等。其作用主要是为了按计划正确地指导调查工作，避免调查工作中的重漏现象。应根据具体的调查任务，按照下列要求做出合理的选择：

(1)基础图件比例尺宜与测绘制作的地籍图成图比例尺一致。

(2)宜选择现势性强的图件。

(3)宜优先选择数字图件。

2)基础图件的测绘

当调查范围内的工作底图现势性及精度不能满足要求或没有相应的基础图件，不能够满足权属调查时，可根据地籍总调查的目的和内容编制调查区域的基础图件测绘技术设计书，并测绘基础图件，其比例尺宜与需要测绘制作的地籍图的比例尺相同。

2. 工作底图的制作

以基础图件为底图并结合地籍总调查的具体任务制作工作底图。制作的技术要求如下：

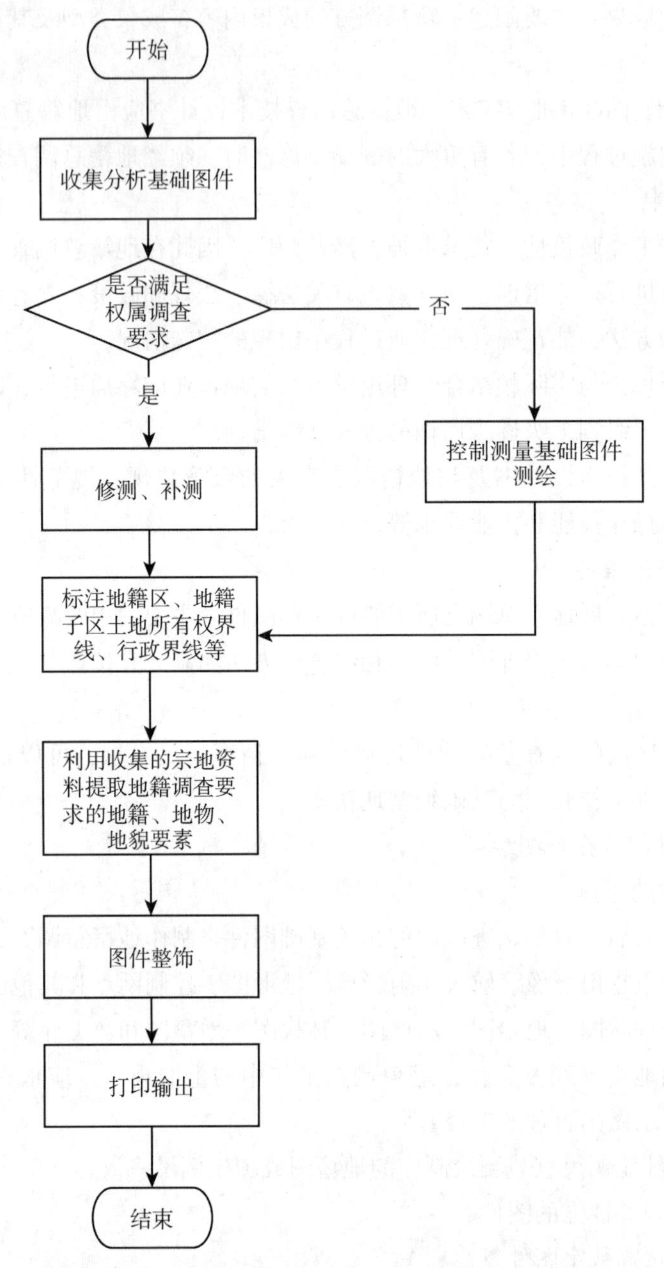

图 8-2　工作底图测制流程图

(1)如果是纸质图件，则应对其数字化。

(2)依收集的材料，应在基础图件上套合地籍区、地籍子区界线和集体土地所有权界线。

(3)依收集的材料，宜在基础图件上标注便于开展权属调查工作的地籍、地物、地貌等要素。

(4)如果基础图件的现势性不强，可对基础图件进行地形要素的调绘或修补测，基本技术要求如下：

①通过野外调绘对基础图件上的地物、地貌进行确认和取舍，标注地理名称，对新增或表示有误的地形要素进行修补测。

②基础图件的调绘和修补测可与界址调查同步进行。

(四)调查表格准备

地籍总调查需要准备的表格，包括地籍调查表、指界委托书、法定代表人(或负责人或实际使用人)身份证明书、指界通知书、违约缺席定界通知书等。在实际工作中根据具体的调查对象(土地、或海域(含无居民海岛)、或房屋等建(构)筑物、或林木)选择不同的地籍调查表。

(五)其他准备

1. 调查通知准备

为了保证权利人在权属调查时能按时到现场指界，必须按照调查计划、工作进度，确定实地调查时间，通知权利人及相邻宗地权利人按时到现场指界。通知可采用亲自登门送达或挂号邮寄“地籍调查通知书”，送达的通知书，应由权利人签名并留存根备查。也可以采用电话通知，电话通知须有电话记录。也可根据实际情况，采用公告的方法通知。对单位的不动产，在通知权利人到现场指界的同时，还必须将“指界委托书”“指界通知书”“法人代表身份证明书”送至权利人手中。

2. 仪器设备和工具准备

根据当地的财力、物力和人力，尽可能地使用先进的仪器设备。准备的仪器设备和工具包括：GNSS 接收机、全站仪、钢尺、测距仪、计算机等硬件和数字测量系统、数字摄影测量系统、遥感影像处理系统等软件。

三、权属调查

权属调查主要是获取调查单元的权属信息，包括权利人、界址、权属性质、权属来源等内容。其主要工作内容包括标绘工作底图、预编调查单元代码、权属状况调查、界址调查、绘制宗地草图或土地权属界线协议书附图、填写地籍调查表、编制土地权属界线协议书或编制不动产权属争议原由书、编制不动产单元表等。应按照如图 2-1 所示的流程开展权属调查工作。

(一)标绘工作底图

按照收集的地籍材料是否完整齐全、地籍材料之间是否能够相互印证、地籍材料现势性的强弱进行分析，评价选择权属调查方法(内业核实或外业调查)，并在工作底图上进行标注。如无地籍材料，则需要外业调查，并在工作底图上进行标注。

(二)预编不动产单元代码

如果原调查单元代码不符合相关规定，或原调查单元无代码，或需要外业调查的新单元，则按相关规定统一预编调查单元代码，并填写到地籍调查表上。待地籍子区范围内的全部调查单元的调查工作完成后，正式确定调查单元代码。

(三)权属调查方法

根据地籍材料，按照第二章所述的内容和方法，开展权属调查工作。

四、地籍测绘

根据地籍调查的技术方案和权属调查中确定需要外业测量的内容，依不同情形，按照第四章所述的内容和方法开展控制测量；按照第五章所述的内容和方法开展界址测量；按照第六章所述的内容和方法开展地籍图测绘；按照第七章所述的内容开展面积计算。

五、检查验收

为保证成果质量，对地籍总调查执行质量检查制度。图的检查工作包括自检和全面检查两种。检查的方法分室内检查、野外巡视检查和野外仪器检查，在检查中对发现的错误，应尽可能予以纠正，如错误较多，应予以补充调查、补测或重测。经全面检查认为符合要求的地籍调查成果，即可予以验收，并按质量评定等级。检查验收的主要依据是技术设计书和相关技术标准。

第二节　日常地籍调查

一、概述

日常地籍调查(sporadic cadastral survey)是指因不动产单元的设立、灭失、界址调整及其他地籍信息变更等开展的地籍调查。通过日常地籍调查，可以使地籍资料保持现势性，逐步丰富、完善地籍内容。

地籍总调查结束后，随着社会经济的发展，地籍要素不断地发生变化，因此，要求地籍管理者必须及时做出反应，对地籍信息进行变更，以维持社会秩序和保障经济活动正常运作。通过总调查建立的地籍簿册就像初生的婴儿，需要汲取营养，才能健康成长。因此日常地籍调查才是地籍的生命所在，也是地籍得以存在几千年的理由。在德国，有近200年的完整的地籍记录，现已毫无遗漏地覆盖了全部国土，地籍记录的最小地块只有几平方米，在两次世界大战中，它们的地籍资料仍得到有效的保护。地籍为德国的经济发展作出了重要的贡献。

按照日常地籍调查的服务对象划分，可分为一般日常地籍调查(以下简称日常调查)和建设项目地籍调查。用地建设项目地籍调查是指服务和支撑建设项目全流程土地管理的地籍调查活动。建设项目全流程土地管理由用地预审与规划选址、用地审批、土地供应与建设用地规划许可、建设工程规划许可、施工规划监督和竣工验收等阶段组成。日常调查是指建设项目地籍调查以外的日常地籍调查工作。

（一）日常地籍调查的作用

日常地籍调查的作用主要体现在以下几个方面：

(1)为规划选址与预审、用地审批(农用地转用、土地征收)、土地供应与建设用地规划许可、建设工程规划许可、施工监督、土地验核与规划核实、不动产登记等工作，及时提供准确可靠的资料。

(2)可使得实地界址点位置逐步得到认真的检查、补置和更正，以确保地籍资料的正确性，从而为不动产权属的确认、权属争议的调处提供准确的资料。

(3)使地籍资料中的文字部分逐步得到核实、更正和补充，以确保地籍资料的完整性，从而使地籍档案详尽、清晰、全面、准确。

(4)逐步消除初始地籍中可能存在的差错，以确保地籍资料与实际状况的对应，从而保证地籍的法律效力。

(5)使地籍调查成果的质量逐步提高，以确保地籍资料的不断更新。随着科学技术的发展和应用，要逐步用高精度的调查成果替代原有精度较低的成果，使地籍资料跟上社会经济的发展，使其满足新的需求。

（二）日常地籍调查的特点

日常地籍调查与地籍总调查的数学基础、内容、技术方法和原则是一样的，但又有下列特点：

(1)目标分散、发生频繁、调查范围小。与地籍总调查相比较，日常地籍调查更多地体现出局部而分散的特点，且变更发生的原因众多，次数也更频繁。

(2)变更同步、手续连续。进行日常地籍调查后，与本不动产单元有关的图、数、表、卡、册文均需要进行变更。

(3)任务紧急。如果不动产权利发生变化，需立即进行调查，如果用途发生变化，应及时掌握变化的区域，并按照相关要求进行变更。由此可见，日常地籍调查是地籍管理的一项日常性工作，日常地籍调查通常由同一个外业组一次性完成。

(4)日常地籍调查精度要求高。日常地籍调查精度应不低于变化前的调查精度。

（三）日常地籍调查任务的来源

日常地籍调查任务的来源有两个方面：一是土地、海域及其定着物的管理部门；二是社会。

来源于土地、海域及其定着物的管理部门的日常地籍调查，是指管理土地、海域及其定着物的业务处科室因日常管理业务需求而提出的地籍调查，例如确权登记、执法监察、不动产征收、耕地保护、建设用地管理等。

来源于社会的日常地籍调查，是指调查单位接到土地、海域及其定着物的管理部门以外的权利人或单位(如司法机关、林草局、水利局等)，因不动产变更登记、权属争议调处、司法判决等需求而提出的地籍调查需求。

（四）日常调查的程序

宜参照图 8-3 所示的流程图开展日常调查工作，主要工作内容为准备工作、核实确认不动产的状况、权属调查、地籍测绘、编制地籍调查报告和不动产单元表、成果审查与入库(地籍审核确认)、成果整理与归档等。

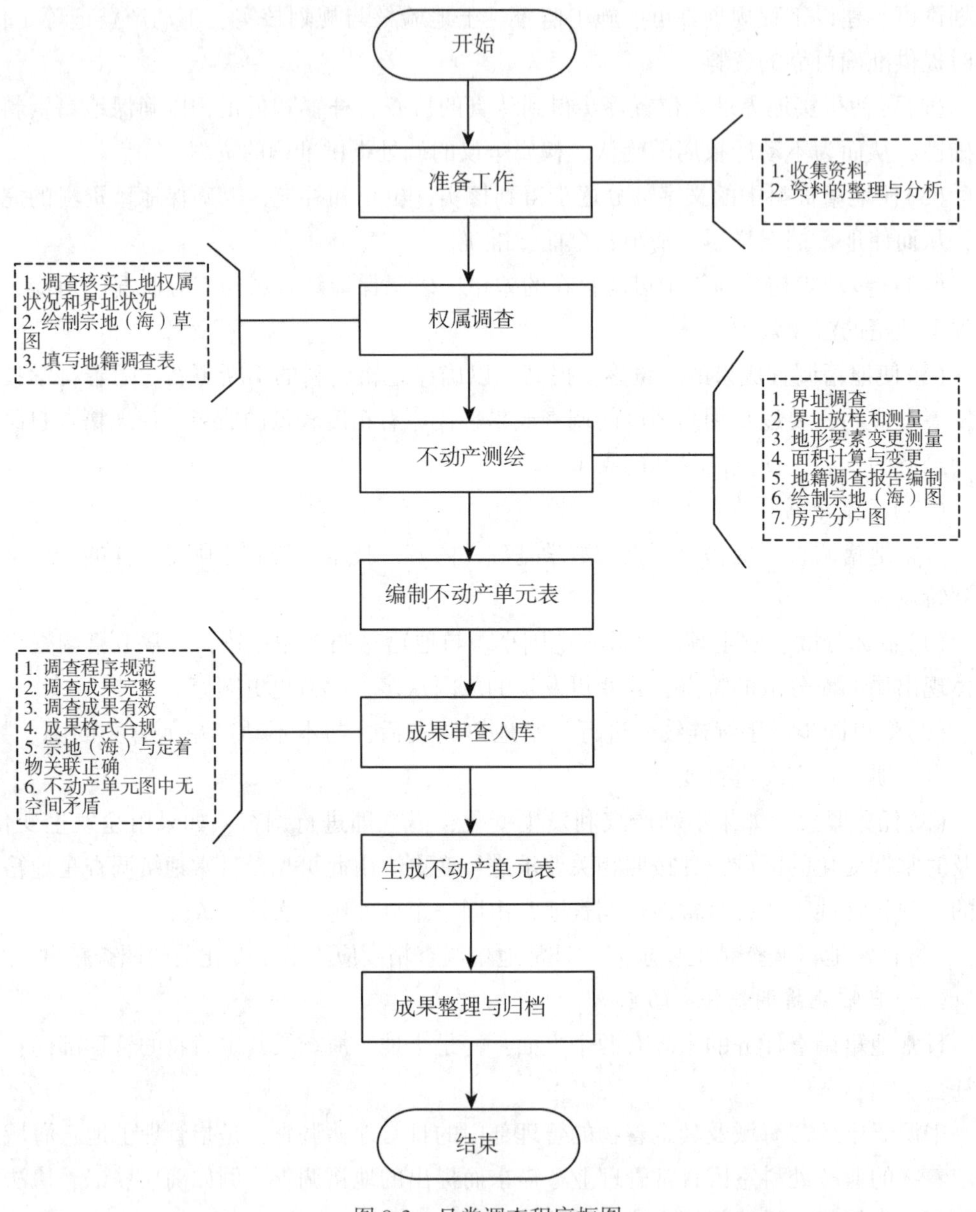

图 8-3　日常调查程序框图

二、准备工作

根据授权委托的地籍调查任务，调查单位应针对不动产的特点，判定需要收集的材料类型，确定材料收集的方法和途径，按照下列规定做好权属来源等相关材料的收集、整理和分析等准备工作。

（一）需要收集的材料

日常调查需要收集的主要材料（档案或数据）如下：

（1）不动产登记（含抵押、查封和权利限制）材料、已有的地籍调查材料、与调查任务相关的地籍材料等。

（2）地籍图、土地勘测定界图、土地利用现状图、规划用地（用海）范围图（红线图）、项目设计的用地（用海）范围图、建设项目工程总平面布置图、地形图等图件。

（3）控制点成果资料。

（二）收集材料的方法

日常调查需要的材料，可由地籍调查需求的个人或单位提供。如调查单位确认需要到相关部门收集材料，则调查人员应携带地籍调查材料协助查询单到自然资源、房管、林业、农业、水利、水务、档案等部门的档案室查询或在数据库中查询、核对并获取被调查不动产的档案材料和数据，并要求出具证明或在材料复印件上加盖档案材料专用章。下列为地籍调查资料协助查询单样式。

地籍调查资料协助查询单样式

查询单位名称：

根据　　　　　　　　　　　　　　　　　　　　　　　　等有关规定，请贵单位按照以下信息协助查询不动产权属情况，并出具查询结果：

1. 查询范围，详见《查询地块范围示意图》。

2. 查询内容：

申请查询联系人：　　　　　　　　　　　　　　　　　联系电话：

地籍调查承担单位（盖章）

年　　月　　日

注：①本协助查询单一式二份，一份连同查询结果反馈地籍调查承担单位，一份由协助查询机构留存。②协助查询单位应出具查询结果证明，经审定并加盖协助查询单位印章后，反馈地籍调查承担单位。

（三）材料的收集、整理与分析

将收集的材料按照权利人证明、权属来源材料、地籍调查材料等类型做好分类整理。根据收集的地籍材料，在室内核实确认不动产权属状况和界址状况，然后按照界址

(含界址线、界址点及其所依附地物)是否发生变化的情形选择适宜的权属调查方法和地籍测绘方法，为具体调查工作做好必要的技术准备。界址是否发生变化的具体情形如下：

(1)宗地(海)新设界址和界址发生变化的主要情形有：

①申请不动产首次登记，需要新设界址的；

②宗地或宗海分割、合并、重划或界址发生调整的；

③界址线或界址点所依附的地物发生变化的；

④界址发生变化的其他情形。

(2)宗地(海)界址不发生变化的主要情形有：

①整宗转移、抵押、继承、交换、收回土地使用权、或海域使用权、或无居民海岛使用权的；

②宗地(海)内定着物发生变化的；

③需要精确测量界址点坐标和不动产单元面积的；

④权利人名称、不动产坐落、不动产用途等变更的；

⑤不动产所属行政管理区的区划变动，即县市区、街道、街坊、乡镇等边界和名称变动的；

⑥权利取得方式、权利性质或权利类型发生变化的；

⑦界址未发生变化的其他情形。

(3)定着物界线发生变化的主要情形有：

①房屋或构(建)筑物的新增、改建、扩建、重建、灭失的；

②林木、森林等定着物的新增、更新、灭失的。

(4)定着物界线不发生变化的主要情形有：

①转移、抵押、继承、交换定着物所有权的；

②权利人名称、定着物位置名称、定着物的类型和用途等变更的；

③需要精确计算定着物单元面积的；

④权利取得方式、权利性质或权利类型发生变化的。

(四)编制日常地籍调查技术方案

根据界址是否发生变化的情形，日常调查可分为界址未发生变化的地籍调查、新设界址和界址发生变化的地籍调查、定着物界限发生变化的地籍调查和定着物界限未发生变化的地籍调查四种情况。

根据变更情形、地籍调查委托书及收集到的相关资料，制定相应的日常调查技术方案，如权属调查方案、控制点利用及检查恢复界址点方案、新增界址点放样元素计算方法、新增界址点放样方案、界址点测量方案、定着物测量方案、地类测量方案、面积计算方法、不动产单元图绘制方法、地籍图修编及地籍测绘成果变更方案等。

(五)其他准备

其他准备工作包括收集地籍调查表、绘图工具、测量仪器和调查人员的身份证明等。如果需要指界，则制作指界通知书，送达被调查的宗地(海)和相邻宗地(海)权利人并留存回执；如果相邻权利人无法联系的，可采取公告方式，告知其在指定的时间到指定地点出席指界。如果需要采用测量手段检查界址状况或放样界址位置，则准备界址数据、计算界址检查或放样数据。

三、权属调查

权属调查的主要内容包括调查核实不动产权属状况和界址状况、绘制宗地草图或宗海草图、填写地籍调查表等。对界址线有争议、界标发生变化和新设界标等情况，宜现场记录并拍摄照片。

权属调查工作结束后，应将权属调查的内容、程序、方法和成果等写入地籍调查报告。

(一)宗地(海)新设界址与界址发生变化的权属调查

新设界址与界址发生变化的土地或海域(含无居民海岛)，应到实地开展权属调查。

(1)对新设界址与界址发生变化的宗地(海)，按照第二章所述的内容和方法开展权属调查；

(2)根据具体的界址变化情形，选择下列方法之一变更宗地草图或宗海草图：

①绘制宗地草图或宗海草图；

②界址发生变化的宗地宗海，重新绘制宗地草图或宗海草图，原宗地草图或宗海草图复印件一并归档；

③在原宗地草图或宗海草图复印件上修改制作成变更后的宗地草图或宗海草图，变化和新增部分使用红色标注，标注方法为：对废弃的界址点、界址线用“×”标注；新增的界址点用界址点符号表示，新增的界址线用单实线表示，注明相应的丈量距离；对变化的数据用单红线划去，并标注正确的数据。

(二)宗地(海)界址未变化的权属调查

对界址未发生变化的情形，采用内业核实和外业调查相结合的方法开展调查工作：

(1)内业核实时，如确认不需要到外业调查，则在复印后的原地籍调查表内变更部分加盖“变更”字样印章，并填写新的地籍调查表，不重新绘制草图。

(2)内业核实时，如确认需要外业调查，则按照下列方法进行调查，并填写新的地籍调查表，并在说明栏、记事栏或审核栏中做出相应的说明。

①发现宗地(海)权属现状与收集的材料完全一致的，按内业核实的处理方法处理。

②发现宗地(海)权属现状和界址现状与地籍材料不一致的，则按照上述“宗地(海)新设界址与界址发生变化的权属调查”内容和方法开展界址调查。

③发现原不动产登记、征收、转用、审批等权属来源中存在不正确内容的，则在权属来源材料的复印件上用红线划去，标注正确内容，并在标注处签字。

④发现原地籍调查表中存在不正确内容的，则在原地籍调查表的复印件上用红线划

去，标注正确内容，并在标注处签字。

⑤发现原地籍调查表中的界址边长数据不正确的，应在地籍调查表的复印件上用红线划去不正确的数据，标注检测的正确数据，并在标注处签字。

⑥视具体情形，可分别按照第二章所述的内容和方法，绘制宗地草图或宗海草图，也可在原宗地草图或宗海草图复印件上标注修正，对错误的数据，用红色水笔加“\”划去，标注正确的数据，并在标注处签字。

(3)如果需要新编或变更宗地(海)代码，则按照相关技术标准进行编制。

(三)定着物界线发生变化的权属调查

对于新增定着物或界线发生变化的定着物，则采用外业调查的方法开展房屋、林木等定着物的权属调查工作。

(1)如果新设宗地(海)内存在林木或房屋或构(建)筑物，则按照第二章所述的内容和方法，开展林木或房屋或构(建)筑物的权属调查；

(2)宗地(海)内的房屋或构(建)筑物发生新增、改建、扩建、重建、灭失等情形，按照第二章所述的内容和方法，到实地进行房屋等建(构)筑物权属变更调查；林木发生新增、更新、灭失等情形，按照第二章所述的内容和方法，到实地进行林木权属变更调查；

(3)如果需要新编或变更房屋、林木等定着物单元代码，则按照相关技术标准进行编制。

(四)定着物界线未发生变化的权属调查

对于定着物界线未发生变化的定着物，则采用内业核实和外业调查相结合的方法开展调查工作。

(1)宗地(海)内房屋、林木等定着物发生买卖、交换、继承等情形，其材料齐全、规范，则可不到实地进行权属变更调查；在复印后的原地籍调查表内变更部分加盖“变更”字样印章，并填写新的地籍调查表，不重新绘制草图。

(2)内业核实确认需要外业调查，则按照下列方法开展调查工作，并填写新的房屋调查表、构(建)筑物调查表或林权调查表，在说明栏、记事栏或审核栏中作出相应的说明。

①发现定着物权属现状与收集的材料完全一致的，在复印后的原房屋调查表、构建筑物调查表或林权调查表内变更部分加盖“变更”字样印章，并填写新的房屋调查表、构建筑物调查表或林权调查表，不重新绘制草图；

②发现定着物权属状况和界线状况与地籍材料不一致的，则按照本节“定着物界线发生变化的权属调查”所述的内容和方法开展权属调查；

③发现原来定着物权属来源中存在不正确内容的，则在权属来源材料的复印件上用红线划去，标注正确内容，并在标注处签字；

④发现原房屋调查表、构(建)筑物调查表或林权调查表中存在不正确内容或数据

的，则在原房屋调查表、构(建)筑物调查表或林权调查表的复印件上用红线划去，标注正确内容或数据，并在标注处签字。

(3)如果需要新编或变更房屋、林木等定着物代码，则按照相关技术标准进行编制。

四、地籍测绘

(一)基本要求

地籍测绘包括界址检查与变更、界址放样与测量、房屋或林木等定着物变更测量、地形要素变更测量、面积计算或计算与变更和地籍调查报告编制等工作。应视具体情形，选择适宜的测量方法。

(1)对新增宗地(海)及其房屋、林木等定着物，应按照本书第四章、第五章、第六章、第七章的内容和方法，开展地籍测绘工作。

(2)对发生变化的界址，应根据变化的条件，分别开展界址检查与变更、界址放样与测量和重新计算宗地(海)面积等工作。如果宗地(海)内的房屋、林木等定着物以及地形发生变化，则对变化的部分进行测量并计算面积。

(3)对未发生变化的界址，当需要外业调查时，主要开展界址检查和界址放样工作。如果宗地(海)内的房屋、林木等定着物以及地形发生变化，则对变化的部分进行测量并计算面积。

(4)测量工作结束后，应编制地籍调查报告。

(5)经成果审查符合要求的测量成果，应及时更新到地籍调查数据库中。应利用更新后的地籍数据库编制宗地图或宗海图或房产分户图。

(二)测绘方法

1. 界址检查与变更

界址检查包括界址点、线及界标的检查和界址边长、坐标的检测等。

(1)界址点、线及界标的检查。如界标丢失、损坏或移位，应恢复原界址点位置，其技术要求如下：

①有解析坐标的，应按照原解析界址点精度的要求进行界址放样，并重新设立界标。

②只有图解坐标的，不得通过界址点图解坐标放样恢复界址点位置，应根据宗地草图、土地权属界线协议书、不动产权属争议原由书等材料，采用放样、勘丈等方法放样复位，重新设立界标。

(2)界址边长、坐标检测。本项检测仅针对解析法测量的边长或坐标。现场量取界址边长或测量界址点坐标，与原值相比较，其较差在允许误差范围内，则不修改原来数据；否则，分析记录原因，并将检测数据作为正确值使用。

(3)编制地籍调查报告。界址检查作业完成后，应将界址检查的过程、方法以及相应的情况说明写入地籍调查报告。

2. 界址放样测量

新设界址点或界址发生变化的界址点，按照第五章所述的方法进行界址测量。宗地分割或界址调整的，可根据给定的分割或调整的几何参数，计算界址点放样元素，实地放样测设新界址点的位置并埋设界标；也可在权利人的同意下，预先设置界标，然后测量界标的坐标。界址测量或放样作业完成后，应将界址测量或放样的过程、方法以及相应的情况说明写入地籍调查报告。

界址放样的常用方法主要是极坐标法和距离交会法两种，至于选用哪种方法，应根据控制点的分布、现场地形地物情况等因素，综合分析后确定。

(1)极坐标法放样界址点参数计算。该方法的基本原理是根据一个角度和一段距离放样界址点的平面位置。

在图 8-4 中，假设 A、B 是两个土地权属界址点或用地红线界址点，其坐标从已有资料中提取。P_1、P_2、P_3、P_4、P_5 为已知控制点，则界址点放样数据 D_1、β_1、D_2、β_2 可由式(8-1) ~ 式(8-8) 得出：

$$\alpha_{P_2P_3} = \arctan\frac{Y_{P_3} - Y_{P_2}}{X_{P_3} - X_{P_2}} \tag{8-1}$$

$$\alpha_{P_4P_3} = \arctan\frac{Y_{P_3} - Y_{P_4}}{X_{P_3} - X_{P_4}} \tag{8-2}$$

$$\alpha_{P_2A} = \arctan\frac{Y_A - Y_{P_2}}{X_A - X_{P_2}} \tag{8-3}$$

$$\alpha_{P_4B} = \arctan\frac{Y_B - Y_{P_4}}{X_B - X_{P_4}} \tag{8-4}$$

$$\beta_1 = \alpha_{P_2P_3} - \alpha_{P_2A} \tag{8-5}$$

$$\beta_2 = \alpha_{P_4B} - \alpha_{P_4P_3} \tag{8-6}$$

$$D_1 = \sqrt{(X_A - X_{P_2})^2 + (Y_A - Y_{P_2})^2} \tag{8-7}$$

$$D_2 = \sqrt{(X_B - X_{P_4})^2 + (Y_B - Y_{P_4})^2} \tag{8-8}$$

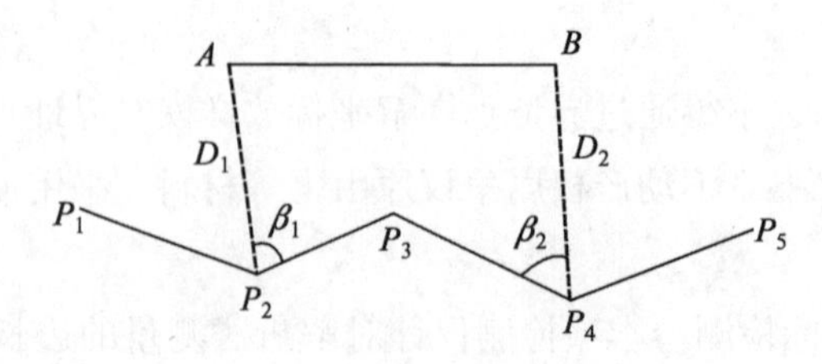

图 8-4　极坐标法放样图示

放样时，在 P_2 点上安置全站仪，先放样 β_1 角，在 P_2A 方向线上放样距离 D_1，即得 A 点。将仪器搬至 P_4 点，同法放样 B 点，最后丈量 AB 的距离，以资检核。

计算示例：A、B 是两个土地权属界址点，坐标为 A(90.00m, 90.00m), B(90.00m, 220.00m); P_1(50.00m, 30.00m), P_2(30.00m, 100.00m), P_3(40.00m, 160.00m), P_4(20.00m, 230.00m), P_5(55.00m, 300.00m) 为已知控制点。求放样数据 D_1、β_1、D_2、β_2。

$$P_2P_3 \text{ 方位角 } \alpha_{P_2P_3} = \arctan\frac{\Delta Y_{P_3P_2}}{\Delta Y_{P_3P_2}} = 1.4055 \text{ 弧度} = 80°32'16''$$

$$P_4P_3 \text{ 方位角 } \alpha_{P_4P_3} = \arctan\frac{\Delta Y_{P_3P_4}}{\Delta Y_{P_3P_4}} = -1.2924 \text{ 弧度} = 180 - 74°3'17'' = 105°56'43''$$

$$P_2A \text{ 方位角 } \alpha_{P_2A} = \arctan\frac{\Delta Y_{AP_2}}{\Delta Y_{AP_2}} = -0.1651 \text{ 弧度} = 180° - 9°27'44'' = 170°32'16''$$

$$P_4B \text{ 方位角 } \alpha_{P_4B} = \arctan\frac{\Delta Y_{BP_4}}{\Delta X_{BP_4}} = -0.1419 \text{ 弧度} = 180° - 8°7'48'' = 171°52'12''$$

$$\beta_1 = \alpha_{P_2A} - \alpha_{P_2P_3} = 90°$$

$$\beta_2 = \alpha_{P_4B} - \alpha_{P_4P_3} = 65°55'29''$$

$$D_1 = \sqrt{(X_A - X_{P_2})^2 + (Y_A - Y_{P_2})^2} = 60.83\text{m}$$

$$D_2 = \sqrt{(X_B - X_{P_4})^2 + (Y_B - Y_{P_4})^2} = 70.71\text{m}$$

(2) 距离交会法放样界址点参数计算。根据两段已知距离交会出点的平面位置，称为距离交会放样。如图 8-5 所示，根据已知控制点 P_1、P_2、P_3 的坐标和待放样界址点 A、B 的坐标，用坐标反算公式求得距离 D_1、D_2、D_3、D_4，在实地分别从 P_1、P_2、P_3 点用钢尺测设距离 D_1、D_2、D_3、D_4。D_1 和 D_2 的交点即为 A 点位置，D_3、D_4 的交点即为 B 点位置。最后丈量 AB 长度，与设计长度比较作为检核。

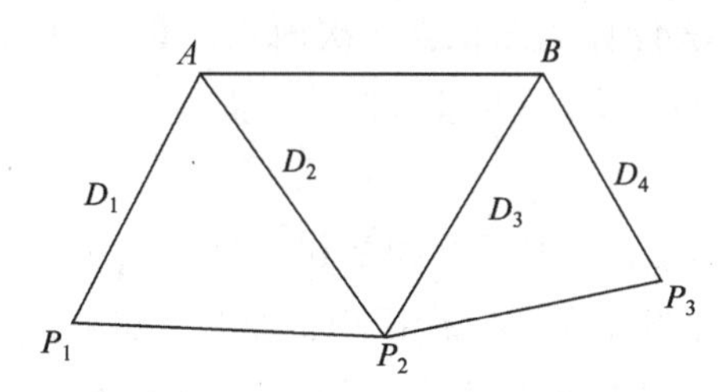

图 8-5　距离交会法放样图示

计算示例：控制点坐标 P_1(100.00m, 100.00m), P_2(101.00m, 130.00m), P_3(105.00m, 170.00m); A、B 两点的图上坐标为 A(110.19m, 115.57m), B(113.08m, 152.31m)，求放样参数 D_1、D_2、D_3、D_4 和 AB 之间的距离。

$$D_1 = \sqrt{(X_{P_1} - X_A)^2 + (Y_{P_1} - Y_A)^2} = 18.61\text{m}$$
$$D_2 = \sqrt{(X_{P_2} - X_A)^2 + (Y_{P_2} - Y_A)^2} = 17.11\text{m}$$
$$D_3 = \sqrt{(X_{P_2} - X_B)^2 + (Y_{P_2} - Y_B)^2} = 22.31\text{m}$$
$$D_4 = \sqrt{(X_{P_3} - X_B)^2 + (Y_{P_3} - Y_B)^2} = 19.45\text{m}$$
$$D_{AB} = \sqrt{(X_A - X_B)^2 + (Y_A - Y_B)^2} = 36.85\text{m}$$

3. 房屋或林木等定着物变更测量

对新增、改建、扩建、重建、灭失的房屋等建(构)筑物，或新增、更新、灭失的林木，或其他定着物，按照本书第六章第二节“房屋和建(构)筑物测量”所述的方法进行变更测量。变更测量完成后，应将变更测量的过程、方法以及相应的情况说明写入地籍调查报告。

4. 地形要素变更测量

对宗地(海)内外的地物、地貌发生变化部分，按照第六章第二节中一“(三)地形要素测绘的要求”所述的方法进行变更测量。变更测量完成后，应将变更测量的过程、方法以及相应的情况说明写入地籍调查报告。

5. 面积计算与变更

按照本书第七章所述的方法进行面积计算。面积变更的方法如下：

(1)面积变更采取高精度代替低精度的原则，即用高精度的面积值取代低精度的面积值；若原面积计算有误的，在确认重新计算或计算的面积值正确后，应以新面积值取代原面积值，并说明原因。

①变更前后均为解析法计算的面积(含房屋建筑面积)，如原界址点坐标或界址点间距或房屋边长满足精度要求，则保持原面积不变。

②变更前为图解法计算的面积，变更后为解析法计算的面积，用解析法计算的面积取代原面积。

③变更前后均为图解法计算的面积，两次面积计算差值满足第七章第五节中“四、图解法两次独立计算面积的较差”的要求，保持原面积不变；两次面积差值超限的，应查明原因，取正确值。

(2)对不动产分割的情形，分割后面积之和与原面积的差值满足限差要求的，将差值按分割面积比例配赋到变更后的不动产面积，如差值超限，则应查明原因并修正。

(3)在宗地(海)、无居民海岛或房屋的调查表记事栏和地籍调查报告中，应正确表述变更前后的面积及变更原因和不动产分割前后的面积及分割原因。

五、地籍调查报告的编制

地籍调查工作结束后，应编制地籍调查报告。地籍调查报告的主要内容为调查概述、调查的技术依据、权属调查、地籍测绘、成果编制、成果审核等。

(一)地籍调查报告的内容

1. 调查概述

调查概述的内容包括:

(1)任务来源。主要阐述委托任务的单位、时间、请求调查的文件等。

(2)调查单元简况。主要阐述不动产的位置、权属性质和类型、权属的历史及其沿革、原有调查确权登记等情况。

(3)调查内容。主要阐述本次调查的具体工作内容。

(4)测绘工具。说明本次测绘所使用的 GNSS 接收机、全站仪、钢尺、软件等测绘仪器的型号和规格及其检定情况。

2. 调查依据

列出本次调查所依据的技术标准和政策法规,含标准编号或文号。

3. 权属调查

权属状况调查核实。按照规程相关条款,说明调查核实的方法、已有资料的引用情况和补充调查的内容。

界址状况调查核实。按照规程相关条款,说明调查核实的方法、已有资料的引用情况和补充调查的内容。

4. 地籍测绘

(1)控制测量。具体指明控制坐标的来源、坐标系统名称等。说明进行控制检查和控制测量的原因、方法和操作步骤。

(2)界址测量。说明进行界址检查、界址放样、界址测量的原因、方法和操作步骤。

(3)房屋和构(建)筑物测量。说明测量的内容、原因和方法。

(4)其他要素测量。说明进行地物、地貌和其他要素测量的原因、方法和操作步骤。

(5)图件的编制。说明编制不动产单元图的原因、方法和操作步骤。

(6)不动产面积计算。说明不动产面积计算的方法和操作步骤。

5. 成果编制

按照具体的调查工作内容及其规程中的要求编制相应成果,列出成果目录。具体成果作为本报告的附件,与报告一起装订成册。其中必要的现场照片等影像必须提交。

6. 成果审核

主要阐述调查成果的质量状况、检查审核情况和可用性。

(二)地籍调查报告编写的基本要求

地籍调查报告是在日常调查中编制的报告,主要反映土地、海域(含无居民海岛)、房屋、构(建)筑物等权属调查和地籍测绘的技术标准执行、技术方法、程序、成果质量和主要问题的处理等情况。

(1)地籍调查报告由承担生产任务的项目负责人编写。单位的技术负责人或法定代表人对报告的客观性、完整性等进行审核并签字,并对编写质量负责。

(2)内容要真实、完整。文字要简明、扼要，公式、数据和图表应准确，名词、术语、符号、代号和计量单位等应与有关法规、标准一致。

(3)报告体例中的一级标题不能省略。根据具体的工作内容及其相应的技术规定，确定二级标题。

(4)报告中的内容可以增加和细化，但不能减少。

(5)在取得不动产登记机构同意后，可将报告改造成表格的形式，用于较简单的单项地籍调查，但内容不能缺失。应将报告改造为表格的原因、改造后的表格一并形成文字说明，不动产登记机构负责人签署意见并加盖印章后使用。

(三)地籍调查报告附表

表 8-1　界址点和控制点坐标检测成果表

点号	已知点		检测点		差值/m	备注
	X/m	Y/m	X/m	Y/m		

表 8-2　界址点和控制点间距检测成果表

点号—点号	已知边长/m	检测边长/m	差值/m	备注

表 8-3　界址点和控制点测量成果表

点号	X/m	Y/m	标志类型	备注

表 8-4　房屋边长检查记录

房屋编号：

边长序号	原测边长/m	检测边长/m	差值/m	备注

六、成果审查

日常调查成果主要为文字成果、表格成果、图件成果，包括地籍调查授权委托书、权属来源材料、地籍调查表、界址点坐标成果表、地籍调查报告、宗地图、宗海图、无居民海岛使用权海岛图及房产图等。

地籍调查成果应由不动产登记机构或授权机构审查；凡在前期审批、交易、竣工验收等行政管理中经相关行政职能部门和授权机构确认的且符合登记要求的成果，可继续沿用。

第三节　建设项目地籍调查*

一、概述

从土地管理和国土空间规划管理角度，建设项目全流程由规划选址与预审、用地审批(农用地转用、土地征收)、土地供应与建设用地规划许可、建设工程规划许可、施工监督和竣工验收等阶段构成。在每一个阶段，都需要通过地籍调查，获取土地、房屋等不动产的坐落、界址、面积、用途、权属等信息。

为提高工作效率、降低工作成本，同一个建设项目，每一阶段审批管理应当充分利用前一阶段地籍调查成果，杜绝重复调查、重复测绘，避免同一成果重复提交，不得增加当事人经济和时间成本。因此，建设项目全流程地籍调查，应坚持同一标的物只调查一次、同一成果只提交一次、只能拥有唯一标识码的原则，各阶段应充分继承前一阶段调查成果，必要时再开展补充地籍调查。

此外，为了实现工程建设项目地籍调查成果在前后各阶段的沿用共享，还需要同时开展以下工作：

一是，明确地籍调查内容和成果要求，确保前序环节的调查成果可以用于后序环节审批管理。

二是，严格地籍调查成果审核，确保地籍调查成果质量符合要求，避免不达标的成果因为前后沿用而“一错再错”。

三是，建立地籍数据库，实施对地籍调查成果的统一管理，便于地籍调查成果为各环节审批业务调取使用。

四是，在各阶段编制或沿用不动产单元代码，用不动产单元代码作为各阶段地籍调查成果的索引，串联各阶段成果，方便地籍调查成果查询和调取沿用。

二、规划选址与预审地籍调查

为满足规划选址与预审工作要求，需要通过地籍调查，获取用地范围、用地总量，以及用地范围内土地利用现状和土地权属情况。一般情况下，可以在实地踏勘后，根据已有各类数据成果，在内业通过图解拟定用地范围和界址，并在此基础上获取用地现状和权属状况。已有数据成果不齐备或者现势性不好的，通常需要开展地形图补测工作。另外，根据当地业务管理要求，也可在本阶段开展用地审批所需的地籍调查工作。

本阶段地籍调查成果主要包括：建设项目用地范围界址点坐标、用地审批图、土地利用现状分类面积表，以及相应的地籍调查表、地籍调查报告、不动产单元表等。地籍调查成果经审核后纳入地籍数据库统一管理。成果应用于建设项目规划选址与预审工作。

规划选址与预审地籍调查的工作内容，包括收集资料、制作工作底图、实地踏勘、拟定建设项目用地选址范围、面积量算、编制建设项目用地选址图、编制地籍调查报告和不动产单元表等。

(1)收集资料。收集建设项目拟用地区域的基础地理、高分辨率正射遥感影像、国土空间规划、土地利用现状调查与监测、自然资源和不动产地籍调查和确权登记等相关数据和图件。

(2)制作工作底图：以高分辨率正射遥感影像为基础，叠加基础地理、国土空间规划、土地利用现状、地籍等数据，形成规划选址所需要的工作底图。

(3)实地踏勘。根据建设项目用地需求，初步拟定建设项目拟用地范围，再根据拟用地范围和相关数据资料收集情况，确定是否需要实地踏勘。对需要实地踏勘的，到实地查看拟用地范围，及用地范围内的土地权属现状、土地利用现状，并在工作底图上标绘相关信息。

(4)拟定建设项目用地选址范围。根据建设项目用地需求，结合实地踏勘情况，在工作底图上拟定建设项目用地选址范围。

(5)预设宗地并编码。将相连成片的建设项目用地范围预设为一个宗地；建设项目用地由多个独立的不相连地块组成的，每个地块预设为一个宗地；按照相关规定，预编宗地代码。

(6)面积量算。根据拟定的建设项目用地选址范围，图解获取界址坐标并计算用地面积；套合土地利用现状和永久基本农田，获取拟占用土地利用和权属情况，包括农用地(包括耕地和永久基本农田)、建设用地、未利用地的分布和面积；套合地籍成果数据，获取占用土地的权属状况，包括集体土地所有权，国有建设用地使用权的分布、面积和权利人等，形成建设项目用地面积统计表。

(7)编制建设项目用地选址图。根据拟定的建设项目用地选址范围，结合基础地理数据、高分辨率遥感影像数据、土地利用现状数据、地籍成果数据，编制形成建设项目用地规划选址图。图上应表示的内容包括：建设项目名称、预编宗地代码、建设项目拟用地范围线、总面积、现状分类面积、权属分类面积、规划条件或用地功能分区等。

(8)编制地籍调查报告和不动产单元表。按相关要求编制地籍调查报告和不动产单元表。

三、用地审批地籍调查

为满足用地审批(农用地转用审批和土地征收审批)要求，需要通过地籍调查，确定拟用地范围，获取拟用地范围的界址点坐标和面积，需要农转用审批和土地征收审批的界址和面积，以及地上房屋、其他附着物和青苗等信息。

建设项目规划选址与预审阶段地籍调查成果已经包括以上内容的，且范围和界址未发生变化的，可直接沿用该成果，无须开展地籍调查；范围和位置发生变化的，需重新开展或补充开展地籍调查。

本阶段地籍调查成果主要包括：建设项目用地范围界址点坐标、用地审批图、土地利用现状分类面积表，以及相应的地籍调查表、地籍调查报告、不动产单元表等。地籍调查成果经审核后纳入地籍数据库统一管理。成果应用于建设项目用地审批(农用地转用、土地征收)工作。涉及土地征收的，还可用于办理集体土地所有权变更登记。

用地审批地籍调查的工作内容包括收集资料、制作工作底图、预设宗地并编码、界址点放样、界址点调查、土地利用现状调查核实、土地和地上定着物权属调查核实、界址点测量、面积计算和汇总、编制用地审批图、编制地籍调查报告和不动产单元表等。

(1)收集资料。收集拟用地区域的基础地理、高分辨率正射遥感影像、国土空间规划、土地利用现状、永久基本农田、地籍调查和确权登记等相关数据和图件，以及规划选址与预审、用地规划红线等数据和图件。

(2)制作工作底图。以高分辨率正射遥感影像为基础，叠加基础地理、国土空间规划、土地利用现状、永久基本农田、地籍、规划选址与预审成果等数据，形成工作底图。

(3)预设宗地并编码。将相连成片的建设项目用地范围预设为一个宗地；建设项目用地由多个独立的不相连地块组成的，每个地块预设为一个宗地；按照相关规定，预编宗地代码。

(4)界址点放样。根据需要开展控制测量。按照相关技术规定，利用用地规划红线图给出的界址点坐标，将界址点放样到实地。

(5)界址点调查。对放样确定的界址点和界址线，涉及集体土地的，和集体土地所有权人进行共同指界，签字盖章，填写地籍调查表。在共同指定的界址点，以及用地界线与省(自治区、直辖市)、市、县、乡(镇)、村的行政界线交点上加设界标，永久基本农田界线与用地界线的交点、国有土地与集体土地的分界线同用地界线的交点加设界标。界址点编号原则上应以用地范围为单位，从左到右，自上而下统一编号；铁路、公路等线型工程的界址点编号可以采用里程+里程尾数编号。按照埋设界标的相关规定，选择合适的界标类型，埋设界标。

(6)土地利用现状调查核实。将用地范围界线与土地利用图斑和永久基本农田数据进行套合，获取用地范围内土地利用现状情况、需农转用审批的范围和面积，以及其中耕地和基本农田的范围和面积。在实地核实用地范围内土地利用现状情况，土地利用现状成果与实际不符的，在现场调绘土地利用类型界线。

(7)土地和地上定着物权属调查核实。将用地范围界线与确权登记成果、地籍调查成果数据进行套合，获取用地范围内土地和地上定着物的权属情况、需土地征收审批范围和面积。实地核实土地权属界线，存在未变更情况的，按规定开展宗地地籍调查，更新土地权属界线。实地核实地上房屋等定着物权属情况和地上青苗情况。

(8)界址点测量。为检核界址放样的可靠性及界址坐标的精度，在界标放样埋设后，按照相关技术规定，采用解析法进行界址点测量。根据需要，对用地范围内的权属界线、土地利用类型界线、房屋等进行补充测量。

(9)面积计算和汇总。根据调查核实和测量结果，计算宗地面积、占用农用地面积、占用耕地面积、占用永久基本农田面积、占用集体所有土地面积。在此基础上，按不同行政区、不同权属单位进行汇总。

(10)编制用地审批图。根据调查成果，编制土地审批图，内容包括：用地范围、宗地代码和用地面积，用地范围内土地所有权界线、所有权人、面积，土地征收审批范围界线、面积，用地范围内土地利用现状界线，农转用审批范围界线、面积，用地范围内永久基本农田界线、面积等。

(11)编制地籍调查报告和不动产单元表。按照相关技术规定编制地籍调查报告和不动产单元表。

(12)集体土地所有权变更。土地征收批准后，应利用地籍调查成果办理集体土地所有权变更登记。根据变更登记结果更新地籍数据库内容。

四、土地供应与建设用地规划许可地籍调查

为满足土地供应与建设用地规划许可要求，需要通过地籍调查，确定建设用地的位置、界址、面积等，在此基础上，规定允许建设范围等规划条件，确保建设用地权属合法、界址清楚、面积准确。

建设项目用地规划许可与土地供应的范围和界址，与用地审批阶段一致的，如单独选址建设项目，可以直接沿用用地审批阶段地籍调查成果，包括沿用预编的不动产单元代码作为正式的不动产单元代码，无须重新开展地籍调查。范围和界址与用地审批阶段不一致的，需重新开展地籍调查。

本阶段地籍调查成果主要包括：宗地界址坐标、宗地图，以及相应的地籍调查表、地籍调查报告、不动产单元表等。地籍调查成果经审核后纳入地籍数据库统一管理。成果应用于建设用地规划许可和土地供应，以及办理国有建设用地使用权首次登记。

土地供应与建设用地规划许可地籍调查的工作内容，包括收集资料、制作工作底图、设定宗地并编码、界址点放样、界址点调查、界址点测量、面积计算、编制宗地图、编制地籍调查报告和不动产单元表等。

(1)收集资料。收集拟用地区域的基础地理、高分辨率正射遥感影像、国土空间规划、土地利用现状、永久基本农田、地籍调查和确权登记等相关数据和图件，用地审批、用地规划红线等数据和图件。

(2)制作工作底图。以高分辨率正射遥感影像为基础，叠加基础地理、国土空间规划、土地利用现状、永久基本农田、地籍、用地审批等数据，形成工作底图。

(3)设定宗地并编码。将相连成片的建设项目用地范围设定为一个宗地；建设项目用地由多个独立的不相连地块组成的，每个地块设定为一个宗地；按照相关规定，预编

宗地代码。

对范围、界址与用地审批阶段一致的，可沿用用地审批阶段单元预划和代码预编成果，并作为正式单元和编码。对范围、界址与用地审批阶段不一致的，重新划分单元并编制单元代码。

(4)界址点放样。根据需要，按照相关规定实测平面控制网点。按照相关技术规定，利用用地规划红线图给出的宗地界址点坐标，将界址点放样到实地。

(5)界址点调查。对放样确定的界址点和界址线，需要相邻宗地权利人指界的，开展实地指界，签字盖章，填写地籍调查表。按照埋设界标的相关规定，选择合适的界标类型，埋设界标。

(6)界址点测量。对放样的界址点，在界标放样埋设后，按照相关技术规定，采用解析法进行界址点测量。

(7)面积计算。根据测量结果，计算宗地面积。

(8)编制宗地图。根据调查成果，编制宗地图。

(9)编制地籍调查报告和不动产单元表。按照相关技术规定编制地籍调查报告和不动产单元表。

五、建设工程规划许可地籍调查

为保障规划全流程监管，在源头规范按规划要求施工建设，需要通过地籍调查，利用建设工程建设方案及总平面图、施工图等图件，预设房地一体的不动产单元并编制代码，测算房屋建筑面积。

本阶段地籍调查成果主要包括：房产图、房屋专有建筑面积、共有部分及建筑面积，以及相应的地籍调查表、地籍调查报告、不动产单元表等。地籍调查成果经审核后纳入地籍数据库统一管理。成果应用于建设工程规划许可、规划实施监督、不动产预告登记、房屋预售等。

建设工程规划许可地籍调查的工作内容，包括收集资料、预设不动产单元并预编代码、测算房屋建筑面积、编制房产图、编制地籍调查报告和不动产单元表等。

(1)收集资料。收集国有建设用地使用权的不动产权证书、宗地图、建设用地规划许可、建设工程设计方案及总平面图、施工图等数据和图件。

(2)预设不动产单元并预编代码。根据建设工程设计方案及总平面图、施工图等图件，按照相关规定，预划房屋定着物单元，并与宗地结合预设不动产单元，在宗地代码基础上预编房地一体的不动产单元代码。

(3)测算房屋建筑面积。按照相关技术规定，测算每一个不动产单元的专有建筑面积，说明建设项目每一个共有部分情况并测算其建筑面积。

(4)编制房产图。根据建设工程设计方案及总平面图、施工图等图件，以及房屋建筑面积测算结果，编制房产图，标识不动产单元代码、专有建筑面积等信息。

(5)编制地籍调查报告和不动产单元表。按照相关技术规定编制地籍调查报告和不动产单元表。

(6)变更调查。后续施工过程中，因为施工需要改变房屋结构导致不动产单元界线和面积发生变化的，应当更新测算房屋建筑面积和不动产单元表等成果。

六、施工监督地籍调查

为确保建设项目按照土地管理和规划管制的要求进行建设，需要通过地籍调查，及时掌握项目建设的用地范围、布局、用途等信息，确保用地范围、土地用途等符合土地出让合同的约定，确保建设范围、位置、布局等符合建设工程规划许可的规定。

本阶段地籍调查成果主要包括：用地范围界址表、放线测量成果表、灰线验线测量成果表、±0层验线测量成果表，以及相应的地籍调查表、地籍调查报告等。地籍调查成果经审核后纳入地籍数据库统一管理。成果应用于用地监管、规划监督、执法监察等工作。

用地规划监督地籍调查的工作内容，包括收集资料、用地监督调查、放线测量、灰线验线测量、±0层验线测量、编制地籍调查报告等。

(1)收集资料。收集地籍调查、出让合同、不动产权证、建设工程规划许可、施工图等数据和资料。

(2)用地监督调查。根据执法监察、建设项目用地监管等业务需要，开展用地监督调查。根据需要开展控制测量，调查土地实际用途，采用解析法测量用地范围界址的坐标，形成用地范围、界址与面积，与出让合同、不动产权证等的宗地图或地籍成果进行对比，核实是否按批准的用途、范围、界址使用土地。

(3)放线测量。根据施工图、规划条件和相关坐标及图件，计算建(构)筑物外墙角点、轴线点等条件点坐标，将条件点放样到实地并设立桩点，测量桩点坐标，形成放线测量成果表等成果。

(4)灰线验线测量。根据施工图、条件点坐标等资料，在建(构)筑物施工前，根据建筑灰线，测量其中建(构)筑物的外墙角点、轴线点等验测点坐标，形成灰线验线测量成果表等成果。

(5)±0层验线测量。在建(构)筑物基础施工完成后，根据放线测量或灰线验线测量成果，测量建(构)筑物外墙角点、轴线点等验测点坐标和±0层的地坪高程。±0层的地坪高程可采用水准测量或电磁波测距三角高程测量的方法测定。

(6)编制地籍调查报告。按相关技术规定编制地籍调查报告。

七、竣工验收地籍调查

为满足竣工验收阶段规划核实和不动产登记要求，需要通过地籍调查，获取建(构)筑物界址、面积、布局、高度等信息。

本阶段地籍调查成果主要包括：房产图、竣工地形图、建筑面积表等，以及相应的地籍调查表、地籍调查报告、不动产单元表等。地籍调查成果经审核后纳入地籍数据库统一管理。成果应用于规划核实、不动产首次登记。

竣工验收地籍调查的工作内容，包括收集资料、用地核验、设定不动产单元并编码、地籍测绘、面积计算、编制图件、编制地籍调查报告和不动产单元表等。

(1)收集资料。收集地籍调查、不动产登记、建设用地规划许可、建设工程规划许可、施工图、规划监督测量等相关数据和图件。

(2)用地核验。核实建设项目是否按批准用途使用土地。确认实际用地范围界址点，采用解析法测量宗地界址点坐标，计算用地面积，核验用地面积、位置、界址是否超出批准范围、是否移位。

(3)设定不动产单元并编码。根据建设工程规划许可阶段不动产单元设定与代码编制成果，核实不动产单元变化情况，正式设定不动产单元并编制不动产单元代码。

(4)地籍测绘。测量建(构)筑物的高度、层数和建(构)筑物室内外地坪的高程；测量竣工地形图，包括建筑物主要角点、车行道入口、各种管线进出口的位置和高程、内部道路与人行道绿化带等界线，构筑物位置和高程；按相关要求测量地下管线；测量建筑物外边长、建筑物内部专有部分各边长、共有部分各边长。

(5)面积计算。根据测量结果，计算总建筑面积、分幢建筑面积、分层建筑面积、每个不动产单元专有建筑面积、每个共有部分建筑面积等。

(6)编制图件。根据地籍测绘成果，编制房产图、楼高示意图、竣工地形图等图件。

(7)编制地籍调查报告和不动产单元表。按照相关技术规定编制地籍调查报告和不动产单元表。

第四节　地籍调查成果审核*

地籍调查成果审核是指按照相关技术要求对地籍总调查和日常地籍调查成果的质量进行检查验收的工作，是确保地籍调查成果的权威性，切实为不动产和自然资源登记提供制度和技术保障的重要手段。

一、审核要求

地籍调查成果审核机构为自然资源主管部门(不动产登记机构)或授权机构(以下简称审核机构)。以“权属清楚、界址清晰、面积准确”为总体目标，从完整性、规范性、有效性和一致性四个方面进行地籍调查成果审核。

(1)完整性审核。查验不动产登记或自然资源登记所要求的调查、测绘、文档和电子数据等成果内容是否完整。

(2)规范性审核。各种表格填写是否清楚、文字是否正确；是否按照制图标准制作地籍图和单元图；是否按照地籍调查技术标准编制各类报告，电子数据的字段定义(名称、类型、长度等)是否符合地籍数据库标准的要求。

(3)有效性审核。是否按照地籍调查相关技术标准的要求开展地籍调查；调查任务类型和工程量是否符合调查机构测绘资质中的规定；调查、测绘、文档和电子数据等成果，是否有调查机构的责任人签字和单位盖章。

(4)一致性审核。调查、测绘、文档和电子数据等成果之间是否一致；调查、测绘、文档和电子数据等成果与收集的材料之间是否一致。

二、审核方法

在室内充分利用地籍数据库及信息系统、办公系统、电子政务系统等，查验地籍调查成果的完整性、规范性、有效性和一致性。审核情况填写到地籍调查成果审核表(见本章附录中的附表8-1、附表8-2)。

地籍总调查的专检、验收工作应进行实地抽样审核；日常地籍调查需要到实地进行审核的情形如下：

(1)地籍调查成果中的边长、坐标、面积与权属来源材料中的不一致；

(2)地籍图、单元图上界址点线与已有地籍数据、地物、地貌存在空间位置矛盾的；

(3)判定需要到实地审核的其他情形。

三、成果内容

(一)权属调查成果

权属调查成果由地籍调查表和指界手续材料组成，见本章附录中的附表8-4。

1. 地籍调查表

地籍调查表由封面、宗地调查表、土地(承包)经营权与农用地的使用权调查表、集体土地所有权宗地分类面积调查表、房屋调查表、构(建)筑物调查表、林权调查表、宗海调查表或无居民海岛调查表及不动产单元表等组成。其中：

(1)集体土地所有权宗地，由宗地调查表、集体土地所有权宗地分类面积调查表及不动产单元表组成；

(2)建设用地使用权宗地和宅基地使用权宗地，由宗地调查表或房屋调查表或构(建)筑物调查表及不动产单元表组成；

(3)土地承包经营权宗地和非承包方式取得的林地使用权宗地，由宗地调查表、土地承包经营权、农用地的其他使用权调查表或林木调查表及不动产单元表组成；

(4)海域使用权宗海，由宗海调查表或房屋调查表或构(建)筑物调查表及不动产单元表组成；

(5)无居民海岛，由无居民海岛用岛调查表或房屋调查表或构(建)筑物调查表及不动产单元表组成；

(6)不动产单元表包括宗地表、宗地内房屋自然幢汇总表、房屋定着物单元汇总表、建筑物区分所有权业主共有部分汇总表、宗海表、林木表、构(建)筑物表和无居民海岛用岛表等。

2. 指界手续材料

指界手续材料由指界通知书、指界委托书、指界人身份证明(法人代表或负责人或个人或代理人)、违约缺席定界通知书、土地权属界线协议书、不动产权属争议原由书等组成。

（二）地籍测绘成果

地籍测绘成果包括测绘成果和图件成果，见本章附录中的附表8-4。

测绘成果主要包括控制测量观测计算成果、控制点成果表和误差检测表、界址点成果表和误差检测表、房屋及其附属设施数据采集成果和房屋边长误差检测表、面积计算成果等。

图件成果主要包括分幅地籍图、宗地图、宗海图（含无居民海岛开发利用图）、房产图等。

（三）文档成果

文档成果包括地籍调查收集的资料和地籍调查文档成果。按照调查的时态特征，地籍调查文档成果可分为日常地籍调查成果和地籍总调查成果（见本章附录中的附表8-4）。

(1)地籍调查收集的材料。按照不同的不动产类型、权利类型、登记类型收集的材料清单。

(2)日常地籍调查文档成果。主要包括地籍调查报告、测绘资质证书、地籍调查资料查询单等。

(3)地籍总调查文档成果。主要包括立项文件、委托文件、任务合同、测绘资质证书、工作方案、技术方案、工作报告、技术报告、质量检验报告、整改报告等。

（四）电子数据成果

日常地籍调查的电子数据包括权属调查、地籍测绘、文档成果的电子形式数据成果。

地籍总调查的电子数据包括权属调查、地籍测绘、文档成果的电子形式数据以及数据库。

四、权属调查成果审核

（一）审核的总体要求

按照“权属清楚、界址清晰”的原则，利用地籍数据库和信息系统及质检软件，采用人工查验与实地查看检测相结合的方法审核地籍调查表和指界手续材料的完整性、规范性、有效性、一致性。

（二）地籍调查表的填写

人工查验地籍调查表的填写是否符合地籍调查技术标准的要求。不规范或不正确的情形在审核问题清单（见本章附录中的附表8-5）中做出记录。

(1)栏目填写是否准确无误，字迹是否清晰整洁；是否使用谐音字、国家未批准的简化字或缩写名称；

(2)是否有涂改；划改是否超过两处，划改处是否有划改人员签字或盖章；

(3)表中各栏目应填写齐全，无内容的栏目是否使用“/”符号填充；

(4)是否手工签名签字；

(5)附页和附贴的，是否加盖相关单位部门印章；

(6)权属调查记事、地籍测绘记事、审核意见是否清晰明了，是否按填写说明填写，相关人员是否签字；

(7)地籍调查表中的坐标、长度、面积的计量单位、表示方法和小数位是否符合地籍调查技术标准。

(三)不动产单元设定与代码编制

结合地籍数据库和信息系统，人工查验地籍调查表上编制的不动产单元设定与编制的代码是否正确。不正确的情形在审核问题清单(见本章附录中的附表8-5)中做出记录。

(1)是否按照权属来源材料和《不动产单元设定与代码编制规则》设定不动产单元；无权属来源材料的，是否按照地籍调查技术标准和《不动产单元设定与代码编制规则》设定不动产单元；

(2)编制的不动产单元代码是否唯一；

(3)不动产单元代码中的宗地特征码与地籍调查表中的权利类型是否相对应；

(4)不动产单元代码中的定着物特征码与地籍调查表中的定着物类型是否相对应；

(5)宗地草图、宗海草图、房产草图的不动产单元代码与地籍调查表上的不动产单元代码是否一致。

(四)权属状况的审核

1. 宗地权属审核要点

充分利用地籍数据库和信息系统，采用质检软件与人工查验相结合的方法，审核宗地调查表记载的权属状况。不一致、不规范、不正确的情形在审核问题清单(见本章附录中的附表8-5)中做出记录。

(1)权利人或实际使用人的姓名或名称、类型、证件类型、证件号与身份证明材料是否一致；

(2)权利人或实际使用人与房屋、构(建)筑物、林木权源材料中的权利人或实际使用人不一致的情形，是否有说明；

(3)权利性质、权利类型与土地权属来源材料是否一致；

(4)无权属来源材料的，是否依时间节点详细说明占有或占用的时间及其历史沿革；

(5)坐落与权属来源材料是否一致，与地籍图是否一致；

(6)图幅编号与所在分幅地籍图是否一致；

(7)批准用途与权属来源材料是否一致；

(8)实际用途与地籍图是否一致，其地类名称和代码是否符合最新分类标准；

(9)使用期限与权属来源材料是否一致；权属来源材料中没有描述使用期限的或无权属来源材料的情形，是否有说明；

(10)共有权利人个数与列出的权利人个数是否相等，各权利人的份额是否与协议/合同上描述的份额一致；

(11)同一块土地不应存在国家与集体共有的情形；

(12)存在建筑物区分所有的建筑区划内，属于业主共有的道路、绿地、其他公共场所、公用设施和物业服务用房等归属是否清楚。

2. 土地承包经营权、农用地使用权宗地权属审核要点

充分利用地籍数据库和信息系统，采用质检软件与人工查验相结合的方法，审核土地承包经营权、农用地使用权宗地调查表记载的权属状况。不一致、不规范、不正确的情形在审核问题清单(见本章附录中的附表 8-5)中做出记录。

土地承包经营权、农用地使用权除按照宗地权属审核的要求审核对应的宗地调查表上的权属状况外，还需要做如下审核：

(1)发包方及负责人、承包方、受让方的名称或姓名和证件类型、证件号以及家庭成员情况，与权利人证明材料是否一致；

(2)承包或经营合同编号、取得方式与承包或经营合同是否一致；

(3)流转的土地经营权期限是否未超过土地承包经营权的剩余期限；

(4)草原等级、植被(草群)盖度、优势种、建群种、产草量等草原质量要素及其适宜载畜量与相应的评价成果是否一致；

(5)地力等级与相应的评价成果是否一致；

(6)永久基本农田与永久基本农田保护图是否一致；

(7)水域滩涂与类型、养殖业方式等与权属来源材料是否一致。

3. 宗海、无居民海岛用岛权属审核要点

充分利用地籍数据库和信息系统，采用质检软件与人工查验相结合的方法，审核宗海调查表或无居民海岛用岛调查表记载的权属状况。不一致、不规范、不正确的情形在审核问题清单(见本章附录中的附表 8-5)中做出记录。

宗海调查表、无居民海岛用岛调查表中与宗地调查表中相同的信息，按照宗地权属审核的要求审核，其他内容审核方法如下：

(1)用海项目名称、项目性质、海域等级、海洋及相关行业分类等情况与权属来源材料是否一致；

(2)用海类型应符合 HY/T 123 及相关规定；

(3)宗海内部各单元的用海方式是唯一的；

(4)用岛类型是否符合《财政部 国家海洋局印发〈关于调整海域无居民海岛使用金征收标准〉的通知》(财综〔2018〕15 号)及相关规定；

(5)用岛项目名称、项目性质、无居民海岛等级、海洋及相关行业分类、海岛名称和海岛代码等情况与权属来源材料是否一致；

(6)用岛类型应符合《财政部 国家海洋局印发〈关于调整海域无居民海岛使用金征收标准〉的通知》(财综〔2018〕15 号)及相关规定。

4. 房屋定着物单元权属审核要点

充分利用地籍数据库和信息系统，采用质检软件与人工查验相结合的方法，审核房屋调查表记载的权属状况。不一致、不规范、不正确的情形在审核问题清单(见本章附

录中的附表 8-5）中做出记录。

房屋调查表中与宗地调查表中相同的信息，按照宗地权属审核的要求审核，其他内容审核方法如下：

（1）房屋所有权权利人或实际使用人与土地或海域权源材料中的所有权利人或实际使用人不一致，是否在宗地调查表、宗海调查表或无居民海岛用岛调查表中有说明；

（2）产权来源、房屋性质、房屋坐落等信息是否完整、清楚，是否与权属来源材料一致；

（3）房屋建设项目名称是否与建筑工程规划许可文件一致；

（4）房屋规划用途是否按照建设工程规划许可文件及其所附图件中确定的那样填写；实际用途填写是否准确；

（5）房屋幢号、户号、总套数、总层数、所在层等情况是否查清；房屋总层数、权利人的房屋层数和所在层，是否与地籍调查报告一致；

（6）房屋的结构、建成年份是否与竣工验收材料一致，若不一致，是否有说明。

5. 构（建）筑物定着物单元权属审核要点

充分利用地籍数据库和信息系统，采用质检软件与人工查验相结合的方法，审核构（建）筑物调查表记载的权属状况。不一致、不规范、不正确的情形在审核问题清单（见本章附录中的附表 8-5）中做出记录。

构（建）筑物调查表中与宗地调查表中相同的信息，按照宗地权属的要求审核，其他内容审核方法如下：

（1）构（建）筑物所有权权利人或实际使用人与土地、海域权源材料中的权利人或实际使用人不一致的，是否在宗地调查表、宗海调查表或无居民海岛用岛调查表中有说明；

（2）构（建）筑物用途与规划许可文件及其所附图件中的用途是否一致；

（3）构（建）筑物类型与权属来源材料是否一致；

（4）竣工时间与竣工验收文件或权属来源材料中的时间是否一致，若不一致，是否有说明。

6. 森林林木定着物单元的审核要点

充分利用地籍数据库和信息系统，采用质检软件与人工查验相结合的方法，审核林木调查表记载的权属状况。不一致、不规范、不正确的情形在审核问题清单（见本章附录中的附表 8-5）中做出记录。

林木调查表中与宗地调查表中相同的信息，按照宗地权属审核的要求审核，其他内容审核方法如下：

（1）林木所有权人、使用权人、实际使用人、代理人、权利人或实际使用人类型，若与土地或海域权源材料中的权利人或实际使用人不一致，是否在宗地调查表、宗海调查表或无居民海岛用岛调查表中有说明；

（2）小地名、起源、坐落信息、造林年度、林班、小班、森林类别、主要树种、林种、株数等情况是否调查清楚，是否与森林资源规划设计调查成果或合同等相关权属来源材料一致；森林类别发生变化的，是否有林业主管部门出具的证实森林类别发生变化的材料；

(3)承包期限变更的，是否符合法律和国家政策的规定。

(五)界址状况审核

1. 指界手续材料审核

人工查验指界手续材料是否完整、规范。不规范、不正确的情形在审核问题清单(见本章附录中的附表8-5)中做出记录。

(1)指界通知书、指界委托书、违约缺席指界通知书应清楚规范，代理指界人的姓名、证件类型、证件号与代理人身份证明材料是否一致，应有所有指界人的现场照片；

(2)土地权属界线协议书附图上是否有指界人的签字盖章(或手印)；

(3)土地权属争议原由书上的签字印章是否齐全、规范。

2. 界址信息审核

充分利用地籍数据库和信息系统，采用质检软件与人工查验相结合的方法，审核地籍调查表记载的不动产单元界址状况。不一致、不规范、不正确的情形在审核问题清单(见本章附录中的附表8-5)中做出记录。

(1)基本信息表中，用地四至填写不能为空。四至的权利人名称或地类名称与宗地草图(或土地权属界线协议书)、影像图上的特征是否一致。

(2)界址标示表中，界址点位置、界标类型、界址线类型、界址线位置，与宗地草图(或土地权属界线协议书)、影像图及现场照片是否一致；界址标示表中的边长是否与宗地草图一致。

(3)界址签章表中，有指界人的签字和印章(或手印)。在说明栏目中是否描述了指界的理由；若无指界人签字印章(或手印)，是否有缺席指界通知书，或在权属调查记事栏目中有说明。

(4)实际用地范围超出权属来源材料中界址范围(有界址点坐标)的，超出部分是否在说明栏目或权属调查记事栏目中有说明。

(5)存在建筑物区分所有的建筑区划内，属于业主共有的道路、绿地、其他公共场所、公用设施和物业服务用房等的权利空间范围是否清晰。

(6)宗海界址应符合宗海的使用现状和使用设计方案，无设计方案或设计方案不清楚的，应符合相关设计标准。

(7)填海与陆地相接一侧的界线与以批准文件中的界址线是否一致。通过竣工验收的，应以通过竣工验收的界址线为界；水中的界线，是否与填海工程围堰、堤坝基床或回填物倾埋水下的外缘线一致。

(8)宗海图上的界线与宗海草图是否一致。

(9)用岛范围与申请开发利用的范围是否一致，若不一致，是否有说明。

(10)房屋权属界线与建设工程规划许可材料、购房协议、房屋买卖合同、已有的不动产权证书等是否一致。若不一致，是否有说明。

(11)房产草图上的界线及其权属注记与房产图是否一致；房产草图上专有部分与

共有部分的界线是否清晰。

(12)房产草图上注记的边长以及其他要素与房产图是否一致。

(13)地籍总调查的界址调查成果公示后，是否有异议。若有异议，是否有异议材料及其处理方案。

五、地籍测绘成果审核

(一)审核的总体要求

按照“界址清晰、面积准确”的原则，利用地籍数据库和信息系统，采用人工查验与实地查看检测相结合的方法审核地籍测绘成果的完整性、规范性、有效性、一致性。

(二)控制测量成果

对地籍总调查，采用室内人工查验与外业实地查看、检测的方法审核控制测量成果是否正确。不一致、不规范、不正确的情形在审核问题清单(见本章附录中的附表8-5)中做出记录。

(1)坐标系统、地图投影、分带是否符合要求；

(2)控制测量成果是否完整规范；

(3)控制施测方法是否正确，各项误差有无超限；

(4)控制起算数据是否正确、可靠；

(5)控制测量成果精度是否符合地籍调查技术标准的规定；

(6)控制点检测较差是否在允许范围内。

(三)界址测量成果

采用室内人工查验与外业实地查看相结合的方法审核界址测量成果是否正确。不一致、不规范、不正确的情形在审核问题清单中做出记录。

(1)界址点坐标检测较差计算是否正确，是否在允许范围内；

(2)界址边长检测较差计算是否正确，是否在允许范围内；

(3)界址坐标表界址点编号中的“T”或“J”与地籍调查报告(含技术报告)中阐述的界址点测量方法是否一致。

(四)房屋及其附属设施数据采集

采用室内人工查验与外业实地检测相结合的方法审核房屋及其附属设施数据采集成果是否正确。不一致、不规范、不正确的情形在审核问题清单中做出记录。

(1)房屋及其附属设施数据采集成果是否完整规范；

(2)房屋边长丈量方法是否正确，各项误差有无超限；

(3)房屋边长检测较差是否在允许范围内。

(五)分幅地籍图

对地籍总调查，结合地籍数据库和信息系统，采用人工查验与实地巡查相结合的方法审核分幅地籍图的编制是否规范。不正确或不规范的情形在审核问题清单中做出记录。

(1)地籍图上的地籍、地形要素是否有错漏；图式使用是否正确，图面整饰是否清晰完整，各种符号、注记是否正确，图廓整饰及图幅接边是否符合要求；

(2)地籍图上的不动产单元代码、权属信息和界址信息与地籍调查表上是否一致；

(3)地籍图上的宗地(海)的界线与相邻的界址、地物、地貌是否存在空间矛盾。

(六)不动产单元图

结合地籍数据库和信息系统，采用人工查验与实地查看相结合的方法审核不动产单元图的编制是否规范。不正确或不规范的情形在审核问题清单中做出记录。

(1)不动产单元图上的地籍、地形要素是否有错漏；图式使用是否正确，图面整饰是否清晰完整，各种符号、注记是否正确，图廓整饰是否符合要求。

(2)不动产单元图上的不动产单元代码、权属信息、界址信息与地籍调查表上是否一致，是否与宗地草图或宗海草图或房产草图一致。

(3)不动产单元图上的内容是否与地籍图上的内容一致。

(4)不动产单元图中的面积是否与地籍调查表、地籍调查报告中的一致；若不一致，在地籍测绘记事栏目中是否有说明。

(5)房产图中专有部分与共有部分的界线是否清晰。

(6)房产图中专有建筑面积、共有建筑面积和建筑面积是否与房屋调查表一致或地籍调查报告一致。若不一致，在地籍测绘记事栏目是否有说明。

(7)存在建筑物区分所有的建筑区划内，属于业主共有的道路、绿地、其他公共场所、公用设施和物业服务用房等的权利归属是否清楚，空间范围是否清晰。

(七)面积测算成果

充分利用地籍数据库和信息系统，采用质检软件与人工查验相结合的方法，对不动产单元面积的准确性进行审核。不一致、不规范、不正确的情形在审核问题清单中做出记录。

(1)地籍调查报告或调查表的地籍测绘记事栏是否给出明确的面积计算方法，计算方法是否符合地籍调查技术标准的规定；

(2)地籍调查报告或调查表的地籍测绘记事栏是否给出地籍材料中的面积计算投影面，给出本次面积计算的投影面，即平面面积或椭球面积；

(3)如果计算面积的投影面与地籍材料中的投影面不一致，是否在地籍调查报告中给出两种投影面面积计算的理论中误差或允许较差，实际计算的面积差值不应超过中误差的2倍或允许较差；

(4)检核的界址点坐标、界址边长、房屋边长，与地籍材料中的相应坐标和边长对比，较差在地籍调查技术标准规定的允许范围内的，是否采用原来的面积；用本次计算的面积替代地籍材料中的面积，是否有原因说明；

(5)集体土地所有权宗地与内含土地利用类型面积之和是否相等；

(6)宗海面积与宗海内部各单元的面积之和是否相等；

(7)房屋建筑面积和占地面积计算是否采用解析几何要素法；采用解析坐标法计算建筑面积和占地面积，是否是形状不规则或直接丈量边长有困难的房屋；房屋建筑占地面积等于宗地面积的情形是否是宗地范围与房屋建筑占地范围完全重合；

(8)对成套住宅，以套为单元计算套专有建筑面积是否包含套内使用面积、套内墙体面积、套内阳台面积；

(9)以幢为单位的面积计算是否包含幢建筑面积、幢专有建筑面积和幢共有建筑面积；

(10)以层为基本单元的面积是否计算层建筑面积、层不同功能部位的建筑面积、层专有建筑面积和层共有建筑面积；

(11)宗地内总建筑面积是否等于幢建筑面积之和；宗地内总建筑面积是否等于专有总建筑面积与共有总建筑面积之和；

(12)幢建筑面积是否等于各层建筑面积之和；幢建筑面积是否等于幢专有建筑面积与幢共有建筑面积之和；幢专有建筑面积是否等于层专有建筑面积之和，幢共有建筑面积是否等于层共有建筑面积之和；

(13)层建筑面积是否等于层专有建筑面积与层共有建筑面积之和；

(14)构(建)筑物占地面积、建筑面积是否与地籍调查报告一致，是否超规划批准建筑面积或超容积率，是否和批准文件或权源资料图件一致。

六、文档材料审核

(一)地籍调查成果的有效性

人工查验测绘资质、工作报告、技术报告、质检报告等文件是否符合地籍调查技术标准、行政管理的要求。有效性不足或无效的情形在审核问题清单中做出记录。

(1)签署的委托书或合同是否规范；

(2)提交的成果是否与委托书或合同一致；

(3)是否按照地籍调查技术标准规定的程序作业；

(4)调查任务的范围和大小是否与调查机构的资质相对应；

(5)权属调查、地籍测绘、文档等纸质成果是否均有责任人签字和单位盖章。

(二)日常地籍调查报告

人工查验日常地籍调查报告的编制是否符合地籍调查技术标准的要求。不规范或不正确的情形在审核问题清单中做出记录。

(1)地籍调查报告中的项目负责人、报告审核人和调查单位是否手工签字盖章；

(2)不动产类型、不动产单元代码是否与地籍调查表一致；

(3)是否按照地籍调查技术标准的规定编制地籍调查报告(含表格形式)；

(4)报告中阐述的坐标、边长、面积的施测方法和误差检验方法是否符合地籍调查技术标准的要求。

(三)地籍总调查工作及技术报告

人工查验地籍调查工作及技术报告的编制是否符合地籍调查技术标准的要求。不规范或不正确的情形在审核问题清单中做出记录。

(1)技术设计书(技术方案、工作方案)是否经过审定；

(2)技术方法、技术手段、作业程序、质量控制是否与地籍调查技术标准一致；

(3)是否按照地籍调查技术标准及相关技术标准的规定编制地籍调查技术设计书和技术总结；

(4)报告中阐述的调查方法、施测方法和误差检验方法是否符合地籍调查技术标准的要求；

(5)自检、互检、专检的比例是否符合地籍调查技术标准的要求；

(6)质量检验报告中是否包含检验的时间、区域、方法、点数或边数或图幅数或不动产单元数、质量结论，是否附有质量检验表，控制点和界址点检测表较差计算是否正确，是否有误差统计分析，坐标超限或边长超限是否有原因分析，是否有非空间要素不规范、不一致、不正确的原因分析；

(7)对质量检验报告中提出的问题，整改报告提出的整改措施、整改的技术方法、整改的程序是否符合地籍调查技术标准的规定。

七、电子数据审核

利用地籍数据库和信息系统，对照纸质成果，人工查验电子数据是否规范、正确；对地籍总调查，还需要按照相关技术标准审核地籍数据库成果。不正确或不规范的情形在审核问题清单中做出记录。

(1)电子数据命名、格式和组织是否符合要求；

(2)电子数据是否可以正常打开；

(3)电子数据和纸质材料数据是否一致；

(4)将调查成果的电子数据导入地籍数据库，进行定位，判断其图形与相邻不动产单元是否存在空间矛盾，不动产统一编号是否正确、查看面积是否准确等；

(5)电子数据是否正确保持宗地(海)及其房屋、林木等定着物之间的内在联系，房屋等定着物是否超出宗地界线，房屋是否落幢落宗，房地图形是否一致。

本章附录

(一)地籍调查成果审核表

1. 地籍调查成果审核表(不动产单元)

附表 8-1　地籍调查成果审核表(不动产单元)

权利人或实际使用人的姓名或名称		不动产类型	
坐落		不动产单元代码	
调查人员		调查机构	
权属调查成果审核	审核人　　　　　　年　　月　　日		

续表

地籍测绘成果审核	审核人　　　　　　　　　年　月　日
文档成果审核	审核人　　　　　　　　　年　月　日
电子数据成果审核	审核人　　　　　　　　　年　月　日
初审人员意见	初审人　　　　　　　　　年　月　日
复审人员意见	复审人　　审核机构(公章)　　年　月　日

2. 地籍调查成果审核表(地籍调查项目)

附表 8-2　地籍调查成果审核表(地籍调查项目)

项目名称		不动产类型	
坐落		不动产单元个数	
审核类型		调查机构	
权属调查成果审核	审核人　　　　　　　　　年　月　日		
地籍测绘成果审核	审核人　　　　　　　　　年　月　日		
文档成果审核	审核人　　　　　　　　　年　月　日		
电子数据成果审核	审核人　　　　　　　　　年　月　日		
初审人员意见	初审人　　　　　　　　　年　月　日		
复审人员意见	复审人　　审核机构(公章)　　年　月　日		

（二）地籍调查成果审核表填写说明

1. 基本要求

当地籍调查任务只有一个不动产单元，只填写附表 8-1，如果有两个以上单元，则填写附表 8-1 和附表 8-2。

2. 审核基本信息填写

（1）附表 8-1 中的权利人名称、不动产类型、坐落、不动产单元代码、调查人员、调查机构等信息从地籍调查表中提取。

（2）附表 8-2 中的项目名称、不动产类型、坐落、不动产单元个数、调查机构从地籍调查任务委托书或合同书中提取。

（3）附表 8-2 中的审核类型：对于地籍总调查，调查单位自行审核的，填写调查单位质检部门名称，“自检”或“互检”或“专检”，自然资源主管部门审核的，填写“验收”；对于日常地籍调查，调查单位自行审核的填写“自检”或“专检”，自然资源主管部门或授权机构审核的，填写“专检”。

3. 审核信息的填写

（1）权属调查成果审核：如果审核无误，填写“合格”；如存在问题，则填写“经审核，存在的问题见审核问题清单”；

（2）地籍测绘或地籍测绘成果审核：如果审核无误，填写“合格”；如存在问题，则填写“经审核，存在的问题见审核问题清单”；

（3）文档成果审核：如果审核无误，填写“合格”；如存在问题，则填写“经审核，存在的问题见审核问题清单”；

（4）电子数据审核：如果审核无误，填写“合格”；如存在问题，则填写“经审核，存在的问题见审核问题清单”；

（5）初审人员意见：如果权属调查成果、地籍测绘成果、文档成果、电子数据成果全部“合格”，则填写“成果合格”；如果存在一个以上问题，则填写“调查单位对审核问题清单中的问题整改后重新提交成果”；

（6）复审人员意见：如果初审意见为“成果合格”，复审人员再次审查后无误，则填写“成果合格，可以使用”，如果初审意见为“调查单位对审核问题清单中的问题整改后重新提交成果”，则对照审核问题清单，查验问题是否正确整改，同时审核全部调查成果，确认无误后，填写“成果合格，可以使用”；否则，要求调查单位全面检查调查成果，整改后提交送审，直至成果合格。

（三）地籍调查审核应收集的材料

附表 8-3　地籍调查审核应收集的材料清单

序号	项目	材料名称
1	集体土地所有权	首次： （1）权利人身份证明； （2）土地所有权界线协议书、调解书、人民政府处理土地权属争议的生效决定或者人民法院的生效法律文书等。

续表

序号	项目	材料名称
		变更： (1)权利人身份证明； (2)不动产权证书； (3)土地面积、界址范围等状况发生变化的，提交导致土地面积、界址范围等发生变化的证明材料。
2	国有建设用地使用权	首次： (1)权利人身份证明； (2)以出让方式取得的，包括土地有偿使用合同； (3)以划拨方式取得的，包括国有建设用地使用权划拨决定书； (4)以租赁方式取得的，包括土地租赁合同； (5)以作价出资或者入股方式取得的，包括作价出资或者入股批准文件和其他相关材料； (6)以授权经营方式取得的，包括土地资产授权经营批准文件和其他相关材料。 变更： (1)权利人身份证明；权利人姓名或者名称、身份证明类型或者身份证明号码发生变化的，包括能够证实其身份的材料； (2)不动产权证书； (3)土地面积、界址范围变更的，应包括： a. 出让方式取得的，包括补充合同；其他方式取得的，包括相关证实材料； b. 因自然灾害导致部分土地灭失的，包括证实土地灭失的材料。
3	国有建设用地使用权及房屋所有权	首次： (1)权利人身份证明； (2)不动产权证书或者土地有偿使用合同、划拨决定书等材料； (3)建设工程规划许可文件、规划验收合格证明文件或规划条件核实意见等建设工程符合规划的材料； (4)建设项目竣工验收意见、竣工验收报告等房屋已经竣工的材料； (5)建筑物区分所有的，确认建筑区划内属于业主共有的道路、绿地、其他公共场所、公用设施和物业服务用房等材料； (6)属于住宅小区配建的地下车位、车库，还应提交确认车位、车库划分、编号以及属于业主专有或者共有的材料。 变更： (1)权利人身份证明；权利人姓名或者名称、身份证明类型或者身份证明号码发生变化的，包括能够证实其身份变更的材料； (2)不动产权证书；

续表

序号	项目	材料名称
		(3)房屋面积、界址范围发生变化的，应包括： a. 属于部分土地收回引起房屋面积、界址变更的，包括人民政府收回决定书； b. 改建、扩建引起房屋面积、界址变更的，包括规划验收文件和房屋竣工验收文件； c. 因自然灾害导致部分房屋灭失的，包括部分房屋灭失的材料； d. 其他面积、界址变更情形的，包括有权机关出具的批准文件。
4	宅基地使用权及房屋所有权	首次： 1. 宅基地使用权 (1)权利人身份证明； (2)批准用地的文件等材料。 2. 宅基地使用权及房屋所有权 (1)权利人身份证明； (2)不动产权证书或者批准用地的文件等； (3)建筑物区分所有的，确认建筑区划内属于业主共有的道路、绿地、其他公共场所、公用设施和物业服务用房等材料。 变更： (1)权利人身份证明；权利人姓名、身份证明类型或者身份证明号码发生变化的，包括能够证实其身份变更的材料； (2)不动产权证书； (3)宅基地或者房屋面积、界址范围等发生变化的，包括有批准权的人民政府或者其主管部门的批准文件。
5	集体建设用地使用权及建筑物、构筑物所有权	首次： 1. 集体建设用地使用权 (1)权利人身份证明； (2)有批准权的人民政府或者主管部门批准用地的文件、集体经营性建设用地出让或者出租合同等材料。 2. 集体建设用地使用权及建筑物、构筑物所有权 (1)权利人身份证明、不动产权证书； (2)有批准权的人民政府或者主管部门批准用地的文件、集体经营性建设用地出让或者出租合同等材料； (3)工程规划验收合格等建设工程符合规划的材料； (4)建设项目竣工验收意见、竣工验收报告等房屋已竣工的材料； (5)建筑物区分所有的，确认建筑区划内属于业主共有的道路、绿地、其他公共场所、公用设施和物业服务用房等材料。

续表

序号	项目	材料名称
		变更： (1)权利人身份证明；权利人姓名或者名称、身份证明类型或者身份证明号码发生变化的，包括能够证实其身份变更的材料； (2)不动产权证书； (3)集体建设用地或者房屋面积、界址范围等发生变化的，包括导致不动产面积、界址范围等发生变化的证明材料。
6	土地承包经营权	首次： (1)承包方身份证明； (2)土地承包经营权合同。 变更： (1)权利人身份证明；权利人姓名、身份证明类型或者身份证明号码发生变化的，包括能够证实其身份变更的材料；农户家庭成员发生变化的，包括能够证实家庭成员发生变化的材料； (2)不动产权证书。
7	土地经营权	首次： (1)权利人身份证明； (2)通过招标、拍卖、公开协商等方式承包农村土地的，包括土地承包合同； (3)采取出租(转包)、入股或者其他方式向他人流转土地经营权，包括不动产权证书和土地经营权流转合同。 变更： (1)权利人身份证明；权利人姓名、身份证明类型或者身份证明号码发生变化的，包括能够证实其身份变更的材料；农户家庭成员发生变化的，提交能够证实家庭成员发生变化的材料； (2)不动产权证书。
8	国有农用地使用权	首次： (1)权利人身份证明； (2)县级以上人民政府或者有关部门关于组建国有农场、草场等批准使用土地、水域、滩涂等的批准文件。 变更： (1)权利人身份证明；权利人名称、统一社会信用代码发生变化的，包括能够证实其变更的材料； (2)不动产权证书； (3)土地界址、坐落、用途、面积范围发生变化的，包括有批准权的人民政府或者主管部门的批准文件。

续表

序号	项目	材料名称
9	林权	首次： 1. 林地使用权/森林、林木使用权 (1)权利人身份证明； (2)有批准权的人民政府或者主管部门批准使用林地、森林、林木的批准文件或者其他权属来源证明材料。 2. 林地承包经营权/林木所有权 (1)权利人和承包方身份证明； (2)集体林地承包合同等材料。 3. 林地使用权/林木所有权 (1)权利人身份证明； (2)享有自留山的使用权等材料。 4. 林地经营权/林木所有权和林地经营权/林木使用权 (1)权利人身份证明； (2)通过招标、拍卖、公开协商等方式承包农村土地营造林木的，包括集体林地承包合同； (3)由农村集体成立的经济组织统一经营的，包括相关协议； (4)依法流转林地经营权的，包括不动产权证书和集体林权流转合同。 变更： 1. 林地使用权/森林、林木使用权 (1)权利人身份证明；权利人名称、身份证明发生变化的，包括能够证实其身份变更的材料； (2)不动产权证书； (3)林地面积、界址发生变化的，涉及国有单位经营区界线变化的，应包括有批准权的人民政府或者主管部门的批准文件。 2. 林地承包经营权/林木所有权 (1)权利人身份证明；权利人姓名、身份证明类型或者身份证明号码发生变化的，包括能够证实其身份变更的材料；家庭成员发生变化的，包括能够证实家庭成员发生变化的材料； (2)不动产权证书； (3)林地面积、界址范围发生变化的，包括变更的证明材料。 3. 林地使用权/林木所有权

续表

序号	项目	材料名称
		(1)权利人身份证明；权利人姓名、身份证明类型或者身份证明号码发生变化的，包括能够证实其身份变更的材料；家庭成员发生变化的，包括能够证实家庭成员发生变化的材料； (2)不动产权证书。 4. 林地经营权/林木所有权和林地经营权/林木使用权 (1)权利人身份证明；权利人姓名或者名称、身份证明类型或者身份证明号码发生变化的，包括能够证实其身份变更的材料； (2)不动产权证书； (3)不动产面积、界址范围发生变化的，包括证实发生变化的材料。
10	海域使用权及建筑物、构筑物所有权	首次： 1. 海域使用权 (1)权利人身份证明； (2)项目用海批准文件或者海域使用权有偿使用合同。 2. 海域使用权及建筑物、构筑物所有权 (1)权利人身份证明； (2)不动产权证书或者不动产权属来源材料； (3)建设工程规划许可文件等建筑物、构筑物符合规划的材料； (4)验收报告等建筑物、构筑物已经竣工的材料。 3. 无居民海岛 无居民海岛的权属来源材料参照海域使用权及建筑物、构筑物所有权的有关规定办理。 变更： 1. 海域使用权以及建筑物、构筑物所有权 (1)权利人身份证明；权利人姓名或者名称、身份证明类型或者身份证明号码发生变化的，包括能够证实其身份变更的材料； (2)不动产权证书； (3)海域或者建筑物、构筑物面积、界址范围发生变化的，包括有批准权的人民政府或者主管部门的批准文件、海域使用权有偿使用合同补充协议。 2. 无居民海岛 无居民海岛的权属来源材料参照海域使用权及建筑物、构筑物所有权的有关规定办理。

(四)地籍调查成果清单

附表 8-4　地籍调查成果清单

<table>
<tr><th>序号</th><th colspan="2">材料名称</th><th>内　容</th></tr>
<tr><td rowspan="2">1</td><td rowspan="2">权属调查成果</td><td>地籍调查表</td><td>(1)宗地调查表;
(2)土地(承包)经营权与农用地的使用权调查表;
(3)集体土地所有权宗地分类面积调查表;
(4)房屋调查表;
(5)构(建)筑物调查表;
(6)林权调查表;
(7)宗海调查表或无居民海岛用岛调查表;
(8)不动产单元表。</td></tr>
<tr><td>指界手续材料</td><td>(1)指界通知书;
(2)指界委托书;
(3)法定代表人(或负责人)身份证明书和本人身份证明;
(4)代理人身份证明;
(5)违约缺席定界通知书;
(6)土地权属界线协议书;
(7)不动产权属争议原由书。</td></tr>
<tr><td rowspan="2">2</td><td rowspan="2">地籍测绘成果</td><td>测绘成果</td><td>(1)界址点成果表及误差检测表;
(2)控制点成果表及误差检测表;
(3)房屋边长误差检测表;
(4)面积计算成果(房屋建筑面积测算表、土地分类面积表、土地权属面积表及其相应的面积汇总表)。</td></tr>
<tr><td>图件成果</td><td>(1)分幅地籍图;
(2)宗地图;
(3)宗海图(含无居民海岛开发利用图);
(4)房产图。</td></tr>
<tr><td>3</td><td>文档成果</td><td>日常地籍调查文档</td><td>(1)地籍调查报告;
(2)测绘资质证书;
(3)地籍调查资料查询单。</td></tr>
</table>

续表

序号	材料名称		内　容
3	文档成果	地籍总调查文档	(1)工作方案或实施方案； (2)技术方案； (3)工作报告； (4)技术报告； (5)任务合同书； (6)测绘资质证书； (7)质量检验报告； (8)整改报告。
4	电子数据成果		(1)纸质成果的电子版； (2)地籍数据库(地籍总调查)。

(五)地籍调查成果审核问题清单

附表 8-5　地籍调查成果审核问题清单

权利人名称或姓名或项目名称				
序号	存在的问题	整改说明	整改人(签章)	日期

地籍调查成果审核问题清单填写说明：

(1)权利人姓名或名称、项目名称从附表 8-1、附表 8-2 中提取。

(2)存在的问题。规范、清楚填写地籍调查成果审核过程中发现的问题。

(3)整改说明。规范、清楚填写整改的方法和结果。

(4)整改人(签章)、日期。规范、清楚填写整改人的信息及审核日期。

思 考 题

1. 什么情况下需要开展地籍总调查？地籍总调查有什么样的特点？
2. 地籍总调查工作中，权属调查的工作内容有哪些？
3. 什么是日常地籍调查？日常地籍调查有什么样的特点和作用？
4. 界址是否发生变化的主要情形有哪些？
5. 如何进行界址的检查与变更？
6. 如何进行面积的计算与变更？
7. 建设项目全流程包括哪些阶段？建设项目全流程地籍调查的原则是什么？
8. 建设项目各阶段地籍调查的基本含义是什么？
9. 什么是地籍调查成果的完整性、规范性、有效性和一致性？

第九章　自然资源调查*

各种自然资源都有权利人，权属是清楚的、界线是清晰的、面积是准确的。为了全方位管理好使用好保护好自然资源，自然资源调查是地籍调查工作的进一步扩展和深化。本章以地籍调查成果为基础，在厘清自然资源调查含义、目的意义的基础上，阐述了土地条件调查、耕地、自然保护地、森林等自然资源调查的内容、方法和程序。本章与本书的权属调查、地类调查、地籍测绘一起构成完整的自然资源调查体系，这是本章的主要任务和目标。

第一节　概　　述

自然资源，是指天然存在、有使用价值、可提高人类当前和未来福利的自然环境因素的总和。自然资源包括土地、森林、草原、水、湿地、矿产、海域海岛等自然资源，涵盖陆地和海洋、地上和地下。

自然资源调查是指查清各类自然资源的利用、位置、界址、数量、质量、权属、权利限制、公共管制等状况的调查工作。按照调查的性质，自然资源调查可分为基础调查和专项调查。基础调查与专项调查统筹谋划、协同开展。原则上采用基础调查在先、专项调查递进的方式，科学组织调查任务，全方位、多维度获取自然资源信息，全面综合地反映自然资源的状况。

自然资源调查是国家治理体系和治理能力现代化提供服务保障的重要基础性工作，是重大的国情国力的调查工作。通过自然资源调查，掌握真实准确的自然资源基础数据，服务于国土空间规划编制、用途管制制度和统一确权登记制度的实施、耕地保护与山水林田湖草的整体保护、生态修复与国土综合治理、农业生产规划与计划等自然资源管理工作，对推进生态文明建设，塑造人与自然和谐发展新格局，实现社会经济可持续发展具有重要的意义。

一、基础调查

基础调查主要是指查清各类自然资源体投射在地表的分布和范围，以及开发利用与保护等基本情况，掌握最基本的全国自然资源本底状况和共性特征的调查工作。基础调查是自然资源的共性调查，其核心内容是土地的地类、权属、位置、面积等。

土地调查是基础调查的核心工作，属重大的国情国力调查。按照调查的时态划分，土地调查可分为全国土地调查和土地变更调查。全国土地调查，是指国家根据国民经济和社会发展需要，对全国城乡各类土地进行的全面调查(也可称为总调查)；土地变更调查，是指在全国土地调查的基础上，根据城乡土地利用现状及权属变化情况而开展的调查工作。按照土地调查制度，由国家定期启动全国土地调查，县级以上人民政府实施，调查周期为10年1次；土地变更调查由自然资源主管部门组织，县级以上自然资源主管部门实施，每年调查1次，调查时点为每年的12月31日，也称为年度变更调查。

土地调查是指对土地的地类、位置、面积、权属等自然属性和社会属性及其变化情况的调查、监测、统计、分析活动。主要包括三部分调查内容：一是，土地利用现状及变化情况的调查，包括地类及其位置、面积、分布等状况①；二是，土地权属及变化情况，包括土地的所有权和使用权状况②；三是土地条件，包括土地的自然条件、社会经济条件等状况。

第一次全国土地调查又称土地利用现状详查，1984年5月开始，1996年底完成，历时13年，调动50多万调查人员，基本摸清了城乡土地权属、面积和分布情况，获得了近百万幅土地利用现状图和地籍图，摸清了土地家底，结束了我国长期以来土地利用数据不实、权属不清的被动局面，为国家宏观调控和土地管理提供了新依据。1997年开展年度变更调查。

第二次全国土地调查，自2007年7月1日开展，以2009年12月31日为调查时点，全面查清了全国土地利用状况，掌握了各类土地资源家底，为中央宏观决策和制定战略规划提供了有力支撑；为地方政府准确把握土地资源形势和编制各类发展规划提供了重要依据；为有关部门和地方开展信息共享，提高管理效率和水平提供了重要基础。2010年开展年度变更调查。

第三次全国土地调查又称为第三次全国国土调查。调查工作自2017年10月8日全面部署，以2019年12月31日为调查时点，历时3年，全国有21.9万调查人员参与。经过“国家内业预判、地方实地调查、国家内业核查、地方实地举证、国家‘互联网+’在线核查和实地核查”等多轮次上下互动，汇集了2.95亿个调查图斑，全面查清了我国陆地国土利用现状等情况，建立了覆盖国家、省、地、县四级的国土调查数据库。第三次全国土地调查同时还开展了专项用地调查、重点区域自然资源调查，为自然资源管理、严格保护耕地、统筹生态建设奠定了基础。2020年开展年度变更调查。

二、专项调查

专项调查是指针对耕地、森林、湿地、草原、水资源、地下资源、地表基质等自然资源的特性、专业管理和宏观决策需求，查清自然资源的利用、位置、面积、权属等自然状况和社会经济状况的多维度信息的专业性调查。专项调查包括耕地资源调查、自然保护地调查、森林资源调查、湿地资源调查、草原资源调查、水资源调查、地下资源调

---

① 土地利用现状调查的技术方法见第三章。

② 土地权属调查的技术方法见第二章。

查、地表基质调查等，是各类自然资源的个性调查。根据需要，还可开展生物多样性、水土流失、土地退化等调查工作。

三、调查的原则

无论是基础调查还是专项调查，为保质保量地完成调查任务，应遵守下列调查原则：

(1)实事求是的原则。为查实自然资源家底，国家要投入巨大的人力、物力和财力。因此在调查过程中，一定要实事求是，防止来自任何方面的干扰，确保调查成果的准确可靠。

(2)全面调查的原则。事实证明，各种类型的自然资源都有相对的价值，全面调查有益于人们放开视野，把所有的自然资源都视为人们努力开发利用的对象。从调查工作的组织管理来看，全面调查既经济又科学。

(3)一查多用的原则。要充分发挥自然资源调查成果的作用，不仅为自然资源主管部门提供基础资料，而且为城建、统计、计划、交通运输、民政、工业、能源、财政、税务、环保等部门提供基础资料。

(4)运用科学的方法。在调查中要尽量采用最新的科学技术和方法。调查中选用什么技术手段，应当贯彻在保证精度的前提下，兼顾技术先进性和经济合理性的原则。为了保证和提高精度，应逐步把现代化技术手段，如数字测量技术、全球定位系统、遥感技术、地理信息系统等运用到自然资源调查工作中。

自然资源调查必须以测绘图件为量测的基础。测绘图件的形成依靠严密的数学基础和规范化的测绘技术，因而测绘图件能精确、有效地反映自然资源的类型、权属和行政辖区的空间分布；运用测绘图件进行调查的另一个优越性在于各类自然资源的空间面积有统一的测量基准，不同地点的面积可以相互比较；再者，图上量测可以将大量野外工作放到室内来做，提升了工作效率，降低了工作难度。

(5)以节约集约合理利用自然资源，加强自然资源管理为基本宗旨。自然资源调查成果，是科学地管理好自然资源，节约集约合理利用自然资源的必要基础资料。

第二节　土地条件调查

土地是包含着人类活动对其改造和利用的结果的自然经济综合体，每块土地在自然、社会和经济等方面都会呈现出可度量或可测定的性质与状态，称之为土地属性或土地条件。

土地条件调查是指查清土地属性的调查工作。土地属性由自然属性和社会经济属性组成。表征自然属性和社会经济属性的内容或指标，可称为土地属性指标。土地的自然属性指标包括土壤、地质、地貌、水文、植被、气候等；土地的社会经济属性指标包括地块的区位、人口与劳动力、土地利用现状、科技发展水平、工农业生产水平、城市设施、环境优劣度等。相对来说，自然属性比较稳定，变化的频率较低，调查一次，可使用多年；社会经济属性的稳定性不足，会随着社会经济的发展而不断变化，变化的频率较高，现势性很强。

土地属性是土地资源的功能和特征的综合反映。准确掌握土地属性，是节约集约合理利用土地资源的必然要求。各层级(省、市、县、项目)的自然资源评价、国土空间规划、国土空间综合整治等工作，除需要土地利用现状分类调查(地类调查)成果和土地权属调查成果外，还需要掌握土地的自然属性和社会经济属性。由于不同的自然资源调查工作任务，需要掌握了解的土地属性(土地条件)有所差异，一般情况下，不单独立项开展土地条件调查，而是将土地条件调查纳入具体自然资源调查工作任务的组成部分，这是因为，在土地分等定级评价、国土空间规划中的适宜性评价和承载力评价、国土综合整治工作中的土地利用条件分析等工作，都需要建立土地属性指标体系，但是各自的指标体系相比较，既有相同的指标，也有不同的指标。

虽然不单独立项开展土地条件调查，但是调查的基本内容和方法是一致的，一般情况下覆盖调查区域(行政辖区或项目区)。本节仅对土地条件调查做总体的简要介绍，更加详细的调查内容和作业流程，可参阅相关书籍、技术标准等资料。

一、土地条件调查的方法

土地条件调查工作的内容、深度、广度与具体调查的任务和目的有关。但其共同的技术要求是充分利用“3S”、“互联网+”等技术，进行土地属性指标的获取、管理和分析。依手段和工具不同，有直接观测法、收集法、采访法、通讯法等。

直接观测法。指调查人员深入现场亲自观测，对调查对象进行测量、计数以获取土地属性指标的方法。直接观测法获取的指标准确性高，但该方法需要耗费大量的人力、物力和时间，且有些资料如一些社会经济指标，通过该方法无法获取。

收集法。指通过到各部门单位去收集相关的统计、规划、分析或专项调查的成果，获取土地属性指标的方法。由于各部门单位形成资料成果的目的、标准、统计口径、坐标基准等不同，所以需要对资料进行分析处理，分析其相关度、可用性，对数据进行重新分类和基准转换等。

采访法。指调查人员按调查的目的要求，向被调查者提出问题，根据被调查者的答复以获取土地属性指标的一种方法。采访法可以采用问卷调查的方式，也可以采用口头询问、会议讨论、面对面调研等方式。

通讯法。指调查人员通过通讯的方法向被调查者发送调研问卷、函件收集土地属性指标的方法。这种方法需要明确告知被调查者需要查清土地属性指标的真正意图，提出需要被调查者回答的问题，必须简单易答。

二、土地自然条件调查

(一)气候

气候属性是指地球表面至对流层的下部，与地球表面直接产生水、热交换的大气层的各种统计状态。农业气候主要是与农业生产密切相关的光(太阳辐射)、温(热量)、水(降水)三大要素。农业气候条件可以从当地的农业规划资料中获取，也可以从当地的气象部门获取。

太阳辐射。太阳辐射与农作物生长发育具有密切关系，大多数农作物生长发育都要求达到一定的光照条件才能完成正常的生长周期。对土地而言，主要表现为光照强度、光照长度和光照质量，主要用于农业区划和国土综合整治工作。光照强度与地理位置、季节、天空状况等有关。光照强度通常是小气候的特征之一，在考察小气候条件时，应调查这方面的资料。

热量。热量对农作物发育有着十分重要的影响，与地理位置、季节、局部地形地貌有关。常用的热量指标有农业界限温度通过日期、持续日数、活动积温(大多作物均以大于10℃的活动积温为指标)、霜冻特征等。

降水。水对于作物生长尤其是作物的生产率关系极大，与光、热因素共同决定了一个地区气候生产力的高低。主要调查内容为年降水量、蒸腾量等，尤其是农作物生长需水季节的降水量。有条件时最好统计降水量高于或低于某作物需水值的累计总频率，即降水保证率。

(二)地形

地形属性主要是指地貌类型、坡度、坡向、绝对高度(高程)、相对高度(高差)等。地形图(DLG)、数字地面模型(DEM)是地形调查的主要资料。

地貌类型。从大的方面，地貌可划分为山地、丘陵、平原，它们在土地属性方面表现出极大的差异。有时为了较细地考察土地属性，从地形特征的角度还可进一步细分，如丘陵可分为低丘岗地、山地丘陵等。地貌可以从相关文献，如地方志、农业规划等中查阅得到，也可以按照地貌划分的原则，从地形图上判断得出。

坡度。坡度是指地面两点间高差与水平距离的比值。坡度大小对土地属性影响很大，它与土壤厚度、质地、土壤水分及肥力都直接相关，制约着土壤中水分、养分、盐分的运动规律，是各类农业生产用地适宜性的重要指标。坡向可利用DEM计算等到，也可从地形图上判读或在实地测量。

坡向。坡向(即坡地的朝向)是坡地接受太阳辐射的基本条件，对地面气温、土温、土壤水分状况都有直接的影响，对于农业生产中的果树病害、作物适宜性的影响尤为重要，对于居民住房建设也有很大的影响。坡向可利用DEM计算等到，也可从地形图上判读。

绝对高度。绝对高度又称海拔高程。海拔高度的不同，往往会引起气候垂直变化、土壤景观变化，以及植被分布垂直变化，从而也必然影响到土地资源的特性及其利用布局。我国的海拔高度起始面为黄海平均海水面，定义为国家高程基准(黄海高程系)。根据地形图上的高程点注记及等高线，可直接从地形图上查得任意位置土地的绝对高度。

高差。高差表示地面上两点间的垂直高度。由于地面各点的绝对高度可从地形图上判读，所以高差同样可以从地形图上推算得知。高差为区分地形特征、考虑灌排条件以及为农业技术的运用提供依据。高差可以根据地形图上的高程点注记及等高线读取。

(三)地质

地质属性主要是指地表岩石及矿物风化物质组成、风化壳母质类型等。

地表岩石及矿物风化物质组成。地表的岩石、矿物风化物质是指在山地或丘陵地区岩石风化后未经搬运的物质。地表的岩性、矿物组成及其风化物质的属性对土地资源的特性具有显著的影响。土壤是由岩石、矿物的风化物经成土过程发育而成，岩石、矿物及其风化物的属性对土壤的理化性质具有显著影响，对土地类型演化有一定的作用，从而制约着土地资源的利用及其生产力水平。此外，地表的岩性、矿物组成及其风化母质的属性还会影响地下水的储藏条件及水质而制约土地资源的利用。岩石及矿物风化物质组成可以利用当地的地质调查资料，也可以实地调查取样获取。

风化壳母质类型。岩石及矿物风化后会在水、重力、风和冰川作用下搬运到其他地方，形成各种沉积物质，即母质。不同类型的母质，如残积物、坡积物、冲积物等，其土壤质地、有机物含量、盐离子含量、水分含量等不同，对农作物有着不同的适应性。风化壳母质的类型可以收集当地相关的地质资料获取。

(四)水文

水文属性包括地表水资源、地下水水文地质。地表水资源包括地表水类型、地表水数量与质量；地下水水文地质包括地下水埋藏条件、含水层性质、地下水的补给与排泄、地下水水质和矿化度。

1. 地表水资源

地表水资源的类型主要有河流、湖泊、水库、冰川，地表水资源是工农业生产和生活用水的主要来源，也是地下水的主要补给来源。地表水资源也可分为当地水和过境水。当地水是当地承接的自然降水，可以积蓄起来使用；过境水是指河流流经当地的水资源，可以采用引水、抽水的方式加以利用。地表水资源调查时，要调查清楚当地水和过境水的水量，分析可利用的水平。

对于不同用途，水质也有不同的标准，调查时要按照用途设定水质指标，包括物理和化学性质方面的指标，调查清楚符合不同用途标准的地表水的来源及水量。

地表水资源可以收集当地水利部门的水位、蓄水量、地表径流、降雨量、水质等水利资料，也可以从地形图中量取汇水面积，计算湖泊、水库常年可补充水量。地表水也具有季节性变化特征，要调查清楚枯水年和丰水年地表水季节变化情况。

2. 地下水水文地质

地下水水文地质调查，主要调查内容：一是查明地下水的赋存条件，即含水介质的特征及埋藏分布情况；二是查明地下水的补给、径流、排泄条件，即地下水的运动特征及水质、水量变化规律；三是查明地下水的水文地球化学特征，包括查明地下水化学成分的形成条件。

地下水水文地质调查的方法很多，可以采用水文地质测绘、水文地质钻探、水文地质物探等方法。在土地条件调查时，以上这些方法均可以使用，也可从当地水利部门收集相关的地下水水文地质调查成果。

（五）植被

植被属性为植被群落、盖度、草层高度、草产量、草质以及利用程度等。

植被群落。通常以优势植物命名。盖度则以植被的垂直投影面积与占地面积的百分比来表示。它们共同反映了当地对植物生长的适宜程度及适宜种类，是土地质量多种因素的综合反映指标。

草地调查在荒地及草原等地区尤为重要。草层高度是其首要指标，主要是指草种的生长高度，其营养枝的高度称为叶层高度，它们是草层生产能力的重要指标。按植株的生长高度、健壮程度等可将草被的生活力按强、中、弱分别加以调查。草被更为有效的反映指标是草被质量和产草量。对于草被质量，主要是调查可被食用的草的数量和营养价值，以及其中有毒、有害植物的种类及分布。

（六）土壤

土壤属性主要是指土壤的肥力、质地、土层厚度及构造、养分、酸碱度和侵蚀、重金属污染、农药污染等。土壤属性指标有很多，其中一些指标，针对不同地点和不同用途，其调查的价值相差极大，在调查前需认真选择。

对于农业土地利用来讲，土地的生产性能主要取决于土壤肥力，即土壤供给和调节作物所需水分、养料、空气和热量的能力。农作物产量是反映土地肥力水平的重要标志，但单纯从农作物产量来考察土壤肥力，有较大的局限性，而且需一系列附加条件。因此，最好能在土壤供肥过程发生之前判断土壤供肥能力。

土壤属性可以收集当地的土壤普查成果、质量等级调查评价成果、农用地土壤污染状况详查成果，也可以采用野外补充调查与室内检测相结合的方式获取土壤属性。

三、土地社会经济条件调查

土地利用从来不是一项只受自然规律制约的人类活动，社会经济因素对土地利用方向和效果有很大的影响。社会经济属性指标非常多，这里仅就主要指标加以介绍。

（一）土地区位

土地区位，也称地理区位，是指土地在空间上的位置及其与其他事物的空间关系，是土地自然要素与社会经济要素之间相互作用所形成的整体组合效应在空间位置上的反映。土地区位是土地的自然区位、经济区位和交通区位在空间地域上有机组合的具体表现。

土地的自然区位是土地自然要素的组合及与周边河流、湖泊、海洋等自然环境的空间位置关系。土地的经济区位是指土地在人类社会经济活动过程中所表现的人地关系和社会物化劳动投入的差异，能反映出不同区域的社会经济活动中的相互关系。土地的交通区位是指区域土地或某地段与交通线路和设施的相互关系。

土地区位调查是指利用地图，分析查清土地区域的自然、经济、交通等分布、相互距离、各自规模、利用(效益)程度等要素，以确定位置特征的工作。利用地形图、地方志等资料、查清区域的自然区位，查清利用各种经济统计资料，查清区域的经济区位；利用地图或收集交通部门的资料或实地调查的方式查清区域的交通区位。

城镇区域与农村区域，土地区位的作用不完全一样。对于城镇区域，土地区位往往是衡量工业、商业、住宅用地价值和价格的主要因素。对于农村区域，土地区位是决定土地农业利用方向、集约利用程度和土地生产力的重要因素。

(二)人口和劳动力

人口和劳动力对提高土地利用集约化水平是重要的因素。应当查清人口、劳动力数及其构成情况，尤其应当调查统计人均土地、劳均耕地等直接关系到土地利用集约程度的指标。此外，人口增长率、人口流动趋势也可作为调查的指标。主要利用统计年鉴和地方统计资料或台账，获取人口和劳动力情况。

(三)农业生产及其条件

农业生产属性主要是指农、林、牧、渔生产结构与布局，反映了当地土地利用的方向，指标十分丰富，包括作物品种及布局、轮作制度、农产品成本、用工量、投肥量、单产、总产、产值、纯收入，林木积蓄量、载畜量、出栏率、牲畜品种、鱼种类等。应根据具体的任务和目的，有选择地加以调查。农业生产条件主要是指水利(灌溉、排水)条件(水源、渠系、水利工程、机电设备)、农业生产工具(机械设备、机械作业经济效益)等。

(四)土地利用水平

土地利用水平是一个综合性的属性，反映土地利用水平的指标有很多，除土地区位、人口、劳动力、农业生产条件外，还有土地开发利用和土地组织利用方面的指标。土地开发利用方面包括土地垦殖率、土地农业利用率、森林覆盖率、田土比、稳产高产农田比重、水面养殖利用率等；土地组织利用方面，农村区域主要有农业用地结构、复种指数、地段形态特征等指标，城镇区域主要有城镇用地结构、容积率和建筑密度等指标。

(五)地段形态特征

在机械化作业的情况下，地段形态特征是很重要的调查项目。它是指一定范围土地的外形及内部利用上的破碎情况，是影响土地高效利用的因素。调查具体项目指标按需要选取，小到每一个地块的耕作长度和外部形状，大到一定范围内土地的破碎情况，甚至一个土地使用单位的相连成片的土地规整程度。土地范围规整程度可用规整系数、紧凑系数或伸长系数来衡量。

第三节　耕地资源调查

一、概述

耕种主要是指耕地上种植农作物(含蔬菜、临时种植花卉及苗圃等)的土地，包括耕作层未被破坏的非工厂化的大棚、地膜及临时工棚等用地。耕地是人类最为宝贵的资源，关系到一个国家和地区的粮食安全和可持续发展①。耕地资源调查是掌握耕地的准确数据，切实保护好耕地，严守耕地红线，落实耕地保护的重要基础性工作。

耕地资源调查主要包括耕地细化调查(含耕地坡度分级、田坎系数测算等)②、耕地后备资源调查和耕地资源质量调查与评价。通过耕地资源调查掌握现状耕地的数量、质量、分布等基本情况、耕地后备资源情况、耕地流向非耕地的数量、耕地“非农化”和“非粮化”情况、流向其他农用地的耕地可恢复为耕地的情况等，为制定耕地保护的措施和政策，实现耕地数量、质量、生态“三位一体”保护提供依据。

二、耕地后备资源调查评价

耕地后备资源是指在现有自然及社会经济技术条件下，通过开发、复垦或整理等国土整治措施能够转化为耕地的土地资源。

耕地后备资源调查，是查清耕地后备资源的类型、数量、质量和分布情况的调查工作，分析土地开发、复垦、整理对生态环境产生的影响，为土地开发、复垦、整理提供基础信息，为促进土地资源可持续、高效利用提供依据。

我国历来重视耕地后备资源调查评价工作，从新中国成立至今，已组织开展了多轮次全国范围的耕地后备资源调查评价。

(一)耕地后备资源的来源

耕地后备资源主要有以下三种来源。

(1)未利用地。指采取整治措施可开发转化为耕地的未利用地。如荒草地、盐碱地、沙地、裸土地和裸岩石砾地。

(2)建设用地。指采取整治措施可复垦转化为耕地的建设用地。如农村区域废弃的建设用地、临时建设用地等。

(3)其他农用地。指采取整治措施可整理转化为耕地的其他农用地。如低效园地、残次林地、废弃的道路坑塘沟渠、自然灾害损毁的耕地等。

(二)耕地后备资源调查评价程序与方法

耕地后备资源调查评价单元为地类图斑。耕地后备资源调查评价的主要工作环节包括准备工作、内业处理、外业补充调查、宜耕性评价、数据库建设、成果编制、成果检查及归档等阶段。

1. 准备工作

(1)制定实施方案。根据工作实际需求编制耕地后备资源调查评价实施方案。具体内容主要包括：调查评价区域概况、目标任务、工作流程与技术路线、准备工作、内业处理、外业补充调查、数据库建设、预期成果、成果质量控制、进度安排、组织实施及

① 随着我国经济发展进入新常态，新型工业化、城镇化建设深入推进，耕地资源不断减少，第二次全国土地调查我国耕地面积为 13538.5 万公顷(203077 万亩)，而第三次全国国土调查我国耕地面积为 12786.19 万公顷(191792.79 万亩)，十年间耕地减少了 752.31 万公顷(11284.65 万亩)。

② 参见第三章第三节。

经费预算等。

(2)收集资料。包括基础资料、各类调查资料和其他资料。

基础资料。包括行政区域界线、最新遥感影像、地形图、气象资料等。

各类调查资料。包括最新国土调查、历史耕地后备资源调查评价、土地质量地球化学调查、土壤污染状况详查、地质调查、农业普查、土壤普查、森林资源调查、草原资源调查、湿地资源调查以及水资源调查评价等各类调查相关的图件、表格、文本和数据库等。

其他资料。包括资源环境承载能力与国土空间开发适宜性评价、生态保护红线、城镇开发边界和永久基本农田等国土空间规划相关成果，以及水利、农业、林草、生态环境、交通等部门的专项资料、统计年鉴及其他需要收集的资料。

(3)资料整理

核实收集资料的来源、格式等，对不符合工作要求的资料进行校正或剔除，对收集到的资料按以下要求进行整理：

① 对收集到的矢量数据，按相关技术标准进行基准转换，并与土地调查数据库进行空间匹配。

② 对收集到的纸质图件、文字描述和表格数据等资料，以土地调查数据库为基准进行矢量化。

2. 内业处理

内业处理的工作内容有制作工作底图、建立指标体系、获取指标值三个方面。

(1)将最新土地调查成果和其他成果中的图形进行叠加，制作工作底图。底图的主要内容为地类图斑、行政界线、村界、相关评价结果图形界线等。

(2)针对不同类型耕地后备资源来源，建立相应的指标体系(见表9-1、表9-2)。可根据地方实际情况补充增加指标。

表9-1　耕地后备资源评价指标体系①

序号	评价指标	评价结果	
		宜耕	不宜耕
1	生态条件	生态保护红线外	生态保护红线内或开发会导致土地退化、引发地质灾害
2	地形坡度	≤25°	>25°
3	≥10℃年积温	≥1800℃	<1800℃

① 表9-1、9-2来源于《耕地后备资源调查评价技术规程(征求意见稿)》(GB)(自然资办函〔2022〕986号，2022年6月2号)。

续表

序号	评价指标	评价结果	
		宜耕	不宜耕
4	年均降水量和灌溉条件	≥400mm 或<400mm 有灌溉条件	<400mm 且无灌溉条件
5	排水条件	有排水体系或具备建设排水设施条件	无排水体系且不具备建设排水设施条件
6	国土空间规划相关限制因素	无限制	有限制
7	土壤质地	壤质、黏质或砂质土壤	砾质土或更粗质地
8	土壤重金属污染状况	无污染或轻度污染	中度污染或重度污染
9	盐渍化程度	无、轻度盐化和中度盐化或重度盐化有灌溉排水条件	重度盐渍化以上且无灌溉排水条件
10	土壤 pH 值	4. 0≤土壤 pH 值≤9. 5	土壤 pH 值<4. 0 或>9. 5
11	土层厚度	≥60cm 或<60cm 有客土土源	<60cm 且无客土土源
12	土源保障	有土源保障	无土源保障
13	地下水埋深	≥0. 2m	<0. 2m
14	地表岩石露头度	≤2%	>2%
15	耕作便利程度	方便到达	不方便到达

表 9-2　耕地后备资源评价指标选择要求及获取方法

序号	评价指标	选择要求			获取方式及数据来源
		可开发的未利用地	可复垦的建设用地	可整治为耕地的其他农用地	
1	生态条件	☑	☑	☑	收集生态保护红线、资源环境承载能力和国土空间开发适宜性评价等成果，获取禁止开发区域、其他各类保护地、生态保护极重要区和重要区等

续表

序号	评价指标	选择要求			获取方式及数据来源
		可开发的未利用地	可复垦的建设用地	可整治为耕地的其他农用地	
2	地形坡度	☑	☑	☑	收集最新国土调查数据成果，或结合实地调查确定
3	≥10℃年积温	☑	☑	☑	收集气象资料
4	年均降水量和灌溉条件	☑	☑	☑	收集气象资料、最新国土调查数据、水利资料图件等成果，或结合实地调查确定
5	排水条件	☑	☑	☑	收集排水体系、地形坡度等有关资料，并结合实地调查访问确定
6	国土空间规划相关限制因素			☑	收集国土空间规划及最新农业、林草、水利、交通等部门相关规划，或采取座谈、专家论证等方式确定
7	土壤质地	☑		☑	收集最新土壤普查成果、耕地资源质量分类成果、耕地质量等级调查评价成果等资料，或结合实地调查确定
8	土壤重金属污染状况	☑		☑	收集最新土地质量地球化学评价、全国土壤现状调查及污染防治、全国农用地土壤污染状况详查等资料，或结合实地调查确定
9	盐渍化程度	☑			收集最新土壤普查成果，或结合实地调查确定
10	土壤 pH 值	☑			收集最新土壤普查成果、耕地资源质量分类成果、耕地质量等级调查评价成果等资料，或结合实地调查确定
11	土层厚度	☑		☑	收集最新土壤普查及有关调查资料，或结合实地调查确定
12	土源保障		☑		收集土地开发复垦等相关资料，或结合实地调查确定

续表

序号	评价指标	选择要求			获取方式及数据来源
		可开发的未利用地	可复垦的建设用地	可整治为耕地的其他农用地	
13	地下水埋深		☑		收集最新水利、地质部门相关资料，或结合实地调查确定
14	地表岩石露头度			☑	收集最新土壤普查资料，或结合实地调查确定
15	耕作便利程度				收集农业生产交通状况及最新交通部门规划等资料，或结合实地调查确定

注：标注☑的是必选指标，未标注的是可选指标。

(3)利用收集的各类资料获取指标值，获取方法见表9-2。如现有资料中无法获取或获取有困难的指标值，则开展外业补充调查，补充、修正指标值。一般情况下，生态条件、年积温、年降水、国土空间规划相关限制因素指标值主要从收集资料中获取。地形坡度、土壤质地、排水条件、土壤重金属污染状况、盐渍化程度、土壤pH值、土层厚度、土源保障、地下水埋深、地表岩石露头度及耕作便利度指标值可根据收集资料中数据的可靠性、详尽程度等决定是否进行实地调查或核实。

3. 外业补充调查

对需要进行外业补充调查的指标值，按照下列次序进行调查。

制定计划。首先要制定外业补充调查工作计划，对外业调查工作内容、布点方案、工作进度等进行安排，并组建调查队伍，准备所需仪器等。

调查培训。组织参与外业调查人员培训，学习调查区自然地理状况与基础土壤知识、熟悉外业调查工作流程、进行实操训练等。

外业补充调查。采用实地观察、实地量测等方法开展外业补充调查工作，并将调查结果填写到相关表格中。如：采用实地观察法目视查看与实地询问是否有排水设施或是否具备建设排水设施的条件、土源保障、耕作便利度等；采用手测法野外简易测定土壤质地；采用野外人工测量方法测定土层厚度；对于土壤重金属污染、盐渍化程度、土壤pH值等指标，则需要按照相关技术标准中确定的方法测定。

4. 宜耕性评价

采取限制性因子评价法进行耕地后备资源宜耕性评价。限制因子评价法是指在评价指标中，如有任何指标项是不宜耕的，该地类图斑(现状图斑可以分割)划分为不宜耕。只有所有的评价指标均为宜耕的，才能将该地类图斑划定为耕地后备资源。通过限制因子评价法将所有地类图斑划分为宜耕地和不宜耕地两大类。对宜耕的后备资源，还需要评价宜耕等级。

现阶段，耕地后备资源适宜性评价是利用相关评价软件进行的，其评价过程如下：

(1)根据内业处理和外业补充调查结果，按照数据库建设要求，建立指标字段，标注指标属性值；

(2)将调查评价对象矢量图层与各指标矢量图层叠加分析，对耕地后备资源调查评价对象图斑赋予指标属性值；

(3)依据指标属性值，逐图斑判断耕地后备资源宜耕性，评价宜耕等级，并标注评价结果。

5. 数据库建设

按照数据库标准建设耕地后备资源数据库，并与土地调查数据库衔接。数据库建设完成后，按照数据库质量检查规则，开展数据库质量检查。

6. 成果编制

成果主要包括数据库、统计表、文字报告、图件和基础资料汇编等。

7. 成果检查及归档

成果检查采取内业全面检查与外业抽样核查的方法。成果检查内容包括数据库质量检查、汇总表格及文字成果检查、外业抽样核查等内容。

检查合格后，按照档案管理的有关要求，对调查评价全过程中形成的图、表、文档、数据库等成果资料及时进行整理归档，保证档案完整性。

三、耕地资源质量分类

耕地资源质量调查与评价。主要内容是耕地的等级、产能、健康状况等耕地利用现状及变化情况，掌握耕地资源的质量状况及变化趋势等。每年对重点区域的耕地质量情况进行调查，包括对耕地的质量、土壤酸化盐渍化及其他生物化学成分组成等进行跟踪，分析耕地质量变化趋势。

耕地质量分类是土地调查的工作之一，是耕地质量监测与评价工作的组成部分，是充分利用已有的基础数据成果，紧扣耕地资源自然特征，采取分类分级的思路，开展耕地资源质量分类工作。耕地质量分类通过构建评价分类指标体系，以土地利用现状调查耕地图斑为单元，建立耕地质量分类数据库，进行分类统计，形成单一分类指标、全部分类指标组合或若干分类指标组合的分类分级耕地面积与分布成果，是落实耕地数量、质量、生态“三位一体”保护与管理的基础性工作。

耕地质量分类与农用地分等定级不同，是仅利用分类指标进行质量分类、统计汇总，而不做质量评价，是获取耕地质量信息的简化方法。耕地质量分类通过分类指标来反映耕地资源本底质量及自然地理特征，且充分利用各部门调查数据，保证数据来源及分类结果的可靠性。耕地质量分类指标值以内业获取为主、外业补充调查为辅，提升了工作效率。

(一)指标体系

耕地质量是在现有的生产技术和管理投入的情况下所耕地表现出来的实际生产能

力。耕地质量与区位、地形、土壤、种植制度等有直接关系。区位条件是耕地质量的重要组成部分，对耕地质量的影响主要体现在光、热、水三个方面。地形条件使自然资源呈现垂直分异的现象，影响着物质与能量的再分配，其中坡度与农业机械化生产水平、土地风力侵蚀、生产要素投入等有直接关系，影响到耕地质量。土壤是作物与外界进行物质能量交换的重要媒介，影响到作物的生长，是耕地质量的核心要素。种植制度是一个地区或生产单位的作物组成、配置、熟制与间套作、轮连作等种植方式的总称，其中作物熟制最能反映当地的耕地生产力水平。

耕地质量也与耕地的生态环境条件有关，土地生物类群数量及分布是农业生产所需要的物质基础，影响物质和能量的流动和土壤的肥力。土壤污染包括无机物污染和有机物污染，无机物污染主要包括酸、碱、重金属、盐类等；有机物污染主要包括有机农药、酚类、氰化物等。土壤污染会影响到作物氮、磷、钾的吸收，影响作物光合作用，使作物死亡或减产。

耕地质量分类可以从区位条件、地形条件、土壤条件、生态条件、种植制度、土地利用这六个方面构建指标体系。遵循充分利用现有基础数据成果的原则，构建的分类指标尽可能从已有的研究和调查成果中获取。

新中国成立以来，我国对农业生产基础性工作十分重视，形成了一系列的农业自然区划、土壤调查、耕地质量评价、土地化学调查的成果。在完成第二次全国土地调查后，2011—2013 年开展了耕地质量等别成果补充与完善工作，2014 年开展了耕地质量等别年度更新评价工作，形成耕地质量等别年度更新评价成果；生态环境部于 2017 年 7 月启动，历时 4 年，完成了全国土壤污染状况详查；中国地质调查局 1999 年推出了全国土地质量地球化学计划，建立了地球化学调查体系，形成了 1∶25 万、1∶5 万的土地质量地球化学、全国耕地地球化学状况等调查成果；我国已经开展过两次土壤普查，查清了全国土壤资源的类型、数量、分布、基本性状等，编制了《中国土壤》《中国土种志》等资料和图件，摸清了中低产田的比例、分布，以及影响植物生长的主要障碍类型；我国学者在全国、大区域与流域、省域尺度上自然生态区划方面开展了大量的研究工作，侯学煜、杨业勤、傅伯杰、郑度等学者在自然生态区划方面都给出了相应的方案。这些最新的成果都可以作为耕地质量分类指标的数据来源。

第三次全国国土调查耕地资源质量分类就从自然地理格局、地形条件、土壤条件、生态环境条件、作物熟制、耕地利用现状六个方面构建了耕地质量分类指标体系（见表 9-3）。

（1）自然地理格局采用郑度院士研究提出的《中国生态地理区域》中的自然区来反映。该成果将全国划分成 11 个温度带、21 个干湿地区和 49 个自然区。国家以县级行政区为单位，确定各县级行政区所在的自然区和熟制并下发各地使用。

（2）地形条件采用坡度来反映，指的是耕地图斑的陡缓程度。

（3）土壤条件采用土层厚度、土壤质地、土壤有机质含量、土壤 pH 值 4 个指标来反映耕地资源土壤的理化性质。

（4）生态环境条件采用生物多样性、土壤重金属污染状况 2 个指标来反映。

(5)作物熟制采用根据积温条件确定的同一地块上一年内能种植作物的种类数来反映。

(6)耕地利用现状采用耕地二级地类来反映。

各指标的分级见表9-3。

表9-3　“三调”耕地质量分类的指标体系

一级分类指标	二级分类指标	指标内涵	分级标准				
			1	2	3	4	5
自然区		各地在中国生态地理区划中的自然区					
坡度		耕地所属地表单元陡缓的程度	≤2°	2°~6°	6°~15°	15°~25°	>25°
土壤条件	土层厚度	土壤层和松散的母质层之和/cm	≥100	60~100	<60		
	土壤质地	耕层土壤中不同大小直径的矿物颗粒的组合状况	壤质	黏质	砂质		
	土壤有机质含量	单位体积土壤中所含有机物质的数量/(g/kg)	≥20	10~20	<10		
	土壤pH值	耕层土壤的酸碱程度	6.5~7.5	5.5~6.5	7.5~8.5	<5.5	≥8.5
生物多样性		生物种类的丰富程度					
土壤重金属污染状况		全国土壤污染详查的土壤环境质量类别					
熟制		积温条件决定的作物熟制	一年三熟	一年两熟	一年一熟		
耕地二级地类		耕地的利用现状类型					

注：本表参考《国务院第三次全国国土调查领导小组办公室关于印发〈第三次全国国土调查耕地资源质量分类工作方案〉的通知》(国土调查办发〔2020〕13号)。

(二)指标的数据来源

自然区：从国家下发的规范性文件及其相关技术标准中获取。

坡度：采用耕地坡度级，从最新的土地调查成果获取，对有疑问的可以进行实地补充调查。

土壤条件：土层厚度、土壤质地、土壤有机质含量、土壤 pH 值从农业农村部耕地质量等级调查评价成果原始样点数据、评价单元数据中获取，对新增耕地可以由地方专家经验推断，也可进行补充调查。

生物多样性：采用外业取样补充调查、内业统一检测方式获取。外业调查样品经检测后，根据检测结果，计算生物多样性指数，生物多样性指数在本省内，按照 30%、40%和 30%的比例将全省耕地生物多样性指标值分为丰富、一般和不丰富。

土壤重金属污染状况：利用生态环境部农用地土壤污染状况详查成果获取。

熟制：由国家下发文件《全国各县(市、区)所属自然区和熟制》中获取。

耕地二级地类：利用最新的土地调查成果获取。

(三)外业补充调查

外业补充调查主要有两个方面，一是通过补充调查及检测确定生物多样性指标；二是通过补充调查及检测确定土壤条件的 4 个指标值。开展实地补充调查时，一并实地确定土层厚度和土壤质地指标值，同时采集用于分析化验土壤有机质含量和土壤 pH 值的土壤样品，采样时要记录或提供采样点经纬度、海拔等基本信息，并现场拍摄景观照片。

外业补充调查要有具有检测能力的机构，组织各县采集土壤样品，或者有当地的农业土壤专家参加。土壤采样点应分别布设在县级行政区内的不同区域，覆盖县级行政区内所有耕地二级地类，如水田、水浇地(粮田、菜地)和旱地。县域耕地面积越大，采样点就应布设越多。

土层厚度可以采用挖掘土壤剖面方法或钻探法。挖掘法挖掘规格为 1.5m(长)×1.0m(宽)×1.0m(深)的标准剖面，通过各发生层次的划分，测量从地表至土壤母质层的深度，获取土层厚度。钻探法可利用土钻、洛阳铲、土壤取样钻机等工具，由地表钻探至母质层或基岩，取出土壤样品，测量土柱长度，获取土层厚度。

土壤质地通过手测法快速获取，手测法有干测法和湿测法两种。手测法是取玉米粒大小的干土粒，放在拇指与食指之间使之破碎，并在手指间摩擦，根据指压时用力大小和摩擦时的声音来确定土壤质地。湿测法是取一小块土，去除石粒和根系，放在手中捏碎，加少许水，以土粒充分浸润为度，根据能否搓成球、条以及弯曲时断裂与否来加以判断土壤质地。

土壤样品可以使用土壤采样器采集，也可以使用小铲子、土钻等工具采集，采集表土层厚度 0~15cm。采集的样品应及时装入专门的容器密封。

土壤生物多样性样品采集时一块农田可以确定多个样方，每个样方面积为 $100m^2$左右。每个样方可采用多点采样(一般为 5 个)方法，可以采用梅花点法、棋盘式法和蛇形法等。最后再将所有样方的取样混为一个土壤生物多样性样品。将密封好的土壤样品做好标签，在标签上标记好取样时间和地点，放入有冷冻冰袋的泡沫盒中保存。

土壤样品必须由具有资质的检测机构进行检查。土壤生物多样性样品须由省级确定的具有检测能力的机构进行检测。

（四）耕地质量分类数据成果

耕地资源质量分类要按照相关标准建设专项数据库。数据成果指在耕地资源质量分类基础上，利用专项数据库，进行不同耕地资源条件及组合的分类结果汇总，形成各类耕地资源质量分类结果汇总表。

耕地资源质量分类结果汇总表包括含有所有分类指标（含一级和二级）组合条件下的结果汇总表、单个或多个分类指标组合条件下的结果汇总表。所有分类指标组合条件下的结果表名称为耕地资源质量分类面积汇总表，单个或多个分类指标组合条件下的结果表以分类条件命名，如耕地资源质量分类面积汇总表-坡度，耕地资源质量分类面积汇总表-坡度+耕地二级地类。各地可根据当地实际情况或分析需要形成其他组合条件的耕地资源质量分类结果汇总表。

各类汇总表在县级统计基础上，逐级开展市级、省级和国家级汇总。

第四节　其他专项调查

其他专项调查是查清除土地资源外其他各类自然资源家底的重要基础性工作，调查的主要内容包括自然资源的权属、利用、位置、面积等自然状况和社会经济状况的多维度信息。按照调查的自然资源的类型划分，其他专项资源调查可划分为自然保护地调查、森林资源调查、湿地资源调查、草原资源调查等。

一、自然保护地调查

（一）自然保护地的概念与类型

自然保护地是由各级政府依法划定或确认，对重要的自然生态系统、自然遗迹、自然景观及其所承载的自然资源、生态功能和文化价值实施长期保护的陆域或海域。中国自然保护地包括国家公园、自然保护区及自然公园 3 种类型①。

国家公园是指以保护具有国家代表性的自然生态系统为主要目的，实现自然资源科学保护和合理利用的特定陆域或海域，是自然生态系统中最重要、自然景观最独特、自然遗产最精华、生物多样性最富集的部分，保护范围大，生态过程完整，具有全球价值、国家象征，国民认同度高。

自然保护区是指保护典型的自然生态系统、珍稀濒危野生动植物物种的天然集中分布区、有特殊意义的自然遗迹的区域。具有较大面积，确保主要保护对象安全，维持和恢复珍稀濒危野生动植物种群数量及赖以生存的栖息环境。

自然公园是指保护重要的自然生态系统、自然遗迹和自然景观，具有生态、观赏、文化和科学价值，可持续利用的区域。确保森林、海洋、湿地、水域、冰川、草原、生

---

①　至 2022 年年底，我国已正式设立三江源、大熊猫、东北虎豹、海南热带雨林、武夷山等 5 个国家公园，474 个国家级自然保护区，大量的国家级森林公园、湿地公园、沙漠（石漠）公园等。各省、市、县也设立了各级自然保护区和自然公园。

物等珍贵自然资源，以及所承载的景观、地质地貌和文化多样性得到有效保护。包括森林公园、地质公园、海洋公园、湿地公园、沙漠公园、草原公园等各类自然公园。

(二)自然保护地调查的目标和内容

1. 调查的目标

通过摸底调查，落实自然保护地范围界线，查清自然保护地的基本情况、重点资源及其分布情况、土地利用现状及自然资源权属情况、保护管理状况等，摸清现有自然保护地底数，厘清自然保护地目前存在的问题和矛盾冲突，为自然保护地编制规划和开展保护管理活动提供基础数据。

2. 调查的单元与内容

以划定的相连成片的界线封闭的自然保护地为一个调查单元，主要查清自然保护地的权属与界线、利用、自然、社会经济、保护管理等状况。其中：

权属与界线状况：包括自然保护地的界线、自然保护地内的土地所有权和土地使用权状况、与其他自然保护地的重叠情况等。

利用状况：包括自然保护地内的土地利用现状分类、自然保护地的规划管控、旅游开发与游客量等情况。

自然状况：包括生物多样性、地质遗迹、景观资源和人文历史遗迹等。

社会经济状况：包括自然保护地内的社区情况、人地关系矛盾等。

保护管理状况：管理机构与人员、保护开发、管理的基础设施等情况。

(三)自然保护地调查的程序和方法

主要利用资料的收集，采用查阅文献、走访座谈(专题座谈、关键信息人访谈、问卷调查等)、实地调查(DOM解译、外业观察、测量、采样、测试、填图、摄影等)等方法开展调查工作。数据资料收集以定量定位为主，对无法定量定位获取的数据，可以进行定性定向分析。调查以自然保护地最具有代表性和典型性的区域为重点，同时兼顾各种生境类型和各功能分区。

自然保护地调查的主要工作包括资料收集、权属与界线调查、利用调查、自然属性调查、社会经济属性调查、保护管理情况调查、面积计算与图件制作、调查成果整理归档等。

1. 资料收集

自然保护地调查收集的主要资料有：

(1)规划审批登记资料。包括：自然保护地申请、批准建立、晋升及调整的系列文件，自然保护地规划文本，自然保护地地形图、影像图，所属国家、省主体功能区规划资料及矢量数据，饮用水源自然保护地规划材料、不动产确权登记资料等。

(2)保护管理资料。包括：自然保护地管理体系、机构、人员资金来源及资产权属等文件，日常管理中存在的问题等。

(3)社会经济资料。包括：自然保护地内乡(镇)、村人口及社会经济统计资料，自然保护地内及周边开展科研、生产或其他活动单位的情况，自然保护地内农业生产的基本情况，自然保护地内基础设施的情况等。

(4)相关专项调查资料。包括：生物多样性调查资料，矿产资源资料、地质调查资料及矢量数据，地质遗迹调查资料及地质遗迹分布矢量数据等。

2. 权属与界线调查

利用收集的资料，以最新影像图、地形图为基础制作调查工作底图，查清自然保护地的下列情况：

(1)自然保护地内的不动产权属状况、与其他自然保护地重叠情况等，并填写专门的调查表。

(2)将收集到的自然保护地的法定界线(自然保护地范围界线、功能区界线)、地类图斑、集体土地所有权界线，以及其他专项调查的图斑界线等，叠加到工作底图上，然后根据影像特征及对应的界线文字说明资料，在工作底图上细化调整自然保护地界线。

(3)如果自然保护地只有批准文件，但无具体范围、无规划、无机构的，在现地考察并征求主管部门等意见的基础上，依据批文等资料描述，在工作底图上勾绘形成自然保护地界线，其面积不得小于批复面积。

3. 利用状况调查

主要利用最新的土地调查成果、旅游档案、规划管控等资料，查清自然保护地的利用情况：

(1)自然保护地内的土地利用现状分类。

(2)自然保护地的旅游开发情况、近年游客量等。

(3)查清利用规划情况，如自然保护地的建设规划和旅游规划情况。

(4)查清利用管制情况，如自然保护地内的城镇村建成区、永久基本农田保护区、生态保护红线等情况。

4. 自然状况调查

利用收集的资料，采用实地查看、现场走访、会议座谈等方式，重点查清生物多样性、地质遗迹、景观资源和人文历史遗迹等自然状况，填写专门的表格，并在工作底图上标注位置、勾绘界线等空间要素。

(1)生物多样性调查。生物多样性调查是从生态系统、生物群落、生物物种三个层次进行的调查，制作重要生态资源分布矢量图。主要调查内容包括典型生态系统调查、典型动植物群落调查和重点保护及珍稀濒危野生动、植物物种调查等。

典型生态系统调查。调查自然保护地典型生态系统，依据《自然保护区生物多样性保护价值评估技术规程》《国家级自然保护区评审标准》《国家重点风景名胜区审查评分标准》等从典型性、脆弱性、多样性、稀有性、自然性以及结构稳定性、生态过程完整性、面积适宜性等方面开展调查。

典型动植物群落调查。查清自然保护地群落(种群)类型、面积(数量)、结构、稳定性、发展阶段、演替方向等。典型植物群落主要调查植被类型、种类组成、分布、种群数量、群落优势种、群落建群种、盖度、频度等方面内容。典型动物群落主要调查动物群落的分布位置、种群数量、种群结构、生境状况等。

重点保护及珍稀濒危野生动植物物种调查。采用资料收集整理、现地补充调查和甄别的方式开展重点保护及珍稀濒危野生动植物调查，摸清不同自然保护地的重点保护对象、分布、规模及特点，落实上图，并说明其典型性和代表性，同时利用现有资料和补充调查结果记录自然保护地的野生动植物种类总数。

(2)地质遗迹调查。利用已有的遗迹资料，在工作底图上标明地质遗迹的分布、规模、特征及价值，现地核实验证并调查地质遗迹的保护、保存、利用状况。

(3)景观资源和人文历史遗迹调查。采用资料收集、遥感判读结合现地调查及访问等，调查景观资源和人文历史遗迹的数量、分布、规模、组合状况、成因、类型、功能和特征等，说明自然景观资源和人文历史景观资源遗迹的典型性、代表性、稀有性、完整性、通达性、文化价值、游憩价值、面积适宜性、环境质量等。

5. 社会经济状况调查

利用收集的资料，采取实地查看、现场访问、会议座谈等方式，查清下列社会经济情况，填写专门表格，并标注在工作底图上：

(1)社区情况：自然保护地内乡(镇)、村数量及总居民户数、总人口数以及劳动力人口数量情况。

(2)人地矛盾：自然保护地的旅游开发利用、生态保护、土地利用三者之间存在的人地关系矛盾，如林业、矿业、开发利用、人口迁移等历史遗留问题，以及群众搬迁意愿、社区和当地政府对自然保护地优化整合的意见。

6. 保护管理状况调查

利用收集的资料，采取实地查看、现场访问、会议座谈等方式，查清下列公共管制情况，填写专门表格，并标注在工作底图上：

(1)隶属行政主管部门、自然保护地类型与名称、管理单位名称、自然保护地级别、主要保护内容等。

(2)自然保护地管理机构设置与管理人员情况。

(3)自然保护地工作开展情况。包括自然保护地制度建设情况，管护、巡护工作开展情况，监测、科研工作开展情况。

(4)自然保护地基础设施、设备现状。调查自然保护地各级管理机构管理用房、监测站(点)、宣教展馆、防火瞭望塔等建筑(构筑)物的面积，自然保护地供水、供电、供气、交通、通信、邮电、广播电视等条件，标识标牌等保护管理、科研监测、宣教展示等工程的设施及相关设备情况。

7. 图件制作与面积计算

在专门的信息系统中，将调查形成的专门表格、工作底图上标注信息和勾绘的界线，建立自然保护地数据库，编辑设定制作自然保护地管理需要的系列空间矢量图层，并与属性表挂接，计算各种面积，包括自然保护地总面积、各功能区面积、管理机构拥有管理权面积、国有土地面积、集体所有土地面积、土地利用现状分类面积、城镇村建成区面积、永久基本农田保护区面积、生态保护红线面积、典型生态系统面积、典型生物群落面积、地质遗迹面积、景观资源面积、人文景观面积等。

8. 调查成果整理归档等

调查成果包括调查报告、自然保护地专项数据库、各类统计表、专题图和附件等。按照档案管理规定，将调查成果整理归档。

（四）自然保护地整合优化

由于自然保护地体系不够完善，多部门管理设定自然保护地，自然保护地空间交叉重叠、功能定位模糊的原因，导致两个主要问题：一是受行政区划、管理权限切割的影响，自然保护地破碎化、生境孤岛化现象明显；二是自然保护地保护与利用矛盾冲突问题突出，生产空间、生活空间和生态空间相互挤压，如天然林面积减少、湿地萎缩、草地退化，野生动物栖息地和野生植物原生境受到严重干扰、蚕食、割裂和破坏，栖息地孤岛化、片段化和功能退化。因此，为更好地保护自然资源，在自然保护地调查后，要对自然保护地进行整合优化，为自然保护地的编制打下坚实的基础。

自然保护地整合优化是指在自然保护地调查、评估论证基础上，以保持生态系统完整性为原则，对交叉重叠、相邻相近的自然保护地进行科学归并整合，对边界范围和功能分区进行合理调整优化，实事求是地分类有序解决历史遗留问题，并与生态保护红线进行衔接，为科学构建自然保护地体系开展的一系列工作的总称。

自然保护地整合优化的主要工作内容为整合交叉重叠自然保护地、归并相邻相连自然保护地、优化独立自然保护地、完善保护空缺地、分区优化和范围调整等 5 个方面。保护空缺地是指不在现有自然保护地体系范围内，但在自然属性、生态价值等方面具有保护价值或生态功能的自然生态空间。分区优化和范围调整是指优化调整自然保护地的核心保护区、一般控制区的范围。自然保护地整合优化的具体方法和要求本教材不再详述。

二、森林资源调查

森林资源是林地及其所生长的森林有机体的总称。森林资源以林木资源为主，还包括林中和林下植物、野生动物、土壤微生物及其他自然环境因子等资源。

（一）调查的类型

按地域范围和目的划分，森林资源调查可分为一、二、三类调查：以全国（或大区域）为对象的森林资源调查，简称一类调查；为森林规划设计和经营管理而进行的调查，简称二类调查；为作业设计而进行的调查，简称三类调查。

一类调查，也称为森林资源连续清查，是以掌握宏观森林资源现状与动态变化，客观反映森林数量、质量、结构和功能为目的的，以省（自治区、直辖市）或重点国有林区林管理局为单位，设置固定样地为主进行定期复查的森林资源调查。

二类调查，也称森林资源规划设计调查，是以林场、自然保护区或县级行政区域为调查总体，查清森林、林木和林地资源的种类、分布、数量和质量，客观反映调查区域森林经营管理状况，为编制森林经营方案、开展林业区划规划、指导森林经营管理等需要进行的森林资源调查。

三类调查，又称作业设计调查，是林业基层单位为满足林木采伐、低产林改造等抚育采伐作业设计的需要而进行的森林资源调查。

三类森林资源调查，总的目的都是查清森林资源的现状及其变化规律，为森林资源保护决策、编制林业规划及森林的经营利用提供基础数据，是森林资源管理的基础性工作。由于这三类调查在具体的对象和目的上不一样，它们的具体任务和要求也不完全一致，各有自己的目的和任务，不能互相代替。一类调查为国家、地区制定林业方针、政策和规划服务，属于宏观控制性调查；二、三类调查则是为县级人民政府或林业管理与生产单位编制林业发展规划、建设生态文明、开展林业生产及经营活动服务，其中，二类调查是最重要的森林资源调查工作，三类调查是二类调查的细化工作。本节仅介绍二类调查，以下称为森林资源规划设计调查。

(二)调查单元

森林资源规划设计调查的单元是小班。林分是指林学、生物学特性基本相同，与周围森林地段有明显差异的森林地段，是森林资源构成的基本群体单元。要科学准确地管理与经营好森林资源，必须查清每个林分中的森林资源信息。实际工作中，为落实森林分类区划和林种区划结果，在调查范围内以林场(或分场)、村为单位，按照林分的含义划分林班，在林班范围内划分小班。小班的划分空间层级及其划分方法如下：

1. 森林区划层次

在森林资源规划设计调查前必须进行森林区划。森林区划是为了经营管理的方便，对森林资源进行地域上的组织，划分一定的管理单位。森林区划一般采用四级或五级区划：

(1)林业局—林场—分场(营林区/工区)—林班—小班。

(2)国营林场—分场(营林区/工区)—林班—小班。

(3)县(县级市、区)—乡(镇)—行政村—小班。

营林区是指在林场范围内为了合理地进行森林经营利用活动，开展多种经营以及考虑生产和职工生活的方便，根据有效经营活动范围，特别是护林防火工作量的大小而划分的管理地块。

林班是指在分场范围内，为便于森林资源经营管理、合理组织林业生产而划分的一种长期性的、最小的森林经营管理地块。

小班是指在林班或行政村范围内，林木特征基本一致，与相邻林木地段有明显区别，而需要采取相同经营措施的地块，是森林资源规划设计调查、统计和森林经营管理的基本单位。

2. 林班的划分

可采用下列三种方法划分林班：

(1)人工区划法。人工区划法是以方形或矩形进行的人工区划，林班的形状呈较为规整的图形。

(2)自然区划法。自然区划法是以林场内的自然界线及永久性标志，如河流、沟谷、山脊、分水岭及道路等作为林班线划分林班的方法。用此法区划时，应结合护林、营林、森工集运或者特殊的要求(如旅游、自然保护)进行。

(3)综合区划法。综合区划法是自然区划与人工区划两种方法的综合。一般是在自然区划的基础上加部分人工区划而成。

3. 小班的划分

(1)划分条件。小班的划分条件很多，如权属、土地类型、林种、生态公益林的事权与保护等级、林业工程类别、林分起源、优势树种或优势树种组、龄级或龄组、郁闭度或覆盖度、立地类型。根据这些划分条件，划分不同小班。如林地使用权、林木所有权已确权到个人或流转到个人，林权证范围内的林地单独划分小班。

(2)划分方法。根据划分条件，充分利用上期森林调查成果和小班经营档案，在最新的地形图或影像图上，沿用林地保护利用规划落界成果，判读勾绘小班的空间范围。划分小班时，应到现场进行或者实地核对。对林地保护利用规划不合理、经营活动变化等原因造成界线发生变动的小班，应根据小班区划条件重新划分小班。

实地核实时，要选择若干条包括调查区内各地类和树种(组)有代表性的路线，在实地将影像特征与实地情况相对照，建立地类解译标志、测树因子解译标志，再结合已有调查成果，采用目视解译的方法划分小班。

小班最小图上面积不小于4mm^2，对于面积在0.067hm^2以上而不满足最小小班面积要求的，仍应按小班调查要求调查、记载，在图上并入相邻小班。南方集体林区商品林最大小班面积一般不超过15hm^2，其他地区一般不超过25hm^2。无林地小班、非林地小班最大面积不限。

(三)调查的内容

对每一个小班，查清林地、林木及其管理的状况。具体内容分述如下：

1. 林地状况

林地状况的内容包括林地的权属、位置、界线、类型、立地条件以及自然状况和社会经济状况等。

(1)空间位置。小班所在的县(局、总场、管理局)、林场(分场、乡、管理站)、作业区(工区、村)、林班号、小班号。

(2)权属。小班的土地所有权和使用权、林木所有权和使用权等信息。

(3)界线。各级行政区划界线以及森林经营单位管理区界线、保护区界线、农户林地承包经营权界线以及小班界线等。

(4)土地类型。土地类型划分为林地和非林地2个一级地类。林地划分为有林地、疏林地、灌木林地、未成林造林地、苗圃地、无立木林地、宜林地、辅助生产林地8个二级地类，乔木林、红树林、竹林、国家特别规定灌木林地、其他灌木林地、封育未成林地、采伐迹地、火烧迹地、其他无立木林地、宜林荒山荒地、宜林沙荒地、其他宜林地13个三级地类。非林地划分为耕地、牧草地、水域、未利用地、建设用地、其他用地6个二级地类。林地类型记载到三级地类；非林地地类记载到二级地类。采用对应标记的方法与《土地利用现状分类》相衔接。

(5)自然状况。包括地理位置、气候、水文、自然灾害、植被、土壤、地形地势等。

(6)社会经济状况。包括林地的等级及其基础设施状况。

(7)立地条件类型。各地根据当地自然条件，利用地貌、坡度、坡向、坡位、土层厚度等立地因子，特别是主导因子的异同性，进行分级和组合来划分立地条件类型，编制成立地类型表。

2. 林木状况

林木状况的内容包括林木的权属、林种、测树因子等。

(1)权属：小班内的林木所有权和林木使用权状况。

(2)林种：小班内的林种分为5种，即防护林、特殊用途林、用材林、薪炭林、经济林5个林种、23个亚林种。不同的亚类划分成不同小班。

(3)测树因子。测树因子是用以测定林分数量、质量及其经济价值、社会效益的因素。小班的测树因子主要有以下15个：

①林层。林层是指森林垂直结构中乔木层林木树冠形成的树冠层次，又称林相，在群落学中又可称为林冠层。林层用于描述和分析森林垂直结构。根据林层的数量情况可以将森林分为单层林和复层林；单层林是指只有一个明显林层的林分，一般较多见于同龄纯林；天然林则多为复层林，复层林中占主导地位的为优势层，其余为从属层。

②起源。林分按照生成方式，分为天然林、人工林、飞播林。

③优势树种(组)。在乔木林、疏林小班中，按蓄积量组成比重确定，蓄积量占总蓄积量比重最大的树种(组)为小班的优势树种(组)。未达到起测胸径的幼龄林、未成林造林地小班，按株数组成比例确定，株数占总株数最多的树种(组)为小班的优势树种(组)。经济林、灌木林按株数或丛数比例确定，株数或丛数占总株数或丛数最多的树种(组)为小班的优势树种(组)。

④树种组成。构成林分的树种成分及其所占的比例。

⑤平均年龄(龄组)。林分内各林木年龄的平均值。乔木林的龄级与龄组根据优势树种(组)的平均年龄确定。根据不同地区、不同树种，可分成幼龄林、中龄林、近熟林、成熟林、过熟林5个龄组。

⑥平均树高。反映林分高度平均水平的调查因子。通常以具有平均直径的林木的高度作为平均高。

⑦平均胸径。胸径是林木胸高(距地面1.3m)处的直径。平均胸径通常以林分平均胸高断面积对应的直径为林分平均直径，而不是林分内各林木胸径的算术平均值。

⑧优势木平均高。优势木的算术平均高。

⑨郁闭度。郁闭度指森林中乔木树冠在阳光直射下在地面的总投影面积(冠幅)与此林地(林分)总面积的比，它反映林分的密度。有林地郁闭度划分成高(郁闭度0.70以上)、中(郁闭度0.40~0.69)、低(郁闭度0.20~0.39)三个等级；灌木林覆盖度划分成密(覆盖度70%以上)、中(覆盖度50%~69%)、疏(覆盖度30%~49%)三个等级。

⑩每公顷株数。商品林分别林层记载活立木的每公顷株数。

⑪散生木蓄积量(散生木和四旁树)。小班内分树种散生木株数、平均胸径，计算的各树种材积和总材积。

⑫每公顷蓄积量(森林蓄积量)。分别林层记载活立木每公顷蓄积量。

⑬枯倒木蓄积量。小班内可利用的枯立木、倒木、风折木、火烧木的总株数和平均胸径计算蓄积量。

⑭天然更新。天然更新是指幼树与幼苗的种类、年龄、平均高度、平均根径、每公顷株数、分布和生长情况，及评定的天然更新等级。

⑮下木植被。下层植被的优势和指示性植物种类、平均高度和覆盖度。

其中，散生木是指生长在竹林地、灌木林地、未成林造林地、无立木林地和宜林地上达到起测胸径的林木，以及散生在幼林中的高大林木。四旁树是指在宅旁、村旁、路旁、水旁等地栽植的面积不到 0.067hm^{2}的各种竹丛、林木。

3. 林地林木的管理情况

林地林木的管理情况包括事权、保护登记、林业规程类别以及森林经营情况等。

(1)生态公益林的事权、保护等级。生态公益林是以保护和改善人类生存环境、维持生态平衡、保存物种资源、科学实验、森林旅游、国土保安等需要为主要经营目的的森林、林木、林地，包括防护林和特种用途林。生态公益林按事权等级划分为国家级公益林、地方公益林，按保护等级分成特殊保护、重点保护、一般保护。

(2)林业工程类别。林业工程类别分为天然林保护工程、退耕还林工程、环京津风沙源治理工程、三北与长江中下游等重点地区防护林建设工程、野生动植物保护和自然保护区建设工程、速生丰产用材林工程、其他工程等。

(3)森林经营情况。包括森林经营条件、主要经营措施与经营成效等。

4. 专项调查内容

专项调查的主要内容包括生长量调查、消耗量调查、土壤调查、森林病虫害调查、森林火灾调查、珍稀植物和野生经济植物资源调查、野生动物资源调查、湿地资源调查、荒漠化土地资源调查、森林多种效益计量、评价调查和林业经济调查等各专项调查。

5. 调查内容的选择

各地在开展森林资源规划设计调查时，并不是上述 4 项内容都要调查，应根据当地森林资源的特点和调查的目的等，对调查的内容及其详细程度有所侧重。

(1)以森林主伐利用为主的地区，应着重对地形、可及度，以及用材林的近、成、过熟林测树因子等进行调查。

(2)以森林抚育改造为主的地区，应着重对幼中龄林的密度、林木生长发育状况等林分因子以及立地条件进行调查。

(3)以更新造林为主的地区，应着重对土壤、水资源等条件及天然更新状况等进行调查，以做到适地适树，保证更新造林质量。

(4)以自然保护为主的地区，应着重调查被保护对象种类、分布、数量、质量、自然性以及受威胁状况等。

(5)以防护、旅游等生态公益效能为主的林区，应分不同的类型，着重调查与发挥森林生态公益效能有关的林木因子、立地因子和其他因子。

(四)调查方法

森林资源规划设计调查的主要工作内容包括资料收集、调查单元的划分、林地调查、林木调查、林地林木的管理状况、面积计算与图件制作、调查成果整理归档等。

下面主要介绍林木的测树因子调查方法，其他内容的调查方法参考本书的相关章节及其相关的技术标准。

(五)小班测树因子调查方法

林木的测树因子调查方法主要有三种，分别是目测法、实测法、基于高分辨率正射影像调查方法。

1. 目测法

目测法是凭借测树经验和简单工具、仪器和数表，对林木、林分和地段的特征或指标进行估测的森林调查方法。在森林状况简单，调查人员通过目测调查考核的情况下可采用此法。小班目测调查时应深入小班内部，选择有代表性的调查点进行调查，估测树种组成、平均年龄、平均树高、郁闭度、疏密度、单位面积株数、单位面积蓄积等林分因子。在目测调查中，为了提高精度，通常要结合角规样地或固定面积样地，以及其他辅助方法，用以辅助目测。

2. 实测法

实测法可细分为样地调查法、标准地调查法、角规调查法。

(1)样地调查法是在调查区域范围内，使用随机抽样、机械抽样或其他抽样方式，使用抽样调查的方法进行小班调查。在选定的样地内实测各林分调查因子，并按照数理统计的方法，估算总体的相应值后，计算抽样误差、精度等因子。样地的数量根据可靠性、观测值变动系数、误差要求等因子确定。样地的形状一般为圆形、矩形等。

(2)标准地调查法是应用最广泛的一种调查方法。其具体实施步骤是：首先，设立标准地，标准地是根据人为判断选出期望代表预定总体的典型地块，是指按代表性选取的作为典型样地的小块林地，广义上还包括按数理统计原理随机选取的样地。标准地调查法是在调查地域范围内，用标准地调查的结果推算总体值的方法。需要注意的是，标准地的面积必须保证一定的数量，面积过小，会造成标准地的无代表性，推算总体时会产生较大的偏差；面积过大，会增加调查时间和工作成本，加大工作量。标准地形状一般为矩形和带状。注意带状标准地要求贯通山坡上下方，尽量与等高线垂直。

(3)角规调查法。角规是以一定视角构成的林分测定工具。1947 年奥地利林学家毕特利希(Bitterlich W.)发明了角规测定林分每公顷断面积的理论和方法。其特点是不用设置标准地进行森林调查。在小班透视条件好，调查员有相关经验的情况下，一般采用角规进行每公顷断面积等因子的调查。角规实测时要注意，角规点的布设要随机有代表性，避免林缘误差和系统误差，点数不能低于相关标准，在山坡观测后的每公顷断面积要根据坡度改算。角规调查法一般与其他几种方法结合在一起使用，角规测树的基本原理本教材不再介绍，可以查阅相关书籍和文章。

3. 基于高分辨率正射影像调查方法

该方法要选用比例尺大于 1∶1 万高分辨率的正射影像作为工作底图。

(1)分林分类型或树种(组)抽取小班数不少于小班总数的 5%(数量不低于 50)的若干个有蓄积量的小班，判读各小班的平均树冠直径、平均树高、株数、郁闭度等级、坡位等。

(2)到实地调查核实各小班的相应因子，编制 DOM 树高表、胸径表、立木材积表或 DOM 数量化蓄积量表。为保证估测精度，应选设一定数量的样地对数表(模型)进行实测检验，达到 90%以上精度时方可使用。

(3)在室内对全部小班进行判读(可结合小班室内调绘工作)，利用判读结果和所编制通过检验的 DOM 测树因子表估计小班各项测树因子。

(4)抽取 5%~10%的判读小班到现地核对，各项小班调查因子判读精度达到规程中规定的精度要求的小班数超过 90% 时可以通过。在抽中的小班中，除蓄积量实测外，对其他测树因子可采用实测、目测或部分实测与目测相结合的方法。

(六)调查成果

森林资源规划设计调查工作的成果有小班调查簿、统计表成果、图件成果、文字报告以及数据库等。

(1)小班调查簿。在小班调查簿内记录各小班的调查因子状况、林分生长和经营措施意见情况。

(2)统计表成果。包括各类土地面积统计表、各类森林、林木面积蓄积统计表、林种统计表、乔木林面积统计表、蓄积按龄组统计表、生态公益林(地)统计表、红树林资源统计表等。

(3)图件成果。主要有基本图、林相图、森林分布图、其他专题图等。

基本图实质是调查地区的区划图，主要内容有边界、道路、居民点、河流、山脉、林班界、林场界、林班与小班的边界、编号等基本信息。基本图是计算林地面积、编绘其他专用图的基础图件。

林相图是以基本图为底图绘制而成，绘到小班，用颜色的深浅来表示不同龄组林分。林相图是根据小班调查材料，以林场为单位绘制的常用图。林相图中小班注记采用分数式结构表示，分子为小班号和龄级，分母为地位级和郁闭度。但通常为了方便，分母以树种、龄组、郁闭度表示。

森林分布图是反映林业局(县)森林分布状况的图面材料。以林相图为基础绘制，反映林班及以上单位的森林分布状况。

其他专题图是在专业调查基础上绘制的图面材料，如土壤分布图、立地类型图、野生动物分布图等。

（4）文字报告。主要有森林资源规划设计调查报告、专项调查报告、质量检查报告。

三、湿地资源调查①

（一）概述

1. 湿地的概念

湿地具有涵养水源、净化水质、调蓄洪水、控制土壤侵蚀、补充地下水、美化环境、调节气候、维持碳循环和保护海岸等极为重要的生态功能，是生物多样性的重要发源地之一，因此也被誉为“地球之肾”“天然水库”和“天然物种库”。

湿地是十分重要的生态用地，但至今为止，其概念的表述并不完全统一。例如，《湿地保护法》：湿地是指具有显著生态功能的自然或者人工的、常年或者季节性积水地带、水域，包括低潮时水深不超过六米的海域，但是水田以及用于养殖的人工水域和滩涂除外。《湿地分类》（GB/T 24708—2009）：湿地是指天然的或人工的，永久的或间歇性的沼泽地、泥炭地、水域地带，带有静止或流动、淡水或半咸水及咸水水体，包括低潮时水深不超过六米的海域。

2. 湿地的分类

与湿地的概念一样，湿地的分类也存在差异。例如，《全国湿地资源调查技术规程（试行）》（原国家林业局），将湿地划分为近海与海岸湿地、河流湿地、湖泊、沼泽湿地、人工湿地5类34型。第三次全国国土调查：湿地包括8个二级类，分别为红树林地、森林沼泽、灌丛沼泽、沼泽草地、盐田、沿海滩涂、内陆滩涂、沼泽地，不包括浅海水域。

为方便理解和调查操作，本节将湿地类型划分为近海与海岸湿地、河流湿地、湖泊湿地、沼泽湿地、人工湿地等。实际的湿地类型划分以最新的政策法规和技术标准为准。

3. 重点调查的湿地

虽然概念和分类存在差异，但下列湿地资源需要进行重点调查、详细调查：

（1）已列入《中国湿地保护行动计划》的国家重要湿地名录的湿地；

（2）已列入《湿地公约》的国际重要湿地名录的湿地；

（3）已建立的各级自然保护区中的湿地；

（4）已建立的湿地公园中的湿地；

（5）省区特有类型的湿地；

（6）分布有特有的濒危保护物种的湿地；

（7）面积≥10000公顷的近海与海岸湿地、湖泊湿地、沼泽湿地和水库；

（8）红树林；

（9）其他具有特殊保护意义的湿地。

---

① 本节参考《全国湿地资源调查技术规程（试行）》整理而成。

（二）调查内容

湿地资源调查是指查清湿地的权属、位置、界址、数量、质量、利用、权利限制、公共管制等状况的调查工作。具体的调查内容如下：

权属：湿地内土地的权属状况，包括土地所有权和土地使用权等；

界址：湿地的界线；

位置：湿地的所属行政区划、坐落、四至、平均海拔等；

数量：湿地的总面积、地类面积、湿地率、湿地保护率等；

质量：湿地的生态状况、损毁状况、受威胁状况等；

利用：湿地类型、湿地内土地利用现状分类、自然状况（地形、气候、土壤、水环境）、生物多样性（植物与植被、重要陆生和水生脊椎动物）等；

权利限制：保护与利用情况；

公共管制：管理经营状况。

（三）调查时间和季节

湖泊湿地、河流湿地、沼泽湿地以及人工湿地的遥感影像解译应选取近两年丰水期的影像资料。如果丰水期的遥感影像的效果影响到判读解译的精度，可以选择最为靠近丰水期的遥感影像资料。近海与海岸湿地的调查应选取低潮时的遥感影像资料。

湿地的外业调查应根据调查对象的不同，分别选取适合的时间和季节进行。如水鸟数量调查分繁殖季和越冬季两次进行。

（四）调查单元

湿地资源调查单元是湿地斑块。湿地斑块所属的空间层级是：县级以上行政区划—湿地区—湿地斑块。

1. 湿地区划分

湿地区是指在县级以上由多块湿地斑块组成的、具有一定的水文联系和生态功能的湿地复合体。在划分湿地区时，应考虑湿地生态系统的完整性和地貌单元的独立性，国际重要湿地、国家重要湿地、各省根据湿地保护管理需划分的湿地要单独划为一个湿地区；其他零星湿地可以县域为单位区划，按县级行政区域名称命名。

《中国国际重要湿地名录》和《中国湿地保护行动计划》的国家重要湿地名录是划分的依据。

2. 湿地斑块划分

湿地斑块是湿地资源调查、统计的最小基本单位。流域不同、湿地类型不同、县级行政区域不同、土地所有权不同、保护状况不同、湿地受威胁等级不同、湿地主导利用方式不同这 7 个区划因子之一有差异时，单独划分湿地斑块。

3. 湿地斑块的边界界定

1）近海与海岸湿地

海岸湿地：主要是海岸滩涂部分，即：沿海大潮高潮位与低潮位之间的潮浸地带。

近海湿地：主要是浅海水域部分，即：低潮时水深不超过 6m 的海域，以及位于湿地内的岛屿或低潮时水深超过 6m 的海洋水体，特别是具有水禽生境意义的岛屿或水体。

2)河流湿地

按照多年平均最高水位所淹没的区域进行边界界定。

河床至河流在调查期内的年平均最高水位所淹没的区域为洪泛平原湿地，包括河滩、河心洲、河谷、季节性泛滥的草地以及保持常年或季节性被水浸润的内陆三角洲。如果洪泛平原湿地中的沼泽湿地区面积不小于8公顷，需单独列出其沼泽湿地型。干旱区的断流河段为河流湿地。干旱区以外常年断流的河段连续10年或以上断流则断流部分河段不计算其湿地面积，否则为季节性和间歇性河流湿地。

3)湖泊湿地

如湖泊周围有堤坝的，则将堤坝范围内的水域、洲滩等划定为湖泊湿地；

如湖泊周围无堤坝的，将湖泊在调查期内的多年平均最高水位所覆盖的范围划定为湖泊湿地。

如湖泊内水深不超过2m的挺水植物区面积≥8公顷，需单独将其划为沼泽湿地，并列出其沼泽湿地型；如湖泊周围的沼泽湿地区面积≥8公顷，需单独列出其沼泽湿地型；如沼泽湿地区小于8公顷，则划定为湖泊湿地。

4)沼泽湿地

沼泽湿地是一种特殊的自然综合体，凡同时具有以下三个特征的均划为沼泽湿地：一是受淡水的影响，地表经常过湿或有薄层积水；二是生长有沼生和部分湿生、水生植物；三是有泥炭积累，或虽无泥炭积累，但土壤层中具有明显的潜育层。

在野外对沼泽湿地进行边界界定时，首先根据其湿地植物的分布初步确定其边界，即某一区域的优势种和特有种是湿地植物时，可初步认定其为沼泽湿地的边界；然后再根据水分条件和土壤条件确定沼泽湿地的最终边界。

如沼泽湿地区小于8公顷，则划分到洪泛平原湿地中。

5)人工湿地

人工湿地包括面积≥8公顷的库塘、运河、输水河、水产养殖场、稻田和盐田等。

(五)调查的内容和方法

1. 一般调查方法

采用“3S”技术，获取湿地型、面积、分布(行政区、中心点坐标)、平均海拔、植被类型及其面积、所属三级流域等信息。通过野外调查、现地访问和收集最新资料获取水源补给状况、主要优势植物种、土地所有权、保护管理状况等数据。

(1)按湿地分类的含义查清湿地的类型；

(2)所属流域按全国一、二、三级流域的分类，查清到三级流域的名称；

(3)河流湿地需查清河流级别；

(4)植被类型及面积调查以遥感解译为主，配合野外现地调查验证；

(5)水源补给状况按照地表径流补给、大气降水补给、地下水补给、人工补给、综合补给5个类型调查清楚；

(6)通过野外调查，查清主要优势植物种；

(7)保护管理状况是查清已采取的保护管理措施、是否建立自然保护区、自然保护小区、湿地公园。

2. 重点调查方法

除按照上述一般调查的方法查清湿地的基本信息与数据外，还要通过野外调查、现地访问和收集最新资料的方式，重点查清湿地的自然环境要素、水环境要素、湿地野生动物、湿地植物群落与植被、湿地保护与利用状况、受威胁状况等重点调查的内容。重点调查时要根据调查对象的不同，分别选取适合的时间和季节、采取相应的野外调查方法开展外业调查，或收集相关的资料。

1)自然环境要素调查

主要通过野外调查和收集最新资料获取。在湿地设立一定的典型样地，典型样地的数量要包含整个湿地的各种资源和生境类型，对典型样地进行野外调查。对野外难以获取的数据，可以从附近的气象站和生态监测站等中收集，但应注明该站的地理位置(经纬度)。湿地自然环境要素包括：湿地地貌、湿地气候要素(气温、积温、年降水量、蒸发量)、湿地土壤类型。

2)水环境要素调查

主要通过野外调查获取湿地水文数据，对野外难以获取或无法进行野外调查的，可以从附近的水文站和生态监测站等中收集，但应注明该站的地理位置(经纬度)。水质调查则在野外选取典型地点采集地表水和地下水的水样，由具有专业资质的单位进行化验分析，获取相关数据。湿地水环境要素包括：湿地水文(水源补给状况、流出状况、积水状况、水位、水深、蓄水量)、地表水水质(pH 值、矿化度、透明度、营养物、营养状况分级、化学需氧量、主要污染因子、水质级别)、地下水水质(pH 值、矿化度、水质级别)。

3)湿地野生动物调查

湿地野生动物野外调查方法分为常规调查和专项调查。常规调查是指适合于大部分调查种类的直接计数法、样方调查法、样带调查法和样线调查法。对那些分布区狭窄而集中、习性特殊、数量稀少，难于用常规调查方法调查的种类，应进行专项调查。调查内容包括：鸟类、两栖类、爬行类、兽类、鱼类以及贝类、虾类、影响动物生存的因子。

水鸟数量调查采用直接计数法和样方法，在同一个湿地区中同步调查。

两栖、爬行动物以种类调查为主，可采用野外踏查、走访和利用近期的野生动物调查资料相结合的方法，记录到种或亚种。依据看到的动物实体或痕迹进行估测，在调查现场换算成个体数量。

兽类以种类调查为主，可采用野外踏查、走访和利用近期的野生动物调查资料相结合的方法，记录到种或亚种。依据看到的动物实体或痕迹进行估测，在调查现场换算成个体数量。

鱼类以及贝类、虾类等调查以收集现有资料为主，查清湿地中现存的经济鱼、珍稀濒危鱼、贝类、虾类等的种类及最近三年来的捕获量。

4)湿地植物群落调查

首先收集湿地建群种、群落类型(如单建群种群落、共建种群落)等、植物群落结构、特征和分布是否受生态因子(如矿化度、盐度、高程等)梯度的影响等湿地植物群落的资料。根据收集的资料，将湿地划分成生态因子梯度影响不明显的植物群落、生态因子梯度影响明显的植物群落及上述两种情况兼有的植物群落三大类型，分类制定调查方案和调查线路，通过样方调查法、样带调查法开展野外调查。调查内容包括：被子植物、裸子植物、蕨类植物和苔藓植物 4 大类型的植物、生境(地理位置、地貌部位、土壤类型、水文状况)、群落垂直结构分层、物候期、保护级别、植物的生活力(强、中、弱)、群落属性标志(植物种类组成、数量特征)。

野外调查以 5 万公顷的植物群落面积为基本单位，将所调查的湿地划为许多不同的调查单元，不足 5 万公顷的植物群落面积以 5 万公顷来计。生态因子梯度影响不明显的植物群落每个调查单元内，以最长的直线样带为准，设置至少一条贯穿于调查单元的样带，调查样方要考虑典型性和代表性、自然性、可操作性，样方数量要符合相关规程要求；生态因子梯度影响明显的植物群落进行调查时，根据影响植物群落最明显的一个生态因子梯度变化情况，在调查单元内设置高、中、低三个梯度，在每一个梯度的范围内，设置一条样带；对于上述两种情况兼有的植物群落，首先利用调查底图将湿地划分为生态因子梯度影响明显和不明显的两种类型，然后再分别依照上述两种方法进一步调查。

5)湿地植被调查

湿地植被调查与湿地植物群落调查一并进行。调查内容有：

(1)湿地的植被面积及其占湿地总面积的百分比调查，并对群落调查的被子植物、裸子植物、蕨类植物和苔藓植物的科、属、种的名称、物种数进行统计和汇总；

(2)湿地植被利用和破坏情况调查。该调查是以已有资料为主，充分搜集已有的研究成果、文献，结合访问，了解湿地植被利用和受破坏情况，在开展外业调查时进行现场核实。

6)湿地保护与利用状况调查

主要通过野外踏查、走访调查以及收集资料等方法获取。调查内容包括：已有保护措施、是否建立自然保护区或湿地公园、主要管理部门、土地权属、湿地产品和服务功能、湿地的利用方式、湿地范围内的社会经济状况。

7)受威胁状况调查

以实地调查和资料调研相结合的方式，了解湿地的破坏和受威胁情况，重点查清对湿地产生威胁的因子、作用时间、影响面积、已有危害及潜在威胁。在调查基础上，经综合分析，评价每个湿地受威胁状况等级。湿地受威胁状况等级定性分为安全、轻度和重度。

湿地受威胁因子根据野外调查、访问和查阅有关资料确定；作用时间通过访问调查和查阅有关资料确定；受威胁面积根据遥感资料和有关图面材料估算；已有危害和潜在威胁要根据湿地受威胁因子调查成果，厘清每个因子已有危害和潜在威胁。

（六）调查成果

湿地调查成果包括调查表册、湿地资源数据库及管理系统、各类汇总数据、调查报告和图件成果。

各类汇总数据。主要有湿地斑块一般调查的汇总数据、湿地区一般调查的汇总数据、重点调查湿地的信息汇总数据、省级汇总数据。省级汇总数据有：湿地类、湿地型和面积汇总、主要自然环境状况汇总、湿地动物调查汇总、湿地高等植物调查汇总。

湿地资源调查报告。报告内容包括调查工作概况、调查地区基本情况、技术方法及相应的汇总表格。报告要对湿地类型与分布、自然环境、状况、社会经济、生物多样性、保护和受威胁情况等进行详细的分析。

图件成果。包括野外调查样地点位图、湿地自然保护区位置图、重点调查湿地分布图、省级湿地资源分布图（含流域分布图）。

四、草原资源调查

草原资源是指草原、草山及其他一切草类资源的总称。包括野生草类和人工种植的草类。草原资源是一种生物资源，其实体是草本植物，为家畜和野生动物提供食物和生产场所，为人类提供生态服务和生物产品。按照土地利用现状分类，草地资源分为天然草地和人工草地。

天然草地是指草原植被主要以天然下种的方式生成草原的属性，天然草地包括天然下种的草地、草山、草坡。

人工草地是指草原植被主要以人工播种、重新建植的方式生成草原的属性，人工草地包括改良草地、人工饲草地、草种基地和退耕还草地。

（一）调查目的与内容

1. 草原资源调查目的

草原资源调查是指查清草原的权属、类型、生物量、等级、生态状况以及变化情况等，获取草原植被覆盖度、草原综合植被盖度、草原生产力等指标值，掌握草原植被生长、利用、退化、鼠害病虫害、草原生态修复状况等信息。

草原资源调查的目的是掌握不同时期及国民经济发展不同阶段动态变化的草原资源的家底，为制定和调整草原保护、草原资源开发和可持续利用规划奠定基础，为生态文明建设、自然资源管理体制改革提供基础信息。

2. 草原资源调查内容

（1）调查草原资源的所有权、面积、类型、生产力及其分布。

（2）评价草原资源质量和草地退化、沙化、石漠化状况。

（3）建设草原资源空间数据库及管理系统建设。

（二）调查方法

1. 资料收集

收集下列资料并进行整理分析：

（1）草原自然条件、草原社会经济、畜牧业生产状况、草原资源调查历史成果；

(2)各类图件资料，包括地形图、土壤图、水系图、植被类型图、草原类型图、野生动植物分布图、草原病虫鼠害分布图等图件；

(3)最新的土地调查或年度更新调查数据库；

(4)最新的高分辨率正射影像图；

(5)草原权属调查成果。

2. 制作调查底图

将收集的各类图件资料进行处理(纸质图件扫描矢量化、基准转换等)，叠加到最新的高分辨率的正射影像图上，经草地图斑初步归类、样地样方布设形成调查底图。

1)草地图斑初步归类

从土地调查成果中提取草地图斑，叠加草原资源调查历史成果，进行碎小图斑处理、属性信息融合，得到初步的草地图斑。

利用调查底图，建立地物解译标志，预判地类。结合现有草地图斑中草地类型等属性信息，逐图斑预判草地类型等，补充完善草地图斑的相关属性信息，形成具有完整草地类和草地类型属性的预判草地图斑。预判草地图斑要区分天然草原和人工草地图斑。连片面积大于最小上图面积的人工草地图斑，按照草原确权资料逐块校核图斑边界。

2)内业布设样地样方

按照样地布设原则，预判草地类型为天然草原的图斑，结合图斑的草地类型、图斑数量、面积大小、空间分布等进行综合考虑，以满足天然草原样地布设数量的要求布设样地、样方。

3)输出调查底图

将制作的草地资源图斑和布设的样地数据，叠加行政界线、权属界线、遥感影像数据和必要的基础地理数据，制作外业调查工作底图。将调查工作底图打印输出，或导入平板供开展地面调查使用。

3. 外业布设样地样方

1)样地布设原则

预判天然草原图斑要布设样方开展抽样调查，预判人工草地图斑要逐个进行样地调查，预判非草地图斑时，易与草地发生类别混淆的耕地与园地、林地、裸地图斑应布设样地抽样调查，其他地类不设样地。样方布设的原则如下：

(1)设置样地的图斑既要覆盖生态与生产上有重要价值、面积较大、分布广泛的区域，反映主要草地类型随水热条件变化的趋势与规律，也要兼顾具有特殊经济价值的草地类型，空间分布上尽可能均匀。

(2)样地应设置在图斑(整片草地)的中心地带，避免杂有其他地物。选定的观测区域应有较好代表性、一致性，面积不应小于图斑面积的20%。

(3)不同程度退化、沙化和石漠化的草地上可分别设置样地。

(4)利用方式及利用强度有明显差异的同类型草地，可分别设置样地。

(5)调查中出现疑难问题的图斑，需要补充布设样地。

2)样地数量

(1)预判的不同草地类型，每个类型至少设置1个样地。

(2)预判相同草地类型图斑的影像特征如有明显差异，应分别布设样地；预判草地类型相同、影像特征相似的图斑，按照这些图斑的平均面积大小布设样地。

表9-4　预判草地类型相同、影像特征相似图斑布设样地数量要求

预判草地类型相同、影像特征相似图斑的平均面积/hm^2	布设样地数量要求
>10000	每10000hm^2设置1个样地
2000~10000	每2个图斑至少设置1个样地
400~2000	每4个图斑至少设置1个样地
100~400	每8个图斑至少设置1个样地
15~100	每15个图斑至少设置1个样地
3.75~15	每20个图斑至少设置1个样地

表9-5　非草地地类图斑布设样地数量要求

图斑预判地类		样地布设数量要求
耕地与园地		区域内同地类图斑数量的10%
林地	灌木林地、疏林地	区域内同地类图斑数量的20%
	有林地	区域内同地类图斑数量的10%
裸地		区域内同地类图斑数量的20%

注：表9-4、表9-5来源于《草地资源调查技术规程》(NY/T 2998—2016)。

3)样方数量

在样地范围内，设置1~4条调查线路，调查线路应能够穿越区域的主要地貌类型。在每条调查线路上选定有代表性的草地设置样方。

中小草本及小半灌木为主的样地，每个样地测产样方应不少于3个。灌木及高大草本植物为主的样地，每个样地测定1个灌木及高大草本植物样方和3个中小草本及小半灌木样方。预判相同草地类型的样地，温性荒漠类和高寒荒漠类草地每6个样地至少测定1组频度样方，其他草地地类每3个样地测定1组频度样方，每组频度样方应不少于20个。

4)样方面积

中小草本及小半灌木样方，用1m^2的样方，如样方植物中含丛幅较大的小半灌木用4m^2的样方。灌木及高大草本植物样方，用100m^2的样方，灌木及高大草本分布较为均匀或株丛相对较小的可用50m^2和25m^2的样方。频度样方采用0.1m^2的圆形样方。

4. 外业调查

草原资源外业调查采用抽样的调查方法，抽样方式有样地基本特征调查和样方测定，调查时应拍摄相应的照片。外业调查应选择草地地上生物量最高峰时，多在7—8月进行。

1)样地调查

样地调查主要记载样地地理位置、调查时间、调查人、地形特征、土壤质地、地表特征、草地类型、草原功能类别、草原植被结构、水分条件、利用方式、利用强度，对草地退化、沙化、石漠化程度及草地资源等级进行评价记载。

(1)地理位置有样地所在行政区、经纬度。

(2)草地类是以气候特征(热量)和植被基本特征为依据，充分考虑地形、土壤和经济因素，将全国草原划分成温性草甸草原类、温性草原类、温性荒漠草原类、高寒草甸草原类、高寒草原类、高寒荒漠草原类、温性草原化荒漠类、温性荒漠类、高寒荒漠类、暖性草丛类、暖性灌草丛类、热性草丛类、热性灌草丛类、干热稀树灌草丛类、低地草甸类、山地草甸类、高寒草甸类、沼泽草地类、温带疏林草地类、人工(栽培)草地20个类型。草地类从草原资源历史调查成果中获得。

(3)草地型是以植物群落主要层片的优势类群(属)为主要依据，结合生境条件和经济价值，以实际调查草种类，分类系统中共有824个草地型。草地型从草原资源历史调查成果中获得。

(4)草原功能类别是根据草原的“三生”(生态、生产、生活)功能和用途，将我国草原划分为生态公益类草原、生产经营类草原、生活服务类草原和综合功能用途类草原等4个功能类别。草地类从草原资源历史调查成果或草原主体功能区规划等资料中获得。

(5)草原植被结构分为草本型、灌草型、乔草型、乔灌草型，通过目测获得。

(6)地形特征有坡向、坡位，根据影像图判读，或目测获得。

(7)土壤质地是将土壤划分成砾石质、沙质、沙壤质、壤质、黏质。土壤质地通过手测法快速获得。

(8)地表特征通过枯落物量、砾石覆盖比例、覆沙厚度、风蚀程度、水蚀程度、盐碱斑面积比例、裸地面积比例、鼠洞密度、鼠丘密度、虫害种类及密度反映。地表特征数据可以通过目测获得，也可以利用相关的调查研究资料获得，如通过鼠害调查成果资料获得。

(9)水分条件通过季节性积水情况、表水种类、距水源距离来反映，可通过目测获得，也可以从图件上量取。

(10)利用方式包括全年放牧、景观绿化、冷季放牧、科研实验、暖季放牧、水源涵养、打(割)草场、固土固沙、自然保护、其他10类，通过访问当地牧民和专业人士获得。

(11)利用强度通过目测或访问调查获得。

(12)草地资源等级、草地退化、沙化、石漠化等级，通过实地调查，根据样地基本特征、样方测定数据，综合同类型其他样地情况分别参照NY/T 1579、GB 19377、

GB /T 28419、GB/T 29391 的规定进行评定。

人工草地改良草地的调查采用天然草原的调查方法。栽培草地观测记载地理位置、牧草种类、灌溉条件、鲜草产量、干草产量等信息。

2)样方测定

样方测定是在草地上采用样方框圈定一个方形，测定植物构成、高度、盖度和产量等，采集景观和样方照片；采用成组的圆形频度样方测定植物频度。

中小草本及小(半)灌木样方适用于仅分布有草本及小(半)灌木植物的样地。中小草本及小(半)灌木样方调查其经纬度、坡度、海拔、优势植物的种类，测定各优势植物枝高、叶层高、盖度，测量各优势植物的鲜重和干重；测量汇总出样方内优良牧草、可食牧草、毒害草、一年生植物的鲜重和干重。

灌木及高大草本样方适用于灌木和高大草本植物种类和数量较多、分布较为均匀的样地。高大草本是指高度在 80cm 以上，灌木是指高度在 50cm 以上。灌木及高大草本样方测定经纬度、坡度、海拔、植物名称、株丛长宽、株高、盖度；测定株丛数、单株鲜重、干重，计算样方各类植物的总鲜重和干重；以样方测定数据为依据，计算出样地同类样方植物平均产量(鲜重和干重)、样地总产量(鲜重和干重)、样地总盖度。

植物产量是指植物群落地上植物的干物质质量，包括各种植物的产量和植物群落总产量。植物产量反映出草原生产力水平的高低。

草本产量采用齐地面剪割的方式，分种类剪割样方内所有植物，分别风干后称重，即可得到单位面积每种植物的产量和草地的总产量。

灌木产量采用剪割当年嫩枝叶测定。在灌木样方内选取具有代表性的 1 个植株作为标准株，剪割当年嫩枝叶进行产量测定。其他株丛根据冠幅的大小，按照同标准的差异进行折算，得到样方内标准株丛数，再乘以标准株的产量，即得出某种灌木的中产量。其他种类的灌木及高大草本也可以按照上述方法测定。灌木样方中草本产量测定方法与草本样方相同，但要扣除灌木比例。灌木样方内的灌木总产量和草本总产量即为该样方的总产量。

3)其他调查

以座谈的方式进行，邀请当地有经验的干部、技术人员和群众参加。访问内容包括草地利用现状，草地畜牧业生产状况、存在的问题和典型经验，草地保护与建设情况，以及社会经济状况等。

5. 内业处理及汇总

(1)地类分为草地和非草地，草地地类包括天然草原和人工草地。在外业调查后，利用调查结果，在图斑的预判地类属性基础上，逐个确定图斑的地类属性。

(2)对草地地类图斑，在预判草地类型的基础上，按照样地调查结果和影像特征相似性，逐个确定图斑的草地类型属性。

(3)对草地地类图斑，以样地调查的资源等级为基础，结合生产力监测数据，利用图斑影像特征相似性，逐个确定图斑的草地资源等级属性。

(4)对草地地类图斑，以样地调查的退化、沙化、石漠化程度为基础，按照样地调查结果和影像特征相似性，逐个确定图斑的退化、沙化、石漠化程度属性。

(5)利用 DOM 并结合外业调查数据，建立模型，提取产草量、植被盖度等专题特征数据。

(6)按要求进行分类统计、汇总各项面积。

6. 专项数据库建设

利用草原资源专项调查形成的包括样地、样方调查、入户访谈等各类数据成果，叠加土地调查数据、遥感影像数据，建设集草地资源分布、生态状况、利用状况、权属状况等的草原资源专项调查数据库。

(三)调查成果

草原调查成果同样也包括建立的专项调查数据库、各类汇总数据、调查报告和图件成果。

各类汇总数据。主要有分行政区的不同地类、草地类型、草地资源等级，以及草地不同退化、沙化、石漠化程度的面积汇总表。

湿地资源调查报告。报告内容包括调查工作情况、任务完成情况、调查成果、本区域草原资源现状分析、草地保护建设和畜牧业发展存在的问题和建议等。

图件成果。包括草地类型图，草地资源等级图，草地退化、沙化和石漠化分布图等。

五、其他资源调查

除上述的森林、湿地、草原资源调查外，其他专项资源调查还包括水资源、海洋资源、地下资源即矿产资源、地表基质调查等。各专项资源调查由相关主管部门组织实施，调查的内容与方法根据调查的目的、已有基础资料不同也有所不同，调查工作必须遵循相关的技术标准或规程的要求。

(1)水资源调查是指查清地表水资源量、地下水资源量、水资源总量、水资源质量、河流年平均径流量、湖泊水库的蓄水动态、地下水位动态等现状及变化情况；开展重点区域水资源详查。

(2)海洋资源调查。查清海岸线类型(如基岩岸线、砂质岸线、淤泥质岸线、生物岸线、人工岸线)、长度，查清滨海湿地、沿海滩涂、海域类型、分布、面积和保护利用状况以及海岛的数量、位置、面积、开发利用与保护等现状及其变化情况，掌握全国海岸带保护利用情况、围填海情况，以及海岛资源现状及其保护利用状况。同时，开展海洋矿产资源(包括海砂、海洋油气资源等)、海洋能(包括海上风能、潮汐能、潮流能、波浪能、温差能等)、海洋生态系统(包括珊瑚礁、红树林、海草床等)、海洋生物资源(包括鱼卵、籽鱼、浮游动植物、游泳生物、底栖生物的种类和数量等)、海洋水体、地形地貌等调查。

(3)地下资源调查。地下资源调查主要为矿产资源调查，任务是查明成矿远景区地质背景和成矿条件，开展重要矿产资源潜力评价，为商业性矿产勘查提供靶区和地质资料；摸清全国地下各类矿产资源状况，包括陆地地表及以下各种矿产资源矿区、矿床、矿体、矿石主要特征数据和已查明资源储量信息等。掌握矿产资源储量利用现状和开发利用水平及变化情况。

地下资源调查还包括以城市为主要对象的地下空间资源调查，以及海底空间和利用，查清地下天然洞穴的类型、空间位置、规模、用途等，以及可利用的地下空间资源分布范围、类型、位置及体积规模等。

(4)地表基质调查。查清岩石、砾石、沙、土壤等地表基质类型、理化性质及地质景观属性等。条件成熟时，结合已有的基础地质调查等工作，组织开展全国地表基质调查，必要时进行补充调查与更新。

(5)其他专项调查。可结合国土空间规划和自然资源管理需要，有针对性地组织开展城乡建设用地和城镇设施用地、野生动物、生物多样性、水土流失，以及荒漠化和沙化石漠化等方面的专项调查。

思 考 题

1. 自然资源调查的含义和作用是什么？
2. 土地调查的内容和原则有哪些？
3. 土地条件调查的内容有哪些？如何开展土地条件调查？
4. 耕地资源调查的含义是什么？包括哪些具体的调查工作？

第十章 地形图的使用与放样测量*

地形图的使用和放样测量是开展地籍调查工作和国土空间规划工作应具备的基本技能。本章在介绍地形图使用基本方法的基础上，主要给出了在地形图上量取点的坐标、水平距离、高程、方位角、坡度的方法和绘制断面图、最短路径选线、确定汇水面积、计算土方的方法，介绍了水平距离、水平角、高程、点的平面位置的放样测量方法。

第一节 概 述

地形图是各种地物和地貌在图纸上的反映。多用途地籍图的主要内容是地籍要素和必要的地形要素，有条件的地方亦可在地籍图上绘制等高线，它们都是进行地籍管理和规划设计不可缺少的重要资料。因此，正确识读和应用地形(籍)图，是每个土地管理技术人员必须具备的基本技能。本章主要以地形图为例介绍其应用，地籍图的应用与地形图基本相同。

一、地形图的使用方向

地形图的应用相当广泛，各种建设活动和人们的日常生活几乎都离不开地形图。综合起来有下列使用方向：

(1)各种规划设计(城市规划、土地利用规划、各类道路规划、农田水利规划、工业布局规划等)。

(2)各种社会调查(人口普查、土壤调查、交通调查等)。

(3)各种社会管理(城市管理、农林牧管理等)。

(4)地理性使用(编制各种专题地图：旅游、交通、综合等)。

(5)基础设施建设(高速公路、江河堤防、市政设施建设等)。

(6)资源勘探、国土与环境的整治(矿产资源调查、土地资源调查、环境保护与治理)。

(7)国防与军事(战争、国界划定与记录)。

(8)其他(科学考察等)。

二、地形图使用的技术手段

地形图使用的技术手段与科学技术进步有关，还与工具有关。在实际使用地形图时，往往需要将多种方法综合运用。

(1)目视技术。这是人们不借助任何工具，在视力比较和目测地形图的基础上，对人们要研究的现象进行评价，例如，地理方位的判断、确定汇水面积边界、判断道路走向等。

(2)量算技术。借助于测量仪器和简单的计算工具(计算器)，在地形图上获取我们所需要的信息，例如，两点之间的距离和高差。

(3)半自动化技术。借助于自动化设备和计算机从地形图上采集、加工和处理我们所需要的信息，得到我们所需要的结果。例如，现在地形图的编绘、专题地图的制作等。

(4)自动化技术。采用模式识别和智能化技术，使人们的研究工作自动化。这是发展前景。

三、地形(籍)图的识读

为了正确使用地形图，首先必须看懂地形图。地形图上的地物和地貌不是直观的景物，而是用各种规定的线划和符号来表示，熟悉这些线划和符号，正确判断其间的相互关系和所表示的自然形态，是正确使用地形图的前提。

关于地形图的识读，请参阅测量学中的有关内容，在此不再复述。

第二节　地形图的基本使用

一、图上量取点的坐标

如图 10-1 所示，图中 m 点坐标可以根据地形图上坐标格网的坐标值来确定。

首先找出 m 点所在方格 $abcd$ 的西南角 a 点坐标为：

$$X_a = 3355.100\text{km} \qquad Y_a = 545.100\text{km}$$

过 m 点作方格边的平行线，交方格边于 e、f 点。根据地形图比例尺 1∶1000 量得 $ae = 87.5\text{m}$，$af = 31.4\text{m}$，则 m 点的坐标值为：

$$X_m = X_a + ae = 3355100 + 87.5 = 3355187.5\text{m}$$

$$Y_m = Y_a + af = 545100 + 31.4 = 545131.4\text{m}$$

为了提高坐标量测的精度，必须考虑图纸伸缩的影响，可按式(10-1)计算 m 点的坐标值，即

$$\begin{aligned} X_m &= X_a + \frac{l}{ab} \times ae \times M \\ Y_m &= Y_a + \frac{l}{ad} \times af \times M \end{aligned} \tag{10-1}$$

式中，ab，ae，ad，af 均为图上长度；l 为坐标方格边长(10cm)；M 为地形图比例尺分母。

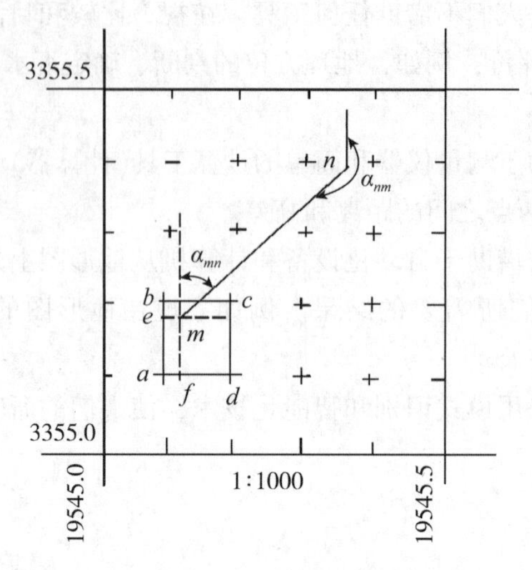

图 10-1　求坐标、距离和方位图示

二、图上量取两点间的距离

如图 10-1 所示，欲求图中 m，n 两点间的水平距离，可采用直接图解法或坐标计算法。

(1)直接图解法。在图上直接量出 m，n 两点间的长度，然后乘以比例尺分母，就可得到 mn 的水平距离。

(2)坐标计算法。首先根据前面所述方法求出 m，n 两点的坐标 X_m，Y_m 和 X_n，Y_n，然后按式(10-2)计算其水平距离：

$$D_{mn} = \sqrt{(X_n - X_m)^2 + (Y_n - Y_m)^2} = \sqrt{(\Delta X_{mn})^2 + (\Delta Y_{mn})^2} \tag{10-2}$$

三、图上量取直线的坐标方位角

如图 10-1 所示，欲求直线 mn 的坐标方位角，可采用直接图解法和坐标计算法。

(1)直接图解法。过 m 和 n 点分别作坐标纵线的平行线，然后用量角器量出 α'_{mn} 和 α'_{nm}，取其平均值作为最后结果：

$$\alpha_{mn} = \frac{1}{2}(\alpha'_{mn} + \alpha'_{nm} \pm 180°) \tag{10-3}$$

(2)坐标计算法。先求出 m 和 n 点的坐标，再按式(10-4)计算出直线 mn 的坐标方位角：

$$\alpha_{mn} = \arctan\frac{\Delta Y_{mn}}{\Delta X_{mn}} = \arctan\frac{Y_n - Y_m}{X_n - X_m} \tag{10-4}$$

四、图上读取点的高程

若所求点的位置恰好在某一等高线上，那么此点的高程就等于该等高线的高程，如

图 10-2 所示，A 点高程为 69m。

若所求点的位置不在等高线上，则可用内插法求其高程。过 B 点作线段 mn 大致垂直于相邻两等高线，然后量出 mn 和 mB 的图上长度，则 B 点高程为：

$$H_B = H_m + \frac{mB}{mn}h \tag{10-5}$$

式中：h 为等高距，H_m 为 m 点高程。

在图 10-2 中，$h=1$m，$H_m=67$m，量得 $mn=12$mm，$mB=8$mm，则

$$H_B = 67.0 + \frac{8}{12} \times 1 \approx 67.7\text{m}$$

当精度要求不高时，也可用目估法来确定点的高程。

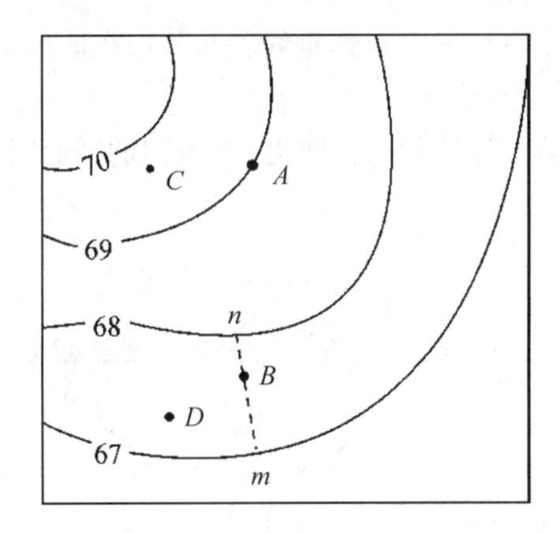

图 10-2　求高程和坡度图示

五、图上量取直线的坡度

直线两端点高差 h 与水平距离 D 之比称为直线的坡度 i，即

$$i = \frac{h}{D} \tag{10-6}$$

坡度 i 一般用百分率(%)或千分率(‰)表示。

如图 10-2 所示，设在图上量得 mn 所代表的实地水平距离为 12m，mn 的高差为 1m，则 mn 的坡度为：

$$i_{mn} = \frac{h_{mn}}{D_{mn}} = \frac{1}{12} = 8.3\%$$

因为 mn 位于相邻两等高线上，而相邻两等高线之间的坡度可以认为是均匀的，因此，所求得的坡度应与实地坡度相符。如果直线跨越几条等高线，而且相邻等高线之间的平距不等，则地面坡度不均匀，所求得的坡度是两点间的平均坡度。

六、按一定方向绘制断面图

在道路、管线工程设计中，为了合理地确定线路的坡度，以及进行填、挖方的概算，需要较详细地了解沿线路方向上的地面坡度。为此，常根据地形图上的等高线来绘制地面的断面图。以图 10-3 为例，欲画出 AB 方向的断面图，方法如下：

(1)在图纸上绘制直角坐标系。以横轴 AB 表示水平距离。水平距离比例尺一般与地形图的比例尺相同。以纵轴 AH 表示高程。为了更明显地反映出地面的起伏情况，一般高程比例尺比水平距离比例尺大 10~20 倍。然后，在纵轴上注明高程，并按等高距作与横轴平行的高程线。高程起始值要选择恰当，使绘出的断面图位置适中。

(2)设 AB 直线与地形图上各等高线的交点分别是 1，2，3，…，将各交点至 A 的距离截取到横轴上，定出各点在横轴上的位置。

(3)自横轴上的 1，2，…，B 各点作垂线，与各点在地形图上的高程值相对应的高程线相交，其交点就是断面上的点。

(4)把相邻点用光滑曲线连接起来，即为 AB 方向的断面图。

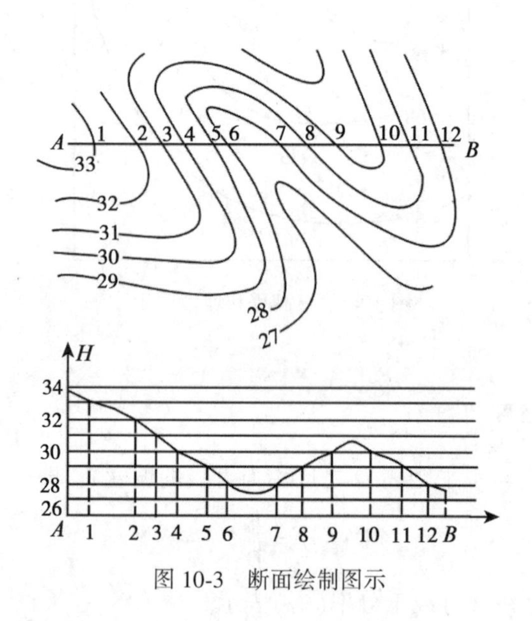

图 10-3　断面绘制图示

七、在图上按规定坡度选取最短路线

在道路或管线的设计中，往往要求选择一条不超过某一规定坡度的最短路线。

如图 10-4 所示，设地形图的比例尺为 1∶1000，等高距为 1m，要求在 A、B 两点之间选择一条公路线路，使其最大坡度不超过 8%。

首先按给定坡度计算路线通过相邻两等高线的最短距离 d，由式(10-6)可得：

$$d = \frac{h}{iM} = \frac{1}{1000 \times 8\%} = 0.0125\text{m} = 12.5\text{mm}$$

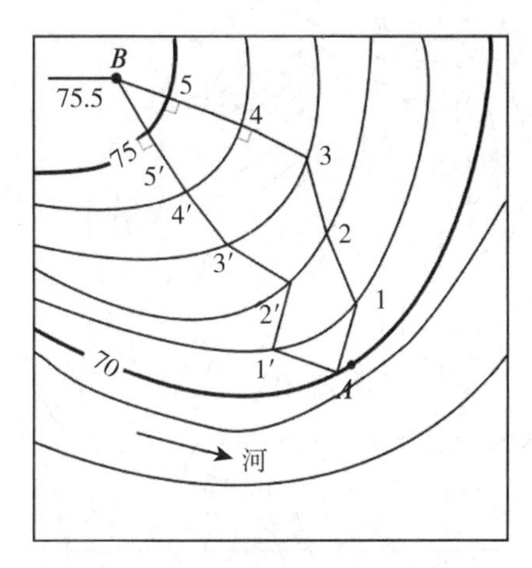

图 10-4　选取最短线路图示

然后以 A 点为圆心，以 d 为半径作弧，交 71m 等高线于 1 点；再以 1 点为圆心，以 d 为半径作弧交 72m 等高线于 2 点……依此类推，一直进行到 B 点为止。将这些相邻点连接起来，便得到同坡度路线。

在选择路线时，如果相邻两条等高线间的平距大于 d，说明这两条等高线之间的最大坡度小于规定坡度，这时就可以按等高线间最短距离定线(如图 10-4 中的 45 段、5B 段)。

八、在地形图上确定汇水范围

在修建大坝、桥梁、涵洞和排水管道等工程时，都需要知道有多大面积的雨、雪水向这个河道或谷地里汇集，以便在工程设计时计算流量，这个汇水范围的面积亦称为汇水面积(或称集雨面积)。

由于雨水是沿山脊线(分水线)向两侧山坡分流，所以汇水范围的边界线必然是由山脊线及与其相连的山头、鞍部等地貌特征点和人工构筑物(如坝和桥)等线段围成。如图 10-5 所示，欲在 A 处建造一个泄水涵洞。AE 为一山谷线，泄水涵洞的孔径大小应根据流经该处的水量决定，而水量又与山谷的汇水范围大小有关。从图 10-5 中可以看出，由山脊线 BC、CD、DE、EF、FG、GH 及道路 HB 所围成的边界，就是这个山谷的汇水范围。量算出该范围的面积即得汇水面积。

在确定汇水范围时应注意以下两点：

(1)边界线(除构筑物 A 外)应与山脊线一致，且与等高线垂直。

(2)边界线是经过一系列山头和鞍部的曲线，并与河谷的指定断面(如图中 A 处的直线)闭合。

根据汇水面积的大小，再结合气象水文资料，便可进一步确定流经 A 处的水量，从而对拟建此处的涵洞大小提供设计依据。

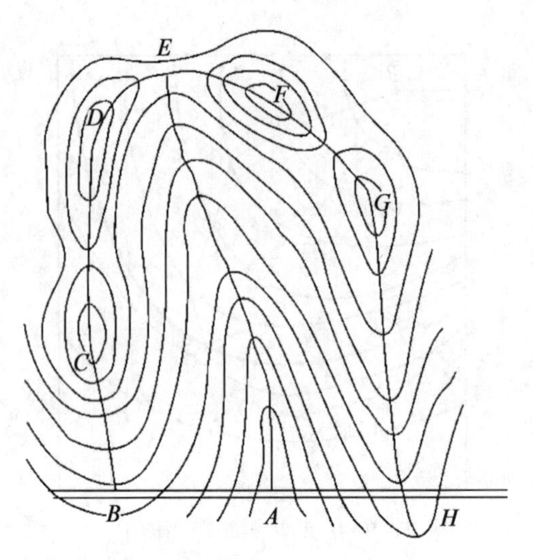

图 10-5　汇水面积图示

第三节　土方计算方法

一、断面法土方计算

在土方计算之前，应先将设计断面绘在横断面图上，计算出地面线与设计断面所包围的填方面积或挖方面积 A(如图 10-6 所示)，然后进行土方计算。

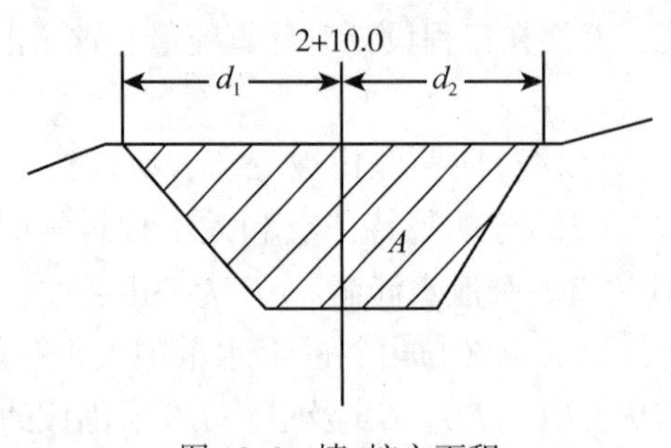

图 10-6　填/挖方面积

常用的计算土方的方法是平均断面法，即根据两相邻的设计断面填挖面积的平均值，乘以两断面的距离，就得到两相邻横断面之间的挖、填土方的数量。计算公式如下：

$$V=\frac{1}{2}(A_1+A_2)D \tag{10-7}$$

式中：A_1、A_2 为相邻两横断面的挖方或填方面积，D 为相邻两横断面之间的距离。

如果同一断面既有填方又有挖方，则应分别计算。

二、方格法土方计算

在各项工程建设中，除对建筑工程作合理的平面布置外，往往还要对原地形作必要的改造，以适于布置和修建各类建筑物，便于排除地面水，满足交通运输和地下管线敷设的要求，这种改造称为土地平整。

土地平整是土地开发过程中的重要环节。在农用土地深度整理中，土地平整是其重要的工作内容之一。进行土地平整时，首先要利用地形图，用方格法进行平整土地的土方计算。根据不同的要求，可将土地平整为平面或倾斜面，现分述如下。

(一)平整为水平面的土方计算

1. 平整为水平面

如图10-7所示，设地形图比例尺为1∶1000。欲将方格范围内的地面平整为挖方与填方基本相等的水平场地，可按如下步骤进行：

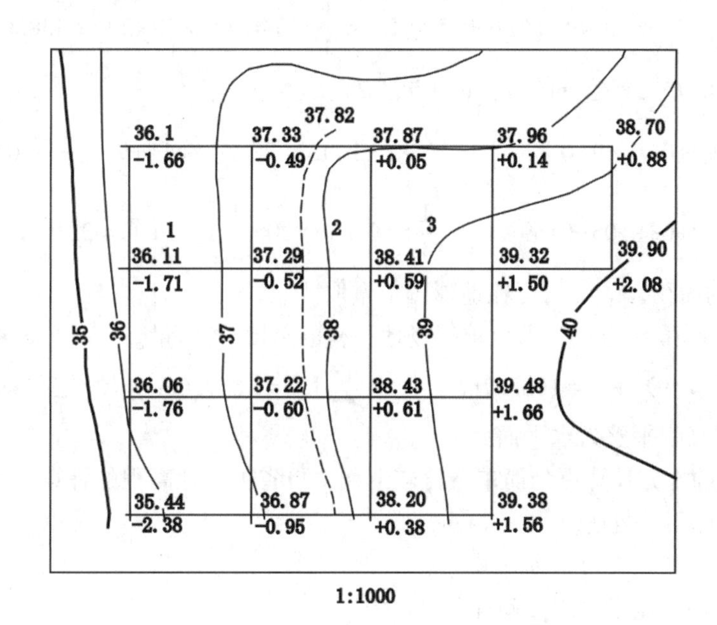

图10-7　平整为水平面的土方计算图示

(1)在地形图上画出方格。方格的边长取决于地形的复杂程度和土方的估算精度，一般为10m或20m。现取方格边长为20m(图上为20mm)。

(2)用内插或目估法求出各方格点的高程，并注记于右上角。

(3)计算场地填/挖方平衡的设计高程。先求出各方格四个顶点高程的平均值，然后将其相加，除以方格数，就求得填/挖方基本平衡的设计高程。

也可用加权平均的方法求得设计高程，即

$$H_{设} = \frac{\sum H_i \times P_i}{4 \times 方格数} \tag{10-8}$$

式中：H_i 为各方格 4 个顶点的高程；P_i 为高程点的权值（角点的权值为 1，边点的权值为 2，拐点的权值为 3，交点的权值为 4）。

经计算，如图 10-7 所示的设计高程为 37.82m。

(4)用内插法在地形图上描出高程为 37.82m 的等高线(图中用虚线表示)。此线就是填方和挖方的分界线。

(5)计算各方格点的填/挖高度：

$$填/挖高度 = 地面高程 - 设计高程 \tag{10-9}$$

式中：正号表示挖方，负号表示填方。填/挖高度填写在各方格点的右下角。

(6)计算填/挖方量：

从图 10-7 中可看出，有的方格全为挖方或填方，有的方格既有填方又有挖方，因此要分别进行计算。对于全为挖方或全为填方的方格(如方格 1 全为填方)：

$$V_{1填} = \frac{1}{4} \times (-1.66-0.49-1.71-0.52)A_{1填} = \frac{1}{4} \times (-4.38) \times 20 \times 20 = -438.0\text{m}^3$$

对于既有填方又有挖方的方格(如方格 2)：

$$V_{2填} = \frac{1}{4} \times (0+0-0.49-0.53)A_{2填} = \frac{1}{4} \times (-1.02) \times 20 \times \frac{1}{2} \times (11+9) = -51.0\text{m}^3$$

$$V_{2挖} = \frac{1}{4} \times (0+0+0.05+0.59)A_{2挖} = \frac{1}{4} \times (0.64) \times 20 \times \frac{1}{2} \times (11+9) = 32.0\text{m}^3$$

填/挖区的面积 $A_{i填}$、$A_{i挖}$ 可在地形图上量取。

根据各方格填/挖方量，即可求得场地平整的总填/挖方量。

本例中，$V_{填} = \sum V_{i填} = 1665.7\text{m}^3$，$V_{挖} = \sum V_{i挖} = 1679.6\text{m}^3$，填/挖方总量基本平衡。

2. 按设计高程平整为水平面

此种情况的土方计算更为简单。比较上例，可省去设计高程的计算，其余步骤均与上例相同，在此不再复述。

(二)平整为倾斜面的土方计算

1. 过地表面三点平整为倾斜面

如图 10-8 所示，要通过实地上 A、B、C 三点筑成一倾斜平面。此三点的高程分别为 152.3m、153.6m、150.4m。这三点在图上的相应位置为 a、b、c。

为了确定填挖的界线，必须先在地形图上做出设计面的等高线。由于设计面是倾斜的平面，所以设计面上的等高线应当是等距的平行线。具体做法如下：

(1)首先求出 ab、bc、ac 三线中任一线上设计等高线的位置。例如，在 bc 线上用内插法得到高程为 153m、152m 和 151m 的点 d、e、f。

(2)在 bc 线内插出与 a 点同高程(152.3m)的点 k，并连接 ak。此线即为在设计平面上与等高线平行的直线。

(3)过 d、e、f 各点作与 ak 平行的直线，就得到设计平面上所要画的等高线。这些

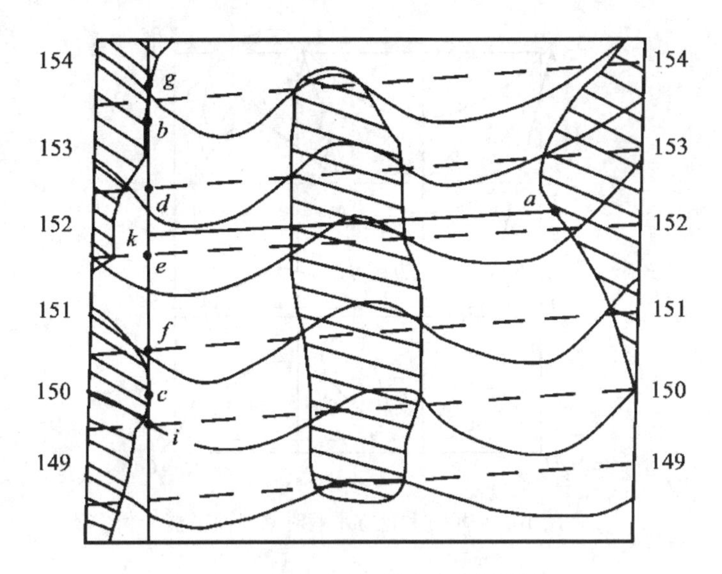

图 10-8　过地表面三点的倾斜面平整

等高线在图上是用虚线表示的。

(4)为得到设计平面上全部的等高线，可在 bc 的延长线上继续截取与 de 线段相等的线 dg 和 fi，从而得到 g 与 i 点。通过 g、i 两点作 ak 的平行线，即可得出设计平面上的另两条等高线。

(5)定出填方和挖方分界线。找出设计平面上的等高线与原地面上同高程等高线的交点，将这些交点用平滑的曲线连接起来，即可得到填方和挖方分界线。图 10-8 中画有斜线的面积表示应填土的地方，其余部分表示应挖土的地方。

(6)计算填/挖土石方量。每处需要填土的高度或挖土的深度是根据实际地面高程与设计平面高程之差确定的。如在某点的实际地面高程为 151. 2m，而该处的设计平面高程为 150. 6m，因此该点必须挖深 0. 6m。计算出各方格点的填、挖高度以后，即可按平整为水平面的土方计算方法计算填/挖土(石)方量。

2. 平整为给定坡度 i 的倾斜面

如图 10-9 所示，$ABCD$ 为 60m×60m 的地块，欲将其平整为向 AD、BC 方向倾斜 -5%的场地，其土(石)方量可按以下步骤计算：

(1)按照平整为水平场地的同样步骤定出方格，并求出方格点高程及场地平均高程(图 10-9 中 $H_{平}$ = 33. 4m)。

(2)计算场地平整后最高边线与最低边线高程：

$$H_A = H_B = H_{平} + \frac{1}{2} \times (D \times |i|) = 33.4 + \frac{1}{2} \times (60 \times 5\%) = 34.9\text{m}$$

$$H_C = H_D = H_{平} - \frac{1}{2} \times (D \times |i|) = 33.4 - \frac{1}{2} \times (60 \times 5\%) = 31.9\text{m}$$

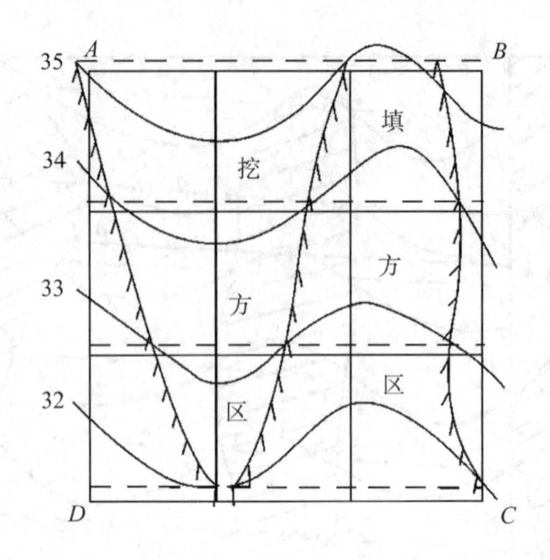

图 10-9　填方和挖方平衡时倾斜面平整

(3)绘制设计倾斜面的等高线。

①根据 A、D 点的高程内插出 AD 线上高程为 32m、33m、34m、35m 的设计等高线的点位。

②过整 m 数点位作 AB(或 DC)的平行线，即为倾斜面的设计等高线。(图中虚线)

③设计等高线与原地形图上同名等高线的交点为零填/挖点，连接这些点，即为填/挖方分界线。

(4)计算各方格点的设计高程。用内插法计算各方格点的设计高程，并注于方格顶点右下角。

(5)计算各方格点的填/挖高度及土(石)方量。先求出各方格点的地面高程，再依式(10-9)计算各方格点的填/挖高度，然后根据平整为水平面的土方计算方法计算土(石)方量并检核。

第四节　放 样 测 量

放样测量是将设计好的地块位置、形状、大小及高程在地面上标定出来的土地勘测工作。在土地管理工作中，经常涉及放样测量的工作有：规划选址、用地红线的确定、界址鉴定和恢复、土地分割、土地征用、土地复垦、土地整理、城市拆迁、土地开发等。

放样测量时，须首先计算出设计的地块边界相对于控制网的关系，即求出其间的角度、距离和点的高程，这些资料称为土地工程放样数据。因此，土地工程放样的基本工作，就是放样已知的水平距离、水平角和高程。

放样测量的基本技术和方法包括已知水平距离、水平角、高程和点的平面位置的放样。

一、已知水平距离的放样

根据给定的已知点、直线方向和两点间的水平距离，求出另一端点实地位置的测量工作就是已知水平距离的放样。放样已知距离的方法主要有三种，做法如下：

1. 一般方法

从已知点 A 开始，沿已给定的方向 AB，按已知的长度值，用钢尺直接丈量定出 B 点(应目估使钢尺水平)。为了校核，应往、返丈量两次，取其平均值作为最终结果。

2. 精确方法

当放样精度要求较高时，要结合现场情况，对所放样的距离进行尺长、温度、倾斜等项改正。若设计的水平距离为 D，则在实地上应放出的距离 D' 为：

$$D' = D - \Delta l_d - \Delta l_y - \Delta l_h \tag{10-10}$$

其中：$\Delta l = l' - l_0$；$\Delta l_d = D\dfrac{\Delta l}{l_0}$；$\Delta l_t = 2(t - t_0)D$；$\Delta l_h = -\dfrac{h^2}{2D}$。

式中：l' 为钢尺的实际长度；l_0 为钢尺的名义长度；t 为放样时的温度；t_0 为钢尺检测时的温度；h 为线段两端点间的高差。

具体作业时，若 D' 小于一个尺段，则直接丈量出 D'；若 D' 大于一个尺段，则用精密丈量的方法将整尺段丈量完毕。设其水平长度为 $D_{整}$，则欲放样的长度 D 尚余 $D_{余} = D - D_{整}$。然后按式(10-10)计算出 $D_{余}$ 的丈量值 $D'_{余}$，在实地丈量 $D'_{余}$，从而完成 D' 的放样工作。

3. 用光电测距仪放样水平距离

如图 10-10 所示，光电测距仪置于 A 点，在放样距离的方向上移动棱镜，选取 C' 点固定棱镜(C' 点至 A 点的距离与 D 相近)，测出斜距 L 及测距光路的竖角 α，则距离 $D_{AC} = L\cos\alpha$，它与放样长 D 之差为 $\Delta D = D - D_{AC}$，根据 ΔD 的正负号移动棱镜，使用 ΔD 小于放样要求的限差，并尽可能接近于零，则该点即为欲放样的 C 点。ΔD 也可以用钢尺直接丈量改正，得到欲放样的 C 点。

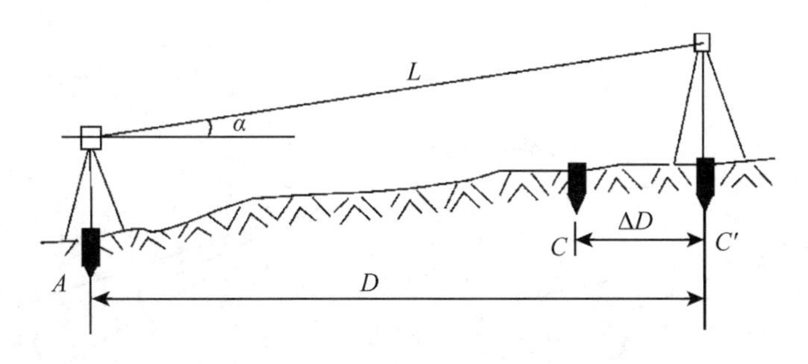

图 10-10 光电测距仪放样水平距离图示

二、已知水平角的放样

水平角的放样，是根据某一已知方向和已知水平角的数值，把该角的另一方向在地面上标定出来。根据精度要求的不同，水平角放样的方法主要有两种，现分述如下。

1. 一般方法

当放样水平角的精度要求不高时，可采用盘左盘右分中法。如图 10-11 所示，已知地面上 OA 方向，从 OA 向右放样水平角 β，定出 OB 方向，步骤如下：

(1) 在 O 点安置经纬仪，以盘左位置瞄准 A 点，并使度盘读数为某一整数值(如 $0°00'00''$)。

(2) 松开水平制动螺旋，旋转照准部，使度盘读数增加 β 角值，在此方向上定出 B' 点。

(3) 倒镜成盘右位置，以同样的方法放样 β 角，定出 B'' 点，取 B'、B'' 的中点 B，则 $\angle AOB$ 即为欲放样的角度。

2. 精确方法

当放样水平角的精度要求较高时，可采用作垂线改正的方法，如图 10-12 所示。步骤如下：

(1) 先按一般方法放样出 B' 点。

(2) 用测回法对 $\angle AOB'$ 观察若干个测回(测回数根据要求的精度而定)，求其平均值，并计算出 $\Delta\beta = \beta - \beta_1$。

(3) 计算垂直改正值

$$BB = OB'\tan\Delta\beta \approx OB'\frac{\Delta\beta}{\rho}, \quad \rho = 206265'' \tag{10-11}$$

(4) 自 B' 点沿 OB' 的垂直方向量出距离 BB'，定出 B 点，则 $\angle AOB$ 即为欲放样的角度。

量取改正距离时，如 $\Delta\beta$ 为正，则沿 OB' 的垂直方向向外量取；如 $\Delta\beta$ 为负，则沿垂直方向向内量取。

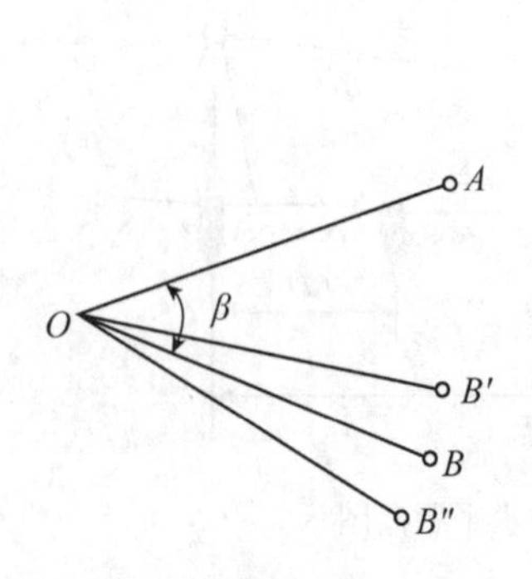

图 10-11　分中法放样水平角

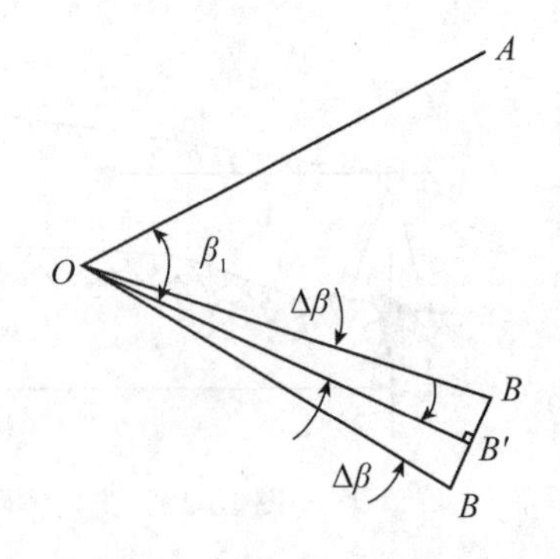

图 10-12　垂线改正法放样水平角

三、已知高程的放样

根据已知水准点，在地面上标定出某设计高程的工作，称为高程放样。高程放样是施工测量中的一项基本工作，一般是在地面上打下木桩，使桩顶(或在桩侧面画一红线代替桩顶)高程等于点的设计高程。此项工作，可根据施工场地附近的水准点用水准测量的方法进行。现用实例说明方法。

例1 如图10-13所示，水准点BM_3的高程$H_3=150.680$m。要求放样A点，使其等于设计高程$H_{设}=151.500$m。其放样步骤如下：

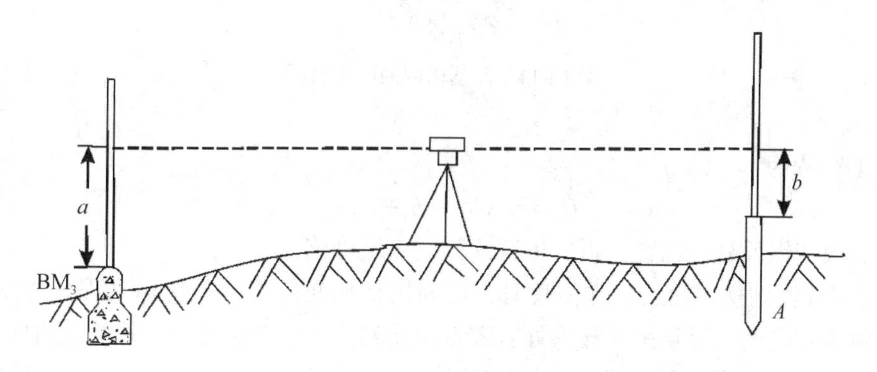

图10-13 简单高程放样

(1)在水准点BM_3和木桩A之间安置水准仪，在BM_3所立水准尺上，测得后视读数a为1.386m，则视线高程H_1为：

$$H_1=H_3+a=150.680+1.386=152.066\text{m}$$

(2)计算A点水准尺尺底恰好位于设计高程时的前视读数：

$$b=H_1-H_{设}=152.066-151.500=0.566\text{m}$$

(3)在A点桩顶立尺，逐渐向下打桩，直至立在桩顶上水准尺的读数为0.566m，此时桩顶的高程即为设计高程。也可将水准尺A点木桩的侧面上下移动，直至尺上读数恰好为0.566m时，紧靠尺底，在木桩上画一水平线或钉一小钉，其高程即为A点的设计高程(也称±0位置)。

当放样点与水准点的高差太大，必须用高程传递法将高程由高处传递至低处，或由低处传递至高处。

例2 在深基槽内放样高程时，如水准尺的长度不够，则应在槽底先设置临时水准点，然后将地面点的高程传递至临时水准点，再放样出所需高程。

如图10-14所示，欲根据地面水准点A测定槽内水准点B的高程，可在槽边架设吊杆，杆顶吊一根零点向下的钢尺，尺的下端挂上重10kg的重锤，在地面和槽底各安置一台水准仪。设地面的水准仪在A点的标尺上读数为a_1，在钢尺上的读数为b_1；槽底水准仪在钢尺上读数为a_2，在B点所立尺上的读数为b_2。已知水准点A的高程为H_A，

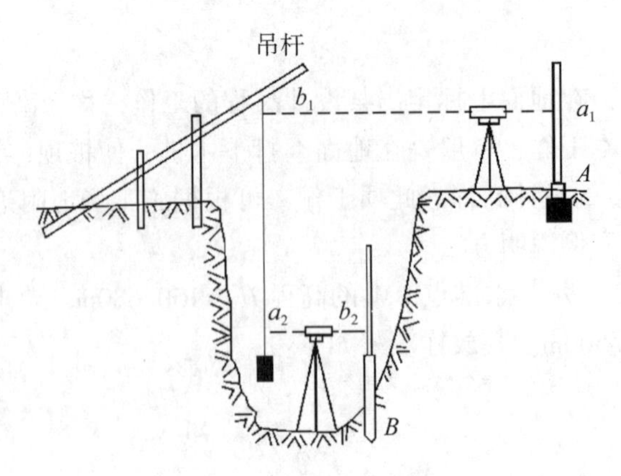

图 10-14　深基槽内的高程放样

则 B 点的高程为：

$$H_B = H_A + a_1 - b_1 + a_2 - b_2 \tag{10-12}$$

然后改变钢尺悬挂位置，再次进行读数，以便检核。

例 3　在高的楼层面上放样高程时，可利用楼梯间向楼层上传递高程。如图 10-15 所示，将检定过的钢尺悬吊在楼梯处，零点一端朝下，挂 5kg 重锤，并放入油桶中，然后用水准仪逐层引测，则楼层 B 点的高程为：

$$H_B = H_A + a - b + c - d \tag{10-13}$$

式中：a、b、c、d——标尺读数。

为了检核，可采用改变悬吊钢尺位置后，再用上述方法进行读数，两次测得的高程较差不应超过 3mm。

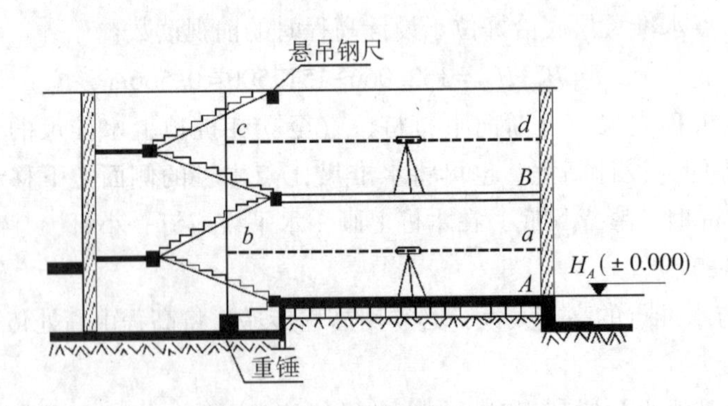

图 10-15　高楼层面上的高程放样

四、点的平面位置的放样

点的平面位置放样常用直角坐标法、极坐标法、角度交会法和距离交会法等。至于选用哪种方法，应根据控制网的形式、现场情况、放样对象的特点、放样精度要求等因素，进行综合分析后确定。

1. 直角坐标法

此种方法主要用于建筑物或与建筑物有关的放样，如建筑施工中的定位测量、工程验线和竣工验收中的用地红线、界址、建筑红线的放样和检验等。下面以建筑施工中的定位测量为例说明此种方法的原理。

如图 10-16 所示，OY、OX 为两条互相垂直的主轴线，建筑物的两个轴线 AB、AD 分别与 OY、OX 平行。设计图中已给出建筑物四个角点的坐标，如 A 点的坐标(X_A，Y_A)。先在建筑方格网的 O 点安置经纬仪，瞄准 Y 方向放样距离 Y_A 得 E 点，然后搬仪器至 E 点，仍瞄准 Y 方向，向左放样 90°角，沿此方向放样距离 X_A，即得 A 点位置，并沿此方向放样出 C 点，同法放样出 B 点和 D 点。最后应检查建筑物的边长是否等于设计长度，四角是否为 90°，误差在限差内即可。

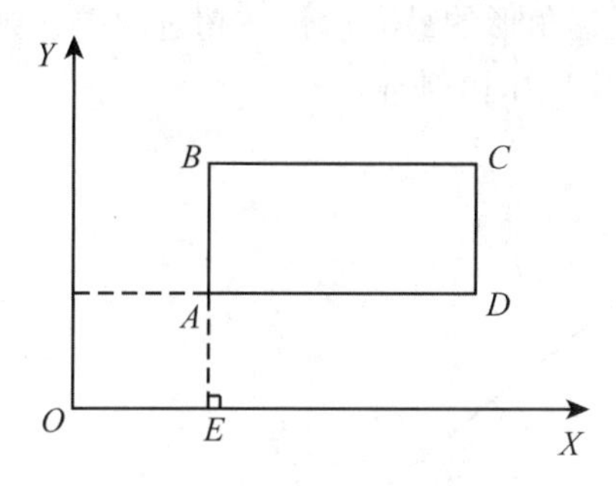

图 10-16　直角坐标法点位放样

此方法计算简单，施测方便，精度较高，但要求场地平坦，有建筑方格网可用。

2. 极坐标法

极坐标法是根据一个角度和一段距离放样点的平面位置，适用于放样距离较短，且便于量距的情况。此种方法主要用于规划选址、征地、出让等工作中的红线或界址放样。

在图 10-17 中，AB 是用地红线的两个端点，其坐标已由设计图中给出。P_1，P_2，P_3，P_4，P_5 为已知控制点，则放样数据 D_1、β_1、D_2、β_2 可由坐标反算公式得出：

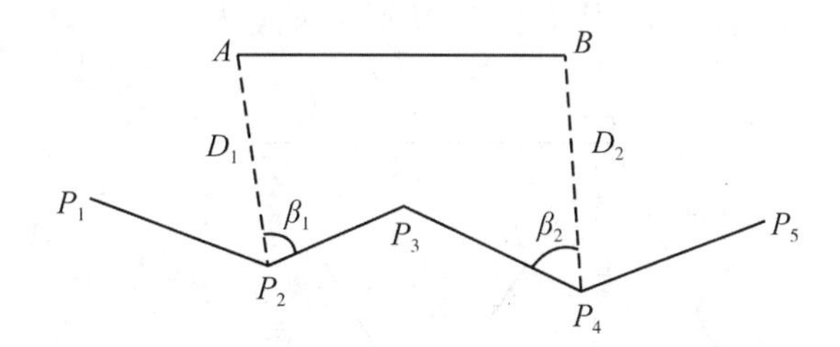

图 10-17　极坐标法点位放样

$$\alpha_{P_2A} = \arctan\frac{Y_A - Y_{P_2}}{X_A - X_{P_2}} \qquad \alpha_{P_4B} = \arctan\frac{Y_B - Y_{P_4}}{X_B - X_{P_4}} \tag{10-14}$$

$$\beta_1 = \alpha_{P_2P_3} - \alpha_{P_2A} \quad \beta_2 = \alpha_{P_4B} - \alpha_{P_4P_3} \tag{10-15}$$

$$D_1 = \sqrt{(X_A - X_{P_2})^2 + (Y_A - Y_{P_2})^2} \quad D_2 = \sqrt{(X_B - X_{P_4})^2 + (Y_B - Y_{P_4})^2} \tag{10-16}$$

实地放样时，在 P_2 点上安置经纬仪，先放样 β_1 角，在 P_2A 方向线上放样距离 D_1，即得 A 点。将仪器搬至 P_4 点，同法测出 B 点，最后丈量 AB 的距离，以资检核。

此法比较灵活，对用测距仪放样尤为适合。

3. 角度交会法

根据两个或两个以上的已知角度的方向交会出点的平面位置，称为角度交会法。当待测点较远或不可达到时，如桥墩定位、水坝定位等常用此法。

如图 10-18 所示，P_1、P_2、P_3 为控制点，A 为待放样点，其设计坐标为已知。算出交会角 β_1、β_2 和 β_3。分别在两控制点 P_1、P_2 上放样角度 β_1、β_2，两方向的交点即为 A 点位置。为了检核，还应放样一个方向。如在 P_3 点放样角度 β_3，如不交于 A 点，则形成一个示误三角形，若示误三角形的最大边长不超过限差，则取示误三角形的内切圆圆心作为 A 点的最后位置，如图 10-19 所示。

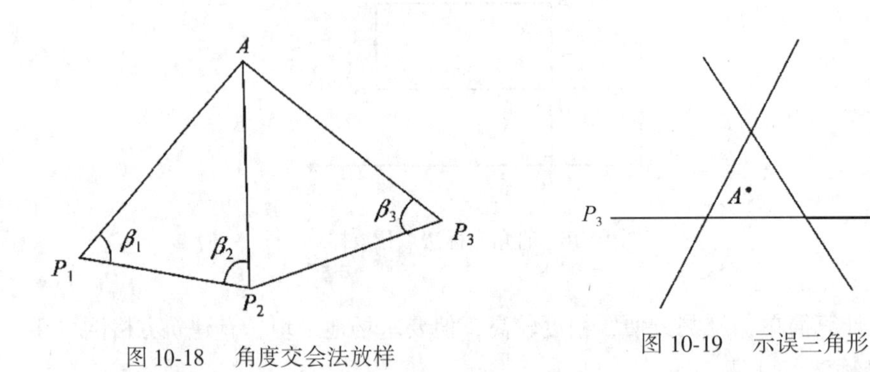

图 10-18　角度交会法放样　　图 10-19　示误三角形

4. 距离交会法

根据两段已知距离交会出点的平面位置，称为距离交会法。在建筑物平坦、控制点离放样点不超过一整尺段的情况下宜用此法。此法在施工中细部放样时经常采用。

如图 10-20 所示，根据控制点 P_1，P_2，P_3 的坐标和待放样点 A、B 的设计坐标，用坐标反算公式求得距离 D_1，D_2，D_3，D_4，分别从 P_1，P_2，P_3 点用钢尺放样距离 D_1，

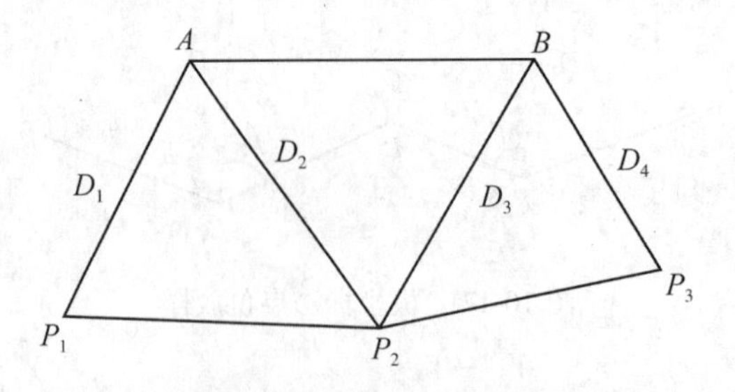

图 10-20　距离交会法放样

D_2，D_3，D_4。D_1和D_2的交点即为A点位置，D_3、D_4的交点即为B点位置。最后丈量AB的长度，与设计长度比较作为检核。

思 考 题

1. 地形图有哪些应用方向？
2. 简述地形图应用的常用技术手段？
3. 地形图有哪些基本应用？
4. 地形图在规划设计中的应用有哪些？
5. 点平面位置放样测量的基本原理是什么？
6. 土方计算的基本原理是什么？

附录一　地籍测量课间实习指导书

本指导书给出了六个课间实习的目的、任务、方法步骤等内容。六个实习内容是房屋面积测算、全站仪的认识和使用、界址点测量、几何要素法图解面积量算、地形图的基本应用和点的位置放样测量。当选择本书作为教材参考用书时，可根据具体的教学大纲要求，参考本指导书选择具体的课间实习内容。

课间实习一　房屋面积测算

【实习目的】

(1)丈量一栋房屋的边长，计算该房屋基底的面积、建筑面积，绘制房屋的平面草图。

(2)丈量并计算该房屋的共有面积，根据共有面积分摊的原则和方法对共有面积分层(分户)进行分摊计算。

(3)掌握用钢尺进行房屋丈量的测量、记录、计算的方法。

(4)掌握房屋基底面积、建筑面积计算的方法，掌握房屋建筑面积计算中计算全部建筑面积、计算一半建筑面积和不计算建筑面积的范围。

(5)掌握共有面积的含义、构成和计算。

(6)掌握共有面积分摊的原则及分摊计算的方法。

【实习任务】

(1)丈量的原始记录。

(2)绘制房屋平面示意图和房屋分层平面示意图。

(3)房屋建筑面积和占地面积计算成果表、共有面积计算成果表和分户共有面积计算成果表。

(4)实习报告每人1份。

【实习仪器设备】

(1)本实习安排2个课时，实习在野外进行，计算工作可在室内完成。

(2)每个小组准备经检验的钢尺1副，记录板1块，自备铅笔1支，小三角板1块。

(3)每个小组准备边长钢尺量距记录表2张，空白房屋平面图1张，共有面积计算表1张。

【实习方法与步骤】

首先选定校内或校外一栋多功能的多层独立建筑物，层数在2层以上为宜。实习小组由 4 人组成，2 人量距，1 人记录，1 人协助。

(1)沿房屋外墙勒脚以上用钢尺丈量房屋的边长，每边丈量两次取其中数。如房屋的占地面积与房屋的底层建筑面积不相等，还要丈量房屋占地范围各边的边长。

(2)绘制房屋的平面示意图，并注记每个边的边长数据。

(3)用钢尺丈量房屋共有部分的边长，如果各层情况不同，要分层丈量。

(4)绘制房屋共有示意图分层，并计算各层的分户建筑面积和共有面积。

(5)按房屋的几何形状，利用实量数据和简单的几何公式计算房屋的建筑面积和房屋的占地面积。

(6)按同样的方法计算房屋的共有面积，并利用以下公式计算各户的分摊面积：

$$K = \sum \delta_{P_i} / \sum P_i$$

$$\delta_{P_i} = KP_i$$

式中，δ_{P_i} 为各户应分摊的共有面积；P_i 为参加分摊的共有面积；$\sum \delta_{P_i}$ 为需要分摊的面积。

【注意事项】

(1)钢尺操作要做到三清：①零点清楚，尺子的零点不一定在尺端，有些尺子的零点前还有一段分划；②读数认清，尺子读数要认清 m，cm 的注记和 mm 的分划数；③尺段记清，尺段较多时，容易发生漏记的错误。

(2)钢尺容易损坏，为维护钢尺，应做到四不：不扭、不折、不压、不拖。用完擦净后才可卷入尺壳内。

(3)丈量用的钢尺需进行检校，合格后方能使用。

(4)丈量边长读数取 cm。边长要进行两次丈量，两次丈量结果较差应符合下式规定：

$$\Delta D = 0.04 \times D \qquad (D \text{的单位为 m})$$

(5)房屋面积测算的中误差 M_P 按下式计算：

$$M_P = \pm(0.04\sqrt{P} + 0.003P)$$

式中，P 为房屋面积，单位为 m。

(6)房屋建筑面积使用的单位为 m^2，面积数取值位至 $0.1m^2$。

课间实习二 全站仪的认识和使用

【实习目的】

(1)了解全站型电子速测仪的性能及主要部件的名称和作用。

(2)了解全站型电子速测仪的基本操作方法。

(3)完成测站的设置、水平角测量和碎部点的三维坐标测量。

【实习任务】

(1)实习报告每人 1 份。

(2)水平角、垂直角距离坐标测量记录。

【实习仪器设备】

(1)实习安排2个课时，以小班为单位进行。

(2)每个小组配全站型电子速测仪1部(可以根据本校的仪器情况安排)，与全站配套的棱镜觇牌1块，花杆1根。

(3)每个小组记录板1块，水平角、垂直角距离坐标记录表若干张。

(4)实习前，应详细阅读本实习的内容。

【实习方法与步骤】

本实习一般安排在室外进行。实习场地要求宽敞平坦，各小组之间不相互干扰。实习小组由4人组成，轮流操作和记录。

(1)安置好全站仪，由指导教师或实习人员向各小组介绍仪器的主要构件和操作方法。

(2)各小组按要求整平仪器，小组成员轮流熟悉仪器的各个构件。

(3)照准远处任意目标，配置一任意方位角。

(4)找4~5个目标进行水平角观测。

(5)按照仪器使用说明书的要求各小组设置好测站点坐标(可以是任意坐标)，在远处立好棱镜。

(6)设置好仪器高和棱镜高后小组成员轮流进行碎部点三维坐标的测量和记录。

【注意事项】

(1)全站仪是贵重的测量仪器，在使用和搬运的过程中必须十分爱护，防止冲击和震动，在阳光下作业时，必须撑伞保护。

(2)在装、卸电池时，必须先关掉电源。

(3)迁站时，仪器必须装箱搬运。装箱时，必须将仪器按安放位置放入箱内。

(4)切勿用有机溶液擦拭镜头、显示窗和键盘等。

课间实习三　界址点测量

【实习目的】

掌握极坐标法、交会法、分点法、直角坐标法测量界址点的野外操作和内业计算。

【实习任务】

本实习在室外进行，要求场地开阔，各小组之间尽可能不相互干扰。首先在室外埋设好控制点和界址点，也可以利用原有的控制点，埋设好界址点，界址点的位置与控制点位置的关系要满足各种测量方法的图形条件。实习小组由6人组成，轮流操作和记录。

(1)分别用坐标法、交会法、分点法、直角坐标法测量5~6个界址点坐标。

(2)实习报告每人1份。

(3)上交界址点测量的外业记录和界址点坐标成果表。

【实习仪器设备】

(1)每个小组配 DJ6 经纬仪 1 部，花杆 1 根，经检验的钢尺 1 副，钢钎 4 根。

(2)每个小组记录板 1 块，水平角观测记录表 1 张，钢尺丈量记录表 1 张，界址点成果表 1 张。

(3)控制点成果资料。

【实习方法与步骤】

(1)根据控制点和待测界址点分布情况确定对哪些界址点采用哪种方法进行放样。

(2)极坐标法。在一控制点上架设经纬仪，测出已知方向和界址点之间的角度，用钢尺量测测站点与界址点之间的距离，来确定界址点的位置。

(3)角度交会法。分别在两个控制点上设站，在两个测站上测量两个角度进行交会以确定界址点的位置。

(4)距离交会。在两个控制点上分别量出至一个界址点的距离，从而确定界址点的位置。

(5)内外分点法。当界址点位于两个已知点的连线上时，分别量测出两个已知点至界址点的距离，从而确定出界址点的位置。

【注意事项】

(1)极坐标法一般都是用 DJ6 经纬仪测角，用测距仪或鉴定过的钢尺量距，其测站点可以是基本控制点、图根控制点；角度交会一般用于测站上能看见界址点位置、但无法测量出测站点至界址点的距离的情况；内外分点法必须是界址点位于已知点的连线上。

(2)当采用直角坐标法时，引垂足点时操作要精细，确保界址点坐标的精度。

(3)用角度交会法时，交会角应在 30°~150°的范围内。用距离交会法时，交会角应在 30°~150°的范围内，并且界址点在已知点连线的投影位置要在两已知点之间。

(4)界址点相对于邻近控制点的点位中误差不超过 10cm。

(5)对界址点坐标计算，每个人必须单独完成，计算过程随其他资料一同上交。

课间实习四　几何要素法图解面积量算

【实习目的】

(1)将多边形划分成一些简单的几何图形，对必要的边、角进行量测，利用几何公式计算其面积。

(2)通过实习掌握几何要素图解法、膜片法的基本原理及其计算方法。

【实习任务】

每人上交实习报告一份，附量测记录和计算过程。

【实习方法与步骤】

实习安排在室内进行，室内要宽敞明亮。实习小组由 2~4 人组成，交叉进行量算操作和记录工作。

将图上多边形划分成一些简单的几何图形，对必要的边、角进行量测，利用几何公式计算每个简单几何图形的面积，并将计算结果标注在图上，最后计算多边形的面积。

【实习仪器设备】

(1)本实习安排2个课时，实习在室内进行，实习场地要求宽敞明亮。.

(2)设备是每小组图板1块，图纸1张，三角尺1块，3H铅笔1支。

【注意事项】

(1)对同一图形要量算两次，取其平均值。

附表1-1　两次量算面积较差与面积之比规定

图上面积/mm	允许误差	附　注
<20	1/20	图上面积太小的图斑，可以适当放宽
50~100	1/30	
100~400	1/50	
400~1000	1/100	
1000~3000	1/150	
3000~5000	1/200	
>5000	1/250	

(2)两次量算面积的较差与面积之比应小于附表1-1的规定。

(3)每个人都要独立进行量算。

(4)要爱护图纸和膜片，保持清洁。

课间实习五　地形图的基本应用

【实习目的】

掌握地形图的基本应用。

【实习任务】

1. 认识地形图的应用范围。
2. 学习地形图的基本应用。
3. 按一定的方向绘制断面图，以及选定最短路线和确定汇水范围。
4. 进行土石方的计算。
5. 每人上交实习报告1份，附量测记录和计算过程。

【实习方法与步骤】

实习安排在室内进行，室内要宽敞明亮。实习小组由2~4人组成，交叉进行量算操作和记录工作。

1. 分别利用图解法和解析法求算图上点的坐标、高程，直线的坐标方位角和坡度。
2. 利用等高线绘制断面图，以及选定最短路线和确定汇水范围。
3. 利用格网法进行土石方的计算。

【实习仪器设备】

1. 本实习安排 2 个课时，实习和计算在室内进行。
2. 设备有地形图及直尺等。

【注意事项】

1. 对同一图形要量算两次，取其平均值。
2. 每个人都要独立进行量算。

课间实习六　点的位置放样测量

【实习目的】

掌握点的位置的放样方法。

【实习任务】

(1)点的平面位置的放样。

(2)点的已知高程的放样。

(3)每人上交实习报告 1 份。

(4)每组上交放样点测量的外业记录及放样成果表。

【实习仪器设备】

(1)每个小组配全站仪 1 台，花杆 1 根，经检验的钢尺 1 把，钢钎 4 根，设角器 1 个。

(2)每个小组准备记录板 1 块，水平角观测记录表 1 张，钢尺丈量记录表 1 张，控制点成果表 1 张。

(3)控制点成果资料。

【实习原理与方法】

首先在室外埋设好控制点，也可以利用原有的控制点，控制点的位置要满足各种测量方法的图形条件。实习小组由 6 人组成，轮流操作和记录。

(1)选择放样的位置。

(2)分别利用极坐标法、角度交会法以及距离交会法放样。

【注意事项】

(1)极坐标法一般都是用 DJ6 全站仪测角、测距或鉴定过的钢尺量距。其测站点可以是基本控制点，也可以是图根控制点。角度交会一般用于测站上能看见界址点位置，但无法测量出测站点至界址点的距离的情况；内外分点法必须是界址点位于已知点的连线上。

(2)当采用直角坐标法时，要注意引垂足点时操作要精细，确保界址点坐标的精度。

(3)用角度交会法时，交会角应在30°～150°的范围内。用距离交会法时，交会角应在30°～150°的范围内，并且界址点在已知点连线的投影位置要在两个已知点之间。

(4)放样点相对于邻近控制点的点位中误差不超过10cm。

(5)对放样点的计算，每个人必须单独完成，计算过程随其他资料一同上交。

附录二　全野外数字地籍测绘集中实习指导书

本指导书给出了集中实习的目的、内容，介绍了实习准备、流程和技术参数，给出了地籍图根控制测量、地籍图测绘(含界址点测量、面积测算)的技术方法要求。当选择本书作为教材参考用书时，可根据具体的教学大纲要求，参考本指导书选择具体的集中实习内容。

一、实习目的和内容

(一)实习目的

掌握RTK控制测量、数字地籍图测绘的流程，掌握测绘仪器及绘图软件、硬件的操作方法。通过实习，提高同学们处理实际问题的能力。

(二)实习内容

(1)地籍控制测量。采用RTK布设一级图根控制点。

(2)地籍图的测绘。完成其测区内数据的野外采集、处理与图形编辑工作，制作1∶500正方形分幅的数字地籍图(不满幅)。

(3)界址点测量。完成其测区内界址点坐标的测量工作。

(4)宗地图的制作。利用数字成图软件绘制宗地图，生成界址点坐标册(Excel)。

(三)实习纪律

为了使教学实习顺利进行，要求参加实习的同学做到以下几点：

(1)在思想上要高度重视、认真对待，积极主动地完成实习任务。

(2)在实习过程中，要严格按照技术路线、有关技术规范、技术规程的要求去完成实习任务。要保证实习成果的真实性、科学性。

(3)每位同学要熟练掌握地籍测绘的全过程，对各实习环节应有自己的合格成果。

(4)在操作仪器的过程中，要严格遵守有关注意事项；严禁任何形式的违规行为；各小组组长每天要及时清点、检查仪器，严防仪器丢失、损坏。

(5)要严格遵守校纪、校规。实习期间，不得随意缺勤。特殊情况，要向有关指导老师请假。

(6)要注意安全，以免发生意外事故。

(四)实习前的理论教学与实践

实习前的理论教学与实践是实习的一个重要环节，是保证实习能顺利进行的前提。实习前的理论教学与实践工作主要有：

(1)结合课本知识讲解数字地籍测绘的原理、方法、特点和要求。

(2)介绍数字成图软件的特点、功能、使用。由指导老师对数字成图软件的使用作简单的操作演示，使同学对数字测图的软硬件环境、数据的采集和通信、流程有一个基本的了解。

(3)教师指导同学上机，对成图软件进行简单的运行和操作。

(4)掌握全站仪的操作，熟悉全站仪与测图精灵、计算机与测图精灵的通信及参数设置和传输。

二、实习准备

(一)实习组织

(1)实习班级：××班。

(2)共分成××小组，每小组设组长1名，每小组4~5人。组长负责工作组织、工作安排和成果质量检查，以及仪器、工具的清点及安全。实习分组名单见附表2-1。

附表2-1　实习分组名单

组号	组长	组　员

(二)每组配备的仪器和工具

附表2-2　配备仪器及工具清单

设备仪器名称	型　号	规　格	数　量	单　位
GNSS接收机	南方测绘		1	台
全站仪	南方测绘		1	台
脚架		金属	1	个
单棱镜			1	箱
对中杆		2m	1	根
全站仪数据传输线		专用	1	根
钢尺		30m	1	把
测绳			1	根
手持测距仪			1	台
记录板		普通	1	个

三、流程和基本技术要求

(一)作业流程

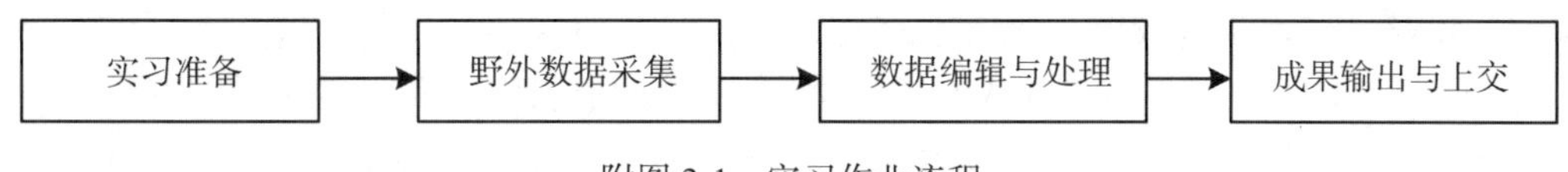

附图 2-1　实习作业流程

实习是在各小组划分的测区开展，在完成土地权属调查和房屋调查的基础上进行。

(二)基本技术要求

(1)平面坐标系：2000 国家大地坐标系。

(2)技术依据：

GB/T 14912《1∶500 1∶1000 1∶2000 外业数字测图规程》；

GB/T 17986.1《房产测量规范 第 1 单元：房产测量规定》；

GB/T 20257.1《国家基本比例尺地图图式 第 1 部分：1∶500 1∶1000 1∶2000 地形图图式》；

GB/T 21010《土地利用现状分类》；

GB/T 37346《不动产单元设定与代码编制规则》；

GB/T 39616《卫星导航定位基准站网络实时动态测量(RTK)规范》；

GB/T 42547《地籍调查规程》。

四、地籍图根控制测量

(一)控制测量技术方法

本次实习采用两级布网的方式，布设两级图根控制网。利用校区内的控制点，通过 RTK 的作业模式，各小组测设几个 GPS-RTK 的二级图根控制点。

(二)踏勘选点

到测区实地现场勘察，根据测区内地形、地物条件点的位置，实地选点做标记并编号，选点时应注意以下几点：

(1)GNSS-RTK 点位要选择在开阔的地方，尽量避免建筑物和树木对卫星的遮挡，相邻点之间要保证通视。

(2)相邻控制点间应互相通视。

(3)控制点应选在坚实、便于保存和安置仪器的地方。

(4)控制点边长应大致相等，符合规程要求。

(5)点位选择时要考虑安全因素，尽量避免占用机动车道，避免人流密集的地方。

(6)测区内的控制点应布设得合理，分布均匀，且有利于控制整个测区。

(三)RTK 施测的技术要求

(1)RTK 平面控制点一次性全面布设，每个控制点宜保证有两个以上的通视方向。

(2)RTK平面控制点测量流动站观测时应采用三脚架对中、整平，每次观测历元数应不小于20个，采样间隔2~5s，每个点独立观测次数不少于2次。仪器高量取至毫米。

(3)每时段作业开始前或重新架设基准站后，均应进行至少一个同等级或高等级已知点的检核，平面坐标较差不应大于±5cm。

(4)同一时段内同一个点的两次观测之间，流动站应两次开关GNSS接收机，并重新初始化；两次测量的平面坐标较差应不大于±3cm；应取两次测量的平均坐标作为最终结果。

(5)采用全站仪在RTK图根控制点上设站测量界址点坐标之前，应100%进行测站检查。全站仪测量的边长和角度，与RTK图根控制点坐标的反算边长和反算角度进行比较。

附表2-3 RTK二级地籍图根控制点布设测量的主要技术指标

等级	相邻点间平均边长/m	点位中误差/cm	边长相对中误差	与基准站的距离/km	观测次数	起算点等级
二级图根	≥70	≤±5	≤1/3000	≤5	≥2	一级图根及以上

附表2-4 二级RTK地籍图根控制点测站检查技术参数表

等级	边长相对误差	角度较差限差/(″)
二级图根	≤1/3000	40

(四)支点测量

当二级RTK地籍图根控制点无法满足地籍图和界址点坐标测量时，可以在二级图根控制点采用极坐标法支点，以支点为图根控制点开展测量工作；

在二级图根控制点上只允许在一个方向支一次，即不能在支点上再支点；

在支点设站时，必须利用起算的二级地籍图根控制点进行检核，测量的该二级地籍图根控制点的点位误差不超过±5cm。

五、界址点测量

(1)采用解析法施测界址点坐标，包括极坐标法、距离交会法、直角坐标法、截距法等。

(2)界址点为墙角点时，如采用极坐标法测量界址点，必须进行偏心改正。

六、地籍图测绘

(一)数字地籍图的测量软件

数字地籍测量成图软件有很多，各有其特点，但又是相通的，全野外数字地籍测量数据采集的方法也有几种，本次实习采用全站仪+南方 CASS10 成图软件版。南方公司的 CASS 系列数字测图系统是我国开发较早的数字测图软件之一，在全国很多城市和地区具有广泛的运用。CASS 系统充分利用了 AutoCAD 的技术成果，并具有完善的地籍管理功能、方便的简码用户化方案、丰富的图形编辑功能。

(二)全野外数字地籍测量

1. 地籍图测绘的要求

地籍图表示的内容由地籍要素和必要的地形要素组成，以地籍要素为主，辅以与地籍要素有关的地形要素，以便图面主次分明，清晰易读。地籍要素包括权属界线、界址点及编号、宗地编号、地籍区及地籍子区代码、房产情况、土地利用类别、土地等级及面积等。必要的地形要素包括房屋、道路等与地籍有关的地物和地理名称。具体要求参照教材有关章节。

凡能依比例尺表示的地物，可将它们水平投影位置的几何形状相似表示到图上，或将边界位置表示到图上。不能依比例尺表示的地物，则以相应的地物符号表示在其中心位置上。地物测绘必须依据测图比例尺，按有关规范和图式要求，经综合取舍，将各种地物表示在图上。

2. 野外测量基本技术要求

(1)仪器必须严格对中整平，仪器高量至毫米。

(2)每次设站必须以一个已知点定向，以另一个已知点检查，检查点的坐标和高程数据与已知数据的较差平面位置不大于 5cm，高程不大于 5cm。选择已知的长边作为定向边。

(3)所有的房角点，界址点要做偏心改正。

(4)测量点号、各点之间的连接关系、建筑物层数结构、单位名称、道路名称及材料、界址点编号、宗地号等野外测绘的草图要标注清楚，其他地物和地貌用相应的符号表示。丈量的边长数据要标注在相应的位置，数据保留 2 位小数(厘米)。

(5)野外测量时，可以每天建一个新文件，碎部点号可以从 1 开始续编。界址按草编界址点号进行编号，在全站仪中记录时在界址点号前加“J”与其他碎部点区分开。

(6)每次重新设站时，必须检查 1~2 个上次设站时测量的碎部点或界址点，其平面较差不大于 5cm。检查数据记录到草图簿上。

(7)每个测站测量工作完成时要对定向边进行检查，从而能够发现在测量过程中仪器是否扭动，归零差应小于 24″。

(8)对用全站仪直接测量有困难的点，可以用钢尺丈量相关距离，并标注在草图上。

(9)在进行地籍图测绘时，要实地调查每栋房屋的结构、层次、产别、用途，并记录在手簿上。

(10)地物较多时，应分类逐个依次立尺。当一类地物或一个地物尚未测完时，不应转到另一类或另一个地物上去。地物较少时，可从测站附近开始，由近到远，采用螺旋形(梅花瓣形)立棱镜。当仪器搬到邻站后，立尺员再由远到近，跑回测站。

(11)测量时必须绘制测量草图，在草图上记载测量点号、点位、点所在的地物及点之间的连接关系。要保证草图簿上的点号与全站仪中的一致，点与点之间的连接关系无误。

3. 地籍图内容选取要求

(1)界址点应实测，并用相应符号表示。

(2)建筑物(房屋)：

①房屋均以墙基角为准，并注建筑物材料和层次。临时性的建筑物可舍去。房屋及建筑物轮廓凸凹在实地上小于0.2m、简单房屋小于0.3m时，可用直线直接连接。

②测绘居民地要求准确反映实地各个房屋的外围轮廓和建筑特征。房屋不综合，应逐个表示，同一房屋有不同层数、不同结构性质的都应分割表示。

③较大的门顶和楼前的台阶应予以表示。台阶按投影测绘，但台阶不足3级不表示。

④建筑物顶部突出的实体(在建筑物中心的)建筑造型不表示。

⑤阳台测绘：未封闭的阳台或全封闭的阳台均用外虚、内实表示。落地的阳台、落地的室外走廊及有支柱的室外走廊可综合房屋内表示。

⑥门廊以柱或围护物以外围为准，独立门廊以顶盖投影为准，柱子的位置应实测。

⑦施工区测量其范围线，并标注“施工区”。

⑧房屋门垛依比例尺测绘。

⑨面积10m^{2}以下、非住人的房屋、临时用房、简易小房不表示。

(3)独立地物：

①道路、广场、街道的路灯要表示，单位内部的装饰灯不表示。

②道路边及单位内部的花坛要表示，单位内部的小花坛(小于15m^2)不表示。

③测区内的散树、路边行树不表示。

④测区内的塔、亭、阁及景点内的假石山应择要表示。

(4)管线与垣栅：

①电力线不测绘，其他电杆不表示。

②检修井不表示，污水篦子不表示。

③围墙、栅栏、栏杆一般应测外线(外拐点)，围墙依比例尺表示。

(5)道路：

①有道牙子或铺面边线的道路、小道以铺面边线或道牙子为准，用实线表示。

②主干道路按其铺面材料分为水泥、沥青等，应分别以砼、沥等注记于图中路面上，铺面材料改变处应用点线分开。

③绿地、居民住宅区等内部经过铺装的道路，按内部道路表示。

(6)地貌和地类：

各种天然形成和人工修筑的高0.5m以上、长5m以上的坡(坡度在70°以下的)、坎(坡度在70°以上的)，按照相关技术标准规定的图式符号表示。

(7)各类地形的要素注记：

①单位名称原则上调注权属单位的标准名称。

②道路名称要注记。

③建筑物性质注记。建筑物性质注记一般分为砼、混、砖、木、简5类，房屋应注记结构、层数，房屋结构、层数一般注记在房屋范围线的适当位置。

④ 宗地内要注记宗地号与地类编码。

(三)数据处理与编辑

1. 内业工作基本技术要求

(1)每天各组要将全站仪原始测量数据传输到计算机，并建立专门的文件夹按日期存放全站仪电子数据。

(2)在测图软件中绘图时，所有面状地物必须封闭。房屋要输入其结构层次信息，宗地要录入其宗地的基本信息。

(3)采用鼠标捕捉方式绘制数字图时，要注意捕捉的准确性，在实际工作中捕捉不到位的情况经常发生。

(4)所有的线划必须赋属性，并按相应的图层存放，其线宽、线型必须随层。

(5)数字图中的符号、符号间距必须按照相关技术标准规定的图式符号的要求绘制。注记的字体及字号按相关要求使用。

(6)测绘的各方面的内容必须按成图软件默认图层存放。

2. 图件编制

各小组完成测区的全部正方形分幅图的编制，每位同学编制一份宗地图。宗地图和分幅地籍图编制按指导教师给的电子版的例图和相关规程(规范)编制。

(四)检查验收与成果输出

当地籍图编辑工作完成以后，各小组成员进行自检。主要检查有无漏测、漏画，地物之间相互关系是否正确，地籍信息是否准确，各类注记、符号是否完整正确，各面状地物是否是一个完整的整体等。小组自检无误后，由指导教师进行检查，合格后方可输出成果。自检内容：

(1)各种观测记录手簿记录数据是否齐全、规范，资料是否齐全。

(2)地籍要素有无错漏。

(3)界址点、界址边和地物点精度是否符合规定。

(4)图幅编号、坐标注记是否正确。

(5)宗地号编号是否符合要求，有无重、漏。

(6)图上表示的各种地籍要素与地籍调查结果是否一致，有无错漏。

(7)各种符号、注记是否正确。

(8)房屋宗地号及地类号、结构、层数等有无错漏。

(9)图廓整饰及图幅接边是否符合要求。

(10)宗地界址线、宗地内房屋边线是否闭合；界址点、界址线、房屋边线是否统一存放在各自的图层中。

(11)地形要素中的分类、分层和层名是否按要求执行。

（五）地籍图的基本技术指标

(1)测图比例尺。地籍图比例尺为 1∶500。

(2)地籍图分幅。正方形分幅。

(3)地籍图图名。以测区内主要的建筑或地理名称命名图名。

(4)地籍图内容。应表示出权属界线、界址点、房屋、道路、人工陡坎、斜坡、排水沟及土地利用类别等各项地籍、地形要素以及各级控制点、地籍要素的编号、注记等。

(5)宗地图由测图软件生成，内容要求见第六章第四节。

(6)基本精度要求。相邻界址点间距、界址点与邻近地物点关系距离的中误差不得大于图上 0.3mm，依堪丈数据测绘的上述距离的误差不得大于图上 0.3mm。宗地内部与界址点不相邻的地物，不论采用何种方法堪丈，其点位中误差不得大于图上 0.5mm，邻近地物点间距中误差不得大于图上 0.4mm。

七、成果资料上交

(1)地籍控制成果表；

(2)地籍分幅地籍图(全部分幅图交电子档)；

(3)宗地图、宗地界址坐标表(每位同学出 1 份宗地图和界址点坐标表)；

(4)实习报告(每人 1 份)。

参 考 文 献

[1]T. H. 齐格勒. 地籍测量概论[M]. 高时浏，张正禄，译. 北京：测绘出版社，1988.

[2]钟宝琪，谌作霖. 地籍测量[M]. 武汉：武汉测绘科技大学出版社，1996.

[3]杜海平，詹长根，李兴林. 现代地籍理论与实践[M]. 深圳：海天出版社，1999.

[4]林增杰，谭俊，詹长根，等. 地籍学[M]. 北京：科技出版社，2006.

[5]詹长根，唐祥云，刘丽. 地籍测量学[M]. 武汉：武汉大学出版社，2011.

[6]詹长根，唐祥云，刘丽. 地籍测量学[M]. 北京：测绘出版社，2012.

[7]格哈德·拉尔森. 土地登记与地籍系统[M]. 詹长根，黄伟，译. 北京：测绘出版社，2011.

[8]伊恩·威廉森，斯蒂格·埃尼马克，祖德·华莱士，等. 土地管理与可持续发展[M]. 詹长根，张雅杰，译. 北京：测绘出版社，2018.

[9]毕强，崔利，段建刚，等. 基于 ArcGIS 的土地利用现状图缩编方法研究[J]. 测绘通报，2011(3)：78-81.

[10]马晶，毕强，崔利，等. 1∶10000 土地利用现状图制图综合研究[J]. 测绘科学，2011，36(3)：76.

[11]GB/T 17986.1《房产测量规范 第 1 单元：房产测量规定》.

[12]GB/T 21010《土地利用现状分类》.

[13]GB T 26424《森林资源规划设计调查技术规程》.

[14]GB/T 37346《不动产单元设定与代码编制规则》.

[15]GB/T 42547—2023《地籍调查规程》.

[16]LY/T 1955《林地保护利用规划林地落界技术规程》.

[17]NY/T 2537《农村土地承包经营权调查规程》.

[18]NY/T 2998—2016《草地资源调查技术规程》.

[19]TD/T 1077—2023《地籍调查术语与定义》.

[20]TD/T 1014—2007《第二次全国土地调查技术规程》.

[21]TD/T 1055—2019《第三次全国土地调查技术规程》.